창의력과학

아이앤아이

당단풍

초등 5 ~ 6

imagine

Infinite!

무한 상상하는 법

1. 고개를 숙인다.
2. 고개를 든다.
3. 뛰어간다.
4. 무한상상한다.

바야흐로 창의력의 시대입니다

과학창의력 향상은 단순한 과학적 흥미만으로는 부족합니다. 과제 집착력, 자신감을 바탕으로 한 체계적인 훈련이 필요합니다. **아이 앤 아이** (I&I : Imagine Infinitely)는 개정 교육 과정에 따른 창의적 문제해결력의 극대화에 중점을 둔 새로운 개념의 과학 창의력 통합 학습서 입니다.

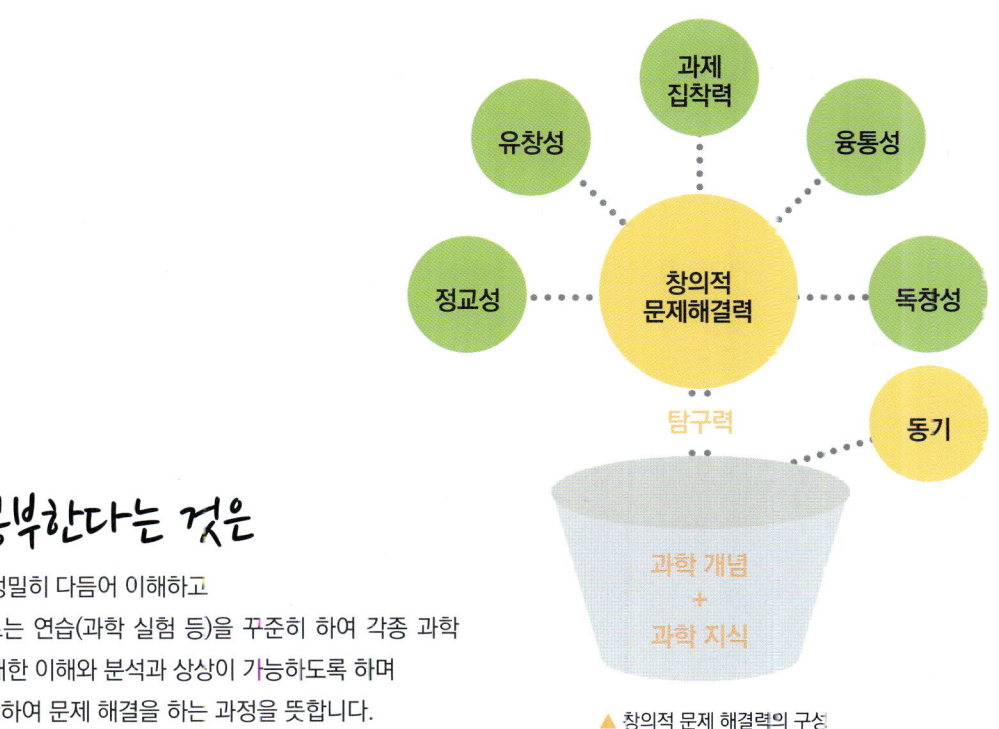

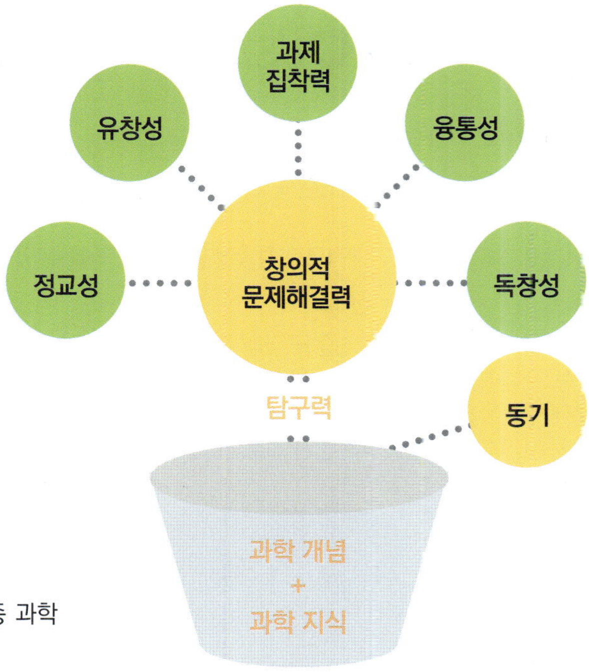

▲ 창의적 문제 해결력의 구성

과학을 공부한다는 것은

1. 과학 개념을 정밀히 다듬어 이해하고
2. 탐구력을 기르는 연습(과학 실험 등)을 꾸준히 하여 각종 과학 관련 문제에 대한 이해와 분석과 상상이 가능하도록 하며
3. 창의력을 동원하여 문제 해결을 하는 과정을 뜻합니다.

이 책의 특징은

1. 개정 교육과정에 맞춘 전 과정 심화입니다.
2. 각종 그림을 활용하여 과학 개념을 명확히 하는 데에 중점을 두었습니다.
3. 교과서의 실험 등을 통하여 탐구과정 능력을 향상시켜 과학적 상상력을 기르는데 초점을 맞추었습니다.
4. 창의력 문제, STEAM 융합형 문제에서 스스로의 창의력을 기반으로 하여 창의적 문제해결력을 향상할 수 있도록 하였습니다.
5. 그동안 영재교육원, 창의력 대회 등 시험 기출 문제 또는 기출 유형 문제를 종합적으로 수록하여 실전 대비 연습에 만전을 기했습니다.
6. 해설을 풍부하게 하여 문제풀이를 정확하게 할 수 있도록 하였습니다.

이 책은

영재교육원 및 각종 대회의 탐구력, 창의력 구술 검사 및 면접을 준비하는 학생에게 충분한 창의적 문제 해결의 기회와 학교 내신 + α를 제공합니다.

창의적 사고를 위한 요소

유익하고 새로운 것을 생각해 내는 능력을 창의력이라고 합니다. 사고를 원활하고 민첩하게 하여 많은 양의 산출 결과를 내는 유창성, 고정적인 사고의 틀에서 벗어나 다양한 각도에서 다양한 해결책을 찾아내는 융통성, 새롭고 독특한 아이디어를 산출해 내는 독창성, 기존의 아이디어를 치밀하고 정밀하게 다듬어 더욱 복잡하게 발전시키는 정교성 등이 대표적인 요소입니다.

아이앤아이는 창의력을 향상시킵니다.

창의력 키우기 파트에서는 문제의 유형을 유창성, 융통성, 독창성, 정교성 영역으로 나누어서 출제하였으며, 오른쪽 그림과 같이 적용된 창의성 영역을 나타내었습니다.

STEP BY STEP 문제는 단계적으로 창의적 문제 해결을 할 수 있도록 한 문제입니다.

(독창성, 융통성) 본교재 6학년

계단을 밝히려고 달아 놓은 전등을 아래층과 위층에 설치된 스위치로 각각 끄거나 켤 수 있게 하려고 한다. 즉, 위층에서 불을 켜고 내려와 계단 아래층에서 불을 끈다거나, 아래층에서 불을 켜고 올라가 계단 위층에서 불을 끌 수 있어야 한다. 전등과 전원, 그리고 두 개의 스위치로 어떻게 배선하면 그렇게 할 수 있을지 전기 기호를 사용하여 전기 회로도를 그리시오.

- ✔ 유창성
- 융통성
- ✔ 독창성
- 정교성

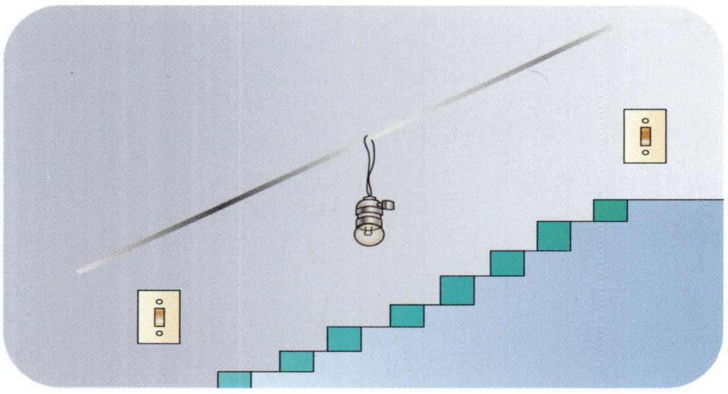

아이앤아이는 STEAM 문제 해결에도 적합합니다.

STEAM 교육은 융합교육이라고도 하는데, 과학(Science), 기술(Technology), 공학(Engineering), 예술(Art), 수학(Mathematics)의 첫자를 땄으며, 교과 간의 연계를 강조하는 교육입니다. I&I 에서는 '스팀 융합형 문제 해결하기' 에서 과학 외의 교과 지식을 활용한 문제 풀이를 선보이고 있습니다.

(과학, 기술, 공학, 예술) 본교재 3학년

보기에 제시된 "생체 모방 공학" 에 관한 글을 읽고 물음에 답하시오.

홍합의 접착력을 활용한 접착 물질 개발이 한창이다. 홍합의 접착력은 폭풍우에도 끄떡 없을 정도로 강하다. 어찌 보면 당연한지도 모를 이러한 생명체의 '뛰어난 힘'을 모방하여, 인간 생활에 적용 가능한 형태로 만들어 내려는 연구가 본격화되고 있다. 바로 '생체 모방 공학' 이다.

(문제) 홍합의 접착력은 폭풍우에도 끄떡 없을 정도로 강하다. 홍합의 강한 접착력을 이용해서 어떤 물체를 만들 수 있을까? 등

▲ 바위에 단단하게 달라붙은 홍합

실험에서의 **탐구 과정 요소**

과학에서 빼놓을 수 없는 것이 과학적인 탐구 능력입니다. 탐구 능력 또는 탐구 과정 능력이란 자연 현상이나 사물에 관한 문제를 연관시켜 해결하는 능력을 말합니다. 과학 관련 문제를 해결하기 위해서는 몇 가지 단계가 필요한데, 이 단계에서 필요한 요소를 탐구 과정 요소라고 합니다. 탐구 과정 요소에는 기초 탐구 과정 요소인 관찰, 분류, 측정, 예상, 추리와 통합 탐구 과정 요소인 문제 인식, 가설 설정, 실험 설계(변인 통제), 자료 변환 및 자료 해석, 결론 도출 등이 있습니다.

기초 탐구 과정 중 분류의 예

우리 주위의 여러 가지 물체나 현상 등을 관찰하여 특징과 용도에 따라 나눔으로서 질서를 정하는 과정을 말합니다. 분류를 하기 위해서는 모둠의 공통된 특징을 가려서 분류 기준을 정해야 합니다.

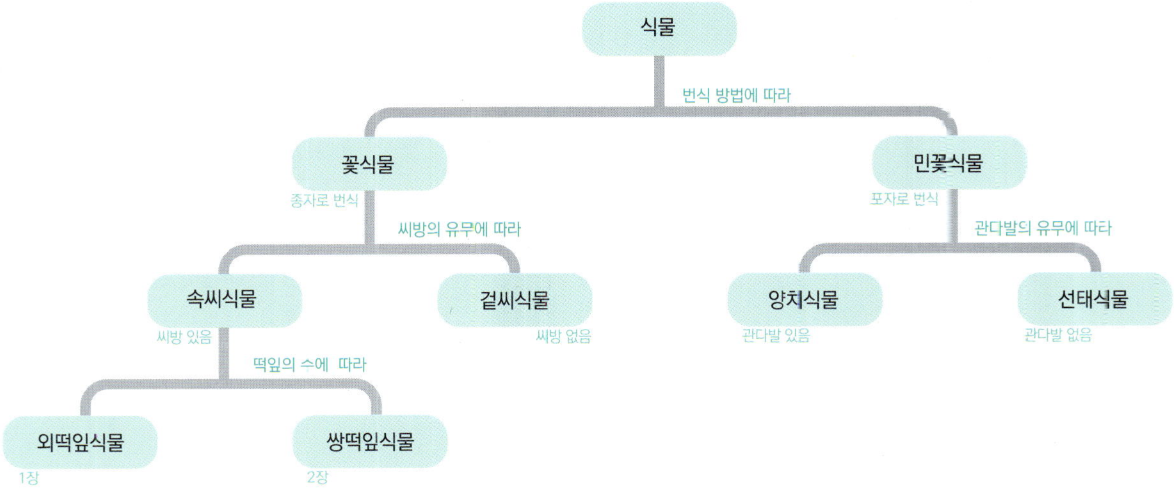

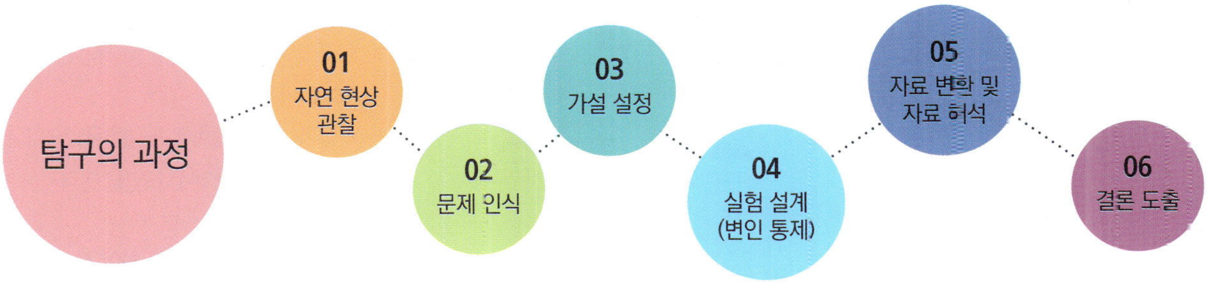

탐구의 과정

뉴턴: ① 내가 자고 있는데 누가 날 깨우는 거야? 어라? 사과가 떨어져 나를 깨운 것이구나!

② 그런데 사과는 왜 아래로만 떨어지는 것일까? 사과뿐만 아니라 다른 물체도 아래로 떨어지는구나.

③ 우리가 알고 있는 힘 외에 어떤 다른 힘이 있다는 가설을 세워 보자.

④ 두 물체 사이의 잡아당기는 힘이 얼마인지 실험해 보자. 다른 힘들이 있으면 안되니까 전기적으로 중성이어야 하고, 거리를 재고, 질량을 재고, 힘을 측정해야 하겠지?

⑤ 여러 번 실험을 해서 자료를 종합해 보니

⑥ 새로운 힘이 존재하는데, 그 힘의 크기는 두 질량 사이의 거리의 제곱에 반비례하고, 질량의 곱에 비례하는구나. 이 힘을 만유인력이라고 해야지!

아이 앤 아이 당단풍
들여다 보기

도입

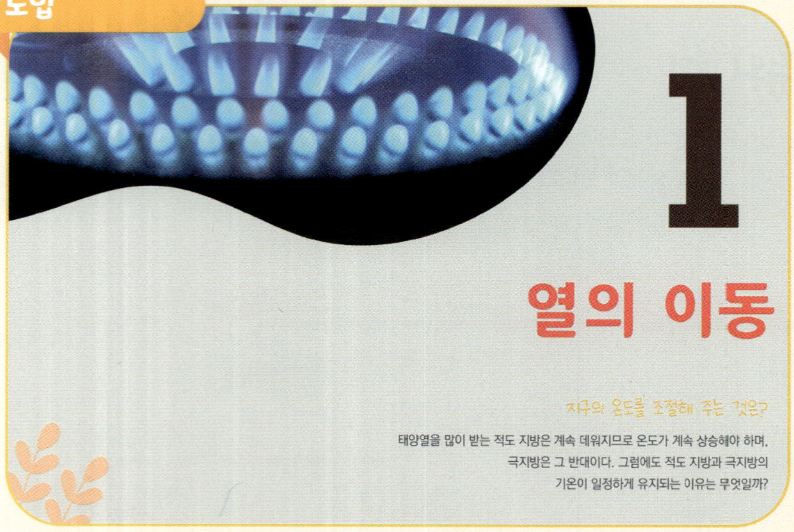
1
열의 이동
지구의 온도를 조절해 주는 것은?
태양열을 많이 받는 적도 지방은 계속 데워지므로 온도가 계속 상승해야 하며,
극지방은 그 반대이다. 그럼에도 적도 지방과 극지방의
기온이 일정하게 유지되는 이유는 무엇일까?

·우리 주변에서 쉽게 볼 수 있는 현상을 통해 단원에서 배울 내용을 전체적으로 암시했습니다.

·단원에서 배울 내용과 관련된 흥미로운 질문으로 학습 동기를 유발하였습니다.

개념다지기

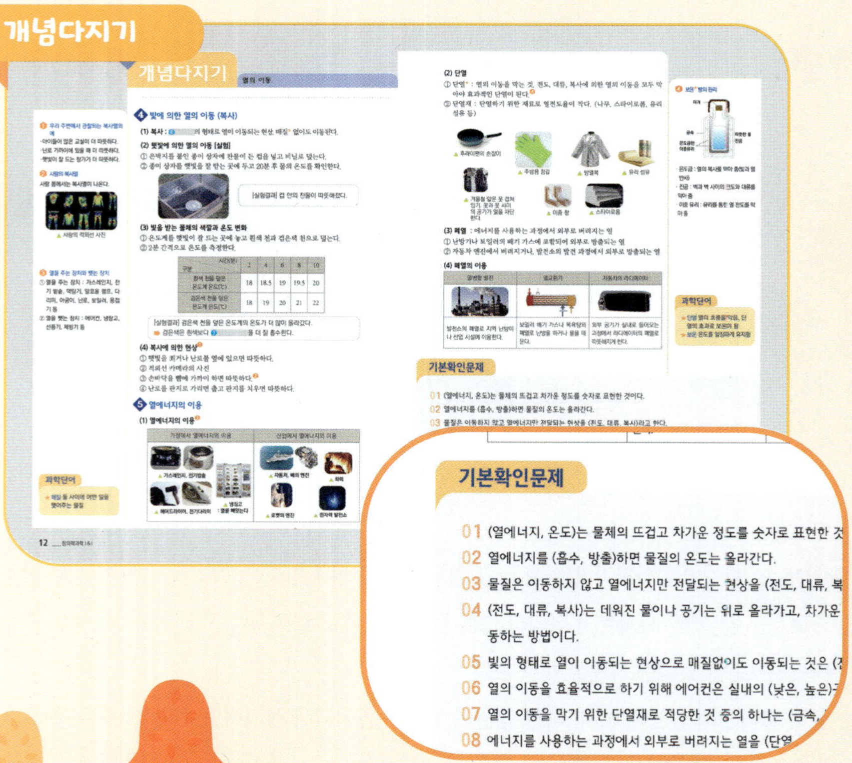

·교과의 기본 개념부터 중등 개념까지 심화하여 다루었습니다.

·과학 개념의 정밀화에 중점을 두었습니다.

·보조단의 내용과 본문 개념을 연결지어 보충 심화가 가능하게 했습니다.

·각종 그림과 사진을 첨가하여 상상력을 자극하도록 하였습니다.

기본 확인 문제

·각 단원의 핵심 개념을 빠르게 체크할 수 있게 하였습니다.

·이론 체크에 빠짐이 없도록 세심하게 문제를 출제하였습니다.

탐구력 키우기

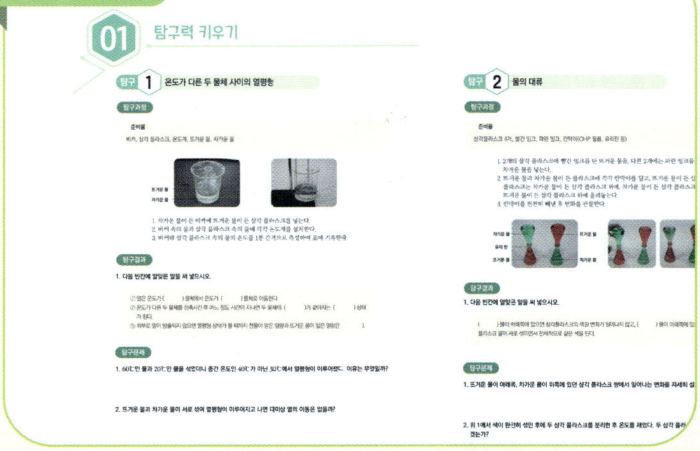

- 단원과 밀접하게 관련된 재미있는 필수 실험을 1~2개 엄선하였습니다.
- 개인적으로도 쉽게 준비하여 실험할 수 있도록 배려하였습니다.
- 탐구과정 능력, 상상력을 발휘할 수 있도록 하였습니다.

문제해결력 키우기

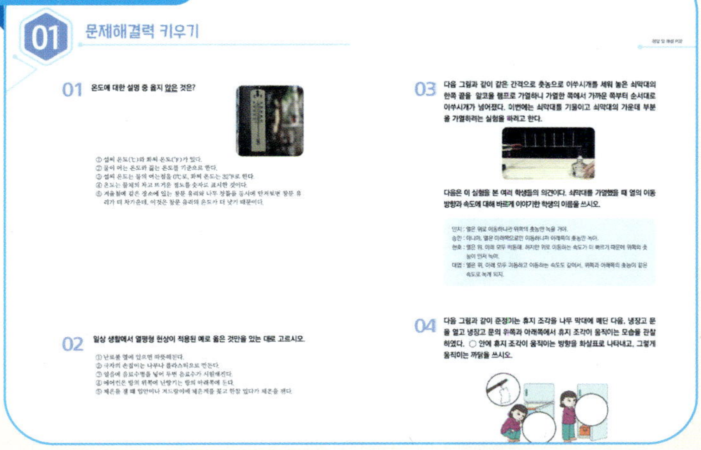

- 창의력·탐구력·상상력을 동원하여 문제를 해결하도록 꾸몄습니다.
- 각 단원의 주제에 맞는 영재교육원 유사 문제를 통해 실전 감각을 쌓을 수 있습니다.
- 기본적인 문제에서 고난도의 창의력, 사고력을 요하는 문제, 단계적 문제 해결형 문제까지 망라하여 상황별 문제 해결이 가능하도록 하였습니다.

창의력 키우기

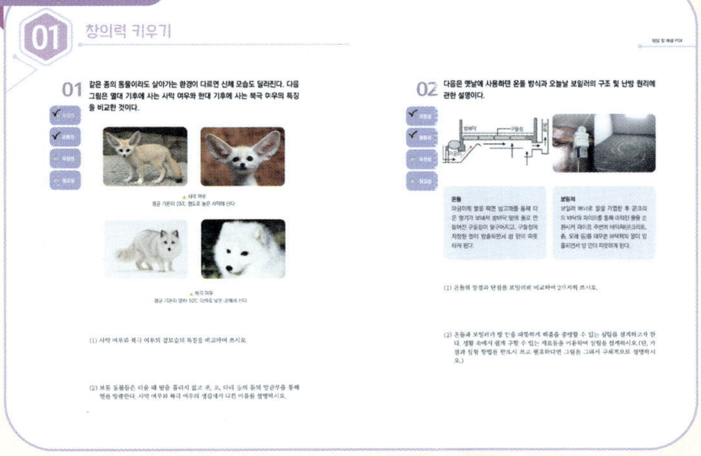

- 창의적 문제 해결력 향상을 위한 섹션입니다.
- 유창성, 융통성, 독창성, 정교성을 기를 수 있는 문제들로 구성되며 각 요소별로 창의력 훈련을 할 수 있습니다.
- 입학사정관제나 대학입시에서도 중요도가 높아진 구술, 심층 면접, 논술 능력을 키울 수 있습니다.

스팀 융합형 문제 해결하기

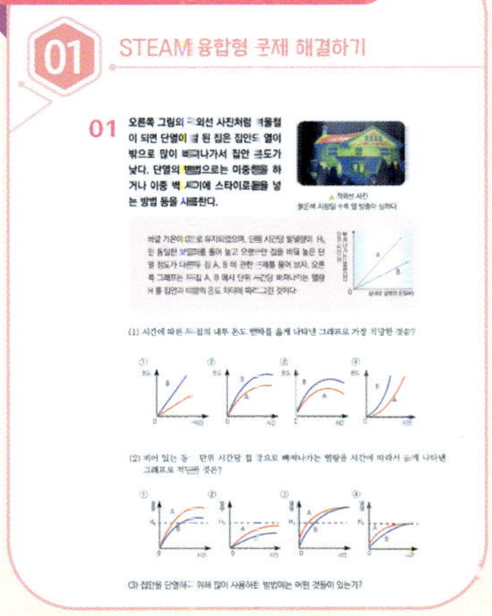

- 창의성과 함께 다른 교과 지식을 융합하여 문제를 해결해 나가도록 하였습니다.
- 현 시대가 요구하는 융합형 인재상의 목표에 부합하는 문제를 엄선했습니다.

아이앤아이 당단풍 목차

CONTENTS

1

열의 이동

지구의 온도를 조절해 주는 것은 무엇일까?

태양열을 많이 받는 적도 지방은 계속 데워지므로 온도가 계속 상승해야 하며, 극지방은 그 반대이다. 그럼에도 적도 지방과 극지방의 기온이 일정하게 유지되는 이유는 무엇일까?

01 개념다지기

1 열에너지와 물질의 온도

(1) 열에너지 : 물질의 ❶ ______ 를 변화시키거나 ❷ ______ 변화를 일으키는 에너지이며 물질을 구성하는 분자★나 원자의 운동이 활발한 정도를 말한다.

① 물질의 열에너지 : 같은 질량, 같은 물질의 경우 온도[1]가 높을수록 많고, 고체<액체<기체 순으로 많다.

② 열에너지의 이동 : 열에너지는 열평형이 될 때까지 온도가 높은 물질에서 온도가 낮은 물질로 이동한다.

(2) 열에너지와 물질의 온도

① 열에너지를 흡수 : 물질의 온도는 올라간다.

② 열에너지를 방출 : 물질의 온도는 내려간다.

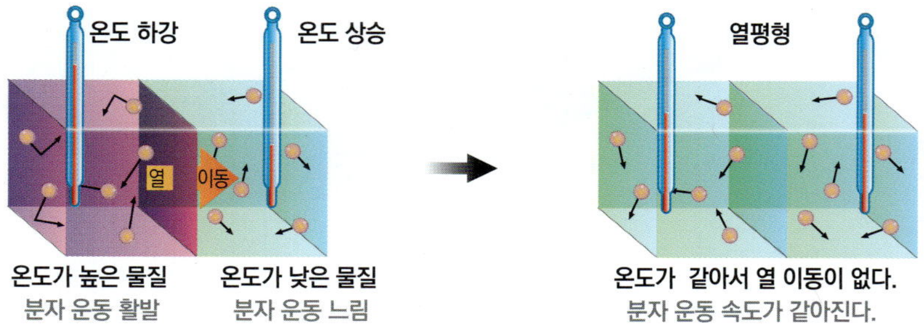
온도 하강
온도 상승
열
이동
온도가 높은 물질
분자 운동 활발
온도가 낮은 물질
분자 운동 느림
열평형
온도가 같아서 열 이동이 없다.
분자 운동 속도가 같아진다.

2 고체에서 열의 이동 (전도)

(1) 전도 : 물질은 이동하지 않고 열에너지만 전달되는 현상으로 주로 고체에서 일어난다.[2]

(2) 전도에 의한 현상[3]

① 뜨거운 국에 담가 둔 숟가락이 뜨거워진다.

② 국을 뜰 때 국자가 금방 뜨거워진다.

③ 삶은 감자에 꽂아 둔 젓가락이 뜨거워진다.

(3) 열전도 현상의 이용

① 주방 기구 중 손잡이 부분을 열이 잘 전달되지 않는 플라스틱, 나무, 고무 등으로 만든다.

② 나무 주걱으로 뜨거운 음식을 담아도 나무 주걱이 뜨거워지지 않는다.

③ 겨울철 나무 의자보다 금속 의자에 앉을 때 더 차갑게 느껴진다.

④ 단열재를 이용해서 집이나 건축물을 짓는다.

▲ 주전자 손잡이

▲ 나무 주걱

▲ 나무 의자

---

❶ 온도

물체의 뜨겁고 차가운 정도를 숫자로 표현한 것

① 섭씨 온도(℃) : 물의 어는점을 0℃, 끓는점을 100℃로 하여 100등분한 온도

② 화씨 온도(℉) : 순수한 물의 온도를 32℉, 끓는점을 212℉로 하여 180등분한 온도

❷ 열이 전도되는 정도

금속 물체가 비금속 물체보다 전도가 더 잘 된다.

·금속 (열전도가 잘됨)
은 〉 구리 〉 금 〉 알루미늄 〉납

·비금속 (열전도가 잘되지 않음)
유리 〉 물 〉 나무 〉 공기

❸ 주전자 에서의 열전도

뚜껑의 손잡이와 주전자 손잡이
플라스틱으로 만들어져 열이 사람의 손으로 잘 이동되지 않도록 한다.
주전자 몸체
금속으로 만들어져 열이 안쪽에 잘 전달된다.
주전자 받침대
나무로 만들어져 열이 식탁에 잘 전달되지 않도록 한다.

과학단어

★ 분자 물질의 특성을 갖는 가장 작은 입자

③ 물과 공기에서 열의 이동 (대류)

(1) 대류 : 가열된 물질이 직접 이동하여 열을 전달하는 방식이다. 데워진 물이나 공기는 가벼워져 위로 올라가고 차가운 물이나 공기는 무거워져 아래로 내려오면서 열이 이동하는 방법이다.

(2) 물에서 열의 이동 방향 [실험]

① 물이 담긴 비커에 톱밥★을 넣는다.
② 알코올 램프로 비커를 가열하면서 톱밥의 움직임을 관찰한다.
③ 알코올 램프로 가열하는 위치를 다르게 하여 톱밥의 움직임을 관찰한다.

[실험결과] 데워진 물은 ❸ ____ 로 올라가고, 차가운 물은 ❹ ____ 로 내려온다.

(3) 끓는 물 속에서 녹지 않는 얼음 [실험]

① 시험관에 얼음을 넣고 철로 된 솜으로 눌러 놓는다.
② 시험관에 물을 적당히 채운 후, 시험관의 중간을 가열하면서 물과 얼음의 변화를 관찰한다.

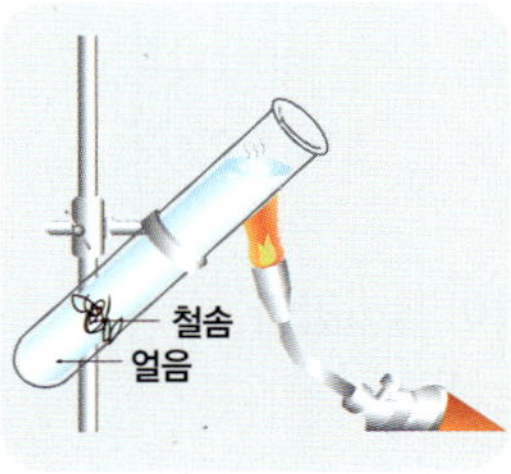

[실험결과] 가열하는 곳 ❺ ____ 쪽의 물은 끓지만, 아래쪽의 얼음은 녹지 않는다.
➡ 가운데 부분에서 데워진 물이 위로 올라가기 때문에 시험관 윗쪽의 물만 뜨거워져 아래쪽에 있는 얼음은 녹지 않는다.(철솜은 얼음이 물 위로 뜨는 것을 막아준다.)

(4) 햇빛과 난로에 의한 기체의 대류

① 태양 복사 에너지가 지면을 데우면 지면 위의 공기가 위로 올라가고 윗쪽의 찬 공기는 아래로 내려오면서 대기가 순환한다.❶
② 난로를 방의 한 쪽에 피워 두면 난로에 의해 데워진 공기가 위로 올라가고, 위쪽의 찬 공기가 아래로 내려오면서 방 전체가 따뜻해진다.

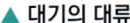

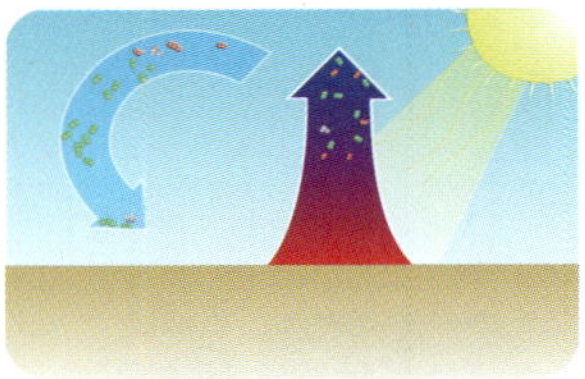
▲ 대기의 대류

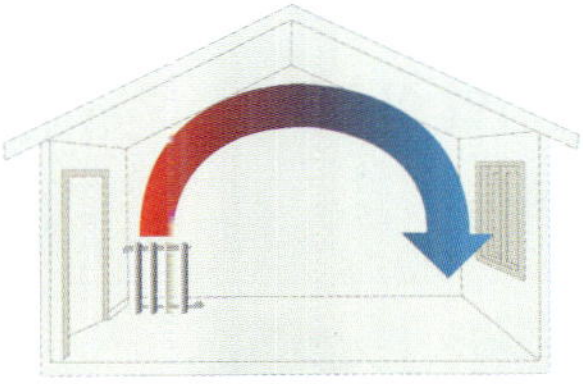
▲ 집 안 공기의 대류

(5) 대류에 의한 현상

① 물을 데울 때 냄비의 바닥 부분만 가열해도 물 전체가 뜨거워진다.
② 욕조의 한쪽에 뜨거운 물을 넣으면 욕조물 전체가 따뜻해진다.
③ 에어컨을 틀어 놓으면 방 전체가 시원해진다.❷
④ 방의 한쪽에 난로를 켜 두면 방 전체가 따뜻해진다.

❶ **지구의 열평형**

대기와 해수가 대류 현상으로 순환하면서 지구의 연평균 기온이 일정하게 유지되고 있다.

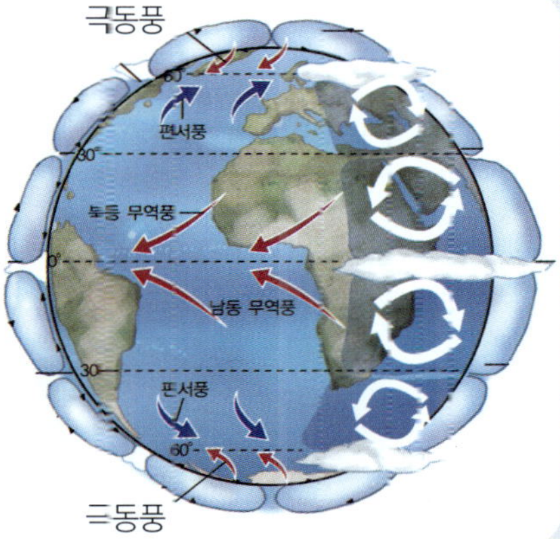

▲ 대기 대순환

❷ **에어컨은 높은 곳에, 난로는 낮은 곳에 설치하는 이유**

에어컨과 난로는 공기에서 열의 이동을 이용하여 방 안 전체의 공기를 차게 하거나 따뜻하게 하는 장치이다. 찬 공기는 아래로 내려오고, 따뜻한 공기는 위로 올라가는데, 에어컨을 낮은 곳에, 난로를 높은 곳에 설치하면 공기의 대류가 잘 일어나지 않아서 방 전체가 시원해지거나 따뜻해지는데 오랜 시간이 걸린다.

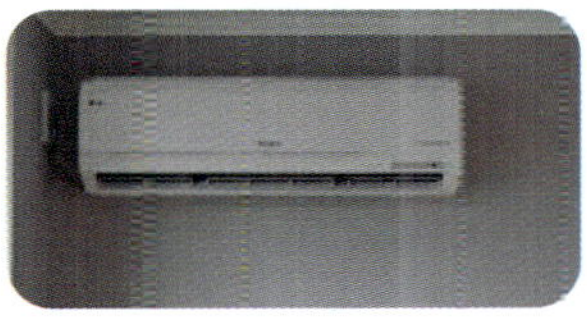
▲ 높은 곳에 설치된 에어컨

▲ 낮은 곳에 설치된 난로

과학단어

★ **톱밥** 나무를 톱으로 켜거나 자를 때 나오는 가루

4 빛에 의한 열의 이동 (복사)

(1) 복사 : ❻ ______의 형태로 열이 이동되는 현상. 매질★ 없이도 이동된다.

(2) 햇빛에 의한 열의 이동 [실험]

① 은박지를 붙인 종이 상자에 찬물이 든 컵을 넣고 비닐로 덮는다.
② 종이 상자를 햇빛을 잘 받는 곳에 두고 20분 후 물의 온도를 확인한다.

[실험결과] 컵 안의 찬물이 따뜻해졌다.

(3) 빛을 받는 물체의 색깔과 온도 변화 [실험]

① 온도계를 햇빛이 잘 드는 곳에 놓고 흰색 천과 검은색 천으로 덮는다.
② 2분 간격으로 온도를 측정한다.

구분 \ 시간(분)	2	4	6	8	10
흰색 천을 덮은 온도계 온도(℃)	18	18.5	19	19.5	20
검은색 천을 덮은 온도계 온도(℃)	18	19	20	21	22

[실험결과] 검은색 천을 덮은 온도계의 온도가 더 많이 올라갔다.
➡ 검은색은 흰색보다 ❼ ______을 더 잘 흡수한다.

(4) 복사에 의한 현상[1]

① 햇빛을 쬐거나 난로불 옆에 있으면 따뜻하다.
② 적외선 카메라의 사진
③ 손바닥을 뺨에 가까이 하면 따뜻하다.[2]
④ 난로를 판지로 가리면 춥고 판지를 치우면 따뜻하다.

5 열에너지의 이용

(1) 열에너지의 이용[3]

가정에서 열에너지의 이용

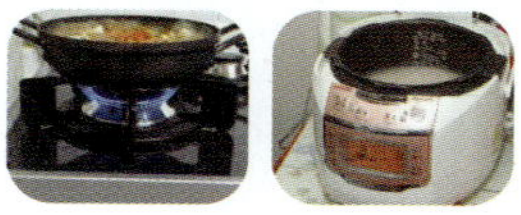

▲ 가스레인지, 전기밥솥

▲ 헤어드라이어, 전기다리미

▲ 냉장고 : 열을 빼앗는다

산업에서 열에너지의 이용

▲ 자동차, 배의 엔진

▲ 화력 발전소

▲ 로켓의 엔진

▲ 원자력 발전소

---

1 우리 주변에서 관찰되는 복사열의 예

· 아이들이 많은 교실이 더 따뜻하다.
· 난로 가까이에 있을 때 더 따뜻하다.
· 햇빛이 잘 드는 창가가 더 따뜻하다.

2 사람의 복사열

사람 몸에서는 복사열이 나온다.

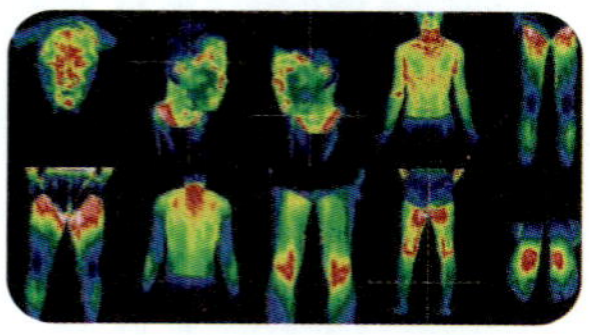

▲ 사람의 적외선 사진

3 열을 주는 장치와 뺏는 장치

① 열을 주는 장치 : 가스레인지, 전기 밥솥, 약탕기, 알코올 램프, 다리미, 아궁이, 난로, 보일러, 용접기 등
② 열을 뺏는 장치 : 에어컨, 냉장고, 선풍기, 제빙기 등

과학단어

★ **매질** 둘 사이에 어떤 일을 맺어주는 물질

(2) 단열

① 단열★ : 열의 이동을 막는 것. 전도, 대류, 복사에 의한 열의 이동을 모두 막아야 효과적인 단열이 된다.④

② 단열재 : 단열하기 위한 재료로 열전도율이 작다. (나무, 스타이로폼, 유리 섬유 등)

▲ 후라이팬의 손잡이

▲ 주방용 장갑

▲ 방열복

▲ 유리 섬유

▲ 겨울철 얇은 옷 겹쳐 입기. 옷과 옷 사이의 공기가 열을 차단한다.

▲ 이중 창

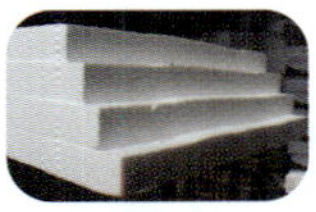
▲ 스타이로폼

(3) 폐열 : 에너지를 사용하는 과정에서 외부로 버려지는 열

① 난방기나 보일러의 배기 가스에 포함되어 외부로 방출되는 열

② 자동차 엔진에서 버려지거나, 발전소의 발전 과정에서 외부로 방출되는 열

(4) 폐열의 이용

열병합 발전	열교환기	자동차의 라디에이터
	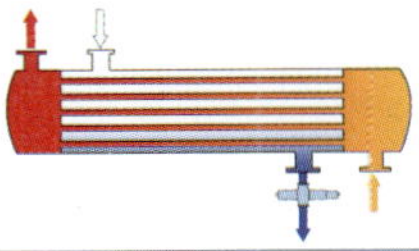	
발전소의 폐열로 지역 난방이나 산업 시설에 이용한다.	보일러 배기 가스나 목욕탕의 폐열로 난방을 하거나 물을 데운다.	외부 공기가 실내로 들어오는 과정에서 라디에이터의 폐열로 따뜻해지게 한다.

④ 보온★병의 원리

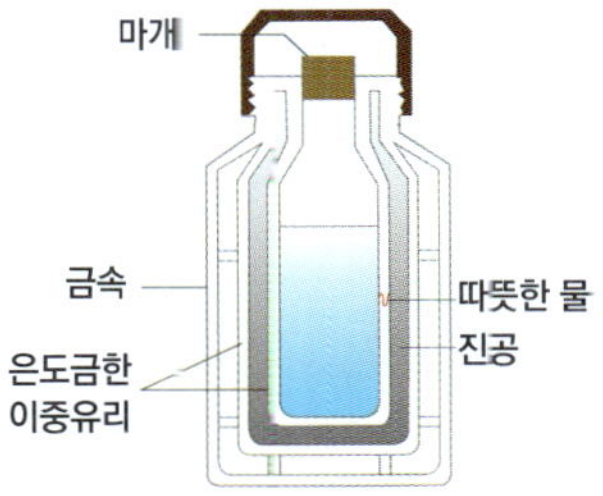

· 은 도금 : 열의 복사를 막아 줌(빛과 열 반사)
· 진공 : 벽과 벽 사이의 전도와 대류를 막아 줌
· 이중 유리 : 유리를 통한 열 전도를 막아 줌

과학단어

★ 단열 열의 흐름을 막은, 단열의 효과로 보온이 됨
★ 보온 온도를 일정하게 유지함

기본확인문제

정답 및 해설 02쪽

01 (열에너지, 온도)는 물체의 뜨겁고 차가운 정도를 숫자로 표현한 것이다.

02 열에너지를 (흡수, 방출)하면 물질의 온도는 올라간다.

03 물질은 이동하지 않고 열에너지만 전달되는 현상을 (전도, 대류, 복사)라고 한다.

04 (전도, 대류, 복사)는 데워진 물이나 공기는 위로 올라가고, 차가운 물이나 공기는 아래로 내려오면서 열이 이동하는 방법이다.

05 빛의 형태로 열이 이동되는 현상으로 매질없이도 이동되는 것은 (전도, 대류, 복사)이다.

06 열의 이동을 효율적으로 하기 위해 에어컨은 실내의 (낮은, 높은)곳에, 난로는 (낮은, 높은)곳에 설치한다.

07 열의 이동을 막기 위한 단열재로 적당한 것 중의 하나는 (금속, 나무)이다.

08 에너지를 사용하는 과정에서 외부로 버려지는 열을 (단열, 폐열)이라 한다.

개념다지기 정답 ❶ 온도 ❷ 상태 ❸ 위 ❹ 아래 ❺ 위 ❻ 빛 ❼ 열

01 탐구력 키우기

탐구 1 온도가 다른 두 물체 사이의 열평형

탐구과정

준비물

비커, 삼각 플라스크, 온도계, 뜨거운 물, 차가운 물

1. 차가운 물이 든 비커에 뜨거운 물이 든 삼각 플라스크를 넣는다.
2. 비커 속의 물과 삼각 플라스크 속의 물에 각각 온도계를 설치한다.
3. 비커와 삼각 플라스크 속의 물의 온도를 1분 간격으로 측정하여 표에 기록한다.

탐구결과

1. 다음 빈칸에 알맞은 말을 써 넣으시오.

① 열은 온도가 (　　　) 물체에서 온도가 (　　　) 물체로 이동한다.
② 온도가 다른 두 물체를 접촉시킨 후 어느 정도 시간이 지나면 두 물체의 (　　　)가 같아지는 (　　　) 상태가 된다.
③ 외부로 열이 방출되지 않으면 열평형 상태가 될 때까지 찬물이 얻은 열량과 뜨거운 물이 잃은 열량은 (　　　).

탐구문제

1. 60 ℃인 물과 20 ℃인 물을 섞었더니 중간 온도인 40 ℃가 아닌 30 ℃에서 열평형이 이루어졌다. 이유는 무엇일까?

2. 뜨거운 물과 차가운 물이 서로 섞여 열평형이 이루어지고 나면 더이상 열의 이동은 없을까?

탐구 2 물의 대류

탐구과정

준비물

삼각플라스크 4개, 빨간 잉크, 파란 잉크, 칸막이(OHP 필름, 유리판 등)

1. 2개의 삼각플라스크에 빨간 잉크를 탄 뜨거운 물을, 다른 2개에는 파란 잉크를 탄 차가운 물을 넣는다.
2. 뜨거운 물과 차가운 물이 든 플라스크에 각각 칸막이를 덮고, 뜨거운 물이 든 삼각 플라스크는 차가운 물이 든 삼각 플라스크 위에, 차가운 물이 든 삼각 플라스크는 뜨거운 물이 든 삼각 플라스크 위에 서로 입구를 마주 보게 올려놓는다.
3. 칸막이를 천천히 빼낸 후 변화를 관찰한다.

탐구결과

1. 다음 빈칸에 알맞은 말을 써 넣으시오.

(　　　) 물이 아래쪽에 있으면 삼각플라스크의 색깔 변화가 일어나지 않고, (　　　) 물이 아래쪽에 있으면 삼각플라스크 물이 서로 섞이면서 전체적으로 같은 색을 띤다.

탐구문제

1. 뜨거운 물이 아래쪽, 차가운 물이 위쪽에 있던 삼각플라스크 쌍에서 일어나는 변화를 자세히 설명하시오.

2. 위 1에서 색이 완전히 섞인 후에 두 삼각플라스크를 분리한 후 온도를 재었다. 두 삼각플라스크의 온도는 어떠하겠는가?

01 문제해결력 키우기

01 온도에 대한 설명 중 옳지 않은 것은?

① 섭씨 온도(℃)와 화씨 온도(°F)가 있다.
② 물이 어는 온도와 끓는 온도를 기준으로 한다.
③ 섭씨 온도는 물의 어는점을 0℃로, 화씨 온도는 32°F로 한다.
④ 온도는 물체의 차고 뜨거운 정도를 숫자로 표시한 것이다.
⑤ 겨울철에 같은 장소에 있는 창문 유리와 나무 창틀을 동시에 만져보면 창문 유리가 더 차가운데, 이것은 창문 유리의 온도가 더 낮기 때문이다.

02 일상 생활에서 열평형 현상이 적용된 예로 옳은 것만을 있는 대로 고르시오.

① 난로불 옆에 있으면 따뜻해진다.
② 국자의 손잡이는 나무나 플라스틱으로 만든다.
③ 얼음에 음료수병을 넣어 두면 음료수가 시원해진다.
④ 에어컨은 방의 위쪽에 난방기는 방의 아래쪽에 둔다.
⑤ 체온을 잴 때 입안이나 겨드랑이에 체온계를 꽂고 한참 있다가 체온을 잰다.

03

다음 그림과 같이 같은 간격으로 촛농으로 이쑤시개를 세워 놓은 쇠막대의 한쪽 끝을 알코올 램프로 가열하니 가열한 쪽에서 가까운 쪽부터 순서대로 이쑤시개가 넘어졌다.

이번에는 쇠막대를 기울이고 쇠막대의 가운데 부분을 가열하려는 실험을 하려고 한다. 다음은 이 실험을 본 여러 학생들의 의견이다. 쇠막대를 가열했을 때 열의 이동 방향과 속도에 대해 바르게 이야기한 학생의 이름을 쓰시오.

민지 : 열은 위로 이동하니깐 위쪽의 촛농만 녹을 거야.
승민 : 아니야, 열은 아래쪽으로만 이동하니까 아래쪽의 촛농만 녹아.
현호 : 열은 위, 아래 모두 이동해. 하지만 위로 이동하는 속도가 더 빠르기 때문에 위쪽의 촛농이 먼저 녹아.
대엽 : 열은 위, 아래 모두 이동하고 이동하는 속도도 같아서, 위쪽과 아래쪽의 촛농이 같은 속도로 녹게 되지.

04

다음 그림과 같이 준정이는 휴지 조각을 나무 막대에 매단 다음, 냉장고 문을 열고 냉장고 문의 위쪽과 아래쪽에서 휴지 조각이 움직이는 모습을 관찰하였다. ◯ 안에 휴지 조각이 움직이는 방향을 화살표로 나타내고, 그렇게 움직이는 까닭을 쓰시오.

01 문제해결력 키우기

05 에어컨을 틀어놓으면 방 전체가 시원해진다. 다음 중 에어컨과 같은 방법으로 열이 이동하는 방식만을 있는 대로 고르시오.

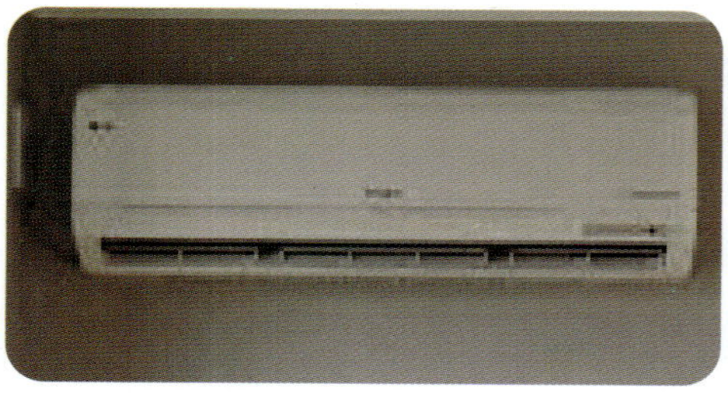

① 손바닥을 뺨에 가까이 했더니 따뜻하다.
② 난로를 켜 놓았더니 방 전체가 훈훈해진다.
③ 삶은 감자에 꽂아둔 젓가락이 따뜻해진다.
④ 주전자 아래를 가열했더니 물 전체가 뜨거워졌다.
⑤ 난로에서 멀리 있을 때보다 가까이 있을 때 더 따뜻하다.

06 준정이는 더운 여름 날에 아이스크림을 먹고 있었다. '시원한 선풍기 바람을 쐬면 아이스크림이 천천히 녹을거야.'라고 생각한 준정이는 선풍기 앞에서 아이스크림을 먹었다. 그런데 아이스크림이 천천히 녹기는 커녕 더 빨리 녹아버렸다. 그 이유는 무엇인지 설명하시오.

07

열이 이동할 때 전도, 대류, 복사가 함께 이루어지는 경우가 많다. 그림과 같이 열이 이동할 때 열의 이동 방법은 무엇인지 빈칸에 쓰시오.

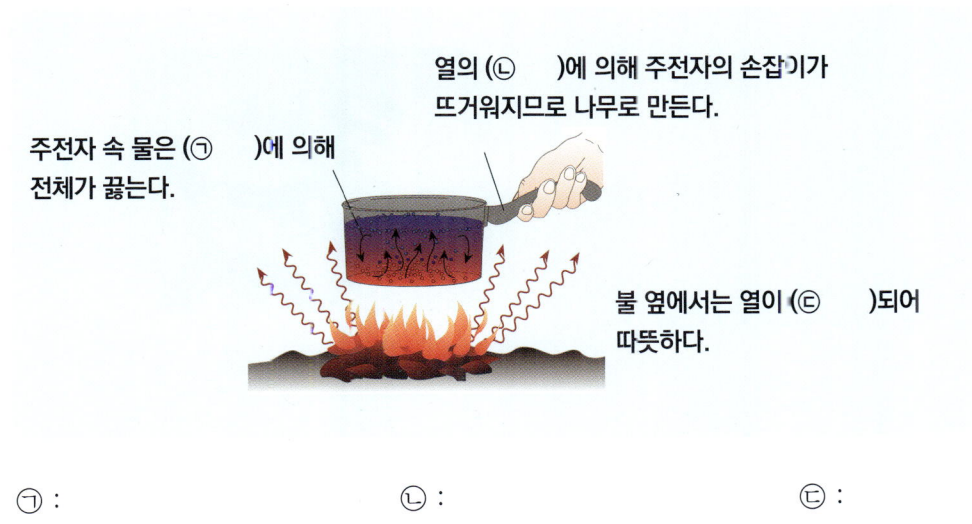

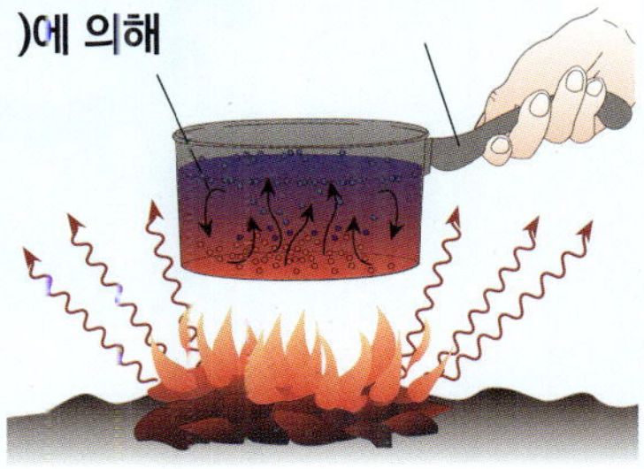

㉠ : ㉡ : ㉢ :

열의 (㉡)에 의해 주전자의 손잡이가
뜨거워지므로 나무로 만든다.
주전자 속 물은 (㉠)에 의해

불 옆에서는 열이 (㉢)되어

08

검은 색은 복사열을 잘 흡수하기 때문에 우리는 겨울에는 짙은 색 옷을 많이 입고, 여름에는 옅은 색 옷을 많이 입는다. 이와 같은 원리로 뜨거운 사막에 사는 사람들도 대부분 흰색 옷을 입는다. 그런데 사하라 사막에 사는 베두인 족은 검은 색의 헐렁한 옷을 즐겨 입는다. 다음 중 그 이유로 옳다고 생각되는 것만을 있는 대로 고르시오.

① 흰색 천을 구하기 어렵기 때문이다.
② 사막에서 눈에 잘 띄게 하기 위해서이다.
③ 검은 색 옷이 흰색 옷보다 더 뜨거워진다는 것을 모르기 때문이다.
④ 검은 색 옷을 입으면 땀이 빨리 말라서 상쾌하고 시원하게 느껴지기 때문이다.
⑤ 뜨거워진 공기가 헐렁한 옷의 윗부분으로 빠져나가고 바깥 공기가 안으로 들어오면서 바람이 불기 때문이다.

01 문제해결력 키우기

STEP BY STEP

09 **다음 그림은 플라스틱으로 되어 있는 자전거의 핸들을 나타낸 것이다.**

(1) 자전거의 핸들은 손잡이 부분이 플라스틱으로 되어 있다. 추운 겨울날 자전거 핸들의 금속 부분보다 손잡이 부분이 덜 차갑게 느껴지는 이유는 무엇인가?

(2) 다음 중 (1)과 같은 원인으로 설명할 수 있는 현상만을 있는 대로 고르시오.

① 전자레인지로 찬 국을 데울 수 있다.
② 단열재를 사용해서 집이나 건축물을 짓는다.
③ 방의 한쪽에 난로를 켜 두면 방 전체가 따뜻해진다.
④ 겨울철 추운 날씨에 땅속에 묻어둔 수도관이 얼어터진다.
⑤ 뜨거운 물에 숟가락을 넣으면 숟가락 손잡이가 뜨거워진다.
⑥ 물을 데울 때 냄비의 밑바닥을 가열하면 냄비 속 물 전체가 끓는다.

STEP BY STEP

10 **다음 그림은 지구 표면에서 바닷물의 이동을 나타낸 것이다. (단, 난류는 따뜻한 바닷물의 흐름이고, 한류는 차가운 바닷물의 흐름을 나타낸다.)**

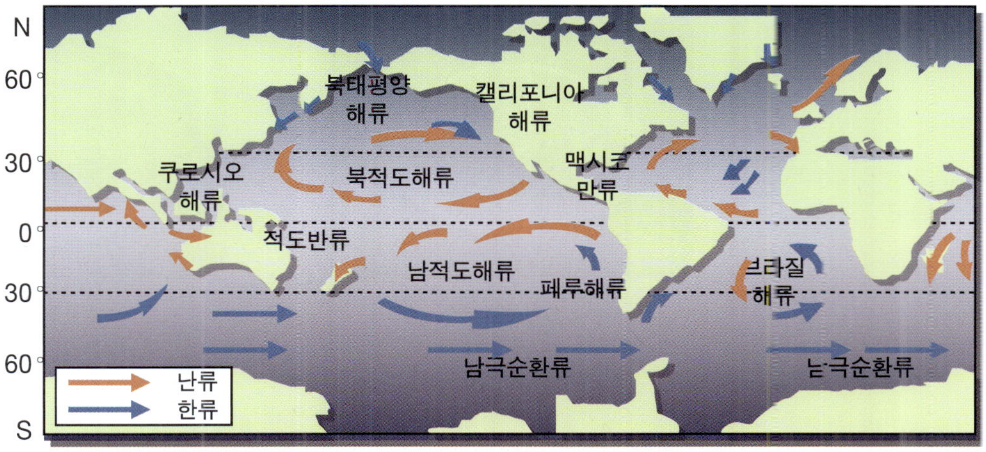

(1) 지구 표면에서 난류와 한류의 분포는 어떠한지, 지구에서 위치에 따라 태양 복사 에너지를 받는 양과 관련지어 간단히 설명하시오.

(2) 위 그림과 같이 바닷물이 흐르면서 지구가 얻는 효과는 무엇인지 쓰시오.

(3) 바닷물과 같이 지구가 위 (2)와 같은 효과를 얻을 수 있게 하는 것에는 또 무엇이 있는지 쓰시오.

01 문제해결력 키우기

STEP BY STEP

11 **다음 그림은 양은 냄비와 뚝배기로 요리를 하고 있는 모습을 나타낸 것이다.**

▲ 양은 냄비 요리

▲ 뚝배기 요리

(1) 금속으로 만든 양은 냄비와 흙으로 빚어 만든 뚝배기의 특징을 열전달을 중심으로 비교하시오.

(2) 자신이 라면을 끓인다면 양은 냄비와 뚝배기 중 어떤 용기를 선택할 것인지 고르고 이유를 자세히 설명하시오.

(3) 우리 주변에서 열의 전달이 빠른 성질을 이용하여 만든 것과 열의 전달이 느린 성질을 이용하여 만든 것을 찾아 각각 3가지씩 쓰시오.

STEP BY STEP

12 다음 그림과 같이 물을 가득 채운 고무 풍선을 촛불로 가열하였다.

(1) 위 그림과 같이 물이 든 고무 풍선을 가열하면 고무 풍선은 어떻게 되겠는가? 실험의 결과를 예상하여 쓰고, 그렇게 생각한 이유를 쓰시오.

·예상한 결과 :

·이유 :

(2) 물이 들어 있지 않고 공기가 들어있는 고무 풍선을 촛불로 가열하면 고무 풍선은 어떻게 되겠는가? 실험의 결과를 예상하여 쓰고, 그렇게 생각한 이유를 쓰시오.

·예상한 결과 :

·이유 :

01 창의력 키우기

01

유창성
융통성
독창성
정교성

같은 종의 동물이라도 살아가는 환경이 다르면 신체 모습도 달라진다. 다음 그림은 열대 기후에 사는 사막 여우와 한대 기후에 사는 북극 여우의 특징을 비교한 것이다.

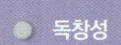

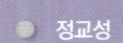

▲ 사막 여우
평균 기온이 25℃ 정도인 사막에 산다.

▲ 북극 여우
평균 기온이 영하 10℃ 이하인 곳에서 산다.

(1) 사막 여우와 북극 여우의 겉모습의 특징을 비교하여 쓰시오.

(2) 보통 동물들은 더울 때 땀을 흘리지 않고 귀, 코, 다리 등의 몸의 말단부를 통해 열을 방출한다. 사막 여우와 북극 여우의 생김새가 다른 이유를 설명하시오.

02 다음은 옛날에 사용하던 온돌 방식과 오늘날 보일러의 구조 및 난방 원리에 관한 설명이다.

- ✔ 유창성
- ✔ 융통성
- 독창성
- 정교성

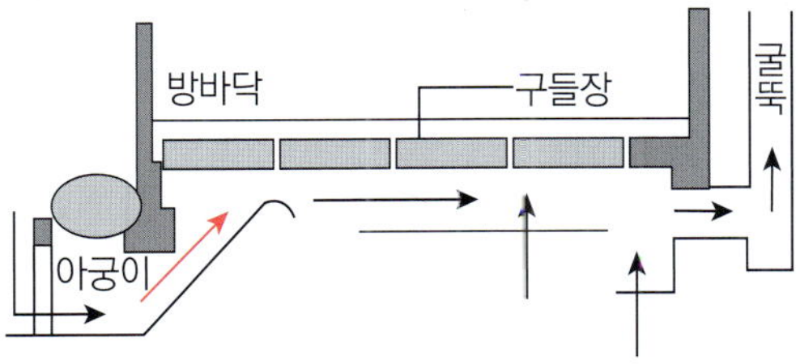

온돌
아궁이에 불을 때면 방고래를 통해 더운 열기가 보내져 방바닥 밑에 돌로 만들어진 구들장이 달구어지고, 구들장에 저장된 열이 방출되면서 방 안이 따뜻하게 된다.

보일러
보일러 버너로 물을 가열한 후 콘크리트 바닥의 파이프를 통해 데워진 물을 순환시켜 파이프 주변의 바닥재(콘크리트, 흙, 모래 등)를 데우면 바닥재의 열이 방출되면서 방 안이 따뜻하게 된다.

(1) 온돌의 장점과 단점을 보일러와 비교하여 2가지씩 쓰시오.

(2) 온돌과 보일러가 방 안을 따뜻하게 해줌을 증명할 수 있는 실험을 설계하고자 한다. 생활 속에서 쉽게 구할 수 있는 재료들을 이용하여 실험을 설계하시오.(단, 가설과 실험 방법을 반드시 쓰고 필요하다면 그림을 그려서 구체적으로 설명하시오.)

01 STEAM 융합형 문제 해결하기

01 **오른쪽 그림의 적외선 사진처럼 겨울철이 되면 단열이 덜 된 집은 집안의 열이 밖으로 많이 빠져나가서 집안 온도가 낮다. 단열의 방법으로는 이중창을 하거나 이중 벽 사이에 스타이로폼을 넣는 방법 등을 사용한다.**

▲ 적외선 사진
붉은색에 가까울 수록 열 방출이 심하다.

바깥 기온이 0℃로 유지되었으며, 단위 시간당 발열량이 H_0인 동일한 보일러를 틀어 놓고 오랫동안 집을 비워 놓은 단열 정도가 다른 두 집 A, B 에 관한 문제를 풀어 보자. 오른쪽 그래프는 두 집 A, B 에서 단위 시간당 빠져나가는 열량 H 를 집안과 바깥의 온도 차이에 따라 그린 것이다.

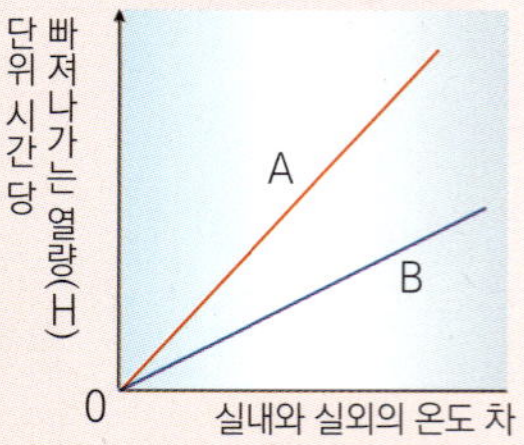

(1) 시간에 따른 두 집의 내부 온도 변화를 옳게 나타낸 그래프로 가장 적당한 것은?

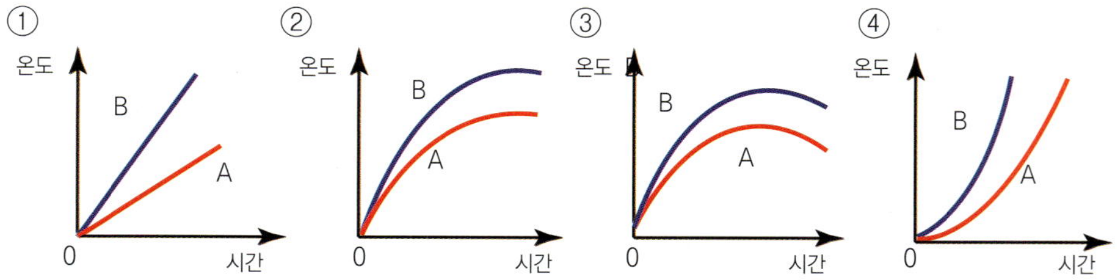

(2) 비어 있는 동안 단위 시간당 집 밖으로 빠져나가는 열량을 시간에 따라서 옳게 나타낸 그래프로 적당한 것은?

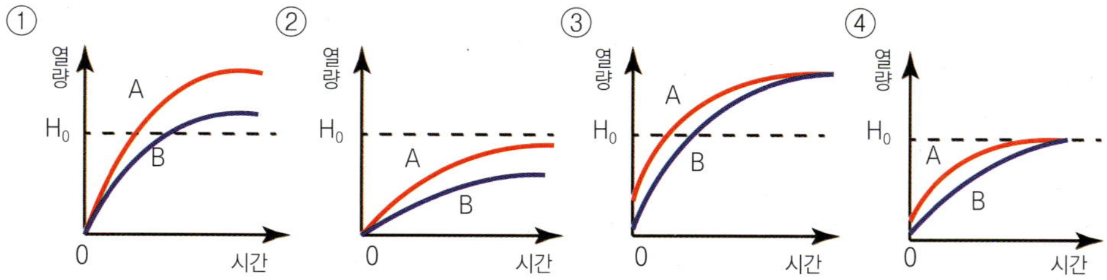

(3) 집안을 단열하기 위해 많이 사용하는 방법에는 어떤 것들이 있는가?

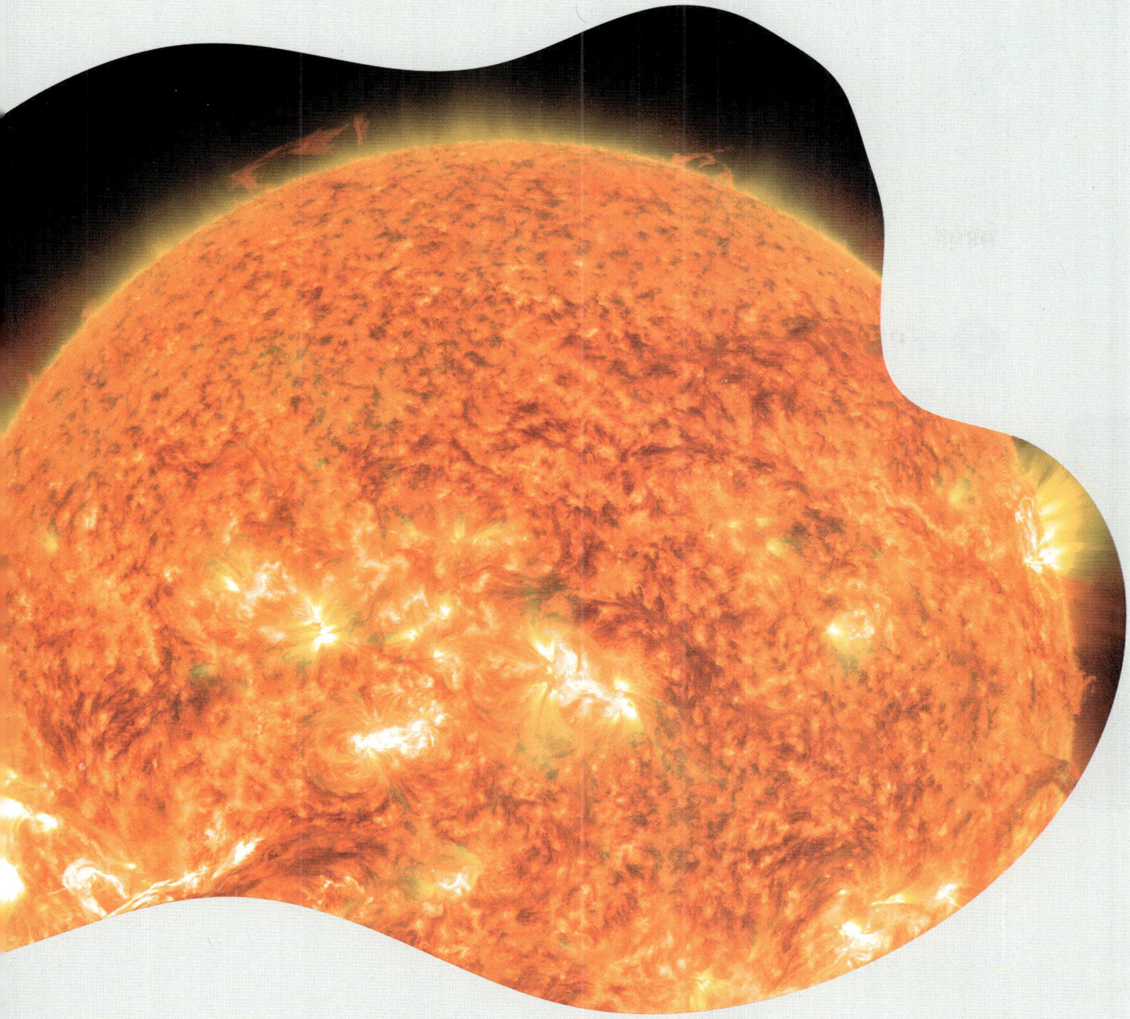

2

태양의 가족

어떻게 행성들의 비밀을 알아냈을까?

토성은 고리가 있고, 화성은 화산이 있으며,
해왕성은 푸른색을 띤다는 사실을 우리는 알고 있다.
이러한 사실들을 어떤 방법으로 알게 되었을까?

02 개념다지기

1 태양의 가족 구성원

(1) 태양의 가족 구성원 : 태양, 8개의 행성, 위성, 소행성, 혜성 등

태양	스스로 에너지를 방출하는 ① ______ 이다.
행성	항성의 둘레를 공전★하는 천체★로 태양계에는 수성, 금성, 지구, 화성, 목성, 토성, 천왕성, 해왕성이 있다. ·태양과 지구 사이의 행성 : 수성, 금성 ·지구 바깥쪽의 행성 : 화성, 목성, 토성, 천왕성, 해왕성
위성	행성의 둘레를 공전하는 천체 (예 : 지구의 위성 = 달)
소행성	태양 둘레를 공전하는 작은 천체를 말하며, 주로 화성 궤도와 목성 궤도 사이에 많이 존재한다.
혜성①	주로 얼음과 암석 덩어리로 이루어진 천체로, 긴 타원 형태를 그리며 돌고 있다. 태양에 가까워지면 태양 반대편으로 긴 꼬리가 나타난다.
행성 간 물질	태양계 내에 존재하는 먼지나 가스 등

(2) ② ______ : 태양의 가족 구성원(태양, 행성, 위성, 소행성, 혜성 등)들과 이들이 분포하는 공간

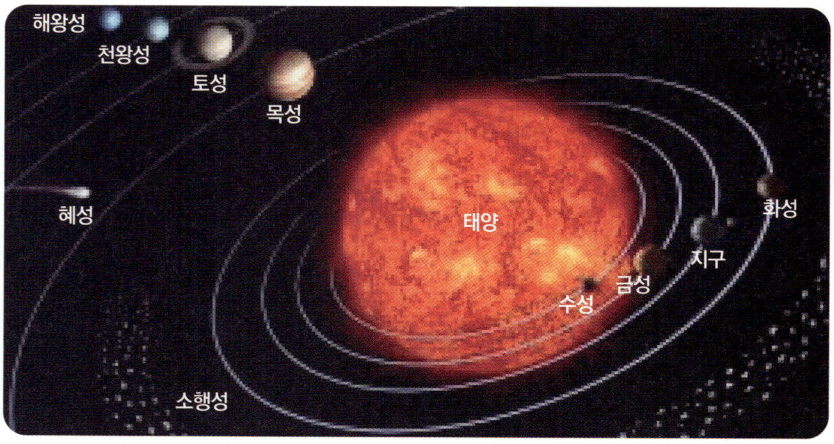

2 태양

(1) 태양의 물리적 특징

반지름★	질량	표면 온도	구성 물질	자전 방향
약 70만 km (지구의 109배)	약 2×10^{30} kg (지구의 33만 배)	약 6000℃ (중심부 1500만℃)	수소, 헬륨	서 ➡ 동

① 태양계의 혜성

▲ 미국 알래스카에서 찍힌 맥노트 혜성

▲ 헬리 혜성

② 태양과 지구 상의 생물과의 관계

① 식물은 태양빛을 이용하여 광합성을 하여 영양분을 만들며, 이 영양분을 사람과 동물이 먹고 산다.

② 태양에서 오는 열은 수증기를 포함한 공기를 상승시켜 구름을 만들고, 구름에서 비가 내리면 높은 곳의 댐에 물이 고이고 그 물을 이용하여 수력 발전소에서 전기 에너지를 만든다.

▶ 태양에서 오는 열과 빛은 지구상의 생물들이 살아가는데 필요한 에너지를 제공한다.

과학단어

★ **공전** 한 천체가 다른 천체의 둘레를 주기적으로 도는 현상

★ **천체** 우주에 존재하는 모든 물체

★ **반지름** 원의 중심에서 원의 둘레의 한 점에 이르는 선분의 길이

(2) 태양의 관측[4]

① 태양[3]의 표면(광구) : 우리 눈에 보이는 태양의 표면으로 두께는 500 km이다.

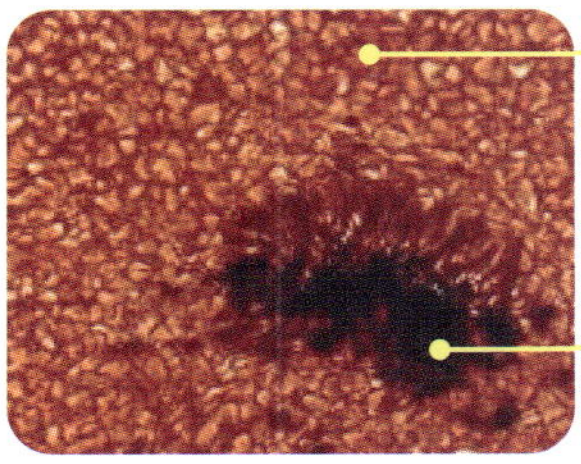

❸

광구 바로 밑에서 일어나는 대류 현상으로 발생한 무늬
- 밝은 부분 : 뜨거운 기체가 상승하는 곳
- 어두운 부분 : 차가운 기체가 하강하는 곳

❹

주위보다 온도가 2000 ℃정도 낮아 검게 보이는 부분

② 태양의 대기 : 광구의 바깥 부분으로 특수 장치를 이용하거나 개기 일식 때 볼 수 있다.

채층	코로나	홍염
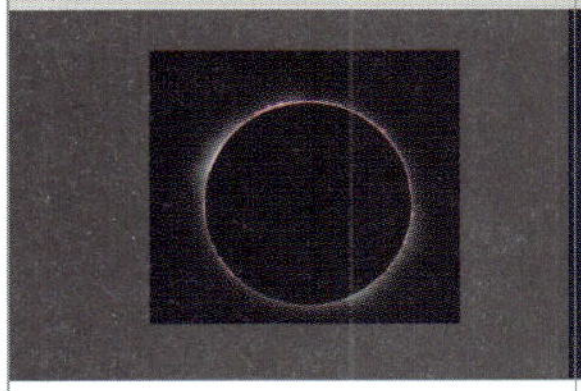		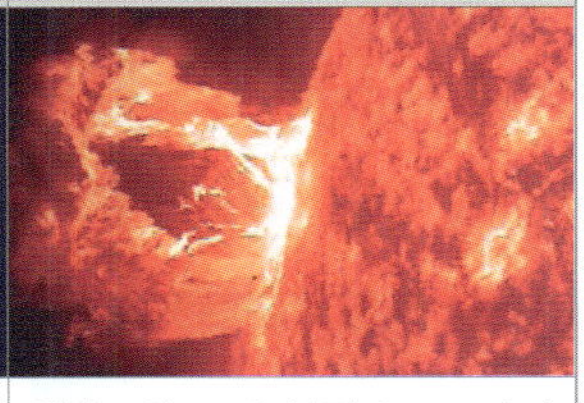
광구 바로 위의 대기로 두께 약 10,000 km , 온도 4500 ~ 10,000 ℃	채층 바깥쪽의 청백색을 띠는 수백만 km 두께로 온도 100만 ℃ 이상	채층 위로 수십만 km 까지 솟아 올라가는 불꽃 모양의 대기

(3) 일식[5]

구분	일식
뜻	태양이 달에 가려져 보이지 않는 현상
위치배열	태양 – 달 – 지구 (달의 모양 : 삭★)
그림	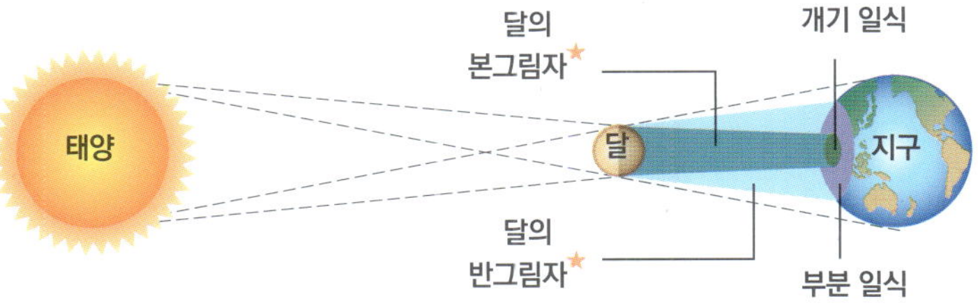

(4) 지구와 태양의 거리

① 태양의 크기 : 태양의 반지름은 지구 반지름의 약 ❺ 배 이다.

② 태양과 지구 사이의 거리 : 약 1억 5,000만 km 떨어져 있다.

③ 지구에서 태양이 작게 보이는 이유 : 매우 멀리 떨어져 있기 때문이다.

④ 지구에서 태양까지 가는데 걸리는 시간 구해 보기

> **평균 시속이 100km 인 자동차를 타고 지구에서 태양까지 가는 데 걸리는 시간**
> 150,000,000 (km) ÷ 100 (km/h) = 1,500,000 **(시간)**
> **하루는** 24 **시간이므로,** 1**년은** 365**일** × 24 **시간** = 8, 760 **시간**
> **따라서** 1,500,000 ÷ 8,760 = 약 171.2 **년**

❸ 태양의 내부 구조

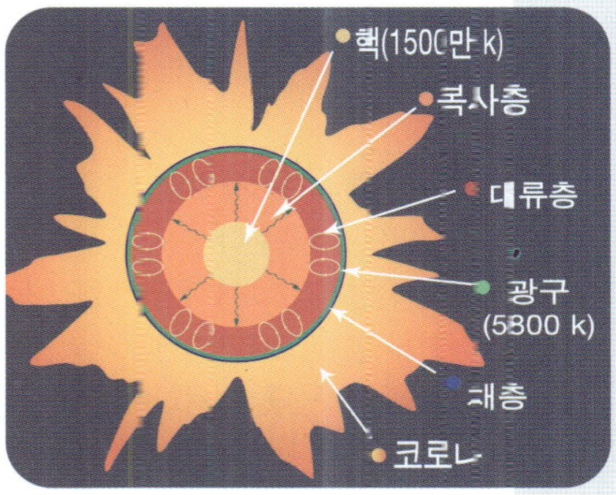

❹ 지구에서 태양의 모양 관찰하기

① 관찰 방법 : 태양은 매우 밝아 맨눈으로 관찰하면 눈이 상하게 되어 위험하므로, 필름, 디스켓, 촛불에 그을린 유리판 등을 사이에 두고 태양 빛이 강하지 않은 아침이나 저녁에 짧은 시간 동안 관찰한다.

② 관찰 결과 : 태양은 둥근 공 모양으로 아주 작게 보인다.

❺ 여러 가지 일식

▲ 개기 일식

▲ 부분 일식

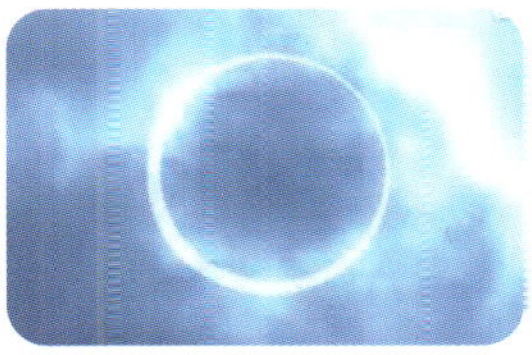

▲ 금환 일식

과학단어

★ **삭** 달이 지구와 태양 사이에 들어가 일직선이 되는 때, 지구에서는 달이 보이지 않는다.

★ **본그림자** 물체에 가려 햇빛을 전혀 받지 못하는 부분

★ **반그림자** 약간의 빛이 들어가 흐릿하게 보이는 부분

3 태양계의 가족들

(1) 행성의 물리적 특징

구분	행성	크기	질량	밀도	위성수	고리	자전 주기	구성 성분
6	수성, 금성, 지구, 화성	작다	작다	크다	적다	없다	길다	암석
7	목성, 토성, 천왕성, 해왕성	크다	크다	작다	많다	있다	짧다	기체

(2) 행성의 특징[1]

행성	특징	
수성		·태양계 행성 중 가장 작음 ·대기가 없어 밤과 낮의 기온 차가 큼 ·운석 구덩이가 많아 표면이 달과 비슷함
금성		·지구에서 가장 밝게 보이는 행성 ·두꺼운 이산화 탄소로 온실 효과가 크기 때문에 표면 온도 (약 462 ℃)가 매우 높음 ·95기압으로 매우 기압이 큼
지구		·생명체가 존재함 ·표면에 물이 많아 푸른 행성 지구라고 불리움
화성		·계절 변화가 뚜렷함 ·표면은 붉은색(산화 철 때문)을 띔 ·올림포스 화산, 물이 흘렀던 흔적이 발견됨 ·극지방에는 얼음과 드라이아이스로 된 극관이 있음
목성		·태양계에서 크기가 가장 큰 행성 ·대기의 대류에 의한 가로줄 무늬와 붉은색의 큰점(대적점)이 있음 ·태양계 행성 중 가장 많은 위성을 가지고 있음
토성		·얼음과 암석 조각으로 이루어진 크고 뚜렷한 고리가 있음 ·밀도가 매우 작다($0.7 g/cm^3$)
천왕성		·자전축이 공전 궤도면과 거의 평행하게 옆으로 누워 있음 ·메테인 대기로 인해 청록색을 띠며 희미한 고리가 있음
해왕성		·표면에 대기의 소용돌이에 의한 커다란 검은 점과 고리가 있음

1 태양계 행성 탐사 방법

① 육안으로 관측한다.
② 전파 망원경, 허블 우주 망원경 등 천체 망원경으로 관측한다.
③ 행성 탐사선을 이용하여 행성 가까이 가거나 직접 행성에 가서 관측한다.[2]

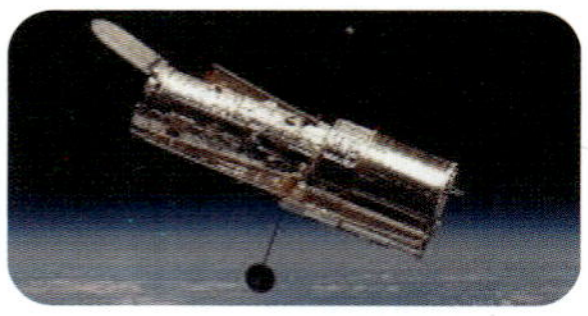

▲ 허블 우주 망원경

▲ 화성 탐사선-큐리오시티

2 최초의 우주인 유리 가가린 (1934~1684)

1961년 4월 12일, 구소련이 발사한 보스토크 1호에는 구소련의 공군 소령인 유리 가가린이 타고 있었다. 무중력과 시속 2만 8천 km라는 초고속의 비행 환경에서 인간이 견딜 수 있는 최초의 실험이었다. 유리 가가린은 인류 최초로 지구 궤도*를 도는 우주 비행을 한 공적으로 각국으로부터 메달을 수상하였다.

Man Enters Space
So Close Yet So Far Sighs Cape
Soviet Officer Orbits Globe In 5-Ton Ship

▲ 유리 가가린에 관한 신문 기사

과학단어

★ **궤도** 천체의 둘레를 돌면서 그리는 곡선

4 태양과 행성 비교

(1) 태양과 각 행성의 크기 비교[3][4]

(2) 태양에서 각 행성까지의 상대적인 거리 비교[5] : 태양과 지구 사이의 거리를 1AU 라고 했을 때의 상대적인 거리 (지구와 행성까지의 거리는 두 행성이 가장 가까워졌을 때를 기준으로 한다.)

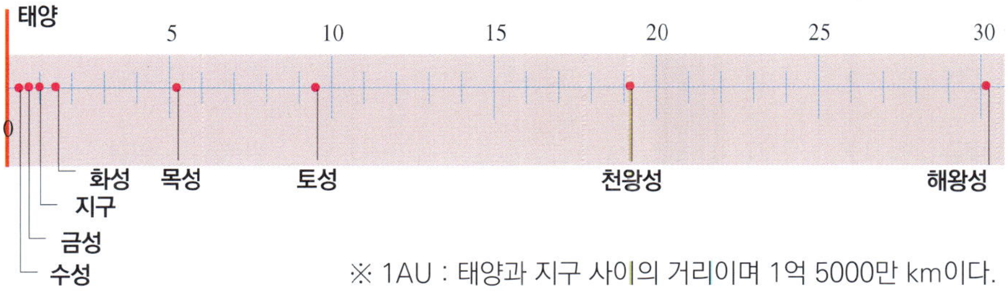

※ 1AU : 태양과 지구 사이의 거리이며 1억 5000만 km이다.

- 태양에서 지구까지의 실제 거리 : S_1 = 1억 5,000만(km) (1AU)
- 태양에서 행성까지의 실제 거리(km) : S_2, $S_2 = S_4 \times S_1$
- 지구에서 행성까지의 실제 거리(km) : S_3, S_3 = (S_4 와 1의 차) × S_1
- 태양에서 행성까지의 상대적인 거리 : S_4
- 태양에서 지구까지의 상대적인 거리 : 1

(3) 자전 주기와 밀도 : 지구형 행성(수성, 금성, 지구, 화성)은 자전 주기가 길고 밀도가 크며 목성형 행성(목성, 토성, 천왕성, 해왕성)은 자전 주기가 짧고 밀도가 작다.

3 행성의 반지름

행성	반지름 (km)	지구 반지름과 비교값
수성	2,440	0.4
금성	6,052	0.9
지구	6,378	1.0
화성	3,397	0.5
목성	71,493	11.2
토성	60,268	9.4
천왕성	25,559	4.0
해왕성	24,764	3.9

4 지구와 크기가 비슷한 행성

5 태양에서 행성까지의 거리

행성	태양-행성 거리 (백만 km)	태양-지구 거리와의 비교값 (AU)
수성	57.9	0.4
금성	108.2	0.7
지구	149.6	1.0
화성	227.9	1.5
목성	778.3	5.2
토성	1426.2	9.5
천왕성	2879.5	19.2
해왕성	4513.0	30.1

기본확인문제

01 태양, 행성, 위성, 소행성,혜성 등의 태양의 가족 구성원과 이들이 운동하는 공간을 (태양계, 태양열)(이)라고 한다.

02 행성의 둘레를 공전하는 천체를 (소행성, 위성)이라고 한다.

03 태양을 관찰하는 시기는 태양빛이 (강한, 강하지 않은) 때가 좋다.

04 지구와 크기가 가장 비슷한 행성은 (수성, 금성, 화성)이다.

05 태양에서 지구까지의 실제 거리는 (1억 5000만, 15억 1000만) km이다.

06 천왕성과 금성 중 지구에서 보았을 때 더 작게 보이는 행성은 (천왕성, 금성)이다.

07 태양의 쌀알 무늬는 광구 밑에서 일어나는 (대류, 복사)에 의한 온도 차이로 발생한다.

08 태양계에서 가장 큰 행성으로 줄무늬가 있는 것은 (토성, 목성)이다.

09 태양이 달에 의해 가려져 보이지 않는 현상은 (일식, 월식)이다.

개념다지기 정답 ❶ 항성 ❷ 태양계 ❸ 쌀알 무늬 ❹ 흑점 ❺ 109 ❻ 지구형 ❼ 목성형

02 탐구력 키우기

탐구 1 태양계 행성의 특징

탐구과정

아래 표는 태양계 행성의 물리적 특징을 나타낸 표이다. 각 특징을 비교해 보고 그 차이점을 알아보자.

행성	태양까지 거리 (지구=1)	반지름 (지구=1)	질량 (지구=1)	밀도 (g/cm^3)	중력 (지구=1)	위성수	대기	표면 온도 (℃)	표면의 구성 물질	물
수성	0.39	0.38	0.06	5.43	0.38	0	없다	-173 ~427	암석	없다
금성	0.72	0.95	0.82	5.24	0.91	0	두꺼운 이산화 탄소 층	482	암석	없다
지구	1	1.00	1.0	5.52	1.00	1	질소, 산소 등	15	암석	많다
화성	1.52	0.53	0.11	3.94	0.38	2	엷은 이산화 탄소	-140 ~20	암석	있었던 흔적
소행성대										
목성	5.19	11.19	317.8	1.33	2.53	95	수소, 헬륨 등	-121	얼어붙은 기체	없다
토성	9.53	9.41	95.1	0.70	0.94	60	수소, 헬륨 등	-125	얼어붙은 기체	없다
천왕성	19.2	4.01	14.5	1.32	0.89	27	수소. 헬륨, 메테인, 암모니아 등	-224	얼어붙은 기체	없다
해왕성	30.0	3.89	17.1	1.64	1.14	14	수소, 헬륨, 메테인 등	-218	얼어붙은 기체	없다

자료해석

1. 8개의 행성 중에서 가장 크기가 작은 행성은 (　　　)이고, 가장 큰 행성은 (　　　)이다.

2. 지구는 태양계에서 큰 편인가, 작은 편인가? 그렇게 생각하는 이유는?

3. 만약에 물속에 넣는다면 물 위에 뜰 수 있는 행성은 무엇이며 그렇게 생각하는 이유는? (단, 물의 밀도는 1 g/cm^3 이다.)

4. 달과 같이 운석구덩이가 많은 행성은 무엇이며 그렇게 생각하는 이유는?

탐구 2 금성의 위상 관찰

탐구과정

금성은 지구와 함께 태양 주위를 돌고 있다. 다음 그림은 금성이 태양 주위를 공전하면서 관측되는 변화를 나타낸 것이다.

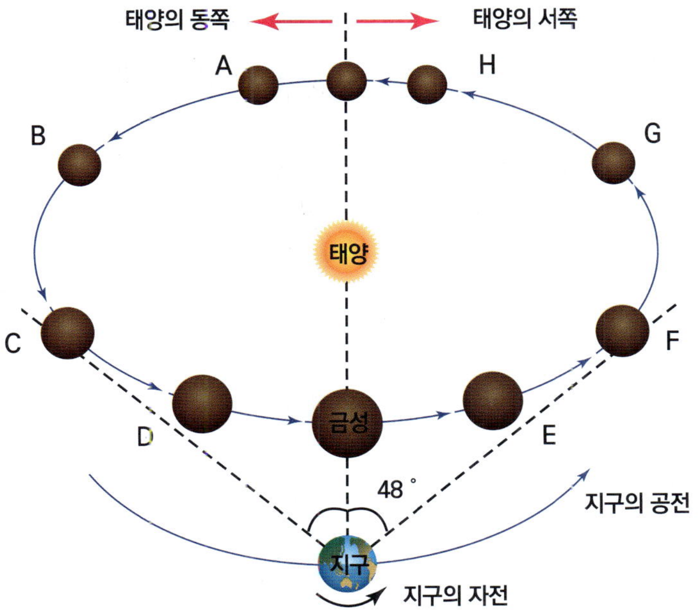

자료해석

1. 지구에서 관측했을 때, 금성이 A~H 의 위치에 각각 있을 때 관측되는 시간과 모양 변화를 그림으로 나타내시오.

	태양보다 동쪽				태양보다 서쪽			
위치	A	B	C	D	E	F	G	H
관측 시기								
관측 방향								
모양 변화								

2. 해진 후 서쪽 하늘에서 가장 오래 관측할 수 있는 금성의 위치는 어디인가?

3. 달의 위상 변화와 다른 점을 써 보시오.

02 문제해결력 키우기

01 **다음 그림은 태양계의 가족 구성원인 태양, 행성, 위성, 혜성 등의 모습을 나타낸 것이다. 태양의 가족 구성원에 대한 다음 설명 중 옳은 것만을 있는 대로 고르시오.**

① 태양계의 중심에는 지구가 있다.
② 지구에서 가장 가까운 행성은 달이다.
③ 태양의 가족 구성원과 이들이 분포하는 공간을 태양계라고 한다.
④ 행성은 태양 주위를 도는 것이고, 위성은 행성 주위를 도는 것이다.
⑤ 태양계의 항성은 수성, 금성, 지구, 화성, 목성, 토성, 천왕성, 해왕성이다.

02 **다음 그림은 어떤 천체가 태양 가까이에 왔을 때 찍은 것이다. 이에 대한 설명으로 옳지 않은 것을 고르시오.**

① 이 천체는 혜성이다.
② 태양과 같은 쪽에 꼬리가 생긴다.
③ 태양 주위를 타원 궤도로 공전한다.
④ 주로 얼음과 먼지로 이루어져 있다.
⑤ 태양에 가까워질수록 꼬리가 길어진다.

03 태양을 관찰하면, 다음 그림과 같이 태양 표면에 불규칙한 모양의 검은 점을 볼 수 있다. 이것의 이름을 쓰고, 검게 보이는 이유를 설명하시오.

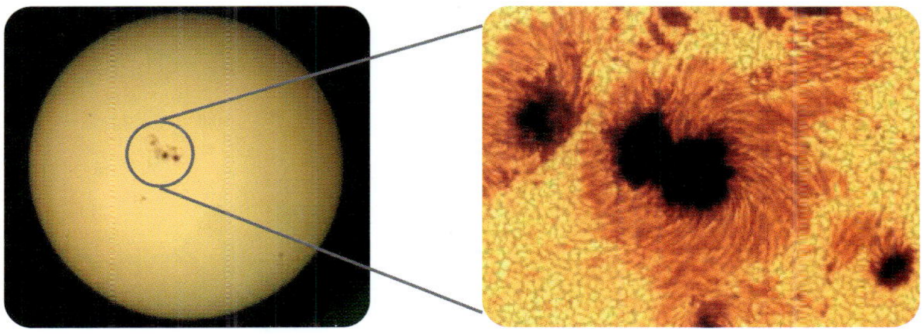

· 이름 :

· 검게 보이는 이유 :

04 태양과 지구는 약 1억 5,000만 km 떨어져 있다. 지금 우리가 보는 태양빛은 태양에서 얼마 전에 출발한 것일까? (단, 빛의 속도는 300,000 km/s 이다.)

02 문제해결력 키우기

05 다음 그림은 3일 동안 흑점의 위치 변화를 관찰한 것이다. 이 그림을 보고 알 수 있는 사실은 무엇인지 쓰시오.

7월 15일

7월 16일

7월 17일

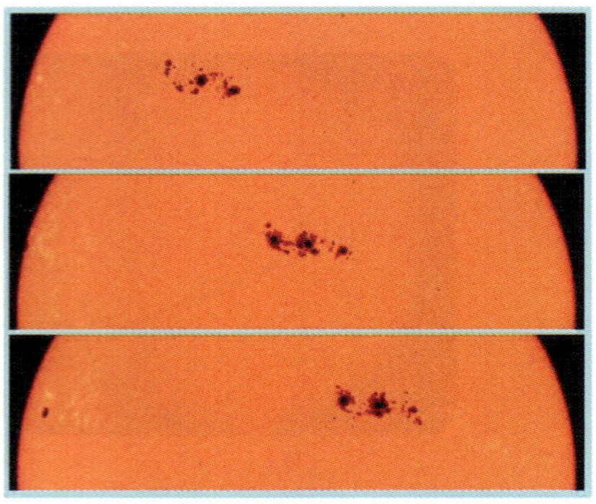

06 다음 표는 수성과 금성의 자료를 나타낸 것이다.

	태양으로부터의 거리 (km)	평균 표면 온도 (℃)
수성	5,7900,000	약 179℃이지만, 온도 변화는 약 -183℃ ~ 427℃
금성	10,8200,000	462℃

금성은 수성보다 태양에서 더 멀리 떨어져 있는데도 표면의 평균 온도가 수성보다 더 높고, 낮과 밤의 온도 변화가 거의 없다. 그 이유는 무엇일까?

07

인류가 태양계의 행성들에 대한 비밀을 알아내기 위한 노력들은 끊임없이 계속되어 왔다. 과거부터 현재까지 어떤 방법으로 태양계 행성들의 비밀을 알아내었을까? 행성의 관측법이나 탐사법을 3가지 쓰시오.

08

다음은 화성 탐사선들이 보내온 화성의 다양한 모습들이다. 화성 탐사선이 보내온 화성 표면의 사진을 분석한 사람들은 화성에 생명체가 살고 있을 것이라고 주장했다. 화성에 생명체가 살고 있다는 증거는 무엇일까?

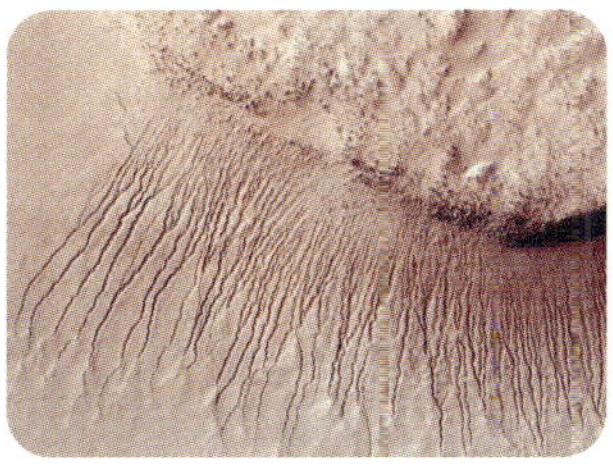

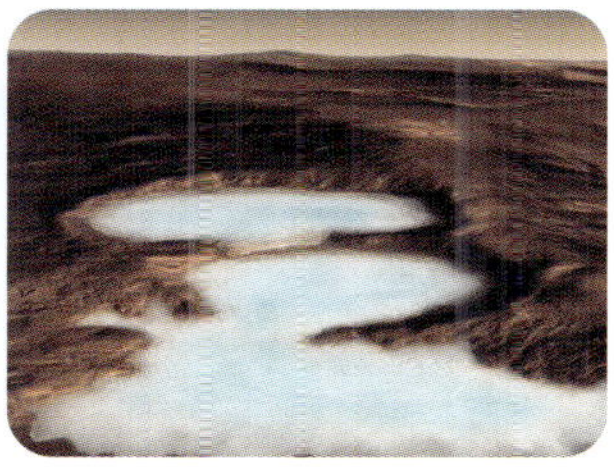

STEP BY STEP

09 **다음 그림은 2009년 7월 22일 일본에서 개기 일식이 발생했을 때 현지에서 촬영한 것이다. 다음 물음에 답하시오.**

(1) 위 사진이 촬영될 때의 달의 위치를 다음 그림 A ~ D 중에 고르시오.

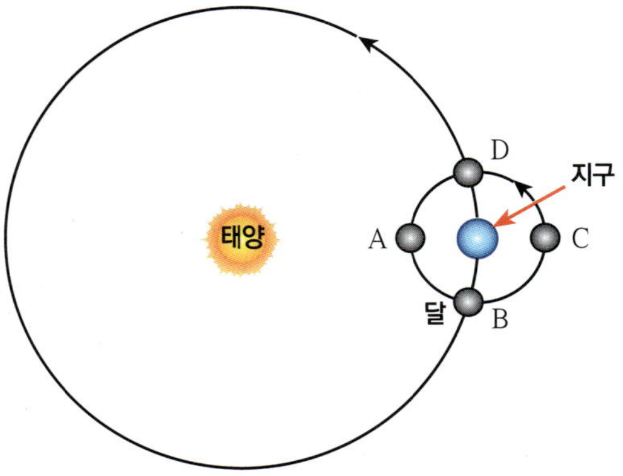

(2) 같은 날 같은 시각 우리나라에서는 태양의 일부분만 가려지는 부분 일식이 발생하였다. 두 나라에서 이와 같은 차이가 발생한 이유는 무엇인가?

(3) 달의 공전 주기는 약 1개월이다. 그렇다면 일식이 매달 1회씩 일어날까? 그렇지 않다면 이유를 쓰시오.

STEP BY STEP

10 다음 그림은 태양 주위를 돌고 있는 행성들의 공전 궤도를 나타낸 것이다. 다음 물음에 답하시오.

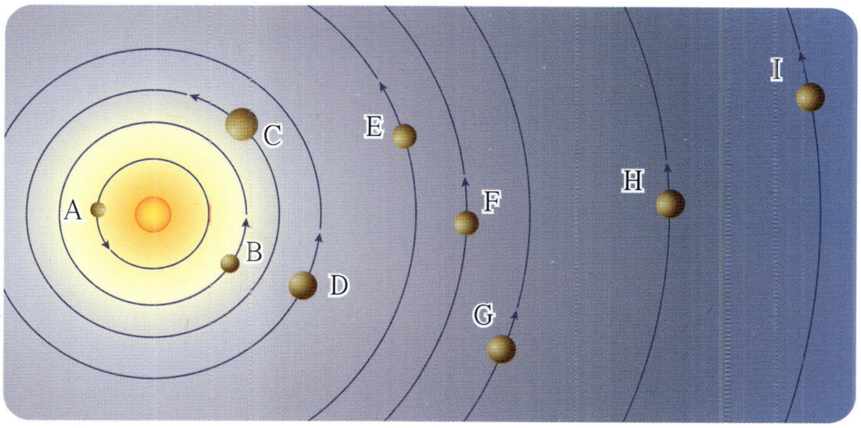

(1) A ~ I 중 대기가 없는 행성을 모두 쓰시오.

(2) A , B, C, D 행성의 공통적인 특징을 골라 ∨표 하시오.

① 행성의 크기(반지름)와 질량이 (크다, 작다).
② 행성의 밀도가 (크다, 작다).
③ 대기는 (가벼운 원소, 무거운 원소)로 구성되어 있다.
④ 위성의 수가 (없거나 적다, 많다).
⑤ 고리가 (있다, 없다).
⑥ 자전주기가 (길다, 짧다).

(3) 다음 내용과 관계 있는 행성을 찾아 기호와 이름을 쓰시오.

지구에서 우주탐사선을 보내 조사한 결과 표면은 붉은 색의 사막으로 되어 있으며, 물이 흘렀던 자국이 남아 있는 것이 발견되었다. 또한, 극지방에는 얼음과 드라이아이스로 된 흰색의 극관이 있다.

02 문제해결력 키우기

STEP BY STEP

11 **천왕성의 공전 주기는 84년, 자전 주기는 16시간이다. (가)는 천왕성의 자전축이 공전 궤도면과 일치하면서 공전하는 모습이고, (나)는 천왕성의 극과 적도에서 볼 수 있는 태양 빛의 양을 84년의 공전 주기에 걸쳐 표현한 그림이라고 할 때 다음 물음에 답하시오.**

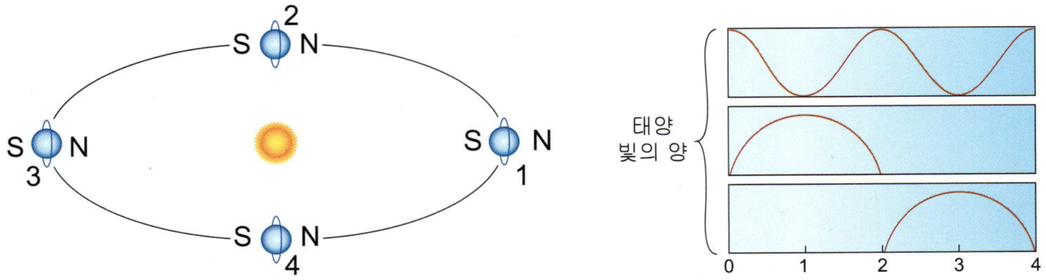

(가) (나)

(1) 천왕성의 위치 1→2 로 갈 때까지 기간은 얼마인가?

(2) 하루는 보통 태양이 뜨고 지는 것을 기준으로 정한다. 우주 비행사가 천왕성의 남극에 도착했을 때, 1년은 총 몇 일로 이루어져 있는가?

STEP BY STEP

12

다음 표는 태양에서 지구까지의 거리를 1로 보았을 때, 태양에서 각 행성까지의 거리를 나타낸 것이다. 다음 물음에 답하시오. (단. 태양에서 지구까지의 실제 거리는 1억 5000만 km 이다)

행성	태양에서 행성까지의 거리	행성	태양에서 행성까지의 거리
수성	0.4	목성	5.2
금성	0.7	토성	9.5
지구	1.0	천왕성	19.2
화성	1.5	해왕성	30.1

(1) 태양에서 목성까지의 실제 거리를 구하시오.

(2) 지구와 화성이 가장 가까워졌을 때 지구에서 화성까지 자동차를 타고 가려고 한다. 최고 속력 120 km/시 로 달리는 자동차를 타고 최고 속력으로 계속 간다면 지구에서 화성까지 며칠이 걸리겠는가?

(3) 태양계의 가장 바깥쪽을 해왕성이 공전하고 있는 궤도까지라고 가정한다면 태양계의 해왕성 공전면의 넓이는 얼마일지 계산하시오.(해왕성의 궤도는 원이라고 가정한다.)

02 창의력 키우기

01 태양은 지구상의 생물체들뿐만 아니라 태양계의 행성들에게서도 없어서는 안 될 매우 중요한 존재이다.

✓ 유창성
● 융통성
✓ 독창성
● 정교성

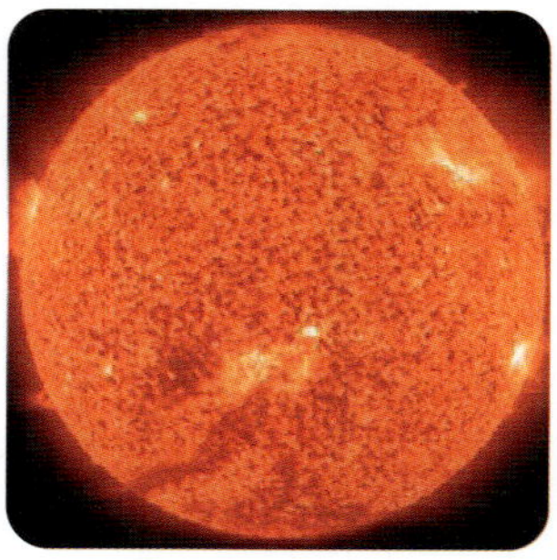

(1) 태양과 지구의 물질들 간에는 어떤 관계가 있을지 다음 제시된 물질과 태양의 관계를 적어보시오.

▲ 곡식

▲ 구름

· 곡식 :

· 구름 :

(2) 만약 태양이 없어진다면 지구 환경에 어떤 변화가 발생할지 3가지 이상 쓰시오.

02

유창성
✓ 융통성
독창성
정교성

실제 존재하지 않는 행성 A와 B는 지구와 비교하여 다음과 같은 특성을 가지고 있다. (단, A, B 행성의 공전궤도와 주기, 자전 속도는 지구와 비슷하다고 가정한다.) A, B 행성과 지구를 비교하여 다음 물음에 답하시오.

행성	특성
A	1. 크기와 총질량은 지구와 동일하다. 2. 내부 구성 물질은 균질하다. 3. 바다는 없지만, 지표에 약간의 물은 존재한다. 4. 대기의 밀도는 지구의 70배이다.
B	1. 총질량은 지구와 같으나, 반지름이 지구의 4배이다. 2. 내부 구성 물질은 균질하다. 3. 물이 존재하지 않는다. 4. 대기는 없다.

(1) 행성 A, B 와 지구에서 각각 5km 깊이의 시추공을 뚫어 암석을 채취하였을 때, 채취한 암석 시료의 밀도가 가장 큰 행성부터 차례로 쓰고, 그렇게 생각하는 이유를 간단히 쓰시오.

·밀도 크기 순서 :

·이유 :

(2) 지표면에 운석이 충돌하여 생긴 구덩이가 가장 오랫동안 보존될 가능성이 큰 행성을 쓰고, 그렇게 생각하는 이유를 간단히 쓰시오.

·운석 구덩이가 보존될 가능성이 가장 큰 행성 :

·이유 :

02 STEAM 융합형 문제 해결하기

01 **태양에서 가장 멀리 떨어져 있는 행성은 해왕성으로 알려져 있다. 그렇다면 태양계의 끝을 해왕성이라 할 수 있을까? 답은 아니다. 해왕성 바깥에 카이퍼벨트라는 원반형(도넛 모양)의 소행성 집단이 있다. 카이퍼벨트의 바깥쪽과 접해져 있는 원 모양의 오르트 구름이 있는데, 현재 태양계의 끝은 카이퍼벨트와 오르트 구름까지라고 알려져 있다.**

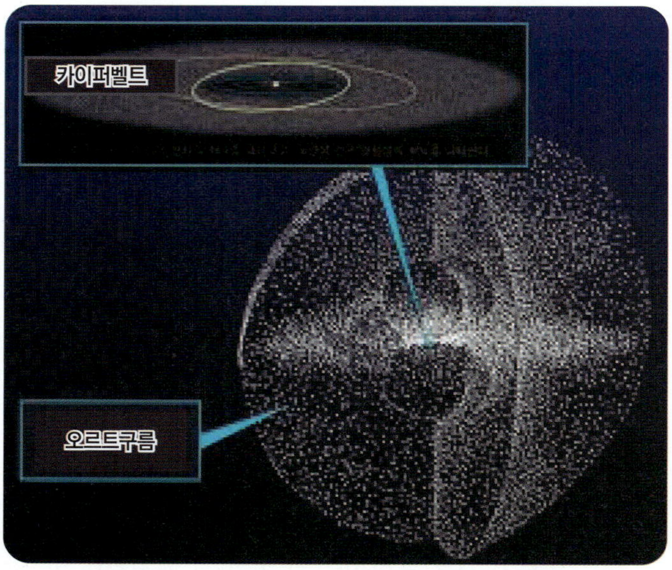

(1) 카이퍼벨트는 태양에서 50AU 정도 떨어져 있다. 그렇다면 지구에서 얼마나 멀리 떨어져 있는지 km로 나타내시오. (1AU는 태양과 지구 사이의 거리를 나타낸다.)

(2) 카이퍼벨트와 오르트 구름 안에서 혜성들이 만들어진다고 한다. 그렇다면 카이퍼벨트 안의 소행성들은 어떤 물질들로 이루어져 있을지 설명하시오.

(3) 지구에서 오르트구름의 중심부까지의 거리가 대략 5만 AU이고, 오르트 구름에서 만들어진 혜성은 보통 시속 350 km로 움직인다. 오늘 지구에서 새로운 혜성을 목격했다면 이 혜성은 오르트 구름을 언제 떠난 것일까?

3

식물이 하는 일

까만 꽃도 있을까?

우리 주위에는 알록달록 예쁜 꽃들이 많이 피어 있다.
화려한 색을 가진 꽃들은 나비와 벌 등을 우인하여 꽃가루받이를 한다.
그렇다면 까만 꽃도 있을까?

03 개념다지기

1 꽃 관찰하기

(1) 꽃[1]의 구조와 기능

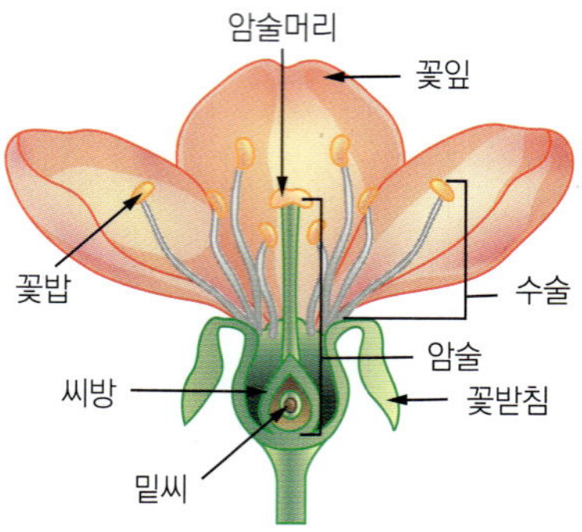

❶	외부 환경의 변화로부터 암술과 수술을 보호한다.
꽃받침	꽃잎을 받쳐서 모아 주어 꽃을 보호한다.
암술	암술머리와 씨방이 암술대에 의해 연결되어 있으며, 꽃가루가 암술머리에 떨어져 수분이 이루어진다.
수술	꽃가루를 만드는 꽃밥과 수술대로 구성되어 있다.

(2) 꽃이 피는 이유 : 식물의 꽃은 ❷ 을 늘려 나가기 위한 수단이다. 동물은 짝짓기를 하여 자손을 늘려 나가지만 식물은 씨를 만들어 번식한다. 씨가 만들어지려면 먼저 꽃가루받이★가 일어나야 한다. 그런 뒤에 암술머리에 달라붙은 꽃가루가 자라 씨방★ 안에 있는 밑씨와 만나면 씨가 만들어진다.

2 꽃가루받이(수분)

(1) 꽃가루받이 방법

곤충에 의해서(충매화)[2]
향기가 있고 색이 화려하며 꽃가루에 꿀이 있다.
예 무궁화, 개나리, 장미, 벚꽃 등

바람에 의해서(풍매화)
꽃가루의 수가 많고 크기가 작으며 가벼워 바람에 잘 날아간다.
예 소나무, 밤나무 등

새에 의해서(조매화)
다른 식물에 비해 꽃이 크고 꿀이 많다.
예 동백, 파인애플, 바나나 등

물에 의해서(수매화)
물에 사는 식물들은 대부분 물에 의해 꽃가루받이가 이루어진다.
예 물수세미, 개구리밥, 붕어말 등

(2) 꽃가루받이 후 식물의 변화 : 암술머리에 붙은 꽃가루에서 꽃가루관 대롱이 자라면서 뻗어 내리는데, 이 꽃가루관 속의 정핵★이 씨방 속의 밑씨와 만나 수정★이 되어 씨앗이 생기고 열매가 자라게 된다. 씨방, 꽃받침 등이 ❸ 가 되고, ❹ 는 자라서 씨가 된다.

---

❶ 자연에 까만 꽃도 있을까?
검은색 꽃이 되려면 가시광선 전부를 흡수해야 한다. 그런데 자연계에서 가시광선의 모든 파장을 흡수하는 꽃잎은 없다. 또한 꽃은 오랜 진화의 결과인데, 대부분의 꽃의 색깔은 유전적으로 DNA 단계에서 이미 결정되어 있다. 꽃가루받이를 도와주는 새나 곤충을 유인할 수 있어야 하므로 꽃잎의 색이 완전히 검은색으로 진화한 종은 자연계에는 없다. 식물 중 검은색에 가까운 꽃이 피는 요강나물 꽃도 완전히 검은 색은 아니다.

❷ 꽃과 곤충의 관계
꽃은 곤충에게 꿀과 안식처를 제공하고 곤충은 꽃의 꽃가루를 암술에 옮겨주는 역할을 한다. 서로에게 필요한 것을 제공하게 되는 것이다.

과학단어

- ★ **꽃가루받이** 수꽃 혹은 수술의 꽃가루를 암꽃 혹은 암술의 암술머리에 옮겨 주는 것, 수분이라고도 함
- ★ **씨방** 암술대 밑에 붙은 통통한 주머니 모양의 부분으로 속에는 밑씨가 들어있음. 암술머리에서 꽃가루받이가 일어나 수정이 되면 씨방은 열매가 되고, 밑씨는 수정 후 자라 씨가 됨
- ★ **수정** 꽃가루의 정핵과 밑씨의 난세포가 결합하여 씨가 생기는 현상
- ★ **정핵** 속씨식물의 꽃가루관 속에 있는 생식핵이 분열하여 생기는 두 개의 핵

3 열매와 씨 관찰하기

(1) 열매의 구조 : 열매는 열매의 가장 바깥쪽에 있는 껍질인 외과피와 보통 우리가 먹는 부분인 중과피, 그리고 열매의 가장 안쪽에 있고 씨앗을 보호하는 부분인 내과피로 되어 있다.

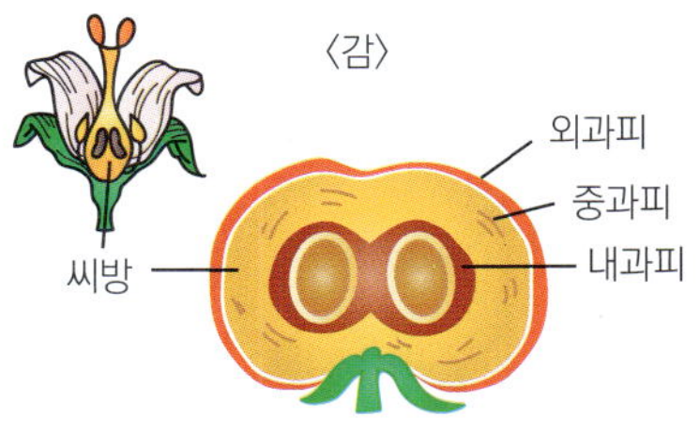

▲ 참열매

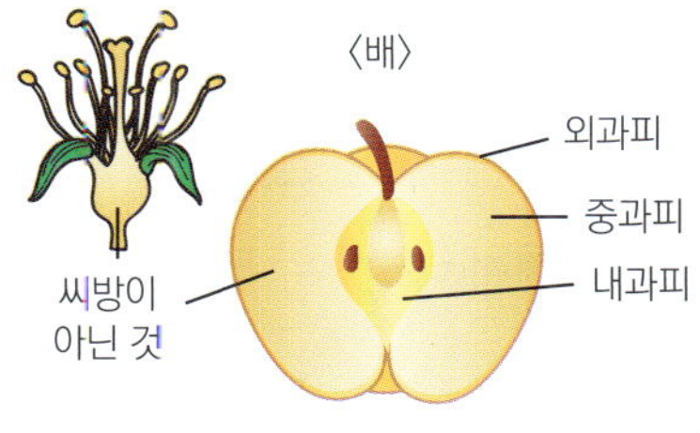

▲ 헛열매

(2) 씨앗의 구조 : 씨[3] 속에는 싹이 트면 자라서 어린 식물[4]이 될 부분인 배가 있고, 배가 싹틀 때 필요한 양분을 저장하는 ⑤ ______ 이 있다. 배젖이 없는 씨앗인 콩, 밤 등은 ⑥ ______ 에 양분을 저장한다.

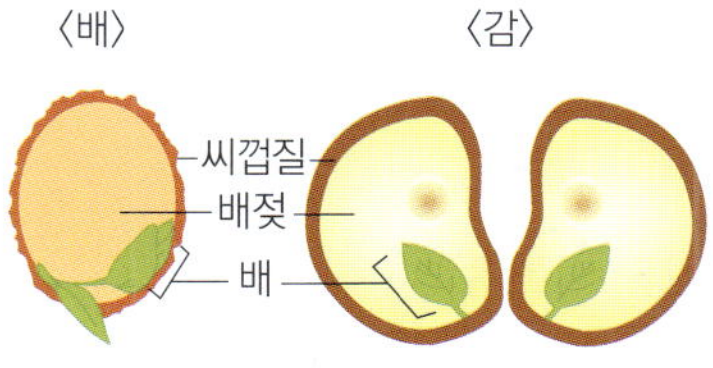

▲ 배젖이 있는 씨

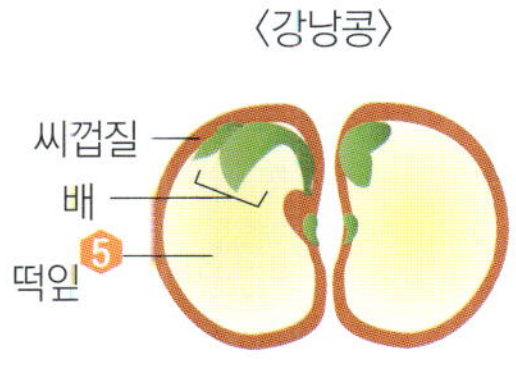

▲ 배젖이 없는 씨

4 씨가 퍼지는 방법 : 꽃가루가 퍼지는 방법과 비슷하다.

퍼지는 방법	씨의 특징	식물의 예
동물에게 먹혀서	씨가 들어 있는 열매의 맛이 좋다.	 딸기, 포도
꼬투리가 터져서	꼬투리에 싸여 있다가 건조해지면 껍질이 비틀리면서 터져 씨앗이 튕겨 나간다.	 봉선화, 냉이
바람에 날려서	털이나 날개같이 바람에 잘 날릴 수 있는 구조로 되어 있다.	 민들레, 단풍나무
동물의 몸에 붙어서	바늘이나 갈고리가 있거나, 끈끈한 물질이 있다.	 도깨비 풀, 도둑놈의 갈고리
물 위에 떠서	열매 속에 공기 주머니 같은 것이 있어서 다른 곳으로 이동될 때까지 물 위에 떠 있을 수 있다.	 연꽃, 야자

3 씨의 발아★

씨는 일시적인 휴면 상태가 되었다가 온도, 수분, 산소 조건이 적절할 때 싹이 튼다.

▲ 발아한 콩

4 식물의 각 부분이 하는 일

잎	광합성 작용을 통해 양분과 산소를 만들고, 증산 작용과 호흡 작용을 한다.
꽃	씨앗을 맺는 생식 기관
열매	암술의 씨방이 자란 것으로 종자(씨)와 과피(열매껍질)로 이루어져 있다.
줄기	식물체를 지탱하고, 물과 양분을 운반하는 통로 역할을 한다.
뿌리	땅 속의 물과 양분을 흡수하고, 줄기와 이어져 식물체를 지탱한다. 양분을 저장하기도 하고 호흡을 하기도 한다.

5 떡잎

떡잎은 겉씨식물 및 속씨식물의 밑씨 속에서 발달 중인 배가 최초로 만드는 잎으로 줄기와 뿌리가 자라고 잎이 나오기 시작하면 떡잎은 퇴화되어 없어진다. 속씨식물은 떡잎이 1장(외떡잎식물), 또는 2장(쌍떡잎식물)이고, 겉씨식물은 그 수가 일정하지 않다. 속씨식물 중 중복 수정을 하는 밤이나 강낭콩 등은 씨에 배젖이 퇴화되고, 배의 떡잎이 비대해져서 씨의 대부분을 차지하며 씨에 양분을 공급한다.

▲ 강낭콩의 잎과 떡잎

과학단어

★ 발아: 씨앗에서 싹이 틈

03 개념다지기

5 줄기의 구조

(1) 줄기의 구조

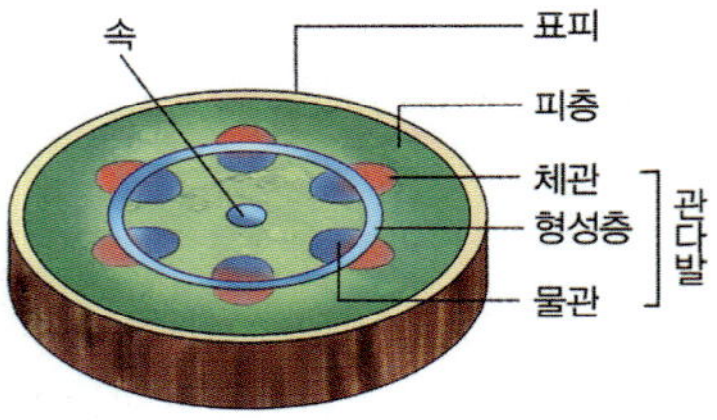

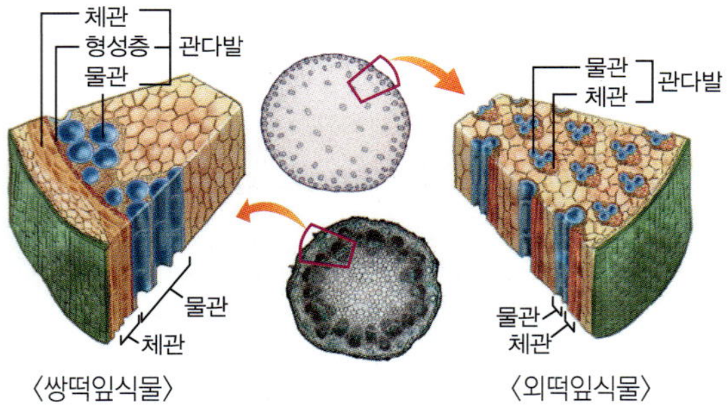

표피	줄기의 가장 바깥쪽에서 줄기를 싸서 보호함
피층	표피 안쪽의 여러 겹의 세포층
속	줄기의 가장 안쪽의 세포층
관다발	·물관 + 체관 + 형성층(외떡잎식물은 형성층이 없음) ·물관 : 세포벽이 두꺼운 죽은 세포, 물과 무기 양분의 이동 통로 ·체관 : 체판을 가진 세포, 잎에서 만든 유기 양분의 통로 ·형성층[2] : 살아 있는 세포로 된 얇은 조직, 나이테 형성, 세포분열로 부피 생장

6 잎[3]

(1) 잎의 구조와 기능[4]

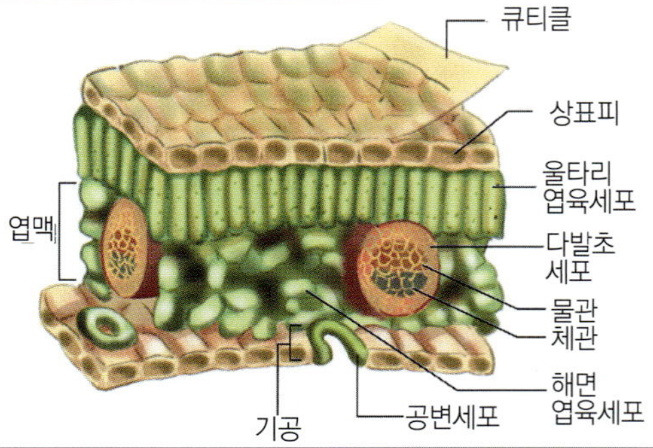

표피 조직	표피	·잎을 감싸고 있는 한 겹의 세포층 ·엽록체★가 없어 광합성이 일어나지 않음
	기공	·2개의 공변세포로 이루어진 구멍으로 주로 잎의 뒷면에 분포 ·기체의 출입(이산화 탄소, 산소, 수증기)이 일어남
	공변세포	·표피세포가 변한 것으로 주로 잎의 뒷면에 분포 ·엽록체가 있어 광합성이 일어남
울타리 조직		·세포가 규칙적으로 빽빽하게 배열 ·엽록체가 있어 광합성이 일어남
해면 조직		·세포가 엉성하게 배열되어 기체의 통로 역할 ·엽록체가 있어 광합성이 일어남
잎맥		·잎에 퍼져 있는 관다발로 물관과 체관으로 구성

광합성이 일어나는 부분

(2) 광합성 : 식물 세포의 엽록체에서 ❼ ______ 와(과) ❽ ______ 을 원료로 하여 햇빛을 이용해 양분(녹말)과 산소를 만들어 내는 과정이다. 광합성은 주로 식물의 잎에서 일어난다.

---

1 줄기의 기능

① 지지 작용 : 식물체를 지탱한다.
② 운반 작용 : 물관과 체관을 통해 물과 양분을 운반한다.
③ 저장 작용 : 여분의 양분을 저장한다.
예 감자, 양파, 토란, 연, 사탕수수 등
④ 호흡 작용 : 피목★을 통해 산소를 흡수하고 이산화 탄소를 내보낸다.

2 줄기의 부피 생장과 형성층

형성층이 있는 쌍떡잎식물이나 겉씨식물은 줄기가 굵어져 나무줄기를 이룬다. 하지만 형성층이 없는 외떡잎식물은 줄기가 굵어지지 않는다. 초본류(풀)가 이에 속한다.

▲ 나무 줄기 ▲ 풀 줄기

3 잎의 겉모습

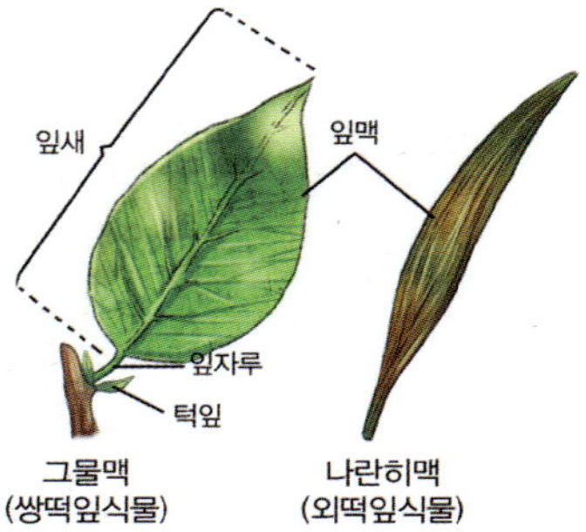

4 잎의 기능

① 광합성 작용 : 엽록체에서 빛을 이용하여 포도당을 합성한다.
② 증산 작용 : 식물체 내의 물을 기공을 통해 수증기 형태로 내보내는 작용
③ 호흡 작용 : 기공을 통해 산소를 받아들이고, 이산화 탄소를 배출한다.

과학단어

★ **엽록체** 식물 잎의 세포 안에 함유된 둥근 모양 또는 타원형의 작은 구조물. 엽록소를 함유하여 녹색을 띠며 광합성을 하여 녹말을 만드는 소기관이다.
★ **피목** 껍질눈. 나무의 줄기나 뿌리에 코르크 조직이 만들어진 후 기공 대신 공기의 통로가 되는 조직

7 식물 속에서 물의 이동

(1) 증산작용

① 증산작용 : 식물체로 흡수된 물이 잎의 기공을 통해 수증기 상태로 공기 중으로 빠져 나가는 것

② 증산작용의 조절 : 공변세포에 의해 기공이 열리거나 닫혀서 증산작용이 조절된다.

③ 증산작용이 잘 일어나는 조건

구분	햇빛	온도	바람	습도	체내 수분량
기공이 열림	강할 때	높을 때	불 때	낮을 때	많을 때

(2) 식물에서 물의 이동

① 땅 속 뿌리에서 흡수된 물은 줄기를 통하여 상승하여 식물 전체로 이동한다.

② 식물에서 물 상승의 원동력

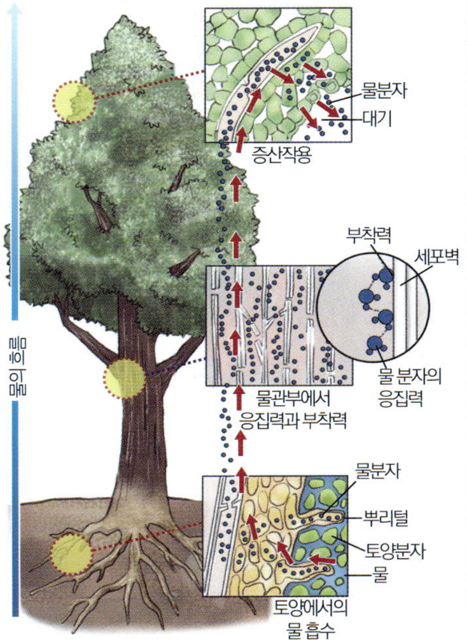

구분	물 상승력의 발생 과정
증산작용	기공에서 빠져나가는 물을 보충하기 위해 물을 빨아 올린다.
물 분자의 응집력	물분자끼리는 서로 잡아 당기는 힘이 작용한다.
뿌리압	뿌리는 삼투압 현상에 의해 흡수한 물을 위로 밀어올린다.
모세관 현상*	물관이 모세관 역할을 하여 관을 따라 물이 위로 올라 간다.

5 현미경으로 관찰한 공변세포

① 공변세포의 모양과 분포 : 공변세포는 입술 모양이며, 열린 것도 있고 닫힌 것도 있다. 공변세포는 잎의 뒷면에 많으며 식물에 따라 그 분포가 다르다.

② 공변세포가 하는 일 : 뿌리에서 올라온 물이 공변세포 사이의 기공을 통해 바깥으로 빠져나간다. 기공을 통해 광합성에 필요한 이산화 탄소가 들어오고, 광합성의 결과 생긴 산소가 밖으로 나간다.

과학단어

★ **모세관 현상** 액체 속에 가는 관을 세웠을 때, 관 안의 물 높이가 관 밖의 물 높이보다 높아지거나 낮아지는 현상

기본확인문제

01 꽃받침은 외부 환경으로부터 암술과 수술을 보호한다. (O / X)

02 식물의 꽃은 자손을 남기기 위해 씨를 만드는 생식 기관이다. (O / X)

03 전나무, 소나무 등과 같이 바람에 의해 꽃가루받이가 이루어지는 식물을 풍매화라고 한다. (O / X)

04 꽃이 피고 나서 꽃이 지면 그 자리에 씨나 열매가 생긴다. (O / X)

05 단풍나무 씨는 가볍고 얇은 날개가 달려 있어서 동물의 몸에 달라붙어 씨가 퍼진다. (O / X)

06 식물은 대를 이어가기 위해서 씨를 멀리 퍼뜨린다. (O / X)

07 식물은 광합성을 통해 양분과 산소를 만들어낸다. (O / X)

08 뿌리에서 흡수된 물은 줄기를 통해 올라와 대부분 잎의 기공을 통해 공기 중으로 빠져 나간다. (O / X)

09 빛을 적게 받을 때, 습도가 높을 때 식물의 증산 작용이 활발하다. (O / X)

개념다지기 정답 ❶ 꽃잎 ❷ 자손 ❸ 열매 ❹ 밑씨 ❺ 배젖 ❻ 떡잎 ❼❽ 물, 이산화 탄소

03 탐구력 키우기

탐구 1 식물의 줄기 단면 관찰

탐구과정

준비물

백합, 장미, 칼, 색소, 현미경, 받침 유리, 페트리접시

1. 장미와 백합을 붉은 잉크를 탄 물이 든 비커에 하루 정도 담가둔다.

2. 식물의 줄기를 가로와 세로로 얇게 자른다.

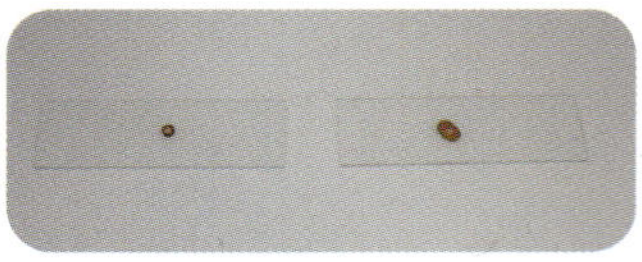

3. 생물 표본을 만들어 현미경으로 관찰한다.

탐구결과

1. 실험 결과 장미와 백합의 줄기 단면에 붉게 나타난 부분을 칠한 후 횡단면의 특징을 쓰시오.

	장미	백합	탐구 결과
단면 모습	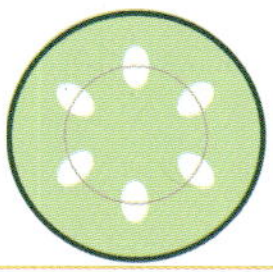		
관다발 배열의 특징			

2. 실험에서 붉게 물든 곳은 어느 기관인가?

탐구문제

1. 다음은 두 식물 줄기의 종단면 모습이다. 줄기 단면의 모습과 식물의 이름을 바르게 연결하시오.

 •   • 백합 •   • 쌍떡잎식물

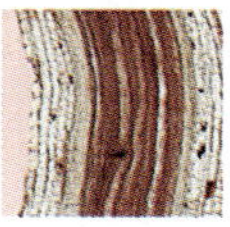 •   • 장미 •   • 외떡잎식물

2. 다음 쌍떡잎 식물과 외떡잎식물을 비교한 표이다. 알맞은 것에 ○표 하시오.

	형성층	뿌리 종류	부피 생장	관다발 배열
쌍떡잎식물	○ , X	곧은, 수염	○ , X	규칙, 불규칙
외떡잎식물	○ , X	곧은, 수염	○ , X	규칙, 불규칙

탐구 2 광합성의 원료

탐구과정

준비물

물풀, 은박지, BTB 용액, 빨대, 시험관 집게, 알코올 램프

1. 녹색 BTB 용액에 입김을 불어 넣어 황색이 되도록 한다

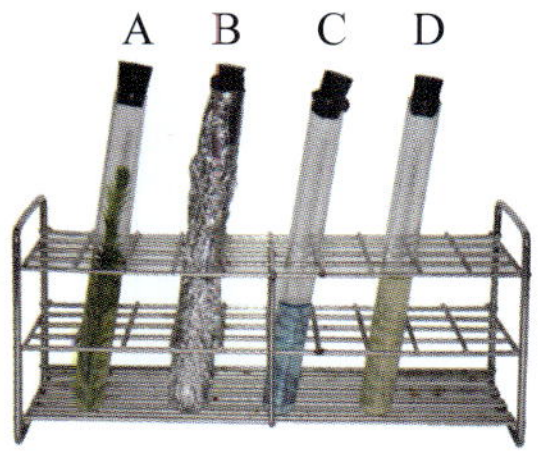

2. 4개의 시험관에 입김을 불어 넣은 BTB 용액을 같은 양씩 넣고 다음 〈조건〉과 같이 조작한다.

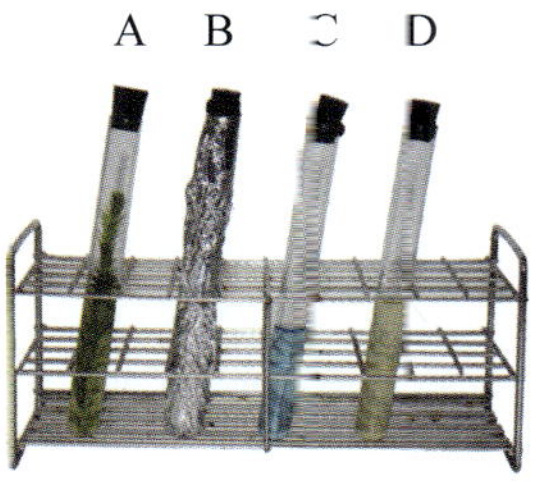

3. 햇빛이 잘 비치는 곳에 두고 색깔 변화를 관찰한다.

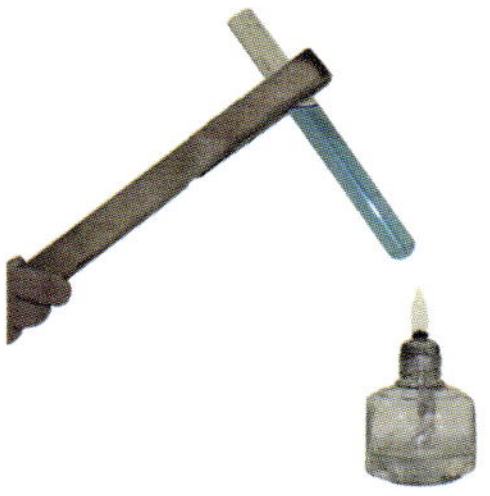

〈시험관 C〉

시험관	조건
A	물풀
B	물풀 + 은박지
C	가열
D	조작하지 않음

〈과정 2 조건〉

탐구예상

1. 시간이 지난 후 A, B, C, D 시험관에 각각 어떤 작용이 일어날 것인지 쓰고, 예상되는 각 시험관의 색깔을 쓰시오.

구분	시험관에서 일어나는 작용	예상되는 시험관 안의 색깔
A		
B		
C		
D		

탐구문제

1. A와 C의 결과를 비교하여 알 수 있는 사실을 정리하여 쓰시오.

2. A와 B의 실험 결과를 비교하여 알 수 있는 사실을 정리하여 쓰시오.

03 문제해결력 키우기

01 **다음 그림은 꽃의 구조를 나타낸 것이다. ㉠~㉤의 이름과 역할을 쓰시오.**

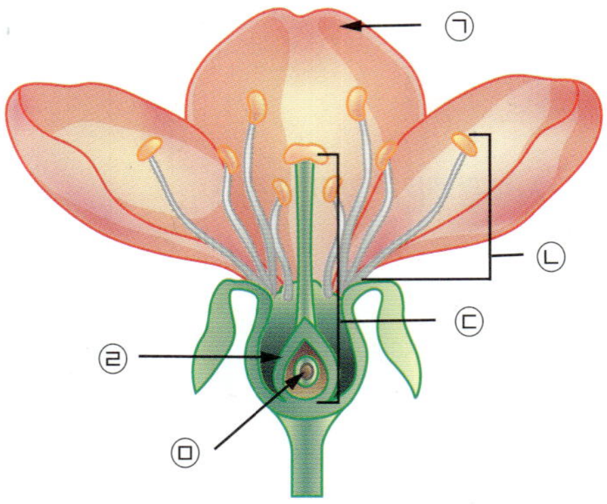

	이름	역할
㉠		
㉡		
㉢		
㉣		
㉤		

02 **향기가 있고, 색이 화려하며 꽃가루와 꿀이 있는 꽃에는 곤충이 많이 모여든다. 곤충이 꽃에 모여들면서 꽃과 곤충은 서로에게 어떠한 도움을 주는지 쓰시오.**

·꽃이 벌에게 주는 도움 :

·벌이 꽃에게 주는 도움 :

03

다음의 그림은 소나무의 암꽃과 수꽃의 모습을 나타낸 것이다. 소나무의 꽃은 5월에 암꽃과 수꽃이 따로 핀다. 소나무의 꽃가루받이는 어떻게 일어나는지 꽃의 구조와 관련지어 쓰시오.

04

다음 그림은 감과 강낭콩의 씨 단면을 나타낸 것이다.

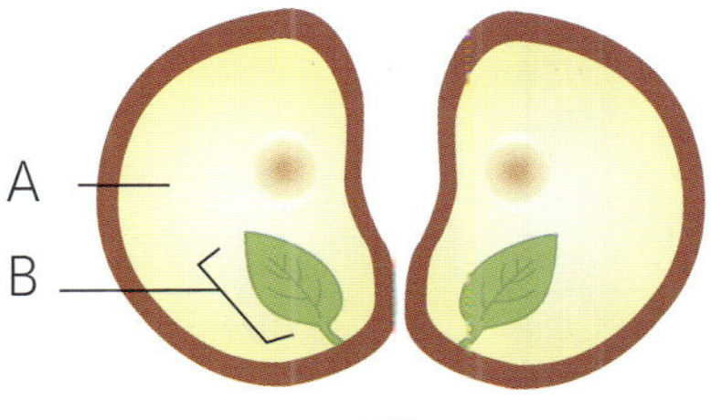

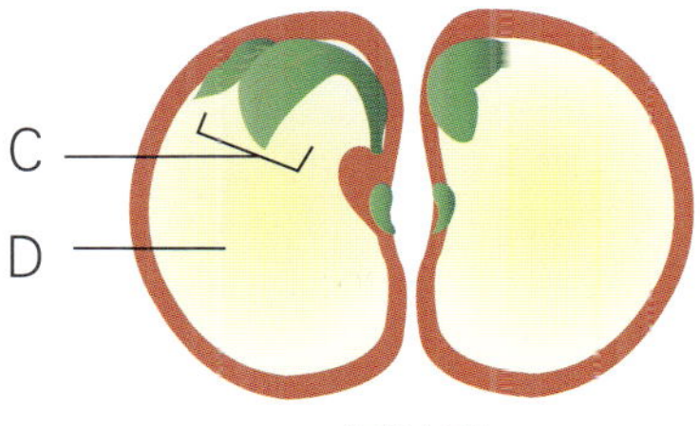

각 구조에 대한 설명으로 옳지 <u>않은</u> 것은?

① B는 배이다.
② D는 배젖으로 양분을 저장한다.
③ B와 C는 장차 식물이 되는 부분이다.
④ A는 배가 자라는데 양분을 제공한다.
⑤ C는 정핵과 난세포의 수정으로 생성된다.

03 문제해결력 키우기

05 다음 여러 가지 열매에 대해 설명한 내용 중 옳은 것만을 있는 대로 고르시오.

① 모든 열매는 씨방이 자라서 된 것이다.
② 열매는 씨앗을 보호하고 씨앗이 번식하는 것을 돕는다.
③ 열매는 그 모양과 특징에 따라서 종류가 매우 다양하다.
④ 암술의 꽃가루가 수술을 만나서 수정이 된 후 밑씨가 자라서 열매가 된 것이다.
⑤ 열매는 껍질인 외과피와 보통 우리가 먹는 부분인 중과피, 그리고 열매의 가장 안쪽에 있고 씨앗을 보호하는 부분인 내과피로 되어 있다.

06 다음 그림은 줄기의 단면을 나타낸 것이다. A ~ E 에 해당하는 이름을 쓰고 〈보기〉에서 설명하는 것을 찾아 기호로 쓰시오.

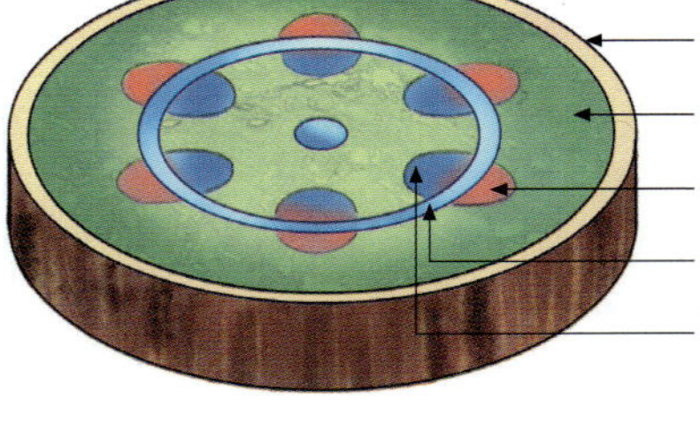

보기

ㄱ. 세포 분열이 일어나 부피 생장을 함
ㄴ. 살아 있는 세포로 구성되며, 유기 양분의 이동 통로
ㄷ. 줄기 가장 바깥쪽의 한 겹의 세포층
ㄹ. 물과 무기 양분의 이동 통로
ㅁ. 줄기 안쪽에 있는 세포층

	이름	기호
A	( )	( )
B	( )	( )
C	( )	( )
D	( )	( )
E	( )	( )

07 다음 그림은 줄기에 양분을 저장하는 감자의 모습이다. 이와 같이 줄기에 양분을 저장하는 식물만을 보기에서 있는 대로 골라 기호를 쓰시오.

보기

ㄱ. 무　ㄴ. 연근　ㄷ. 토란　ㄹ. 고구마　ㅁ. 당근　ㅂ. 사탕수수

08 잎의 표피 세포를 현미경으로 보았더니 다음과 같은 입술 모양의 세포를 관찰할 수 있었다.

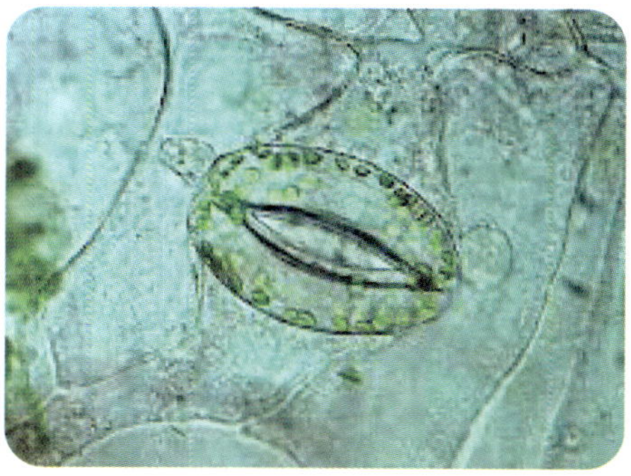

위 사진 속 입술 모양의 세포에 관한 설명으로 옳은 것만을 있는 대로 고르시오.

① 식물이 물을 흡수하는 곳이다.
② 잎에서 만들어진 양분을 이동시키는 곳이다.
③ 물이 수증기로 변해 빠져 나가는 증산작용이 일어나는 곳이다.
④ 주로 잎의 뒷면에서 많이 볼 수 있으며, 식물에 따라 그 분포가 다르다.
⑤ 광합성의 결과 만들어진 산소를 내보내고, 공기 중의 이산화 탄소를 받아들이는 곳이다.

STEP BY STEP

09 다음 그림과 같이 실험 장치를 한 후 햇빛이 잘 비치는 곳에 두었다.

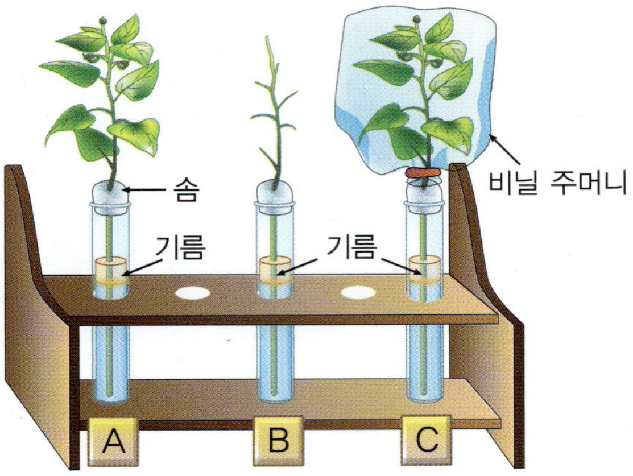

(1) 위 실험은 무엇을 알아보기 위한 것인지 모두 고르시오.

① 햇빛의 세기에 따른 증산량 비교
② 식물체 내 수분량이 증산작용에 미치는 영향
③ 증산작용이 일어나는 장소
④ 습도 조건에 따른 증산작용의 비교
⑤ 온도 조건에 따른 증산작용의 비교

(2) 각 시험관에 기름을 넣은 이유는 무엇인가?

(3) 실험 결과 위 시험관에 남아 있는 물의 양을 예상하여 부등호로 나타내고, 그렇게 예상한 이유도 함께 쓰시오.

STEP BY STEP

10 다음과 같이 중성의 BTB 용액을 같은 양 넣고 햇빛을 비추며 각각 다른 조건으로 실험 설계를 하여 시간이 지남에 따라 BTB 용액의 색깔 변화를 관찰하였다. 단, BTB 용액은 지시약으로 산성에서 황색, 중성에서 초록색, 염기성에서 청색을 띤다.

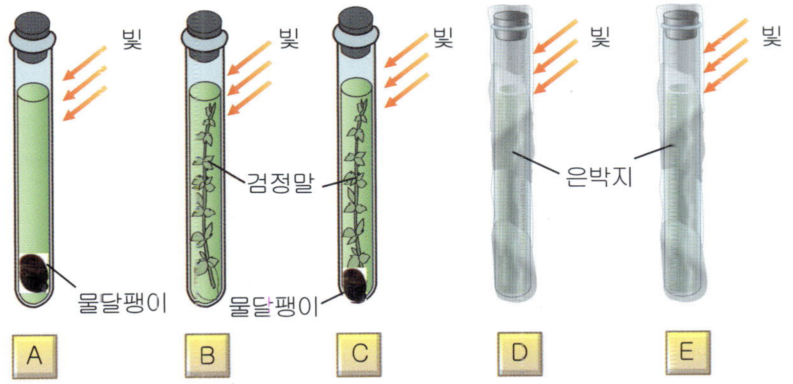

A	B	C	D	F
물달팽이	검정말	검정말	검정말	검정말
		물달팽이	물달팽이	은박지
			은박지	

(1) 가장 빨리 황색으로 변하는 시험관과 가장 빨리 청색으로 변하는 시험관의 기호를 각각 고르고 그 이유를 쓰시오.

	기호	이유
가장 빨리 황색으로 변하는 시험관	㉠	㉡
가장 빨리 청색으로 변하는 시험관	㉢	㉣

(2) 이 실험을 통해 알 수 있는 사실만을 있는 대로 고르시오.

ㄱ. 물달팽이는 호흡 결과 이산화 탄소를 방출한다.
ㄴ. 빛의 세기는 광합성량에 영향을 미친다.
ㄷ. 식물은 빛이 없을 때 산소를 흡수하고, 이산화 탄소를 방출한다.
ㄹ. 빛이 없어도 물달팽이와 식물을 함께 넣어 두면 물달팽이는 계속 살 수 있다.
ㅁ. 물에 녹아 있는 산소의 농도는 식물의 광합성량에 영향을 준다.
ㅂ. 식물은 빛을 이용하여 광합성 작용을 한 결과 산소를 방출한다.

03 문제해결력 키우기

STEP BY STEP

11 **다음 그림은 광합성 실험을 나타낸 것이다. 단, 아이오딘 - 아이오딘화 칼륨 용액은 녹말과 만나 청남색을 띤다.**

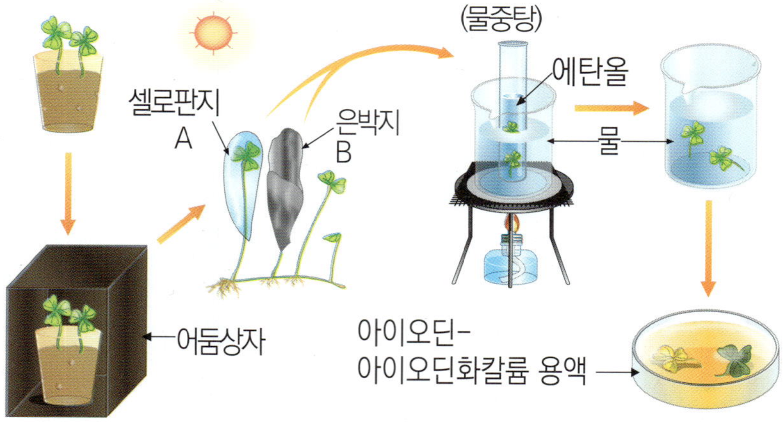

(1) 위 실험 결과 청남색으로 변한 토끼풀을 고르고 청남색으로 변하게 한 원인 물질을 쓰시오.

(2) 위 실험에 대한 설명으로 옳지 않은 것은?

① B 잎을 은박지로 가리는 것은 빛을 차단하기 위해서이다.
② 에탄올은 불이 잘 붙기 때문에 반드시 물중탕으로 가열해야 한다.
③ 아이오딘 반응을 시키는 이유는 녹말의 생성 여부를 확인하기 위해서이다.
④ 에탄올을 잎에 넣고 가열하는 이유는 잎 속의 녹말을 제거하기 위해서이다.
⑤ 식물을 어둠 상자에 넣는 이유는 잎에 이미 만들어진 양분을 다른 곳으로 이동시키기 위한 것이다.

(3) 위 실험 과정에서 알 수 있는 사실을 2가지 이상 쓰시오.

STEP BY STEP

12 민경이는 식물이 광합성을 하는데 영향을 받는 요인이 무엇인지 알기 위한 실험을 한 후 다음과 같은 결과를 얻었다.

[실험 (가)]

온도(℃)	0	5	10	15	20	25	30	35	40
강한 빛을 받을 때의 광합성의 속도	12	15	18	28	40	62	91	94	20
약한 빛을 받을 때의 광합성의 속도	10	10	10	10	10	10	10	10	10

[실험 (나)]

공기 중의 이산화 탄소의 농도(%)	0	0.03	0.06	0.09	0.12	0.15	0.18
강한 빛을 받을 때의 광합성의 속도	0	12	24	36	40	40	40
약한 빛을 받을 때의 광합성의 속도	0	5	5	5	5	5	5

(1) 위의 두 실험에서 민경이가 광합성의 속도에 영향을 주는 요인이라고 생각한 것을 모두 쓰시오.

(2) 실험 (나)의 결과를 그래프로 나타내고 특징을 적어 보시오.

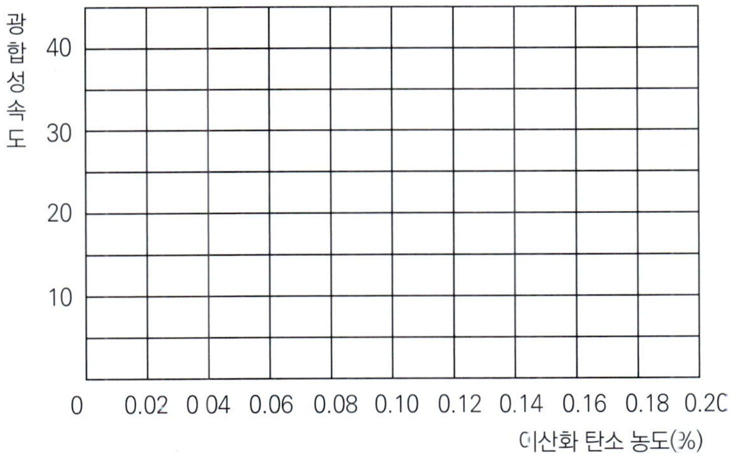

(3) 민경이의 아버지는 비닐 하우스에서 참외 농사를 짓고 계신다. 위의 두 실험 결과를 참외 농사에 적용한다면, 비닐하우스 안의 환경을 어떻게 해야 하는지 3가지 쓰시오.

03 창의력 키우기

01

- 유창성
- ✓ 융통성
- 독창성
- ✓ 정교성

국화는 꽃이 피어서 질 때까지 꽃잎이 계속 열려 있다. 그러나 나팔꽃은 외부 환경 조건에 따라 꽃잎이 열리고 오므라드는 것을 반복하는데, 이러한 현상을 수면 운동이라고 한다. 다음 식물들의 꽃잎이 열리고 오므리기를 반복하는 특징을 살펴보고 물음에 답하시오.

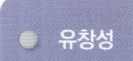

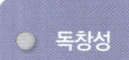

꽃의 종류	꽃이 피는 시기	꽃잎이 열리는 때	꽃잎이 오므리는 때
민들레	4월 ~ 5월	해뜰 무렵	해질 무렵
튤립	4월 ~ 5월	11시 전후	15시 전후

▲ 민들레

▲ 튤립

(1) 민들레의 수면 운동에 영향을 준다고 생각되는 요인을 하나만 쓰시오.

(2) 튤립의 수면 운동에 영향을 준다고 생각되는 요인을 2가지 쓰시오.

02 다음은 가로수로 이용되는 나무들의 특성을 조사한 결과이다 (단, 나무의 크기는 모두 비슷하다.)

유창성
✓ 융통성
✓ 독창성
정교성

가로수 종류	이산화 탄소 흡수량	산소 방출량	오존 흡수량	수분 방출량
느티나무	1.5 kg	0.8 kg	3.7 kg	0.15 kg
은행나무	1.0 kg	0.6 kg	2.4 kg	0.1 kg
플라타너스	3.6 kg	2.6 kg	13 kg	0.6 kg

▲ 느티나무

▲ 은행나무

▲플라타너스

(1) 위의 표를 보고 가로수로 가장 적합한 나무는 무엇인지 쓰시오.

(2) 위 (1)과 같이 생각한 까닭과 그것이 우리 생활에 주는 이로운 점을 관련지어 쓰시오.

구분	선택한 까닭	우리 생활에 주는 이로운 점
1		
2		
3		

03 STEAM 융합형 문제 해결하기

01 **다음 그래프는 식물의 빛의 세기에 따른 광합성량을 나타낸 것이다. 식물은 이산화 탄소를 흡수하여 광합성을 하고, 이산화 탄소를 방출하여 호흡을 한다. 방출한 이산화 탄소 량과 흡수한 이산화 탄소 량이 같을 때의 빛의 세기를 광 보상점(그래프의 a, c점)이라고 하며, 이때는 이산화 탄소가 방출되지도 않고 흡수되지도 않는다. 이산화 탄소 흡수량이 최대인 (그래프의 b, d점)은 빛이 강해져도 광합성 속도가 더 이상 증가하지 않는 점으로 '광포화점' 이라고 한다.**

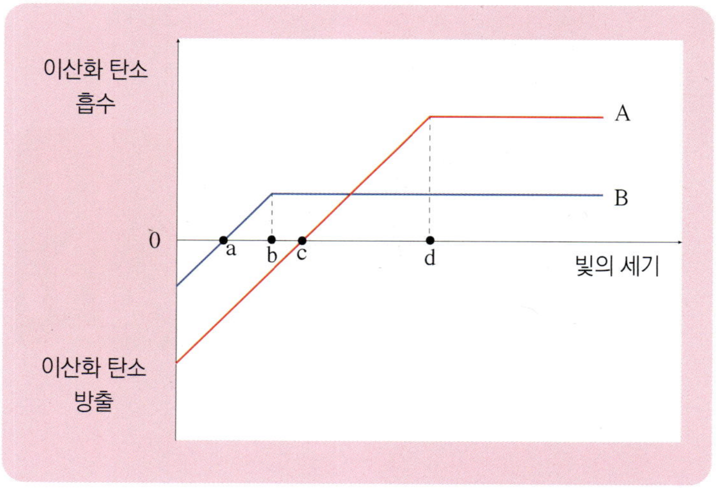

(1) 커다란 다리 밑에 식물을 심어 조경을 하려고 할 때 A와 B 식물 중 어떤 식물을 심는 것이 유리한지 그 이유와 함께 서술하시오.

(2) 위의 두 식물의 광합성량을 맑은 날 하루 종일 측정한 결과를 예측하여 그래프로 나타내 보시오. (A 식물의 호흡량은 10, B 식물의 호흡량은 5로 일정하고, 광포화점에서 A 식물의 순광합성량은 20, B 식물의 순광합성량은 10이다.)

4

용해와 용액

싸인펜마다 물에 녹는 정도가 다른 이유는 무엇일까?

친구와 장난을 치다 손에 묻은 수성 싸인펜은 물로 씻으면 잘 지워진다. 그런데 유성 싸인펜이 손에 묻으면 비눗물로 닦아도 잘 지우지 지 않는다. 그 이유는 무엇일까?

04 개념다지기

용해와 용액

1 용해와 용액

(1) 용해 : 어떤 물질이 다른 물질에 녹아 들어가는 현상이다. 용액에서 녹아 들어가는 물질을 ❶ ______, 다른 물질을 녹이는 물질을 ❷ ______라고 한다.[1]

(2) 용액 : 두 가지 이상의 순수한 물질이 균일하게 섞여 있는 균일 혼합물

① 확대경★이나 현미경으로도 용질 입자가 보이지 않는다.
② 거름종이로 걸렀을 때, 거름종이 위에 걸러지는 것이 없다.
③ 색이 있어도 투명하다.
④ 용액 위에 뜨거나 가라앉는 것이 없다.

▲ 용액 (사이다)과 용액이 아닌 것 (과일 주스)

2 물과 아세톤에 가루 녹이기[2]

(1) 실험 방법

① 소금, 설탕, 시트르산★, 나프탈렌★, 탄산 칼슘★을 준비한다.
② 각 물질을 물과 아세톤에 넣고 흔들어, 용해되는지 알아본다.

(2) 실험 결과

① 물에 넣은 각 가루의 변화

② 아세톤에 넣은 각 가루의 변화

---

❶ **소금 주머니를 물과 아세톤에 넣고 변화 비교하기**

물	·소금 주머니에서 아지랑이처럼 녹아내린다. ·소금의 양이 줄어들어 주머니가 쭈그러진다.
아세톤	·주머니 주위와 주머니 안 모두 아무런 변화가 없다.

▶ **소금은 물에는 녹고, 아세톤에는 녹지 않는다.**

❷ **물에 녹는 액체와 아세톤에 녹는 액체**

물에 녹는 액체	알코올, 식초, 주스, 글리세롤, 아세톤 등
아세톤에 녹는 액체	식용유, 휘발유, 벤젠, 에테르, 물, 알코올 등

과학단어

★**확대경** 작은 것을 크게 보이도록 한 렌즈
★**시트르산(구연산)** 식물의 씨나 과즙에 많이 들어 있으며, 신맛이 남
★**나프탈렌** 화장실의 냄새를 없애거나 옷장에 넣어 방충제로 사용하며, 고체에서 바로 기체로 변하는 성질이 있음
★**탄산 칼슘** 무색 또는 흰색의 고체로 대리석, 석회석, 산호, 달걀 껍데기, 조개 껍데기 등의 여러 형태로 존재함

구분	소금	설탕	시트르산	나프탈렌	탄산 칼슘
물	용해됨	용해됨	용해됨	용해되지 않음	용해되지 않음
아세톤	용해되지 않음	용해되지 않음	용해됨	용해됨	용해되지 않음

알 수 있는 사실	각 액체에 용해되는 물질[3]이 각각 다르다.

3 물과 아세톤에 잉크 녹이기

(1) 물과 아세톤에 잉크 녹이기 : 수성★ 펜과 유성★ 펜의 잉크심을 분리하여 물과 아세톤에 각각 넣어본다.[4]

수성 잉크

▲ 물

수성 잉크가 아지랑이처럼 퍼져 나와 골고루 녹으면서 물이 잉크색으로 변한다.

▲ 아세톤

수성 잉크가 약간 녹아 옅은 색을 띤다.

유성 잉크

▲ 물

유성 잉크는 녹지 않고 물에 떠 있다.

▲ 아세톤

유성 잉크가 골고루 녹으면서 아세톤이 잉크색으로 변한다.

알 수 있는 사실	각 액체에 용해되는 물질이 각각 다르다.

(2) 손에 묻은 잉크를 지울 수 있는 방법

① 수성 잉크 : 물로 씻는다.
② 유성 잉크 : 아세톤으로 닦은 후, 비눗물로 씻는다.

4 용해 전과 후의 무게 비교

물의 무게

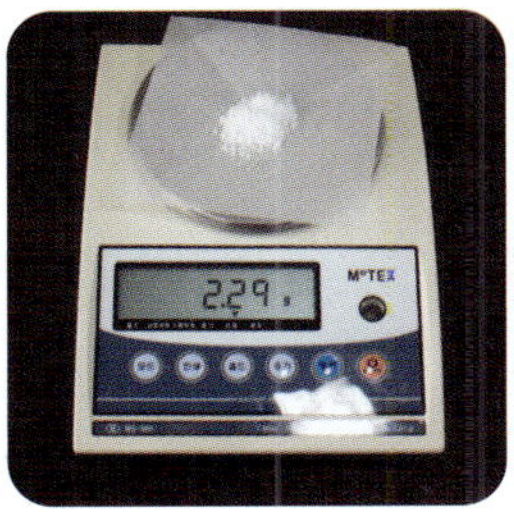

소금의 무게

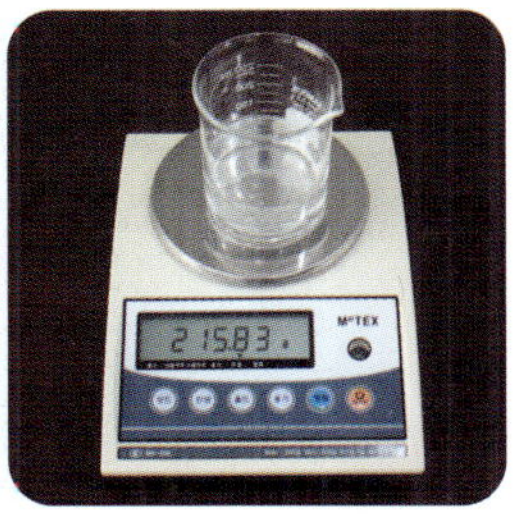

소금물의 무게 =
물의 무게 + 소금의 무게

알 수 있는 사실	물질이 용해되기 전, 물질과 액체의 무게의 합은 용해된 후의 용액의 무게와 [3] ________.

3 우리 생활 속 기체의 용해

① 어항의 물고기가 살 수 있는 이유는 물속에 산소가 녹아 있기 때문이다.

▲ 물속 기체

② 탄산 음료수 속의 기포는 이산화 탄소 기체이다.

▲ 콜라 속 기체

4 물과 아세톤에 식용유 넣어 보기

물과 식용유

식용유가 잘게 부서져 물 전체가 뿌옇게 되었다가 시간이 지나면, 물에 섞이지 않고 떠 있다.

아세톤과 식용유

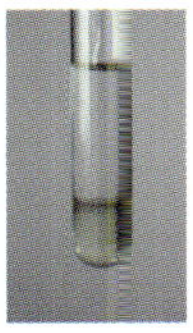
식용유는 아지랑이처럼 들어가다가 얼마 후 한 가지 액체처럼 섞인다.

과학단어

★ **수성** 물에 잘 녹는 성질
★ **유성** 기름에 잘 녹는 성질

5 용액의 진하기 비교하기

(1) 용액의 진하기 비교하기 ❶❷❸

물 50 mL에 넣은 흑설탕의 양			
	1 숟가락	5 숟가락	10 숟가락
흑설탕 용액			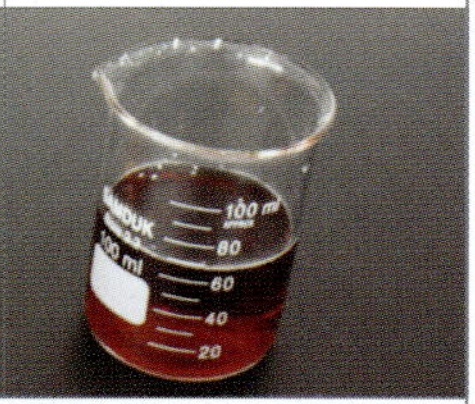
색깔의 진하기	1 숟가락 < 5 숟가락 < 10 숟가락		
맛의 진하기	1 숟가락 < 5 숟가락 < 10 숟가락		

(2) 용액의 농도 : 용액 속에 ❹ ____________ 이 얼마나 녹아 있는지를 나타내는 값

① 농도에 따라 용액의 맛과 색의 진하기, 밀도가 달라진다.

② 같은 물질로 여러 가지 다른 농도를 만들 수 있으므로 농도는 물질의 특성이 아니다.

③ 퍼센트 농도(%) : 용액 100 g 속에 녹아 있는 용질의 g수

$$\text{퍼센트 농도(\%)} = \frac{\text{용질의 질량(g)}}{\text{용액의 질량(g)}} \times 100 = \frac{\text{용질의 질량(g)}}{\text{용매의 질량(g)} + \text{용질의 질량(g)}} \times 100$$

6 물의 온도에 따른 붕산의 녹는 양 비교

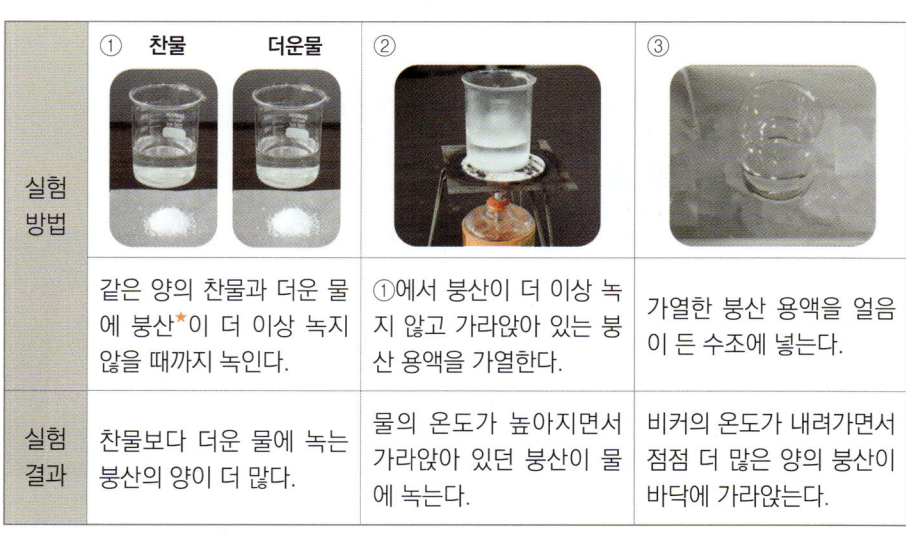

실험 방법	① 찬물 더운물 	② 	③ 
	같은 양의 찬물과 더운 물에 붕산★이 더 이상 녹지 않을 때까지 녹인다.	①에서 붕산이 더 이상 녹지 않고 가라앉아 있는 붕산 용액을 가열한다.	가열한 붕산 용액을 얼음이 든 수조에 넣는다.
실험 결과	찬물보다 더운 물에 녹는 붕산의 양이 더 많다.	물의 온도가 높아지면서 가라앉아 있던 붕산이 물에 녹는다.	비커의 온도가 내려가면서 점점 더 많은 양의 붕산이 바닥에 가라앉는다.

알 수 있는 사실	붕산의 녹는 양은 물의 ❺ ____________ 에 따라 달라지며, 온도가 높을수록 많이 녹고, 온도가 낮을수록 적게 녹는다.

❶ **진하기가 다른 용액에 달걀 넣어보기**

▶ **진한 용액일수록 달걀은 많이 떠오른다.**

❷ **기구를 만들어 용액의 진하기 비교하기**

수수깡에 일정한 간격으로 눈금을 표시한 다음 한쪽 끝에 압정을 꽂고, 진하기가 다른 액체에 띄운다.

▶ **진한 용액일수록 수수깡이 많이 떠오른다.**

❸ **용액의 진하기를 실생활에서 이용하는 예**

① 간장을 만들 때 달걀을 띄워 소금물의 진하기를 맞춘다.

② 좋은 볍씨를 고르기 위해 묽은 소금물에 볍씨를 담근다.

▶ 쭉정이는 위로 떠오르고 알맹이는 가라앉는다.

과학단어

★ **붕산** 냄새가 없고 흰색을 띠는 가루 물질

❼ 용해도

(1) 용해도

① 어떤 온도에서 용매 100 g에 최대한 녹을 수 있는 ❻ ________ 의 g수

② 온도, 압력, 용매, 용질에 따라 달라진다.

(2) 물질의 상태와 용해도[4,5]

구분	고체	기체	
변수	온도	온도	압력
용해도 곡선	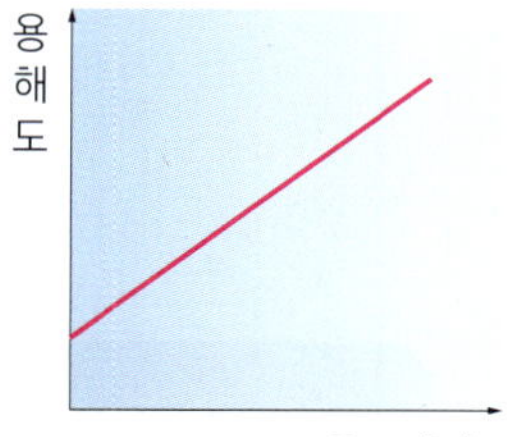 온도가 높아질수록 증가	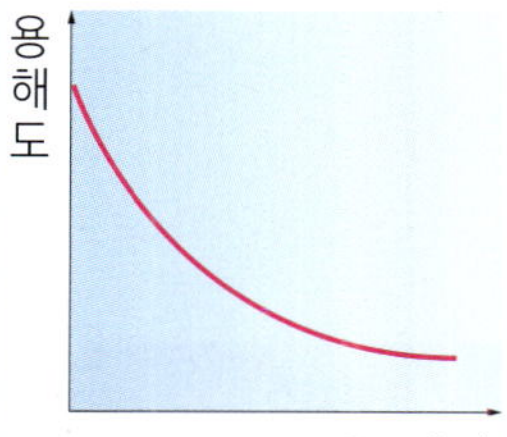 온도가 낮아질수록 증가	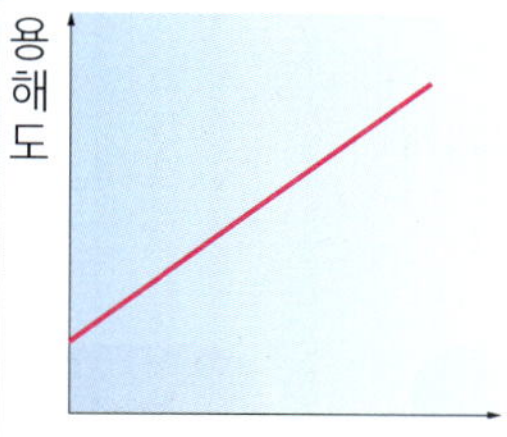 압력이 높아질수록 증가
예	설탕은 물의 온도가 높을수록 많은 양이 녹는다.	더운 여름날, 물속에 녹아 있는 산소의 용해도가 감소하기 때문에 물고기는 수면 위로 입을 내밀고 뻐끔거리며 숨을 쉰다.	탄산 음료수 병의 뚜껑을 열면 압력이 감소하므로 음료 속의 탄산 가스의 용해도가 감소하여 거품이 많이 올라온다.

알 수 있는 사실	용액의 온도가 낮아지거나, 용액이 증발하면 녹을 수 있는 ❼ ________ 의 양이 줄어들기 때문에 고체 용질의 경우 결정★이 생기거나, 기체 용질의 경우 거품이 생긴다.

❹ 여러 가지 물질의 용해도 곡선

일정한 온도에서 용질의 종류에 따라 용해도가 다르다.

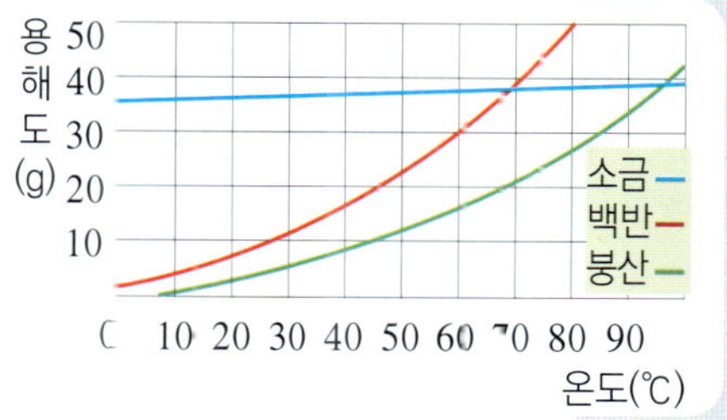

▲ 물 100g에 대한 용해도

❺ 용해도 곡선과 용액의 상태

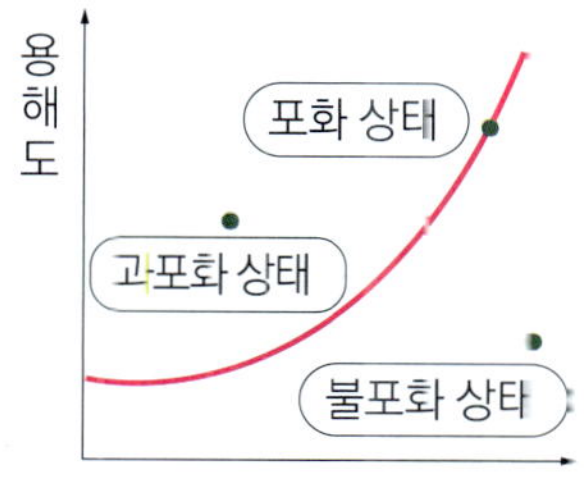

- 불포화 상태 : 용매에 용질을 더 녹일 수 있는 상태
- 포화 상태 : 용매에 용질이 최대한 녹아 있는 상태
- 과포화 상태 : 용매에 용질이 포화 상태보다 더 많이 녹아 있는 상태

과학단어

★ 결정 구성 입자들이 규칙적으로 결합하여 일정한 모양을 가진 고체

기본확인문제

01 물질이 액체에 녹아 있는 것을 (용매, 용액, 용해)(이)라고 한다.

02 (설탕, 시트르산, 나프탈렌)은 물과 아세톤에 모두 녹는다.

03 옷에 묻은 유성 잉크는 (물, 아세톤)을(를) 사용해 지울 수 있다.

04 설탕이 물에 용해되어 설탕물이 될 때, 녹이기 전의 무게와 녹인 후의 무게는 (같다, 다르다).

05 나프탈렌은 (물, 아세톤)에는 녹고, (물, 아세톤)에는 녹지 않는다.

06 진한 설탕물일수록 메추리 알이 더 많이 (가라앉는다, 떠오른다).

07 물의 온도가 (높을, 낮을)수록 물에 녹는 붕산의 양이 많아진다.

08 고체 물질의 용해도는 온도가 (낮을수록, 높을수록) 증가한다.

09 기체 물질의 용해도는 온도가 (낮을수록, 높을수록) 증가한다.

개념다지기 정답 ❶ 용질 ❷ 용매 ❸ 같다 ❹ 용질 ❺ 온도 ❻ 용질 ❼ 용질

04 탐구력 키우기

탐구 1 마블링

탐구과정

준비물

수조, 마블링 물감, 종이, 이쑤시개

① 수조에 물을 담고 유성 물감을 몇 방울 떨어뜨린 후 이쑤시개로 저어 무늬를 만든다.

② 종이로 유성물감을 덮은 후 들어 올린다.

③ 꺼낸 종이를 그늘에서 말린다.

탐구결과

1. 다음 빈칸에 알맞은 말을 써 넣으시오.

마블링은 물과 기름이 잘 (   ) 성질을 이용한 것이다.

탐구문제

1. 물 대신 아세톤을 사용한다면 결과는 같을까, 다를까?

2. 물-유성물감 대신에 기름-수성물감을 사용한다면 위 실험과 같은 결과물을 얻을 수 있을까?

정답 및 해설 P12

탐구 2 온도에 따른 고체의 용해도

탐구과정

준비물

질산 칼륨, 전자저울, 시험관, 시험관대, 비커, 알코올램프 가열장치, 온도계, 유리막대

① 시험관 4개에 질산 칼륨을 각각 2 g, 4 g, 6 g, 8 g 씩 넣는다.

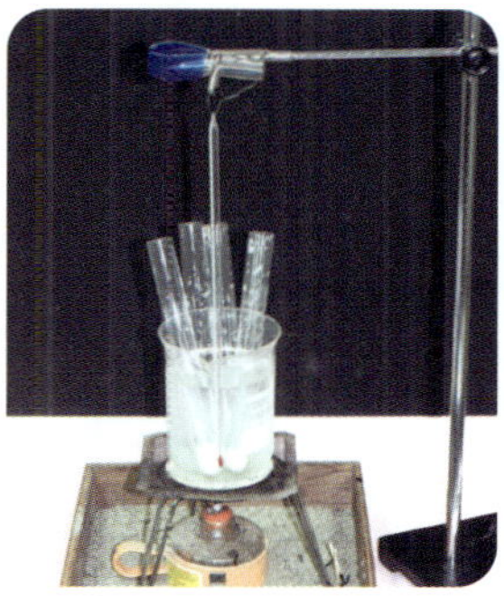

② 각시험관에 물을 5 mL넣고 그림과 같이 장치한 후, 물중탕으로 가열하여 질산 칼륨을 모두 녹인다.

③ 질산 칼륨이 모두 녹으면 불을 끄고 식히면서 중간마다 유리막대로 저어주며 각 시험관에서 결정이 생기기 시작하는 온도를 측정한다.

탐구결과

1. 다음 빈칸에 알맞은 말을 써 넣으시오.

물 5 mL에 녹은 질산 칼륨의 양 (g)	2	4	6	8
결정이 석출되는 온도 (℃)				

2. 결정이 생기는 이유는 무엇인가?

탐구문제

1. 물의 양이 많아지면 결정이 석출되는 온도는 어떻게 변할지 쓰시오.

2. 실험 결과를 이용해서 온도에 따른 용해도를 구해보자.

물 5 mL에 녹은 질산 칼륨의 양 (g)	2	4	6	8
결정이 석출되는 온도 (℃)				
질산 칼륨의 용해도				

04 문제해결력 키우기

01 실험을 할 때는 실험의 목적에 따라 같게 해주어야 하는 조건과 다르게 해주어야 하는 조건이 있다. 민재는 소금이 물과 아세톤 중 어느 것에 더 잘 녹는지 알아보기 위한 실험을 하려고 한다. 다음 중 이 실험을 할 때 다르게 해주어야 할 조건으로 옳은 것은?

① 젓는 횟수　② 소금의 양　③ 액체의 양
④ 액체의 종류　⑤ 액체의 온도

02 다음과 같이 서로 섞이지 않는 액체의 성질을 이용하고 우연의 효과를 살려 작품을 제작할 수 있다. 이러한 기법을 마블링이라고 한다.

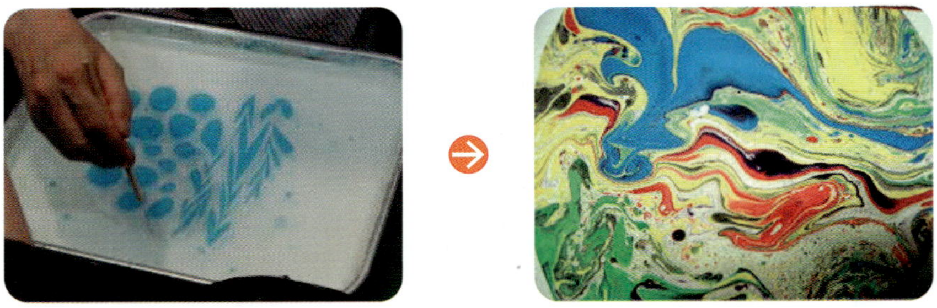

다음 중 마블링 기법이 가능한 작품 제작 방법만을 있는 대로 고르시오.

① 물이 담긴 용기에 유성 페인트를 떨어뜨린 후 표면에 종이를 대어 찍어낸다.
② 물이 담긴 용기에 수성 페인트를 떨어뜨린 후 표면에 종이를 대어 찍어낸다.
③ 식초가 담긴 용기에 유성 물감을 떨어뜨린 후 표면에 종이를 대어 찍어낸다.
④ 식용유가 담긴 용기에 수성 물감을 떨어뜨린 후 표면에 종이를 대어 찍어낸다.
⑤ 알코올이 담긴 용기에 유성 페인트를 떨어뜨린 후 표면에 종이를 대어 찍어낸다.

03 다음은 재형이가 A ~ D 가루를 물에 넣고 유리 막대로 저은 다음, 그 관찰 결과를 표로 정리한 것이다.

물에 넣은 가루	관찰 결과
A	위에 뜨거나 가라앉은 물질이 없다.
B	거름 장치에 걸렀더니 거름종이 위에 걸러진 것이 있다.
C	색깔이 파랗고 투명하다.
D	현미경으로 자세히 관찰해 보니 매우 작은 입자가 보인다.

위의 A ~ D를 물에 넣은 것 중 용액이 아닌 것의 기호를 쓰시오.

04 다음과 같이 설탕을 물에 완전히 용해시켜서 설탕물 용액을 만들었다.

물의 부피 : A (mL)
물의 무게 : C (g)

설탕의 부피 : B (mL)
설탕의 무게 : D (g)

설탕물의 부피 : ? (mL)
설탕물의 무게 : ? (g)

설탕물 용액의 무게와 물과 설탕의 무게를 비교하고, 설탕물 용액의 부피와 물과 설탕의 부피를 비교하여 설탕물 용액의 무게와 부피를 A ~ D를 사용하여 식으로 나타내시오.

· 설탕물 용액의 무게

· 설탕물 용액의 부피

04 문제해결력 키우기

05 다음 3개의 비커에 담긴 액체는 진하기가 다른 설탕물이다. 세 개의 비커에 담긴 용액의 진하기를 비교하는 방법을 3가지 이상 쓰시오.

06 물, 식용유, 에탄올을 다음과 같은 순서로 시험관에 넣었다.

① 시험관에 식용유 20mL를 넣는다.
② ①의 시험관에 에탄올 10mL를 넣는다.
③ ②의 시험관에 물 30mL를 넣는다.

이 실험의 결과 시험관 안의 액체는 몇 층이 될지 예상하시오.(단, 액체의 밀도는 에탄올 < 식용유 < 물 순이다.)

07

다음 중 퍼센트 농도가 다른 하나는 무엇인지 고르시오.

① 물 8 g에 소금 2 g을 녹인 용액
② 소금이 25 g 녹아 있는 소금물 100 g
③ 설탕이 10 g 녹아 있는 설탕물 50 g
④ 물 80 g에 소금 20 g을 녹인 소금물
⑤ 물 104 g에 설탕 26 g을 녹인 용액

08

다음 그림과 같이 시험관 A ~ F 에 같은 양의 사이다를 넣은 후 각 온도 조건에서 발생하는 기포의 양을 관찰하였다. 시험관 B, D, F는 고무마개로 막았다.

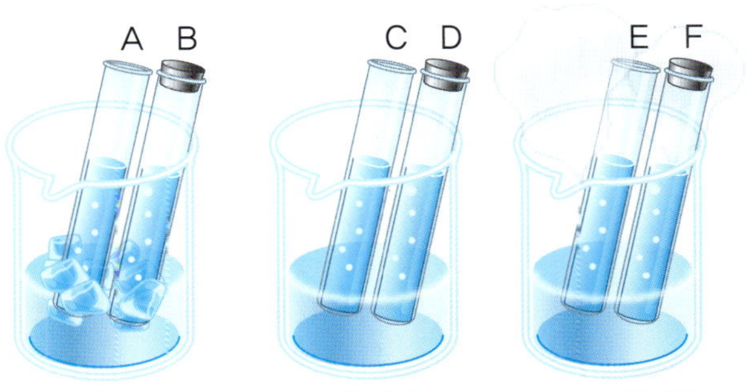

이 실험에 대한 설명으로 옳은 것만을 있는 대로 고르시오.

① 기포가 가장 적게 발생하는 시험관은 A이다.
② 기포가 가장 많이 발생하는 시험관은 E이다.
③ 온도가 높을수록 기체의 용해도는 증가한다.
④ 압력이 작을수록 기체의 용해도는 증가한다.
⑤ 이산화 탄소 기체의 용해도가 작아지면 기포가 많이 발생한다.

04 문제해결력 키우기

STEP BY STEP

09 **소연이는 책에서 다음과 같은 재미있는 실험을 보고 직접 해보기로 하였다.**

[실험방법]

❶ 작은 시험관에 물을 반정도 넣는다.

❷ 시험관 입구까지 알코올(에탄올)을 넣은 후 손가락으로 입구를 막아 뒤집는다.

[실험 결과]

❶ 물과 에탄올이 섞이면서 손가락이 시험관으로 빨려 들어가는 느낌이 들었다.

❷ 시험관을 뒤집었더니 시험관이 아래로 떨어지지 않고 손가락에 달라붙어 있었다.

(1) 물과 에탄올을 용매와 용질로 구분하시오. (단, 들어간 양을 보니 물이 45mL, 알코올이 55mL였다.)

(2) 물과 에탄올이 섞이면서 손가락이 시험관으로 빨려 들어가는 느낌이 나는 이유를 설명하시오.

(3) 물과 에탄올의 알갱이의 크기는 같을지 다를지 이유와 함께 쓰시오.

STEP BY STEP

10 다음은 어떤 고체 물질을 물 100 g 에 녹인 용해도 곡선을 나타낸 것이다.

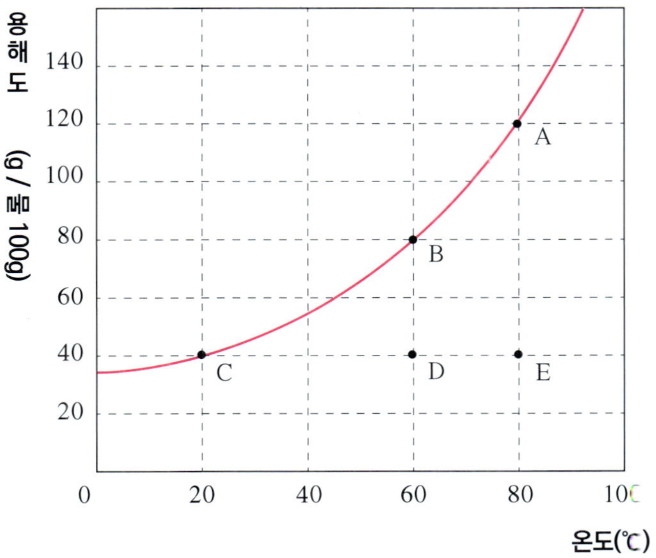

(1) 위 그림의 A~E 중, 아래 설명에 맞는 것을 바르게 짝지은 것을 고르시오.

· (가)와 (나)는 포화 용액이다.
· (나)와 (다)의 질량 퍼센트 농도는 같다.
· (가)를 20℃로 냉각하면 용질 40g 이 석출된다.

	(가)	(나)	(다)
①	A	C	D
②	B	C	D
③	B	D	E
④	C	A	E
⑤	C	B	A

(2) 80 ℃의 물 100 g에 이 고체 물질을 100 g 녹였다. 이 용액의 온도를 유지시키면서 30분 동안 전체 부피의 $\frac{1}{10}$만큼 물이 증발한다고 가정하자. 2시간이 경과된 후에 남아 있는 용액의 퍼센트 농도를 계산하시오.

04 문제해결력 키우기

STEP BY STEP

11 **용해도란 일정한 온도에서 용매 100 g에 녹을 수 있는 용질의 최대량을 g 수로 나타낸 것이다. 다음 용해도 그래프를 보고 물음에 답하시오.**

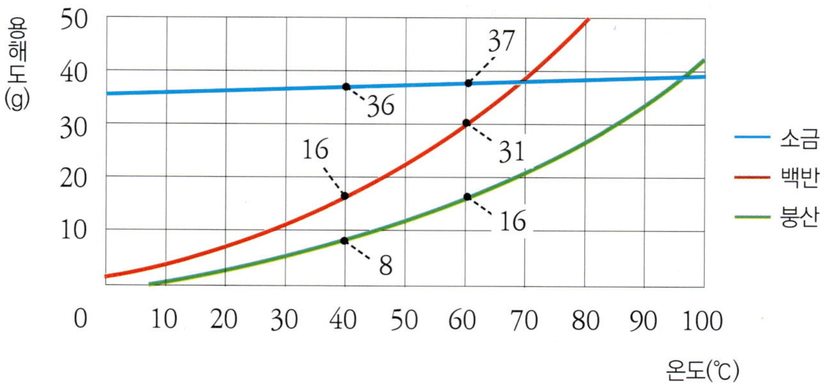

(1) 60 ℃의 물 200 g에 최대로 녹일 수 있는 소금, 백반, 붕산의 양을 쓰시오.

·소금 :
·백반 :
·붕산 :

(2) 80 ℃의 물 100 g에 소금, 백반, 붕산을 각각 25 g씩 녹인 다음, 40 ℃로 냉각시켰다. 이때 얻을 수 있는 물질의 종류와 양(g)을 쓰시오.

(3) 60 ℃의 물 300 g에 붕산을 30 g녹였다. 이 용액을 포화 상태로 만들기 위한 방법 2가지를 구체적으로 설명하시오.

STEP BY STEP

12 **다음 그림은 주사기 속에 사이다를 반정도 넣은 뒤 주사기의 끝을 막은 모습을 나타낸 것이다.**

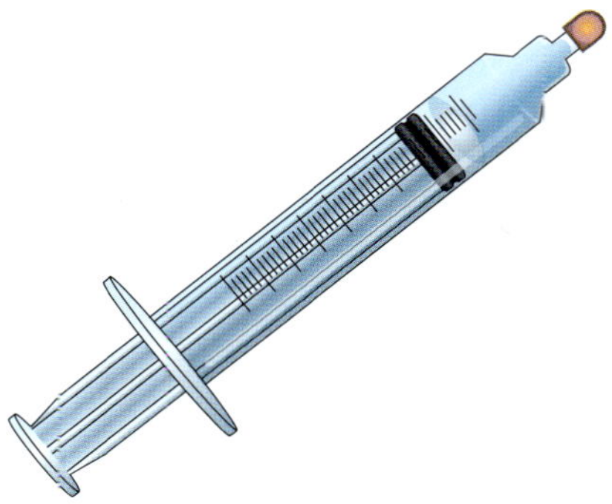

(1) 피스톤을 당겼을 때 주사기 안에서 어떤 변화가 생기는지 쓰시오.

(2) 당겼던 피스톤을 놓았을 때 주사기 안에서 어떤 변화가 생기는지 쓰고, 그 이유를 설명하시오.

(3) 이 실험 결과에 대해서 기체의 (용해도 - 압력) 그래프를 아래에 그리시오.

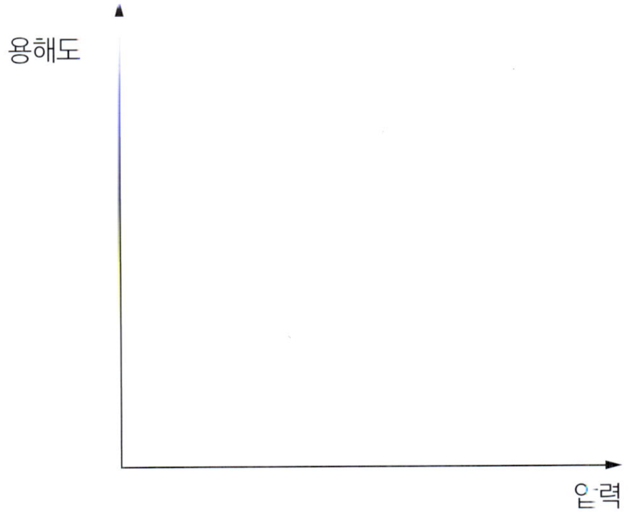

04 창의력 키우기

01

아래 그림 (가)와 같이 소금물에 달걀을 넣으면 달걀이 위로 뜬다. 여기에 다른 수용액 A를 섞으면 그림 (나)와 같이 달걀이 밑으로 가라앉는다.

유창성
✓ 융통성
독창성
✓ 정교성

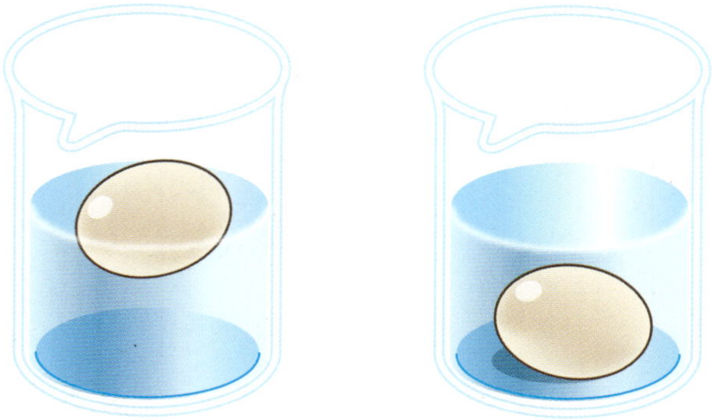

(가) (나)

(1) 달걀이 밑으로 가라앉는 이유는 무엇인가?

(2) (나)의 달걀을 다시 위로 뜨게 하기 위해서는 어떻게 해야 하는가?

02 지하 깊은 곳에서 일하던 광부가 목이 말라 콜라 캔을 열었더니 탄산 가스가 나오지 않았다.

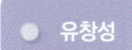

- 유창성
- ✔ 융통성
- 독창성
- 정교성

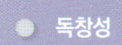

(1) 콜라 캔에서 탄산 가스가 나오지 않은 이유는 무엇인가?

(2) 광부가 콜라를 마시고 열심히 일을 한 뒤 지상으로 올라오는데 속이 거북하면서 방귀가 계속 나왔다. 그 이유는 무엇인가?

04 STEAM 융합형 문제 해결하기

01

우리가 겨울에 많이 사용하는 똑딱이 손난로는 아세트산 나트륨 3수화물 ($CH_3COONa \cdot 3H_2O$)에 약간의 물을 첨가하여 만든 것이다.

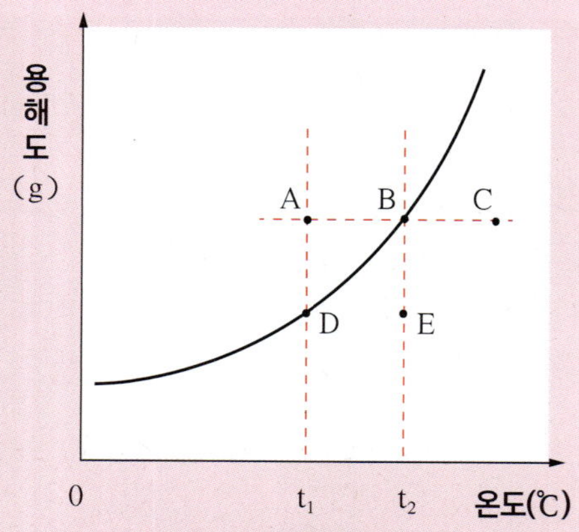

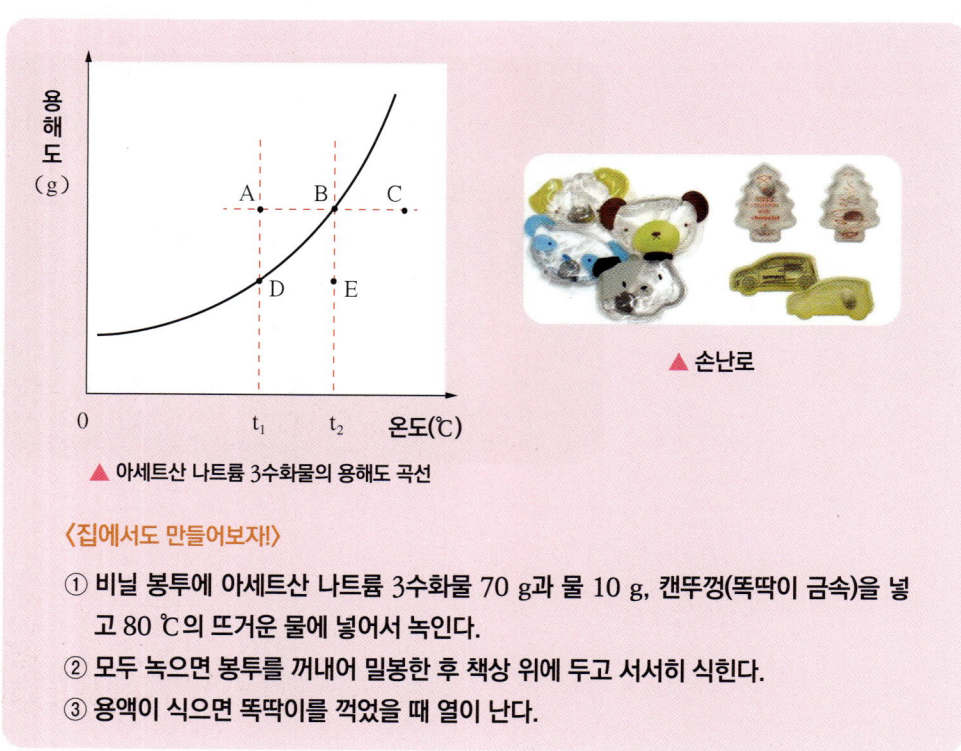

▲ 아세트산 나트륨 3수화물의 용해도 곡선

▲ 손난로

〈집에서도 만들어보자!〉

① 비닐 봉투에 아세트산 나트륨 3수화물 70 g과 물 10 g, 캔뚜껑(똑딱이 금속)을 넣고 80 ℃의 뜨거운 물에 넣어서 녹인다.

② 모두 녹으면 봉투를 꺼내어 밀봉한 후 책상 위에 두고 서서히 식힌다.

③ 용액이 식으면 똑딱이를 꺾었을 때 열이 난다.

(1) 아세트산 나트륨 3수화물 70 g과 물 10 g을 80 ℃로 가열했을 때가 점 C의 상태라고 할 때 과정 ①, ②, ③을 점 A ~ E 를 사용해서 열의 출입의 관점에서 설명하시오.

(2) 과정 ②에서 봉투를 빨리 식히기 위해 흔들면서 냉각시키면 어떻게 될까?

(3) 똑딱이 금속의 역할은 무엇인지 쓰시오.

(4) 물을 10 g대신 30 g을 넣고 손난로를 만들면 손난로의 성능은 어떻게 될지 예측하시오.

5

산과 염기

산성비는 왜 오는 것일까?

예전에는 한 번쯤 비를 일부러 맞기도 하였지만
요즘에는 일부러 비를 맞는 사람은 거의 없다.
그 이유는 무엇일까?

05 개념다지기

❶ 여러 가지 방법으로 용액[1] 분류하기[2][3]

비눗물, 묽은 암모니아 수, 묽은 수산화 나트륨 수용액, 묽은 염산, 사이다, 식초

구분		
냄새	냄새가 나는 용액	냄새가 나지 않는 용액
	묽은 염산, 사이다, 식초, 비눗물, 묽은 암모니아 수	묽은 수산화 나트륨 수용액
색깔	색깔을 띠는 용액	색깔을 띠지 않는 용액
	식초, 비눗물	묽은 염산, 사이다, 묽은 암모니아 수 묽은 수산화 나트륨 수용액
투명도	투명한 용액	투명하지 않은 용액
	묽은 염산, 사이다, 묽은 암모니아 수, 묽은 수산화 나트륨 수용액, 식초	비눗물

❷ 색깔 변화로 용액 분류하기

(1) **지시약** : 용액의 액성*에 따라 색깔이 변하는 물질

여러 가지 용액을 붉은 리트머스 종이*와 푸른 리트머스 종이에 각각 찍어 묻히고 색깔 변화를 관찰한다.	여러 가지 용액에 페놀프탈레인 용액을 1 ~ 2 방울 떨어뜨리고 색깔 변화를 관찰한다.

구분	리트머스 종이		페놀프탈레인 용액	용액의 성질
	붉은색	푸른색		
묽은 염산	변화없음	붉게 변함	변화없음	❶
식초	변화없음	붉게 변함	변화없음	산성
사이다	변화없음	붉게 변함	변화없음	산성
묽은 수산화 나트륨 수용액	푸르게 변함	변화없음	붉게 변함	❷
비눗물	푸르게 변함	변화없음	붉게 변함	염기성
묽은 암모니아 수	푸르게 변함	변화없음	❸	염기성

❶ 용액을 관찰하는 방법

① 손으로 바람을 일으켜 냄새를 맡는다.
② 용액이 든 비커 뒤에 흰 종이를 대고 색깔을 관찰한다.
③ 몸에 해로운 용액도 있으므로 함부로 맛보지 않는다.

▲ 냄새 확인 ▲ 색 관찰

❷ 용액을 관찰할 때 주의할 점

① 함부로 맛을 보지 않는다.
② 피부에 묻지 않도록 한다.
③ 코를 직접 가져다 대지 않는다.
④ 용액이 눈에 들어가지 않도록 보안경을 쓴다.

❸ 여러 가지 용액

· 암모니아 수 : 암모니아 기체를 물에 녹인 것으로 색깔이 없고 투명하며 자극성이 강한 냄새가 난다.
· 수산화 나트륨 용액 : 수산화 나트륨을 물에 녹인 것으로 단백질을 녹이는 성질이 있으며, 비누, 종이, 물감 등을 만드는 데 사용된다.
· 염산 : 염화 수소를 물에 녹인 것으로 색깔이 없고 투명하며 자극적인 냄새가 난다.

과학단어

★ **액성** 산성, 염기성, 중성을 말한다.
★ **리트머스 종이** 지중해에서 자라는 '리트머스'라는 이끼에서 뽑아 낸 색소를 거름종이에 흡수시켜 말린 것

(2) 여러 가지 지시약[4]

지시약	산성	중성	염기성
메틸오렌지 용액	붉은색 	주황색 	노란색 
BTB 용액 (브로모 티몰 블루)	노란색 	녹색 	푸른색 
페놀프탈레인 용액	무색	무색	붉은색 

3 산과 염기의 종류와 성질

(1) 산의 공통 성질[5]

① 산 수용액★은 ❹ ________ 맛이 난다.
② 산 수용액은 전류가 흐른다.
③ 반응성이 큰 금속과 반응하여 기체(수소)를 발생시킨다.
④ 탄산 칼슘과 반응하여 기체(이산화 탄소)를 발생시킨다.

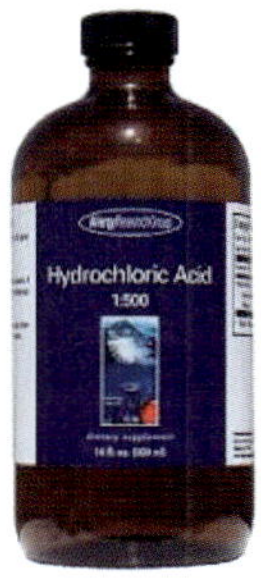

▲ 염산 (HCl)

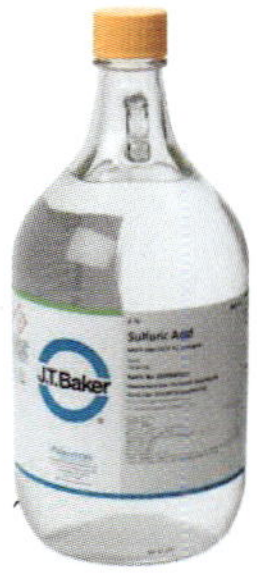

▲ 황산 (H_2SO_4)

▲ 질산 (HNO_3)

(2) 염기의 공통 성질

① 염기 수용액은 ❺ ________ 맛이 난다.
② 염기 수용액은 전류가 흐른다.
③ 단백질★을 녹이는 성질이 있으므로 손으로 만지면 미끈거린다.
④ 금속이나 탄산 칼슘과 반응하지 않는다.

▲ 수산화 나트륨 (NaOH)

▲ 수산화 칼륨 (KOH)

▲ 수산화 칼슘 (Ca(OH)2)

4 여러 가지 식물로 지시약 만들기
붉은색이나 푸른색 계통의 꽃이나 열매에는 용액의 성질에 따라 색깔이 변하는 '안토시아닌'이라는 색소가 들어 있어 지시약으로 사용할 수 있다.

5 생물체 내의 산
① 개미(포름산) : 개미에게 물렸을 때 포름산 때문에 따끔하다.
② 사과(말산) : 사과의 말산은 시큼한 맛을 나게 한다.
③ 포도(타르타르 산) : 포도의 신맛은 타르타르산의 영향이다.
④ 귤(시트르산) : 귤의 신맛은 시트르산 때문이다.
⑤ 요구르트(젖산) : 요구르트는 젖산의 영향으로 시큼한 맛을 낸다.

과학 단어
★ 수용액 어떤 물질을 물에 녹인 액체
★ 단백질 인체와 지구 상의 생명체를 구성하는 주요 물질. 에너지원으로 사용

❶ 산성 용액과 금속 마그네슘의 반응

산성 용액에 금속 마그네슘 조각을 넣으면 기포와 열이 발생한다.

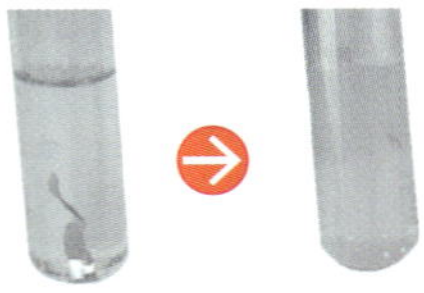

▲ 묽은 염산과 마그네슘의 반응

❷ 산성과 염기성의 세기 측정하기

pH 시험지와 pH 측정기를 이용하면 용액의 성질뿐만 아니라 산성이나 염기성의 세기까지 측정할 수 있다.

· pH 시험지 : 용액을 묻혔을 때 나타나는 색깔을 기준 색깔과 비교하면 산성과 염기성의 세기를 숫자로 나타낼 수 있다.

· pH 측정기 : 산성이나 염기성의 세기를 숫자로 직접 나타낸다.

▲ pH 시험지

▲ pH 측정기

❸ 산성비에 의한 피해를 줄이기 위해 해야 할 일

① 화석 연료 대신 청정 연료★를 개발하여 사용한다.

② 새로운 대체 에너지★를 개발해야 한다.

③ 화석 연료를 많이 사용하는 공장 등에 탈황 시설을 설치한다.

④ 대중 교통 수단을 이용한다.

과학단어

★ **산성비** pH 5.6 이하의 산성을 띠는 비

★ **청정 연료** 태양, 바람, 물 등과 같이 환경 오염이 생기지 않으며 공해가 적은 에너지

★ **대체 에너지** 석유, 석탄, 원자력을 대신하는 에너지로 오염이 없는 에너지

4 용액과 금속, 용액과 대리석의 반응

(1) 산성 용액, 염기성 용액과 금속의 반응❶

	산성 용액 (묽은 황산이나 묽은 염산)	염기성 용액 (묽은 수산화 나트륨 용액)
철 조각	기포와 열이 발생한다	아무런 변화가 없다
마그네슘 조각	기포와 열이 발생한다	아무런 변화가 없다
대리석 조각	기포가 발생한다	아무런 변화가 없다

알 수 있는 사실	금속 조각은 산성 용액과 반응하여 기포(수소 기체)가 발생하면서 금속이 녹지만, 염기성 용액과는 반응하지 않는다.

알 수 있는 사실	대리석 조각에 산성 용액을 떨어뜨리면 기체(이산화 탄소)가 발생하면서 녹지만 염기성 용액과는 반응하지 않는다.

5 산의 세기❷

(1) pH : 용액 속에 들어 있는 수소 이온(산의 성질을 나타내는 물질)의 농도를 간단히 나타낸 값이다.

(2) pH 와 산, 염기

① 산성 : pH 가 7보다 작으면 산성이다.

② 중성 : pH 가 7이면 중성이다.

③ 염기성 : pH 가 7보다 크면 염기성이다.

(3) 여러 가지 용액의 pH

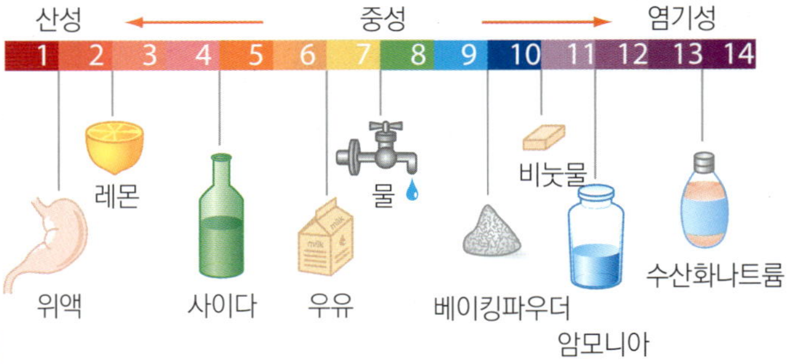

6 산성비

(1) 산성비★가 내리는 원인 : 석탄이나 석유와 같은 ❻ ________를 태울 때 발생하는 연기나 자동차의 ❼ ________에는 공기 중의 물과 결합하여 산(황산화물, 질소 산화물 등)이 되는 물질이 들어 있기 때문이다.

(2) 산성비의 피해❸

① 식물이 병들어 잘 자라지 못한다.

② 호수와 강의 물고기가 죽는다.

③ 금속이나 대리석으로 만들어진 문화재나 건축물이 부식된다.❹

④ 사람이 맞으면 가려움증과 피부병 등의 증상이 나타난다.

7 용액과 금속, 용액과 대리석의 반응

(1) 중성 용액을 만드는 방법

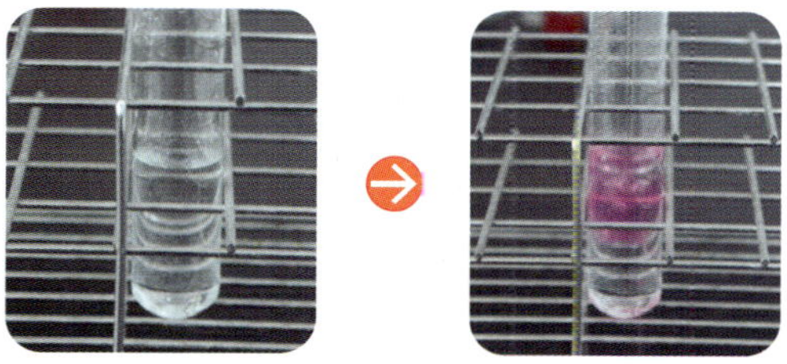

산성 용액과 염기성 용액을 알맞게 섞었을 때 중성 용액이 되며, 산과 염기가 알맞게 섞여 용액이 중성이 되는 것을 ❽ ______ 라고 한다.

(2) 일상 생활에서 사용되는 중화 반응의 예

① 위산(산)이 많이 분비되어 속이 쓰릴 때 제산제(염기)를 복용한다.
② 생선의 비린내(염기)를 없애기 위해 레몬즙(산)을 뿌린다.
③ 벌에 쏘이거나 벌레에 물렸을 때(산) 암모니아 수(염기)를 바른다.
④ 산성화된 호수나 토양에 석회석(염기), 조개껍질(염기) 등을 뿌려준다.

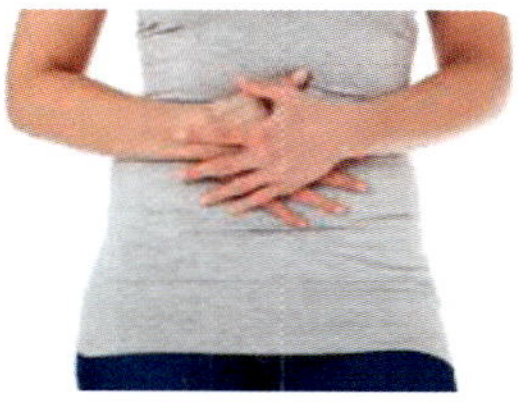

▲ 속쓰림 – 제산제

▲ 생선회 – 레몬

▲ 산성 토양 – 석회★가루

❹ 대리석으로 만든 문화재나 건물이 손상되는 까닭

대리석의 주성분인 탄산 칼슘이 산과 쉽게 반응하는 성질을 지녔기 때문에 대리석으로 만든 문화재나 건축물은 오랜 세월을 거치면서 서서히 손상된다.

탄산 칼슘 + 산
— 염 + 이산화 탄소 – 물

산성비는 이러한 반응을 촉진시켜 대리석 조각의 손상을 빠르게 진행시킨다.

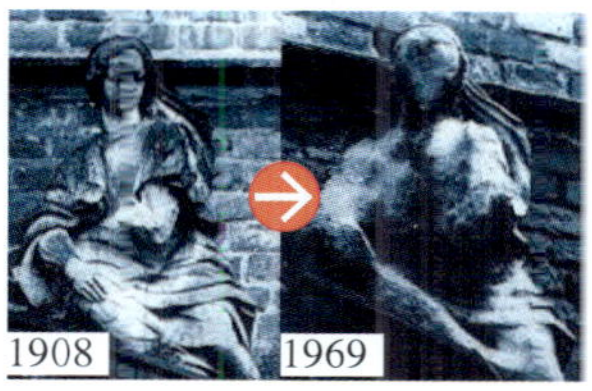

▲ 산성비로 손상된 조각상의 모습

과학단어

★ **석회** 석회석이라는 돌을 구워 만든 흰색 가루 물질

기본확인문제

01 묽은 암모니아 수의 냄새를 맡을 때에는 코에 용액을 직접 갖다 대고 맡는다. (O / X)

02 푸른 리트머스 종이에 사이다를 묻히면 붉게 변한다. (O / X)

03 산성 용액에 페놀프탈레인 용액을 넣으면 붉은색으로 변한다. (O / X)

04 묽은 수산화 나트륨 용액에 장미꽃 지시약을 넣으면 붉은색으로 변한다. (O / X)

05 자주색 양배추, 장미꽃, 가지 껍질 등으로 지시약을 만들 수 있는 것은 이 식물들 안에 있는 '안토시아닌' 색소 때문이다. (O / X)

06 산성을 띠는 액체는 쓴 맛이 난다. (O / X)

07 묽은 염산에 마그네슘 조각을 넣으면 기포와 열이 발생한다. (O / X)

08 pH 6.5인 비는 산성비이다. (O / X)

09 산과 염기가 알맞게 섞여 중성이 되는 반응을 중화 반응이라고 한다. (O / X)

개념다지기 정답 ❶ 산성 ❷ 염기성 ❸ 붉게 변함 ❹ 신 ❺ 쓴 ❻ 페놀프탈레인 ❼ 배기가스 ❽ 중화 반응

05 탐구력 키우기

탐구 1 산과 염기

탐구과정

준비물

묽은 염산, 묽은 수산화 나트륨 수용액, 비눗물, 증류수, 식초, 페놀프탈레인 용액, BTB 용액, 메틸 오렌지 용액, 리트머스 시험지,시험관, 전류계, 집게달린 전선, 건전지

①
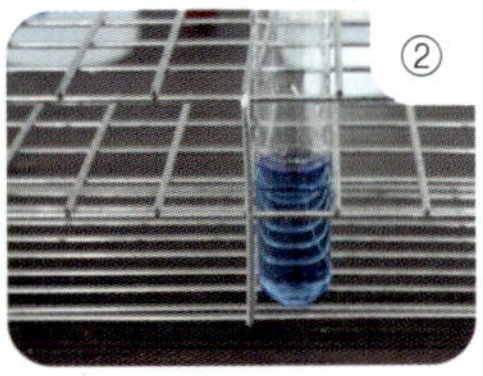
②

④
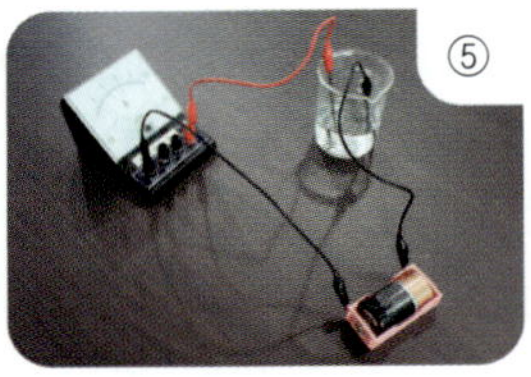
⑤

① 묽은 염산, 묽은 수산화 나트륨 수용액, 비눗물, 증류수, 식초 5가지 용액을 리트머스 종이에 찍어 색깔 변화를 관찰한다.
② 시험관 3개에 묽은 염산을 넣은 후 BTB, 메틸 오렌지, 페놀프탈레인 용액을 각각 넣어 색깔 변화를 관찰한다.
③ 다른 시료를 가지고 각각 반복 시행한다.
④ 5가지 용액 각각에 마그네슘 리본을 잘라 넣어본다.
⑤ 5가지 용액에 전류가 통하는지 확인한다

탐구결과

1. 다음 표에 결과를 기록하시오.

구분	지시약의 색깔 변화				마그네슘과의 반응	전기 전도성
	리트머스	BTB	메틸 오렌지	페놀프탈레인		
묽은 염산						
수산화나트륨 수용액						
비눗물						
증류수						
식초						

2. 4가지 용액을 산과 염기로 분류하시오.

3. 마그네슘 조각 대신에 사용할 수 있는 것에는 어떤 것들이 있을까?

탐구 2 산·염기 중화반응

탐구과정

준비물

묽은 염산 용액, 묽은 수산화 나트륨 용액, 페놀프탈레인 용액, 시험관, 스포이트, 알코올램프 가열장치

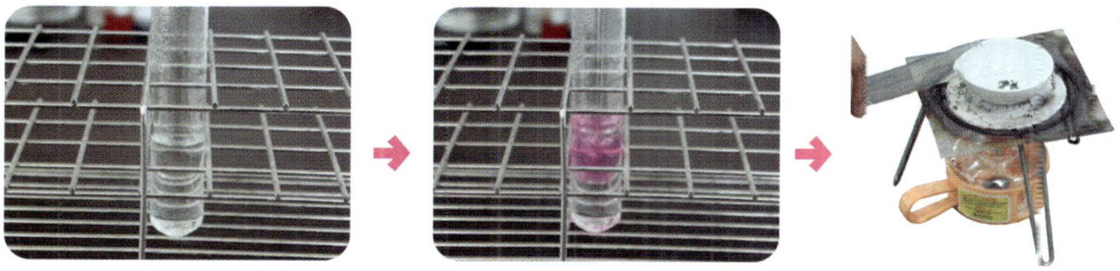

① 시험관에 묽은 염산 용액을 5mL 넣은 후 페놀프탈레인 용액을 2~3방울 떨어뜨린다.

② 용액 전체가 옅은 붉은 색을 띨 때까지 묽은 수산화 나트륨 수용액을 조금씩 떨어뜨려 섞어준다.

③ 반응이 끝난 용액을 가열 장치에 올려 물을 증발시킨다.

탐구결과

1. 용액이 붉게 변한 순간 용액의 액성은 무엇인가?

2. 묽은 수산화 나트륨 용액을 붉게 변하는 순간까지 넣는 이유는 무엇인가?

3. 가열 장치의 증발 접시 위에 남은 하얀 가루는 무엇인가?

탐구문제

1. BTB 용액을 사용한다면 중화 반응이 된 순간을 찾기가 더 쉬울지 자신의 생각을 써 보시오.

05 문제해결력 키우기

01 다음은 학생들이 여러 가지 용액을 관찰하고 있는 모습이다. 용액을 관찰하는 방법이 옳지 않은 학생의 이름만을 있는 대로 쓰고 잘못된 점을 쓰시오.

02 다음의 여러 가지 용액들을 분류할 수 있는 기준을 5가지 이상 쓰시오.

식용유 간장 사이다 식초 주스 우유

03 다음의 현상들은 무엇 때문에 나타나는지 설명하시오.

· 수국은 토양에 따라 붉은색 꽃이 피기도 하고, 푸른색 꽃이 피기도 한다.
· 장미꽃 잎을 비눗물 속에 담갔더니 푸른색으로 변하였다.
· 파란색 달가비꽃 즙에 사이다를 넣었더니 붉게 변하였다.
· 포도 껍질을 담갔던 물에 암모니아 수를 넣었더니 푸르게 변하였다.
· 검은콩을 불린 물에 레몬 가루를 넣었더니 붉게 변하였다.

▲ 토양의 상태에 따라 꽃의 색깔이 변하는 수국

04 시중에서 판매하는 A, B, C 세 가지 알칼리성 이온 음료를 pH 측정기로 측정해 보았더니 다음과 같은 결과가 나타났다.

음료	A	B	C
pH	3.4	3.7	3.5

이 결과로 A, B, C 음료는 모두 산성을 나타낸다. 그렇다면 알칼리성 이온 음료'라는 광고는 잘못된 것일까? 자신의 생각을 쓰시오.

05 문제해결력 키우기

05 **다음 일기의 내용 중 산성 물질과 염기성 물질의 이름을 모두 찾아 쓰시오.**

오늘은 우리 가족이 다같이 집안 대청소를 하는 날이다.
아버지는 화장실 세척제로 화장실의 묵은 때를 닦아내셨고, 나는 세탁 비누로 동생의 운동화를 빨아주었다. 동생이 고맙다며 맛있는 오렌지 주스 한 잔을 가져다 주었다.
청소가 끝난 뒤 우리 가족은 시원한 냉면에 식초를 넣어 맛있게 먹었다.
참 보람찬 하루였다.

· 산성 물질

· 염기성 물질

06 **다음은 인도의 대표적인 이슬람 건축물인 타지마할 사원의 모습이다. 이 사원의 외부의 대리암 건축 문화재가 오랜 세월 노출되어 손상되고 있다. 이처럼 외부에 있는 대리석으로 만든 문화재가 손실되는 이유를 쓰고, 이 문화재를 보호하기 위한 대책을 2가지 쓰시오.**

· 외부의 대리석 문화재가 손실되는 이유 :

· 대리석 문화재를 보호하기 위한 대책

07 정희는 시골 할머니 댁에 가던 도중 밭에 흰 가루 물질을 뿌리는 아저씨를 보았다. 이 가루의 이름을 쓰고, 이 가루를 뿌리는 까닭을 쓰시오.

08 승희네 마을에는 종유석과 석순 등이 발견되는 크고 작은 동굴들이 많이 있다. 승희는 동굴의 위로 내리는 빗물과 동굴의 아래쪽으로 흐르는 강물의 pH를 조사하였더니 다음과 같았다. 두 빗물의 pH가 다른 까닭은 무엇인지 쓰시오.

	동굴 위로 흐르는 빗물	동굴 아래로 흐르는 강물
pH	4.8	7.9

05 문제해결력 키우기

STEP BY STEP

09 **같은 양의 포도 주스가 들어 있는 시험관에 A~E 용액을 2~3 방울씩 떨어 뜨렸더니 다음 표와 같은 결과가 나왔다.**

용액	A	B	C	D	E
색깔 변화	청록색	분홍색	보라색	노란색	빨간색

(1) A~E 용액을 산성, 중성, 염기성으로 분류해 보시오.

용액	산성	중성	염기성
용액의 기호			

(2) 다음 중 C 용액이라고 생각되는 것은 어느 것인가?

① 식초　② 증류수　③ 묽은 염산 액체　④ 비누　⑤ 자동차 워셔액

(3) 위 실험에서 포도 주스 대신 사용할 수 있는 액체를 3가지 이상 쓰시오.

STEP BY STEP

10 **은지는 일상 생활에서 사용하는 여러 물질의 액성을 알아보기로 하였다. 4가지 물질로 실험을 해서 다음 표와 같은 결과를 얻었다.**

용액	자동차 배터리 액	수돗물	아스피린	제산제
메틸 오렌지 용액을 넣는다.	붉은색	주황색	붉은색	노란색
자주색 양배추 즙을 넣는다.	붉은색	자주색	(가)	푸른색
마그네슘 조각을 넣는다.	기체 발생	변화없음	기체 발생	(나)
BTB 용액을 넣는다.	노란색	녹색	노란색	푸른색

(1) 4가지 물질을 산성, 중성, 염기성으로 분류해 보시오.

(2) (가)와 (나)에 알맞은 결과를 써 넣으시오.

(3) 자동차 배터리 액에 넣은 BTB 용액의 색깔을 녹색으로 바꿀 수 있는 방법을 쓰시오.

STEP BY STEP

11 **다음은 25℃에서 실행한 실험이다.**

[실험 과정]

① 잘 세척하여 말린 둥근바닥플라스크에 암모니아 기체를 가득 채우고, 유리관과 물이 든 스포이트를 끼운 고무마개로 암모니아 기체가 든 플라스크의 입구를 막는다.

② 비커에 물을 반 정도 넣고 페놀프탈레인 용액을 몇 방울 떨어뜨린 다음, 유리관의 아랫부분이 물에 잠기도록 왼쪽 그림과 같이 장치한다.

③ 스포이트를 눌러 물이 플라스크 속으로 들어가게 한다.

④ 그 결과 오른쪽 그림과 같이 비커의 물이 플라스크 속으로 빨려 올라가 분수가 되어 플라스크 속을 채우게 되었다.

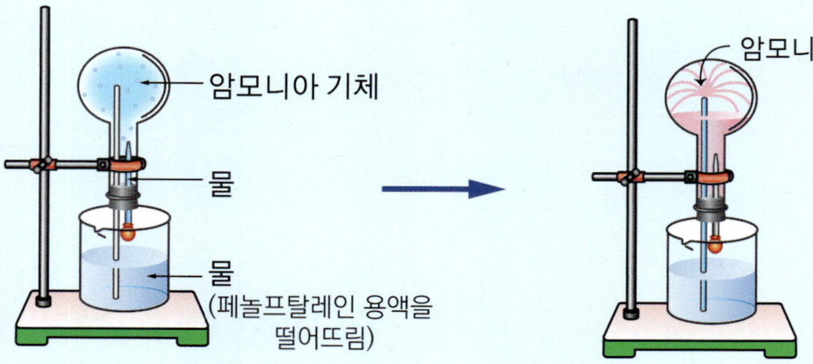

(1) 플라스크 속으로 들어간 물의 색깔 변화와 그런 색이 나타난 이유는 무엇인지 설명하시오.

(2) 스포이트를 눌러 주었을 때 물이 유리관을 통해 플라스크 속으로 올라가는 것은 암모니아의 어떤 성질을 이용한 것인가?

(3) 암모니아 분수가 만들어질 때, 플라스크 안의 내부 압력은 어떤 변화가 일어난 것인가?

STEP BY STEP

12 다음은 신문 기사의 내용 중 일부를 발췌한 것이다.

전국 대부분의 도시에 갈수록 강한 산성비가 내리고 있다. 특히 서울을 비롯한 수도권 지역에 내린 비의 산성도가 가장 강한 것으로 나타났다.

pH 7 을 기준으로 그보다 낮을 때는 산성, 높을 때는 염기성으로 구분하며 수치가 낮을수록 산성이 강해지는 것을 뜻한다.

㉠ 산성비는 pH 5.6 이하의 비를 말하며, 우리나라에서 내리는 비는 평균 pH 4.8 을 나타낸다고 한다. 이는 약산성에 해당하는 수치로, ㉡ 중국(4.6)이나 일본(4.7)보다는 약하나 베트남(5.8), 몽골(5.5)에 비해서는 강한 편이다.

산성비는 호흡기 질병이나 피부병의 원인이 되며, 토양을 산성화하고 식물이 잘 자라지 못하게 한다.

(1) ㉠에서 pH 5.6 이하의 비를 산성비라고 한다고 하였다. pH 5.6~7 사이의 비는 왜 산성비라고 하지 않는 것인지 그 이유를 쓰시오.

(2) 밑줄 친 ㉡과 같이 중국과 일본이 베트남이나 몽골보다 산성도가 강한 비가 내리는 이유를 산성비의 원인 물질과 관련지어 설명하시오.

(3) 우리나라에서는 겨울비에 비해 봄철에 내리는 비가 산성도가 낮다고 한다. 그 이유는 무엇인지 쓰시오.

05 창의력 키우기

01

이산화 탄소(CO_2)는 물(H_2O)과 만나면 화학 작용을 일으켜 탄산(H_2CO_3) 수용액으로 변한다. 우리가 마시는 탄산 음료는 바로 이 탄산 수용액이다.

- ✓ 유창성
- ✓ 융통성
- 독창성
- 정교성

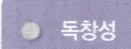

(1) 이산화 탄소가 녹아 있는 물은 산성을 나타낸다. 이 용액이 산성을 나타내는 이유는 무엇인가?

(2) 이 탄산 수용액을 정기적으로 오랜 기간 마셨을 경우 우리 몸에 어떠한 영향을 미치게 되는지 2가지 이상 쓰시오.

02 승환이는 캠핑을 하러 갔다가 꿀벌에 쏘였다. 벌에 쏘인 부분이 따갑고 쓰라려서 비누 거품으로 씻었더니 조금 가라앉았다.

✓ 유창성
✓ 융통성
독창성
정교성

(1) 승환이의 상처가 따갑고 쓰라렸던 이유는 무엇인가?

(2) 상처를 비누 거품으로 씻었을 때 상처가 가라앉은 이유는 무엇인지 쓰시오.

(3) 비누 거품 외에 상처를 가라앉힐 수 있는 방법은 무엇인지 쓰시오.

05 STEAM 융합형 문제 해결하기

01 남극해 근처의 바닷물과 같은 조성을 가지는 물을 만들어 바다달팽이와 함께 수조에 넣고 관찰하는 실험이 있었다. 실험 결과 바다 달팽이 껍데기의 탄산 칼슘이 이틀이 지나기 전에 녹아내리는 결과가 나타났다.

바다달팽이의 껍데기가 녹아 내리는 원인을 다음에 주어진 이산화 탄소 농도의 변화와 연관지어 설명하시오.

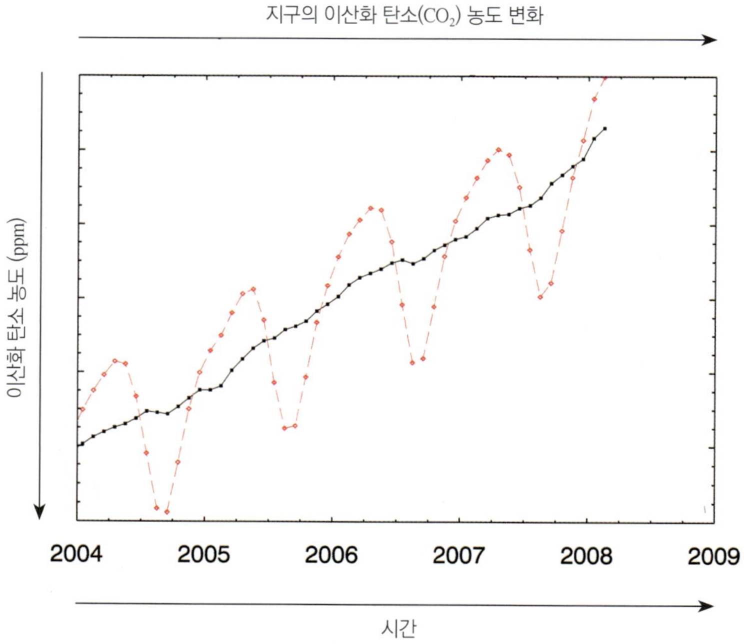

6

우리 몸의 생김새

휴보의 움직임은 사람의 움직임과 같을까 다를까?

로봇이란 본래 사람의 모습을 한 인형 내부에 기계 장치를 조립해 넣고, 손과 그 밖의 부분이 본래의 사람과 마찬가지로 동작하는 자동 인형을 가리킨다. 그렇다면 휴보는 사람과 어떤 부분이 같을까?

06 개념다지기

❶ 뼈와 근육이 하는 일

(1) 뼈[1]의 종류와 역할

① 머리뼈 : 뇌를 보호한다.
② 갈비뼈 : 허파(폐)와 심장 등의 기관을 보호한다.
③ 등뼈 : 몸을 지탱해주고 척수를 보호한다.
④ 손뼈 : 마디가 있어 자유롭게 움직일 수 있다.
⑤ 다리뼈 : 다리를 움직이게 하며 구부릴 수 있다.

→ 우리 몸을 보호하고 지탱해 준다.

(2) 근육의 움직임과 역할 : 뼈에 ❶ ________이 붙어 있어서 오므라들었다 펴졌다 하면서 뼈를 움직이게 하여 운동과 일을 할 수 있게 한다.

굽힐 때	펼 때
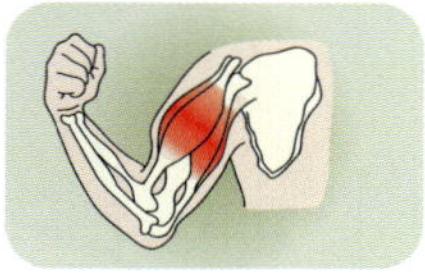	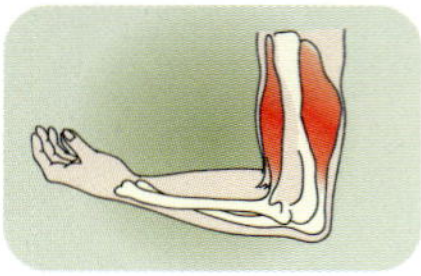
· 안쪽 근육 : 오므라듦(수축) · 바깥쪽 근육 : 펴짐(이완)	· 안쪽 근육 : 펴짐(이완) · 바깥쪽 근육 : 오므라듦(수축)

❷ 호흡 기관

(1) 호흡 기관의 역할

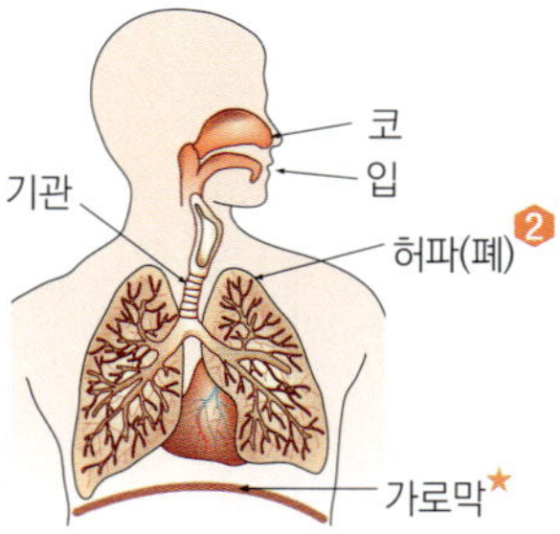

입·코	입 : 코와 연결, 기관으로 공기를 이동 코 : 털이 나 있고 축축하여 먼지를 거름
기관	거꾸로 된 Y자 모양으로 2개의 폐와 연결되어 있고 털이 있어 먼지를 거름
허파(폐)	가슴 양쪽에 2개 있으며 산소를 흡수하고 이산화 탄소를 방출
공기의 이동	입, 코 ⇄ 기관 ⇄ 허파(폐)

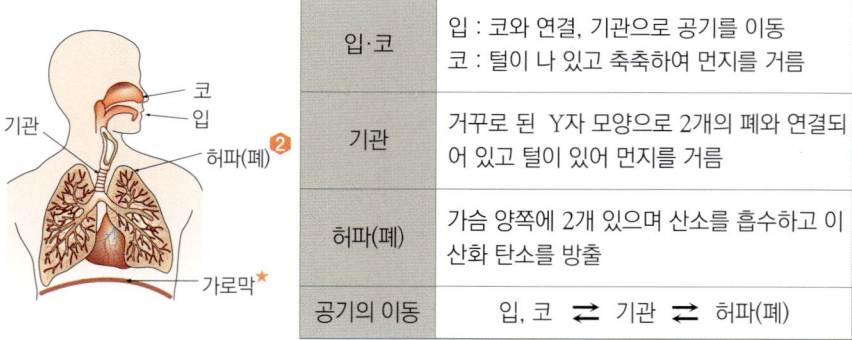

(2) 호흡 운동

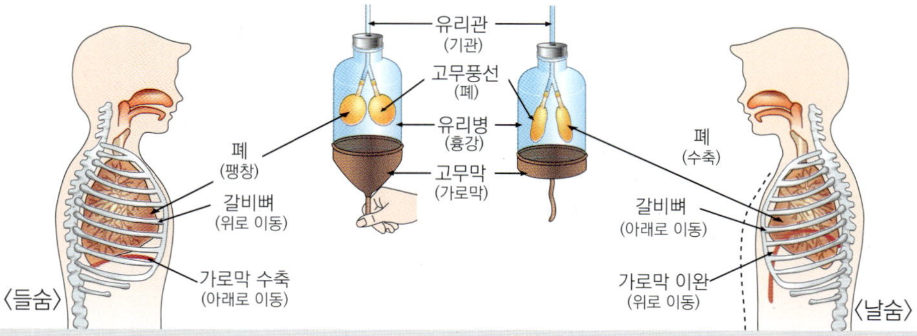

---

❶ 우리 몸을 이루고 있는 뼈

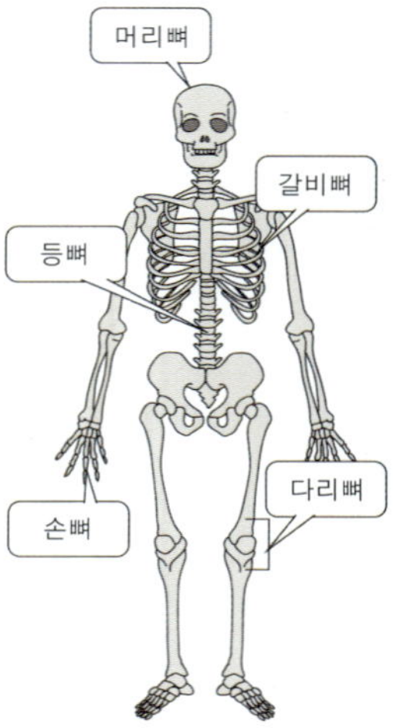

❷ 폐포

세기관지 끝에 포도송이처럼 달린 것으로 모세 혈관과 표면을 이루는 상피세포로 싸여 있으며 실질적인 기체 교환이 일어난다.

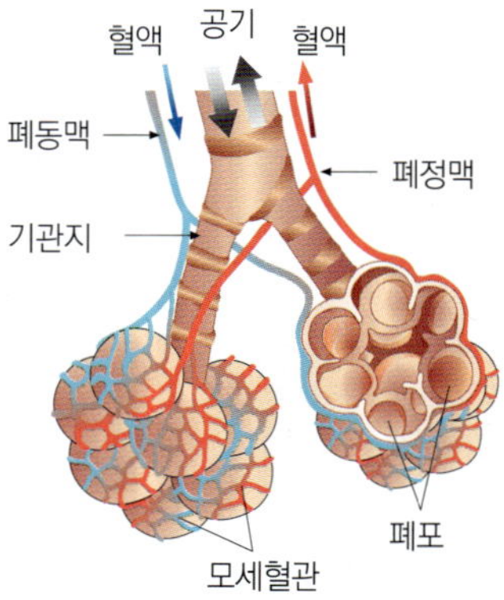

과학단어

★ **가로막** 포유류의 배와 가슴 사이에 있는 막으로 수축과 이완을 하여 호흡을 돕는다.

3 순환 기관[3]

(1) 심장의 구조와 기능

① 심장의 구조 : ❷ ______ 로 되어 있다.

② 심장의 주요 기능 : 수축 작용을 하여 혈액을 전신에 공급한다. 심장의 펌프 작용은 운동 강도가 높아질수록 횟수가 증가하며 1회 펌프 시 방출하는 혈액의 양도 증가한다.[4]

③ 심장의 위치와 크기 : 왼쪽 가슴 아래에 위치하며 크기는 자신의 주먹만하다.

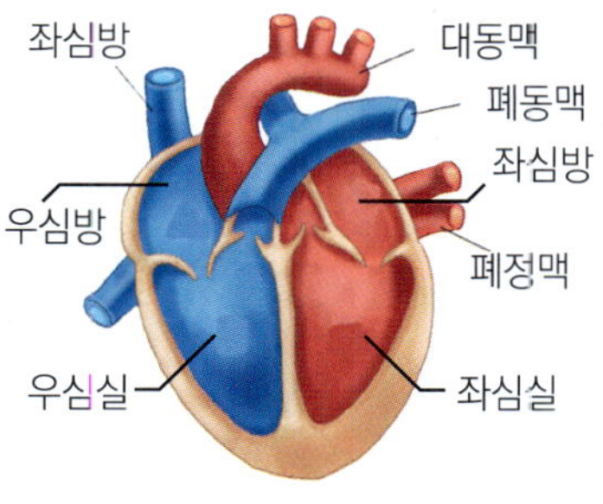

▲ 심장의 속 구조

(2) 혈관의 비교

혈관	동맥	모세 혈관	정맥
구조	두껍고 탄력성이 있는 근육질의 벽	한 층의 세포로 구성된 벽	얇은 근육질의 벽으로 판막★이 있다.
기능	심장으로부터 온몸으로 혈액 운반	동맥과 정맥 사이에서 혈액 운반	온몸에서 심장으로 혈액 운반
혈압	매우 높다	낮다	매우 낮다

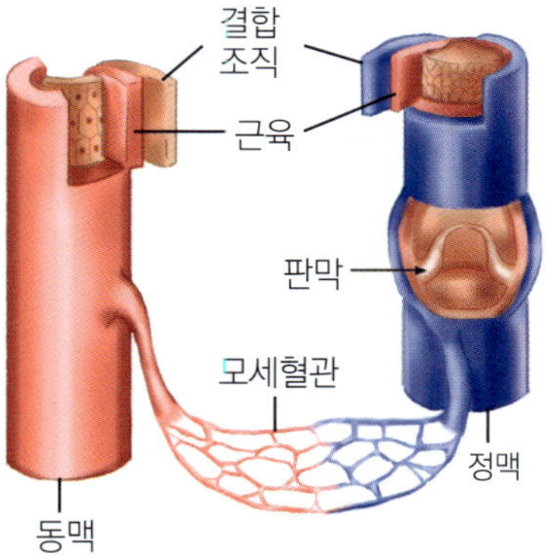

▲ 혈관의 두께 비교

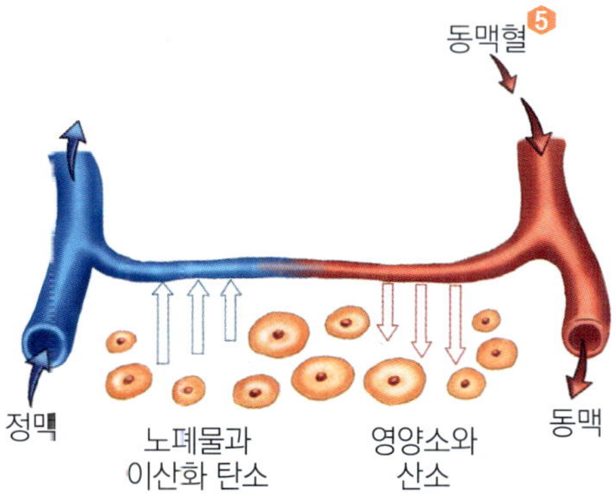

▲ 혈관과 기체 교환

(3) 혈액의 순환(온몸순환과 폐순환)

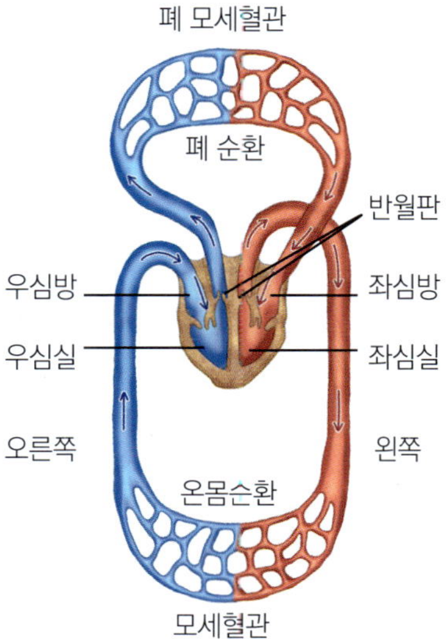

온몸 순환	심장에서 나간 혈액이 온몸을 돌면서 조직 세포에 산소와 영양소를 전달하고 이산화 탄소와 노폐물을 받아 심장으로 돌아오는 순환 [온몸 순환의 경로] 좌심실 ➡ 대동맥 ➡ 동맥 ➡ 온몸의 모세혈관 ➡ 정맥 ➡ 대정맥 ➡ 우심방
폐 순환	심장에서 나간 혈액이 허파(폐)를 거쳐 심장으로 돌아오는 순환으로, ❸ ______ 를 내보내고 ❹ ______ 를 받아 심장으로 돌아오는 순환 [폐순환의 경로] 우심실 ➡ 폐동맥 ➡ 폐의 모세혈관 ➡ 폐정맥 ➡ 좌심방

3 운동하기 전과 후의 몸 상태 비교

호흡	느리다 ➡ 빨라진다
심장 박동	느리다 ➡ 빨라진다
피부	땀이 나지 않는다 ➡ 땀이 난다
몸	열이 나지 않는다 ➡ 열이 난다
힘	힘이 있다 ➡ 힘이 없어진다

4 맥박이란?

심장의 박동이 혈관을 타고 전파된 것으로 손목이나 목 등 동맥이 피부 근처에 위치한 곳에서 느낄 수 있다.

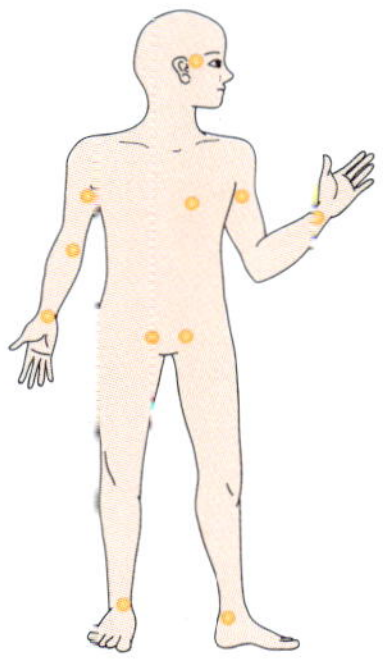
▲ 맥박을 느끼는 곳

5 동맥혈과 정맥혈

- 동맥혈 : 산소를 많이 포함한 혈액으로 선홍색을 띤다.
- 정맥혈 : 온몸의 조직 세포에 산소를 공급하여 산소를 적게 포함한 혈액으로, 암적색을 띤다.

과학단어

★ 판막 혈액의 역류를 막기 위해 심장과 정맥에 존재하는 막이다.

1 혈구의 종류

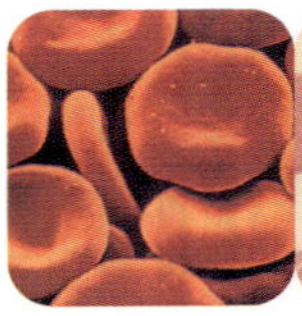
▲ 적혈구

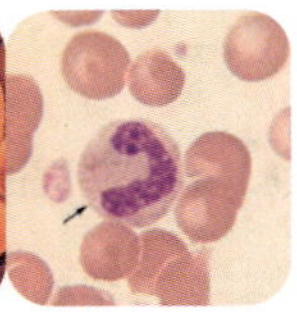
▲ 백혈구

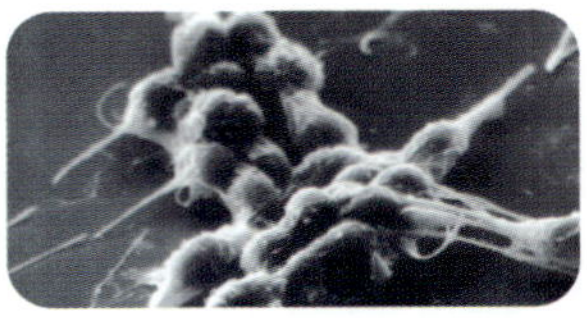
▲ 혈소판

2 영양소의 소화

영양소	소화되는 기관	최종산물
탄수화물	입, 소장	포도당
단백질	위, 소장	아미노산
지방	소장	지방산, 글리세롤

3 융털

작은창자의 안쪽 벽에 있는 손가락 또는 나뭇가지 모양의 돌기로 내부에 모세혈관과 림프관이 있으며, 작은창자의 표면적을 넓혀 양분의 흡수를 돕는다.

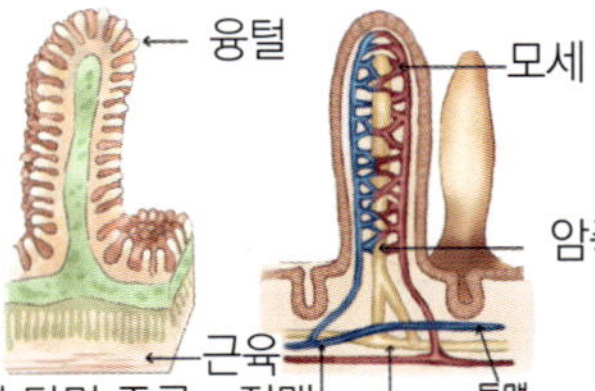

과학단어

★ **식균 작용** 백혈구가 외부 환경에서 몸안으로 침입한 균이나 이물질 등을 잡아서 세포 내에서 분해하는 작용이다.

★ **연동 운동** 동물의 위나 장의 수축 운동, 동물에 따라 이동 운동 또는 연하 운동이라고도 한다.

(4) 혈액의 구성과 기능

① 혈장 : 혈액의 액체 성분으로 혈액의 약 55%를 차지한다.

성분	기능
· 물 (약 90%) · 유기물 (약 9%) · 무기염류 (약 1%)	· 물질이나 기체의 운반, 혈액 응고 · 항원·항체 반응으로 몸을 방어 · 삼투압, pH 조절

② 혈구[1] : 혈액의 고체 성분으로 혈액의 약 45%를 차지한다.

성분	함량 (개/mm^3)	기능
적혈구	남 550만, 여 450만	헤모글로빈에 의한 산소 운반
백혈구	6000 ~ 8000	식균 작용★
혈소판	20만 ~ 30만	혈액 응고

4 소화 기관과 소화

(1) 음식물을 먹는 이유 : 음식물을 통해 영양소[2]를 섭취함으로써 살아가는 데 필요한 ⑤ ______를 얻을 수 있기 때문이다.

(2) 음식물의 소화와 소화 기관

① 소화 : 음식물 속의 영양분이 몸속으로 흡수될 수 있도록 큰 덩어리의 음식물을 잘게 부수는 작용

② 소화 기관 : 입, 식도, 위, 십이지장, 작은 창자, 큰 창자

③ 소화를 돕는 기관 : 간, 쓸개, 이자, 침샘

④ 소화 과정 : 입 ➡ 식도 ➡ 위 ➡ 십이지장 ➡ 작은창자 ➡ 큰창자

소화 기관	기능
입	음식물을 잘게 부수고 침과 잘 섞어 식도로 내려 보낸다.
식도	입과 위를 연결하는 부분으로 연동운동★으로 음식물을 위까지 내려보낸다.
위	강한 산성인 염산은 단백질을 분해하고 음식물들과 함께 들어온 세균을 죽이는 살균 작용을 한다.
십이지장	위와 작은창자를 연결하며, 쓸개즙과 이자액이 들어와서 위에서 내려온 음식물과 섞인다.
작은창자	안쪽 벽에 주름이 있고 주름 표면에 융털[3]이 있으며, 대부분의 소화 과정이 일어나고 융털을 통해 영양분을 흡수한다.
큰창자	물을 흡수하고, 남은 찌꺼기는 항문을 통해 몸 밖으로 배출한다.

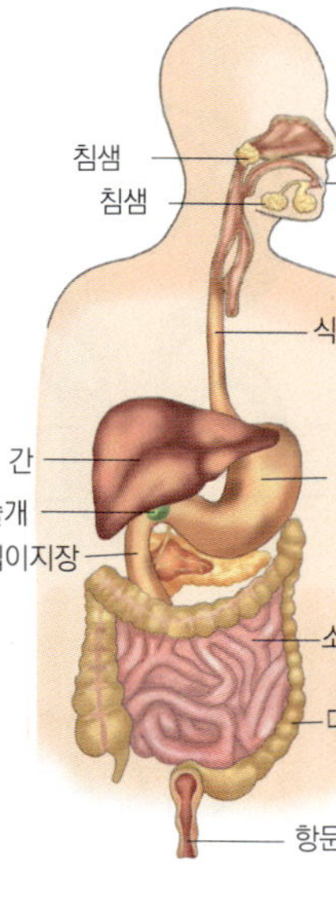

5 배설기관

(1) **배설** : 우리 몸 속의 ❻ ________ 을 몸 밖으로 내보내는 일[4]

(2) **배설 기관과 배설 과정**

배설 기관	신장 (콩팥)	땀샘
기능	혈액 속에 포함되어 있는 찌꺼기를 걸러내서 ❼ ________ 을 만든다.	노폐물을 배설하고 체온을 조절한다.
배설 과정	신장 ➡ 오줌관 ➡ 방광 ➡ 요도 ➡ 몸밖	땀샘 ➡ 땀구멍 ➡ 몸밖

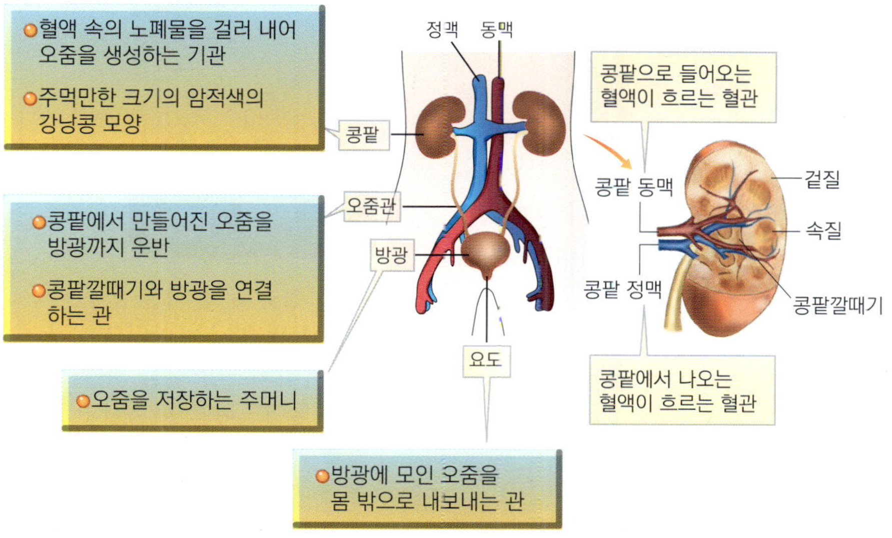

▲ 신장의 구조와 기능

4 배설과 배출

· 배출 : 소화되고 남은 찌꺼기를 큰창자와 항문을 통해 몸 밖으로 내보내는 과정이다.

· 배설 : 세포 호흡으로 영양소를 분해한 결과 생긴 노폐물을 체내에서 제거하는 과정이다.

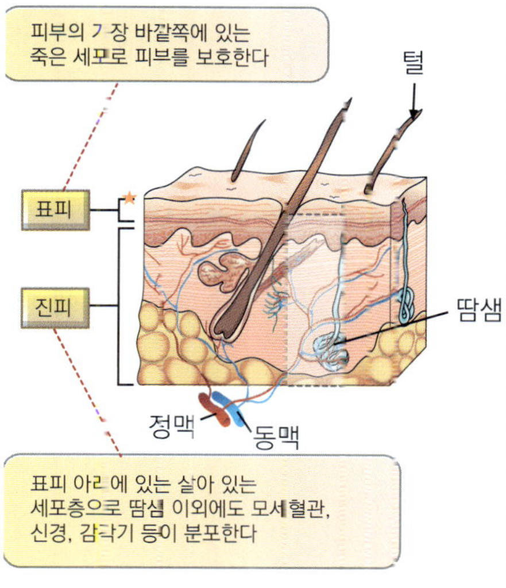

▲ 땀샘의 구조

과학단어

★ **표피** 동물체의 표면을 덮고 있는 피부의 가장 바깥쪽

기본확인문제

01 갈비뼈는 심장, 간, 위와 같은 내장 기관을 보호한다. (O / X)

02 폐는 근육이 없어서 스스로 운동하지 못한다. (O / X)

03 사람의 심장은 2심방 2심실로 되어있다. (O / X)

04 모세 혈관은 두껍고 탄력성이 있는 근육질의 벽을 갖는다. (O / X)

05 정맥에는 판막이 있어 피가 거꾸로 흐르는 것을 막아준다. (O / X)

06 혈액의 성분 중 가장 많은 비율을 차지하는 것은 적혈구이다. (O / X)

07 소화는 음식물을 몸속에서 흡수할 수 있도록 잘게 부수는 작용이다. (O / X)

08 배출 작용은 혈액 속의 찌꺼기를 걸러 내어 몸밖으로 내보내는 과정이다. (O / X)

09 여름에는 땀을 많이 흘리므로 오줌의 양이 적어진다. (O / X)

개념다지기 정답 ❶ 근육 ❷ 2심방 2심실 ❸ 이산화 탄소 ❹ 산소 ❺ 에너지 ❻ 노폐물 ❼ 오줌

06 탐구력 키우기

탐구 1 온도에 따른 침의 소화 작용

탐구과정

준비물

녹말, 증류수, 얼음, 아이오딘-아이오딘화 칼륨 용액, 베네딕트 용액, 시험관, 시험관집게, 비커, 알코올램프

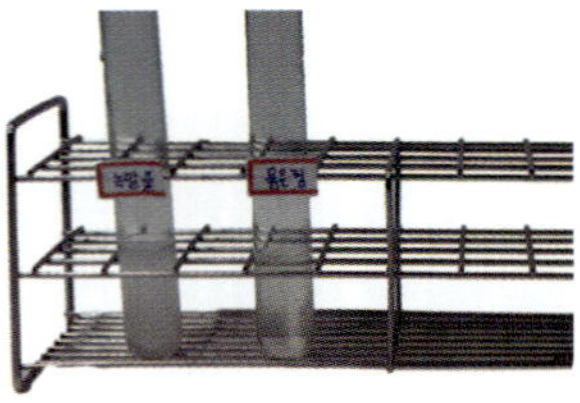

① 1%의 녹말 용액을 끓여 녹말풀을 만들고, 물을 한 모금 입에 머금었다가 1분 후 뱉어 내어 침 희석액을 준비한다.

② 4개의 시험관 A~D에 녹말풀을 같은 양 넣고 다음 표와 같이 처리한 후 20분간 놓아둔다.

③ 각 시험관의 용액을 반씩 나누어 하나는 아이오딘-아이오딘화 칼륨 용액을 떨어뜨리고, 나머지 반은 베네딕트 용액을 넣은 후 가열한다.

시험관	처리
A	침 희석액을 넣은 후 얼음물에 담가 둔다.
B	끓인 침을 넣고 35~40℃ 물에 담가둔다.
C	침 희석액을 넣은 후 35~40℃ 물에 담가 둔다.
D	증류수를 넣은 후 35~40℃ 물에 담가 둔다.

◀ 과정 ② 의 처리 방법

※ 아이오딘 : 아이오딘화 칼륨 용액은 녹말과 반응하면 청남색을 띠며, 베네딕트 용액은 포도당과 반응하면 황적색으로 변한다.

탐구결과

실험 결과 각 시험관에서 나타나는 반응색을 다음 표에 써 넣으시오.

시험관	물질	온도	아이오딘 반응	베네딕트 반응
A	녹말 + 침	얼음물		
B	녹말 + 끓인 침	35~40℃ 물		
C	녹말 + 침			
D	녹말 + 증류수			

탐구문제

1. 4개의 시험관 중 소화가 이루어진 시험관의 기호를 쓰시오.

2. A, B 그리고 C 시험관을 비교했을 때 알 수 있는 사실을 정리하여 쓰시오.

탐구 2 들숨과 날숨의 성분

탐구과정

준비물

BTB 용액, 석회수, 비커, 빨대, 공기펌프(또는 스포이트)

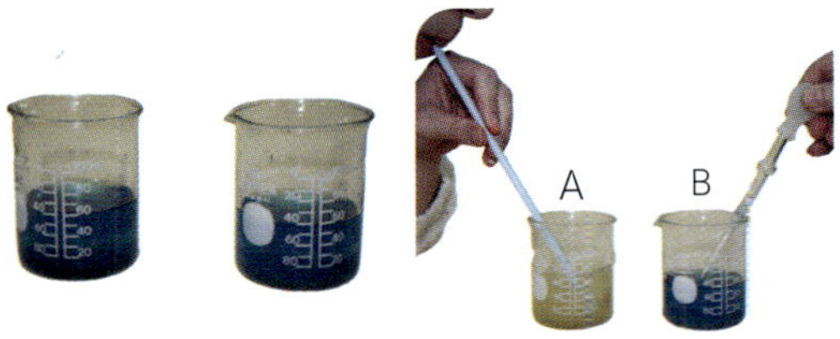

① 2개의 비커에 BTB 용액을 같은 양 넣는다.
② 1개의 비커에는 빨대로 입김을 불어 넣고(A), 다른 비커에는 공기 펌프로 공기를 넣는다(B).

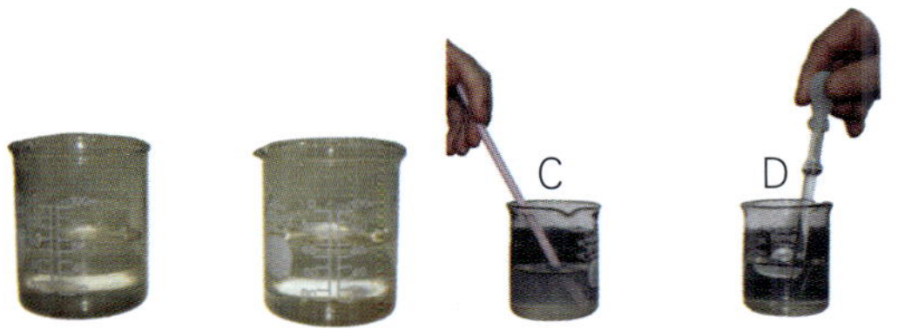

① 2개의 비커에 석회수를 같은 양 넣는다.
② 1개의 비커에는 빨대로 입김을 불어 넣고(C), 다른 비커에는 공기 펌프로 공기를 넣는다(D).

탐구결과

1. 실험에서 빨대로 입김을 불어 넣을 때와 공기 펌프로 공기를 넣을 때는 들숨과 날숨 중 어느 경우를 나타내기 위한 것인지 각각 쓰시오.

·빨대로 입김을 불어 넣을 때 :

·공기 펌프로 공기를 넣을 때 :

2. A, B, C, D 비커의 변화를 서술하시오.

탐구문제

1. 실험 결과 알 수 있는 들숨과 날숨의 성분의 차이점은 무엇인가?

2. 이 실험에 대한 설명으로 옳은 것만을 있는 대로 고르면?

① 입김은 날숨이다.
② 비커 A 에 나타난 변화는 산소 때문이다.
③ 날숨에는 들숨보다 이산화 탄소 양이 많다.
④ 호흡 결과 우리 몸에는 이산화 탄소 양이 많아진다.
⑤ 비커 C 에는 비커 D 보다 이산화 탄소가 많이 녹아 있다.
⑥ 호흡 운동을 통해 몸속으로 들어와 조직 세포에서 소모되는 기체는 이산화 탄소이다.

06 문제해결력 키우기

01 **다음 그림은 사람의 호흡 기관의 구조를 나타낸 것이다. 각 기관에 대한 설명으로 옳지 않은 것을 고르시오.**

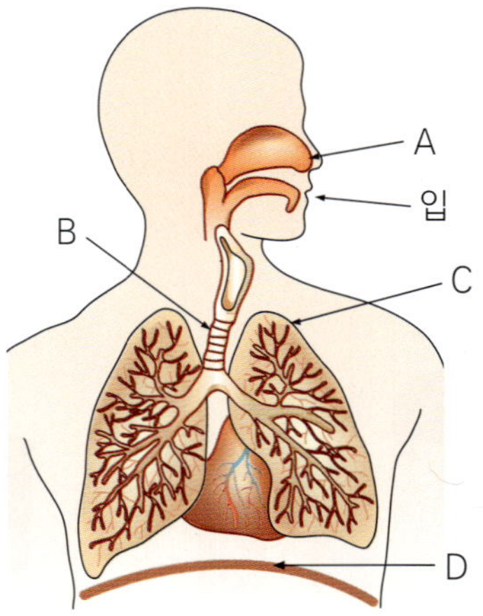

① A는 공기가 드나드는 출입구이다.
② B는 코와 이어진 긴 관으로 내벽에서는 점액이 분비되고, 섬모가 있어 폐로 들어오는 먼지와 세균을 막아준다.
③ C는 흉강 내에 있는 호흡 기관으로 좌우에 1개씩 모두 1쌍이 있다.
④ D는 가슴과 배를 구분하는 막이며 호흡 운동과는 관련이 없다.
⑤ 들이마시는 공기의 이동 경로는 A → B → C이다.

02 **사람의 호흡 기관인 폐는 하나의 큰 덩어리가 아닌 매우 작은 수많은 폐포로 이루어져 있다. 이와 같은 구조가 호흡에 유리한 점을 옳게 설명한 것은?**

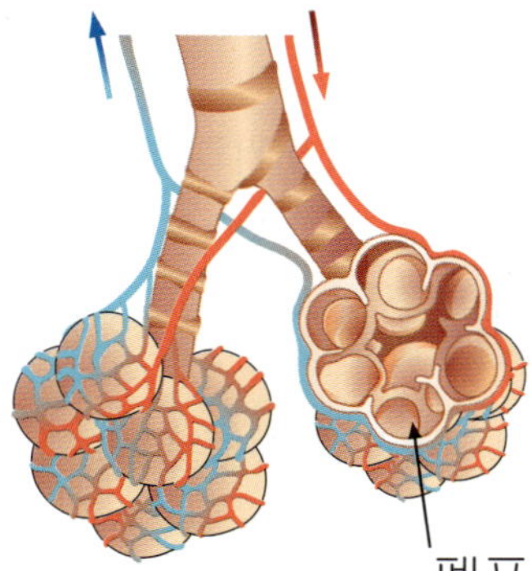

① 폐의 근육 운동을 돕는다.
② 폐로 들어오는 산소의 농도를 증가시킨다.
③ 이산화 탄소가 몸속으로 들어오는 것을 차단한다.
④ 표면적을 넓혀 기체 교환이 효율적으로 일어나도록 한다.
⑤ 폐로 들어오는 이물질이 제거될 수 있도록 필터 역할을 한다.

03 다음 그림은 사람의 심장 구조를 나타낸 것이다. 산소가 많이 피의 색깔이 선홍색인 혈액이 흐르는 곳만을 있는 대로 찾아 기호로 나타내시오.

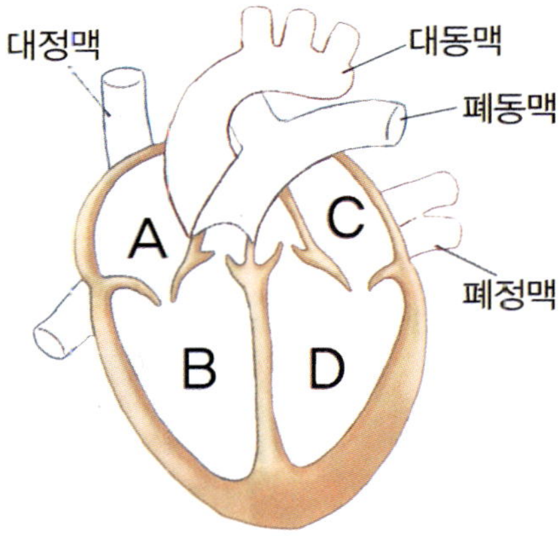

04 심장은 혈액 순환의 중심 기관으로 펌프 작용을 통해 혈액을 온몸으로 순환시킨다. 하지만 펌프 작용은 아래 그림과 같이 우리 몸의 일정한 곳에서만 느낄 수 있다. 그림의 표시된 부분에서 느낄 수 있는 주기적인 혈관벽의 수축과 확장을 무엇이라 하는지 쓰고 특징을 설명하시오.

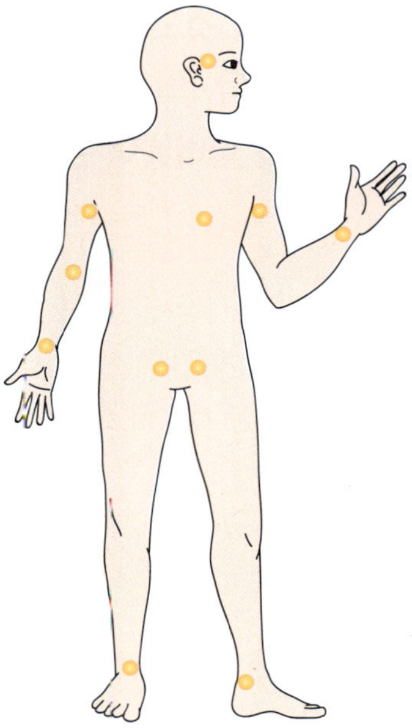

· 명칭 :

· 특징 :

06 문제해결력 키우기

05 **다음에 주어진 자료를 이용하여 심장에서 1시간 동안 방출되는 혈액의 양을 구하시오.**

· 맥박이 한 번 뛸 때마다 방출되는 혈액의 양 : 56.6 g
· 1분 동안의 맥박 수 : 72회

06 **1822년 19세의 마르탄은 사고로 총상을 입어 위에 구멍이 뚫렸다. 의사가 하루 이틀 뒤 곧 죽을 것으로 진단했던 마르탄은 위에 6 cm의 구멍이 뚫린 채로 살아남게 되었다. 의사 버몬트는 마르탄의 구멍 뚫린 위에 여러 가지 음식을 실에 매달아 집어넣어 본 후 다음과 같은 결과를 얻었다.**

· 쇠고기는 두 시간쯤 지나자 연한 조각으로 떨어졌으며, 10시간 후에 완전히 소화되었다.
· 채소는 흐물흐물한 상태가 되었으나 완전히 소화되지는 않았다.
· 감자는 큰 변화가 없었다.

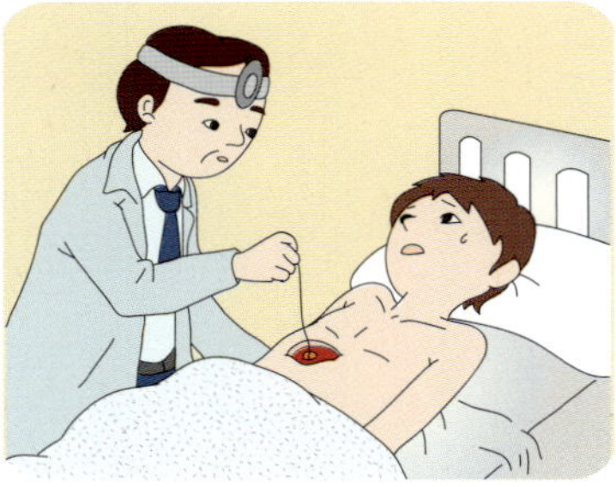

영양소 중 위에서 대부분 소화되는 것은 무엇인지 쓰시오.

07 다음은 무더운 여름철 관찰할 수 있는 동물들의 행동을 정리한 것이다.

개는 조금만 뛰어도 입을 크게 벌리고 혀를 길게 내민다.

돼지는 축축한 진흙 땅에 몸을 뒹군다.

코끼리는 스스로 몸에 물을 끼얹는다.

다음 중 위 동물들의 특징을 바르게 추리한 것은?

① 지방이 많아 사람보다 열이 더 많이 발생할 것이다.
② 몸에 털이 많아 발생한 열이 방출되지 못할 것이다.
③ 몸의 표면에 물을 뿌리면 혈액 순환이 원활해질 것이다.
④ 여름철 무더위에 벌레를 쫓기 위해 몸에 물을 뿌릴 것이다.
⑤ 땀샘이 분포하지 않아 땀을 분비하지 못하여 체온 조절이 안 될 것이다.

08 친구들과 운동장에서 오래달리기를 하였다. 1000 m를 뛰고 나서 일어날 수 있는 몸의 변화에 대한 설명으로 옳지 <u>않은</u> 것은?

① 체온을 유지하기 위하여 땀의 분비가 촉진된다.
② 땀이 증발하면서 열을 빼앗아가므로 체온이 평소보다 낮아진다.
③ 운동을 하면서 근육이 수축하고 많은 에너지를 소모하여 힘이 빠진다.
④ 혈액 속에 영양분을 보다 많이 빨리 공급하기 위하여 심장 박동이 촉진된다.
⑤ 몸에 공급할 산소의 양은 부족해지고, 내보낼 이산화 탄소의 양은 많아지기 때문에 숨이 차고 호흡이 빨라진다.

06 문제해결력 키우기

STEP BY STEP

09 **다음의 그림 (가)는 호흡 기관의 일부를 나타낸 것이며, 그림 (나)는 호흡 운동을 할 때의 흉강과 폐의 압력 변화를 나타낸 것이다.**

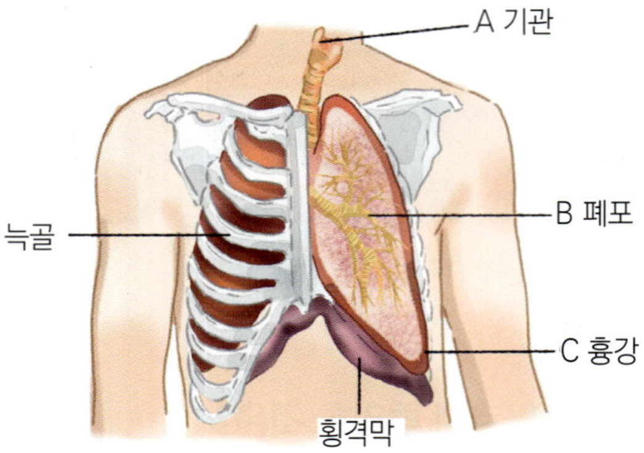

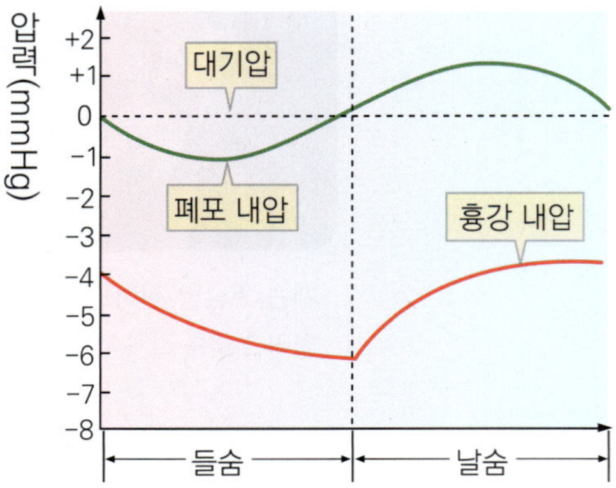

(1) 정상적으로 호흡 운동이 일어날 때 들숨과 날숨의 상태에서 A, B, C의 압력의 크기를 비교하시오.

	들숨	날숨
압력의 크기	> >	> >

(2) 공기를 들이 마실 때 허파(폐)와 가슴 안쪽 공간의 압력과 부피의 변화를 갈비뼈와 가로막의 움직임으로 설명하시오.

(3) 다음 그림은 호흡기의 모형을 나타낸 것이다. 아래 호흡기 모형에서 보완해야 할 점은 무엇인지 쓰시오.

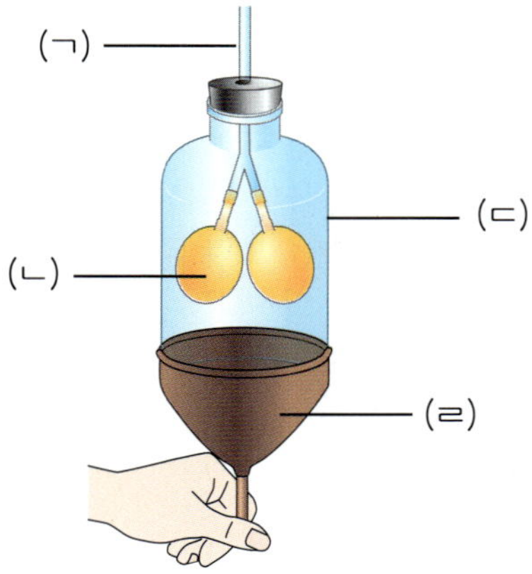

STEP BY STEP

10 다음 그림은 심장 박동이 일어나는 과정을 3단계로 나타낸 것이다. (단, →는 혈액의 흐름을 나타낸다.)

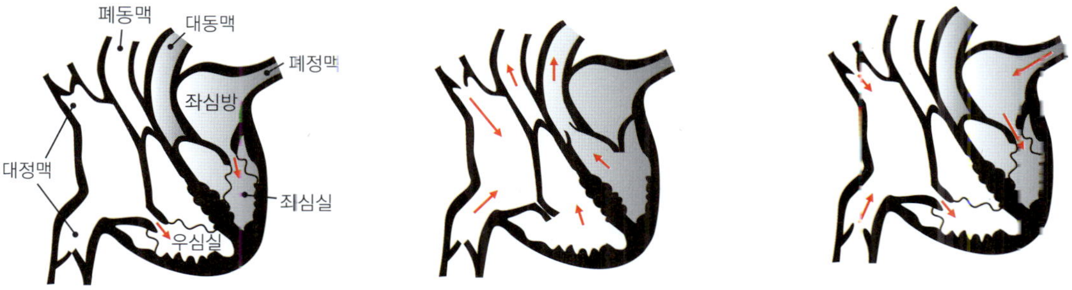

A　　　B　　　C

(1) A, B, C 각 단계에서 일어나는 심장 각 부위의 수축과 이완 및 혈액의 흐름에 대해 설명하시오.

(2) 심장 박동이 일어나는 동안 혈액은 항상 심방에서 심실로, 심실에서 혈관으로만 흐른다. 그 이유를 B 와 C 단계를 구분하여 설명하시오.

(3) 심방과 심실이 수축할 때 나타나는 전기적인 변화를 기록한 것을 심전도라 한다.

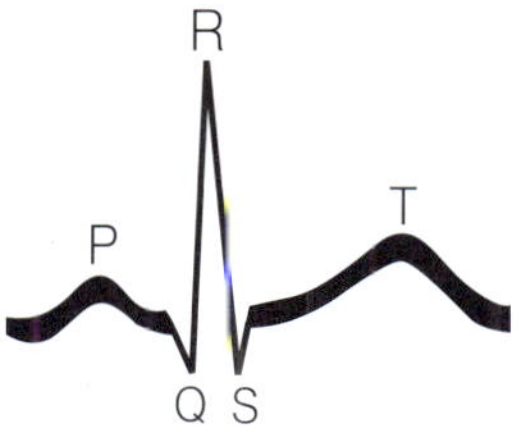

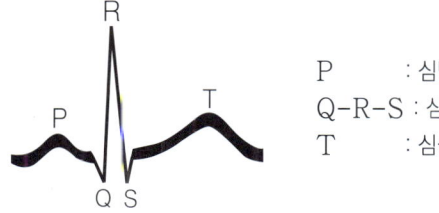

P : 심방 근육의 수축 시
Q-R-S : 심실 근육의 수축 시
T : 심실의 이완 시

다음 정상인과 심장병을 앓고 있는 사람의 심전도를 비교하여 이 심장병 환자의 심장 박동 상태에 대해 추리해 보시오.

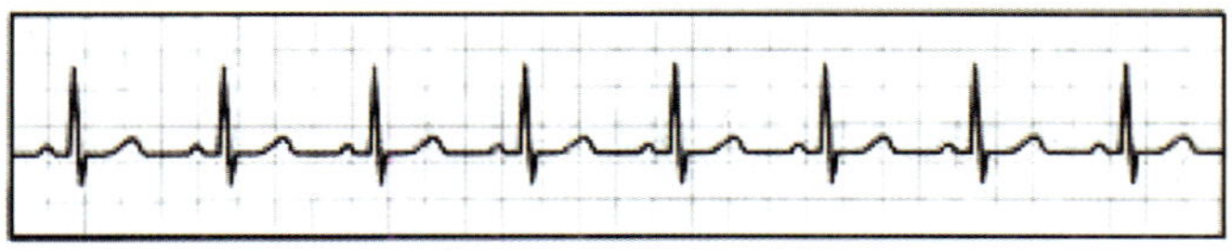
〈정상인 사람의 심전도〉

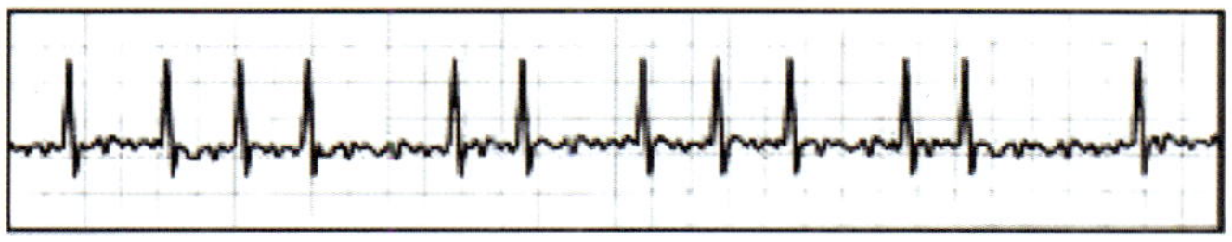
〈심장병을 앓고 있는 사람의 심전도〉

06 문제해결력 키우기

STEP BY STEP

11 **다음에 제시된 자료를 읽고 물음에 답하시오.**

1. 캡슐 요구르트

대개 일반 요구르트 내의 유산균이 장속까지 생존해 갈 수 있는 양은 처음 양의 50% 정도이다. 150mL의 요구르트에 750억 마리의 유산균이 있으므로, 50%도 적은 양은 아니다. 하지만 마신 요구르트에 포함된 유산균의 대부분이 대장에 전달될 수 있다면 더 좋은 것이 아닐까?

그래서 유산균에게 장속까지 살아서 갈 수 있는 보호막을 입혀 놓은 것이 캡슐 요구르트다.

▲ 캡슐 요구르트

2. pH에 따른 유산균의 생존률

pH	2	3	4	5	6	7	8
생존률(%)	5	15	30	40	91	92	90

3. 아침을 먹읍시다.

아침에 일어나면 신진대사가 일어나면서 위액(위산)이 분비되는데, 아침을 거르면 계속 분비된 위산이 위점막을 상하게 한다. 특히 밤 사이에 지속적으로 위액이 분비되기 때문에 자고 일어난 후에는 위의 산도가 매우 높다. 따라서 아침을 거르게 되면 위궤양을 일으키기 쉽고 지적 능력도 떨어지게 되므로 아침 식사를 하는 습관이 중요하다.

(1) 유산균을 섭취했을 때 소장까지 살아서 도달하는 유산균이 적은 이유는?

(2) 유산균의 대부분이 소장까지 안전하게 살아서 도달하기 위해서는 어떤 성분의 캡슐로 유산균을 싸주어야 하는가?

(3) 요구르트를 섭취하기에 가장 적절한 시기를 고르고 그 이유를 쓰시오.

· 아침 식사 전에
· 아침 식사 후에

STEP BY STEP

12 온도에 따른 침의 소화 작용을 알아보기 위하여 아래와 같이 실험을 하였다.

① 1%의 녹말풀에 묽은 침을 넣은 후 0℃의 얼음물에 담가둔다.
② 1%의 녹말풀에 묽은 침을 넣은 후 35℃의 미지근한 물에 담가둔다.
③ 1%의 녹말풀에 증류수를 넣은 후 35℃의 미지근한 물에 담가둔다.

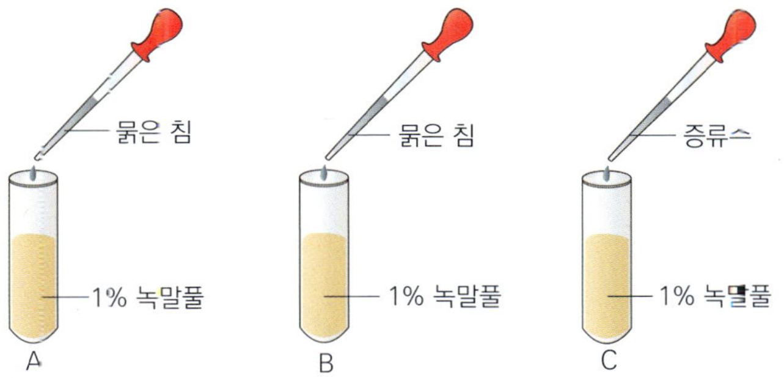

(1) 위 A, B, C 시험관의 용액에 아이오딘 - 아이오딘화 칼륨 용액을 떨어뜨리면 아래와 같이 색깔이 변한다. 용액의 색깔이 변한 이유는 무엇인가?

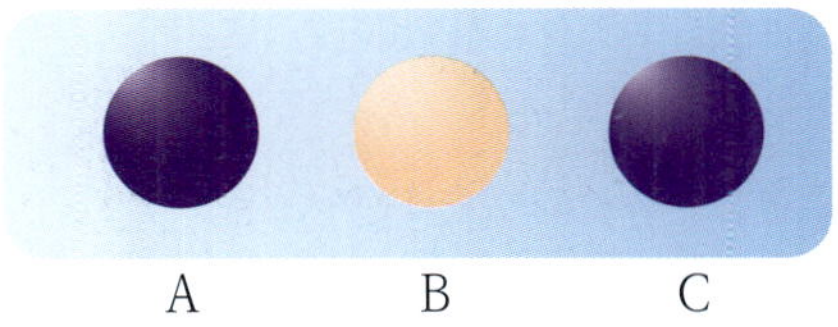

(2) 시험관 A 와 B를 통해 알 수 있는 사실과 시험관 B 와 C를 통해 알 수 있는 사실은 무엇인지 각각 쓰시오.

· 시험관 A 와 B :
· 시험관 B 와 C :

(3) 이 실험 후 B 시험관에 어떤 물질이 남아 있는지 알아보기 위하여 추가로 해볼 실험을 설계하시오.

(4) 찬 음식을 먹으면 배탈이 잘 나는 이유를 실험의 결과과 관련지어 설명하시오.

06 창의력 키우기

01

다음은 유산소 운동과 무산소 운동의 에너지 대사 과정과 젖산에 대한 설명이다. 이를 이용하여 다음의 문제를 해결하시오.

- ✔ 유창성
- ✔ 융통성
- 독창성
- 정교성

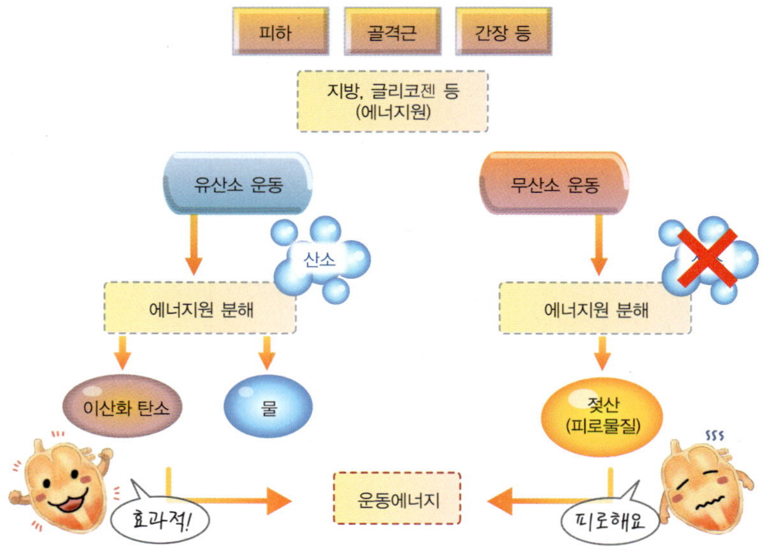

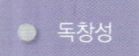

피로 물질 젖산은 심한 운동 시 증가하는 물질이다. 신체의 피로 증상이 나타나는 것은 글리코젠(에너지원)이 분해되면서, 젖산의 양이 증가되어 축적되기 때문이다. 이러한 젖산은 소변과 땀으로 배출되거나 자동 소멸되거나 단백질로 전환되기도 하지만 대부분은 에너지원으로 재사용된다.

어느 날 밤 갑자기 날씨가 추워진다고 하여 정수는 밖에 두었던 식물들을 모두 방 안으로 들여 놓았다. 그리고 찬 바람이 문 사이로 들어오는 것을 방지하기 위해 모든 빈 틈을 차단하고 잠자리에 들었다. 다음 날 잠에서 깬 정수는 잠을 잤음에도 불구하고 몸의 피로가 오히려 더 많이 쌓인 것처럼 느껴졌다.

(1) 정수가 잠을 자고 난 후 오히려 피로를 느끼는 이유는 무엇인지 설명하시오.

(2) 식물과 함께 밀폐된 방에서 자더라도 피로가 쌓이지 않게 할 수 있는 다양한 방법을 쓰시오.

02 다음 그림은 우리 몸속에 들어온 음식물의 소화 과정을 나타낸 것이다.

- 유창성
- ✔ 융통성
- 독창성
- 정교성

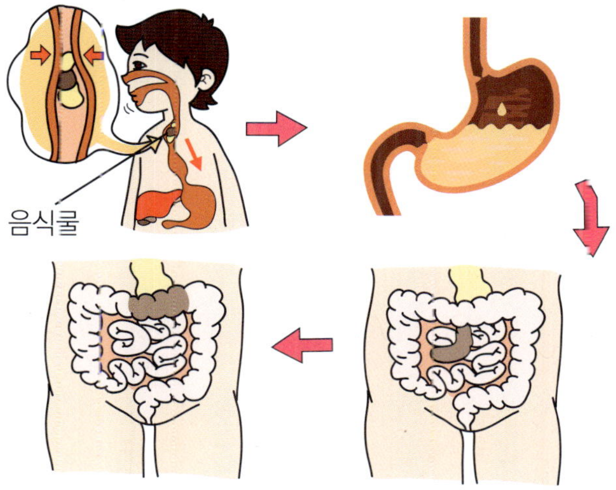

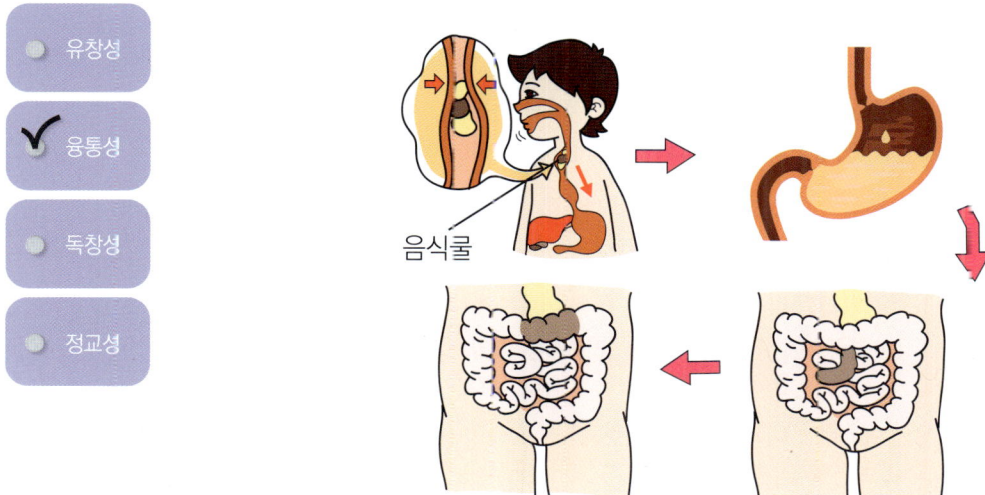

(1) 물구나무를 서서 음식을 먹으면 어떻게 될지 예상하고, 그 이유를 설명하시오

(2) 라디에이터는 주위에 얇은 금속판으로 된 핀을 많이 붙인 도관 속에 온수를 통하게 하여 대기 속으로 열을 방출시키는 장치이다. 작은 창자도 라디어 이터와 비슷한 구조를 가지고 있는데, 소장이 이러한 구조를 가져서 좋은 점을 쓰시오.

06 STEAM 융합형 문제 해결하기

01 다음은 세 가지 용어에 대한 설명이다.

① **백신** : 죽거나 기능이 약해진 병균 또는 병균의 일부분으로 만들어진 가짜 병균이다. 백신은 예방 접종에 사용되는 약으로, 우리는 소아마비, 간염, 일본뇌염, 장티푸스 등 10종 이상의 질병에 대한 예방 접종을 받아 왔다.

② **면역** : 특정 병균이 침입했을 때 그 병균을 기억하는 세포가 생겨서 이후에 동일한 병균이 재침입했을 때 신속하게 병균을 제거함으로써 같은 병에 걸리지 않는 방어 기능이다.

③ **감기와 독감** : 감기는 수백 종에 이르는 바이러스가 원인이고, 독감은 인플루엔자라는 바이러스에 의해 일어나며 크게 A형, B형, C형으로 분류된다. 감기 바이러스의 변이는 크지 않아 인체에 치명적이지 않다. 하지만 독감은 10 ~ 40년 주기로 대변이를 일으켜 새로운 종이 등장하기도 한다. 이에 세계보건기구(WHO)는 다음 해에 유행할 것으로 예측되는 균주를 발표하게 되는데 이렇게 만들어진 백신이 매년 독감으로부터 인류를 보호해 주고 있다.

(1) 건강한 쥐 두 마리를 각각 아래 그림과 같이 처리하였을 때, 건강하게 살아 있는 경우는 어느 것인가?

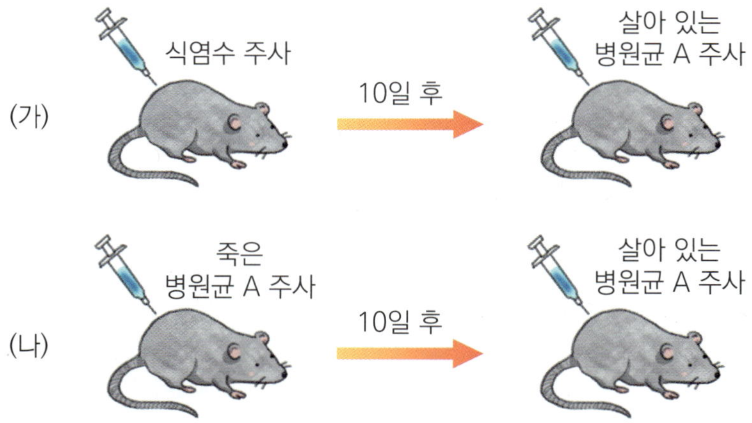

(2) 독성을 약화시킨 병원균이나 죽은 병원균을 주사하는 예방 접종의 원리를 설명하시오.

(3) 독감은 백신이 있는 반면에 일반 감기는 백신이 없는 이유는 무엇인가?

7 물체의 빠르기

롤러코스터의 빠르기를 잴 수 있을까?

놀이 공원의 롤러코스터는 빠른 속도로 떨어지며, 나선형으로 빙글빙글 돌고 거꾸로 떨어지는 등 불규칙한 운동을 한다. 이런 운동을 하는 롤러코스터의 속력은 어떻게 잴까?

07 개념다지기

❶ 움직이는 것과 움직이지 않는 것

(1) 움직임(운동)[1] : 어떤 기준★에 대하여 물체의 ❶ ________ 가 시간이 지남에 따라 변하는 것이다.

움직이는 것(운동)

▲ 날아가는 새

▲ 달리는 자동차

기준과 비교했을 때 시간이 지나면서 그 위치가 변하는 경우를 말한다.

지면에 서 있는 관찰자가 기준일 때

움직이지 않는 것(정지)

▲ 동상

▲ 주차해 있는 자동차

기준과 비교했을 때 시간이 지나도 그 위치가 변하지 않는 경우를 말한다.

❷ 물체의 빠르기

(1) 물체의 빠르기 비교 방법[2]

일정한 시간 동안 이동한 거리를 비교

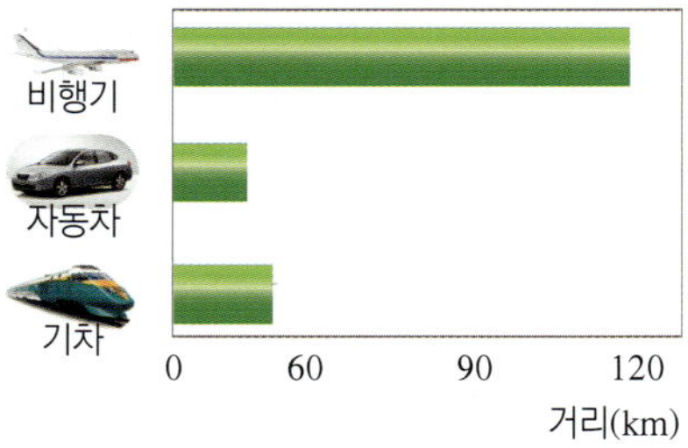

일정한 시간 동안 이동한 거리가 길수록 빠른 물체이다.

일정한 거리를 이동하는 데 걸린 시간을 비교

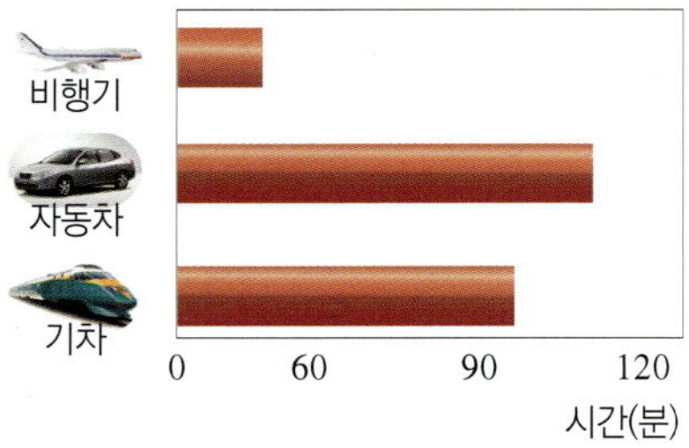

일정한 거리를 이동하는 데 걸린 시간이 짧을수록 빠른 물체이다.

(2) 속력 : 물체의 속력은 ❷ ________ 동안 ❸ ________ 를 나타낸다.

$$속력 = \frac{이동\ 거리}{걸린\ 시간}$$

① 속력의 단위는 일반적으로 m/s, km/h 등을 사용한다.
② 속력을 비교할 때는 단위를 같게 하여야 한다.

---

❶ 운동의 종류

① 등속직선 운동 : 속력과 방향이 일정한 운동
예 에스컬레이터, 무빙워크
② 등속 원운동 : 속력의 변화가 없이 원을 그리며 도는 운동
예 시계 바늘, 지구의 자전, 공전 등
③ 가속 운동 : 속도가 변하는 운동
예 자동차, 비행기, 자전거, 분수 등
④ 낙하 운동 : 높은 곳에서 떨어지는 가속 운동
예 폭포, 떨어뜨린 물체 등
⑤ 왕복 운동 : 주기를 가지고 왔다갔다하는 운동
예 시계 추, 진자, 시소, 그네 등
⑥ 회전 운동 : 제자리에서 도는 운동
예 팽이, 선풍기, 전동기 등

❷ 물체의 빠르기를 측정하는 방법

① 시간 기록계 이용 : 종이 테이프에 일정한 시간 간격으로 점을 찍는다.
② 다중 섬광 장치 : 일정 시간 동안 빛을 비추어 촬영한 사진을 이용하는 방법이다.
③ 속력계 설치 : 자동차의 속력계와 같이 물체에 속력계를 장치하는 방법이다.
④ 비디오 촬영 : 카메라로 촬영을 하여 분석하는 방법이다.

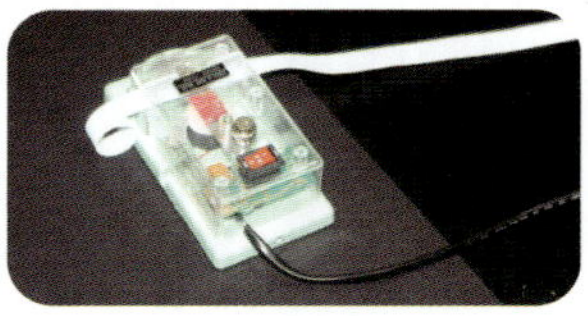

▲ 시간 기록계

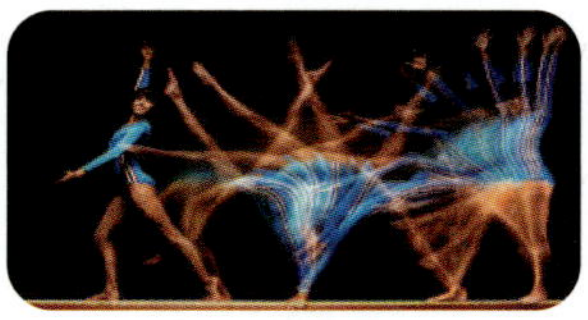

▲ 다중 섬광 사진

과학단어

★ 기준 어떤 일을 판단하거나 무엇을 구별하기 위해 기본이 되는 것

(3) 상대 속도 : 운동하고 있는 물체가 운동하고 있는 다른 물체를 보았을 때 느끼는 상대적인 속도를 말한다.*

① 같은 방향 운동일 때 A에 대한 B의 상대 속도

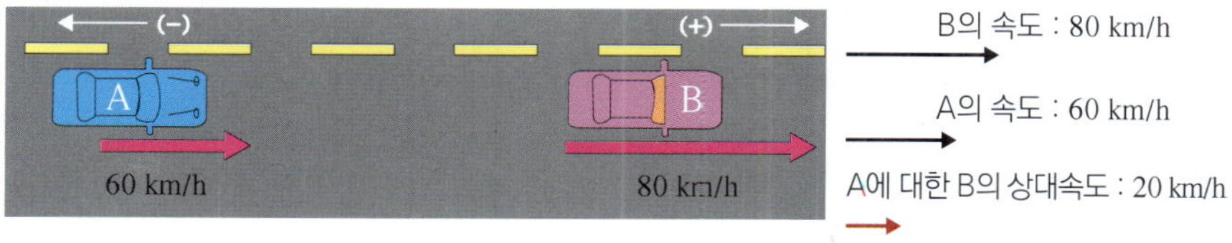

· A에서 본 B의 상대 속도 : 80 km/h − 60 km/h = 20 km/h
➡ A가 보면 B는 같은 방향으로 20km/h로 가고 있다.

② 반대 방향 운동일 때 A에 대한 B의 상대 속도

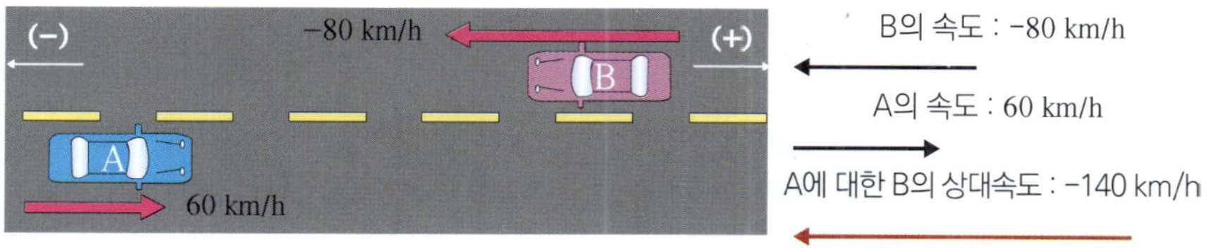

· A에서 본 B의 상대 속도 : −80 km/h − 60 km/h = −140 km/h
➡ A가 보면 B는 반대 방향으로 140km/h로 가고 있다.

3 속력을 구하여 그래프로 나타내기 ❸ ❹

(1) 3종 경기* 결과의 표와 그래프

종목	거리(m)	걸린 시간(초)	속력(m/초)
앞발 이어걷기	10	18.0	0.56
뒤로 걷기	10	8.0	1.25
두 발 모아 뛰기	10	6.5	1.54

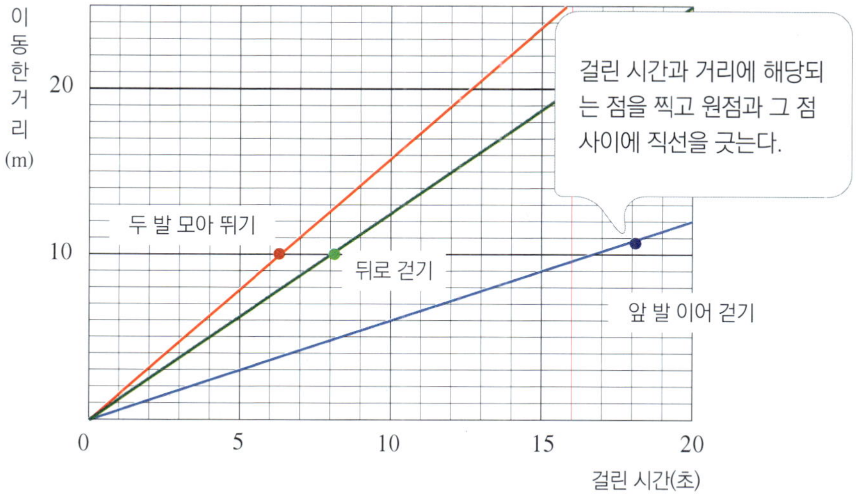

그래프에서 기울기는 ❹ ______ 을 나타내며, 빠른 종목은 기울기가 가파르고(크고) 느린 종목은 기울기가 완만하다(작다).

❸ 롤러코스터의 속력 구하기

롤러코스터와 같이 매우 빠르게 운동하는 물체는 기준 시간 동안 이동 거리를 잴 수 없다. 이러한 경우에는 롤러코스터가 전체 이동한 거리를 걸린 시간으로 나누어 속력을 구한다.

▲ 롤러코스터

❹ 이동 거리-시간 그래프에서 속력 구하기

① 걸린 시간에 따른 이동 거리의 그래프에서 직선의 기울기는 속력을 나타낸다.
② 그래프에서 1초 또는 1시간 동안 이동한 거리를 구하면 속력이 된다.
③ 이동한 거리를 속력으로 나누면 걸린 시간을 알 수 있다.

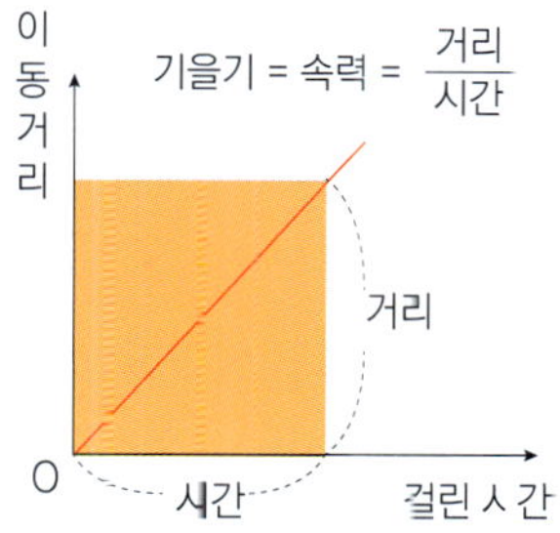

▲ 이동 거리-걸린 시간 그래프

과학단어

★ **상태성** 모든 사물이 각각 떨어져 있는 것이 아니고 서로 영향을 주고 받는 관계를 가지고 있는 성질
★ **3종 경기** 한 선수가 세 가지 운동 종목을 연이어 실시하는 경기

4 일정한 시간 간격마다 움직인 거리 표시하기

(1) 일정한 시간 간격으로 물체의 위치를 표시하는 방법

① 일정한 시간을 알려주는 방법 : 초시계 사용하기, 일정한 빠르기로 숫자 세기, 일정한 문장을 반복하기

② 일정한 시간 간격을 표시하는 방법 : 일정한 시간 간격마다 물체가 지나간 곳에 빨대 조각이나 콩주머니 등을 놓는다. 또는 운동하는 물체에 붙인 종이 테이프에 일정한 시간마다 사인펜으로 표시한다.

(2) 물체가 움직인 거리를 보고 속력 비교하기

속력이 일정한 경우[1]	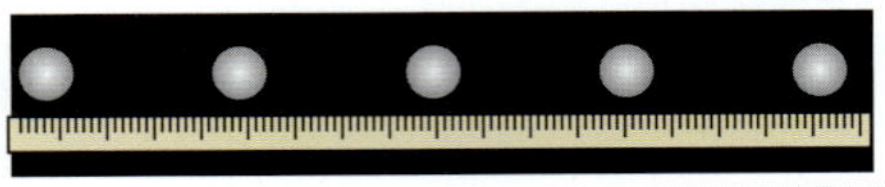	공 사이의 간격이 넓음 ➡ 속력이 빠름
	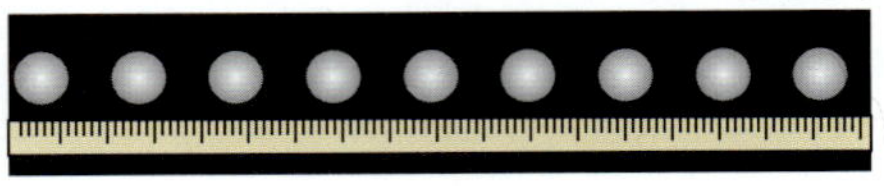	공 사이의 간격이 좁음 ➡ 속력이 느림
속력이 일정하지 않은 경우[2]	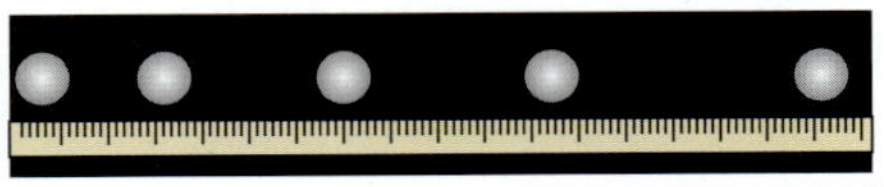	공 사이의 간격이 점점 넓어짐 ➡ 속력이 점점 빨라짐
	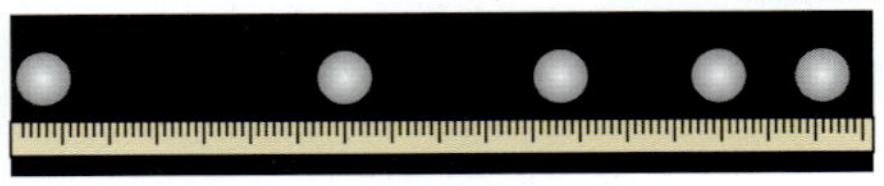	공 사이의 간격이 점점 좁아짐 ➡ 속력이 점점 느려짐

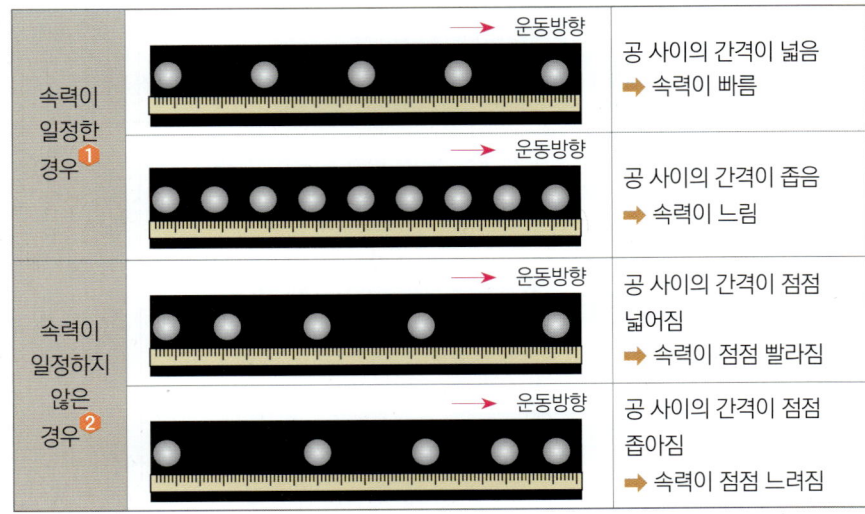

5 속력이 일정하게 변하는 직선 운동

(1) 등가속도 직선 운동[3]

① 운동 방향이나 운동 방향과 반대 방향으로 일정하게 힘을 받는 물체의 운동이다.

② 속력이 일정하게 증가하는 직선 운동

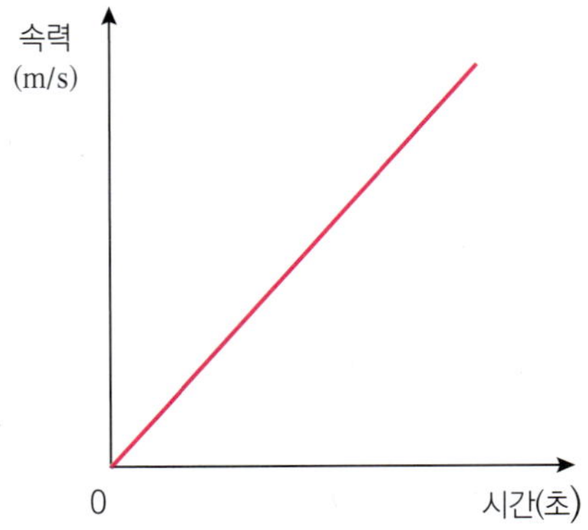

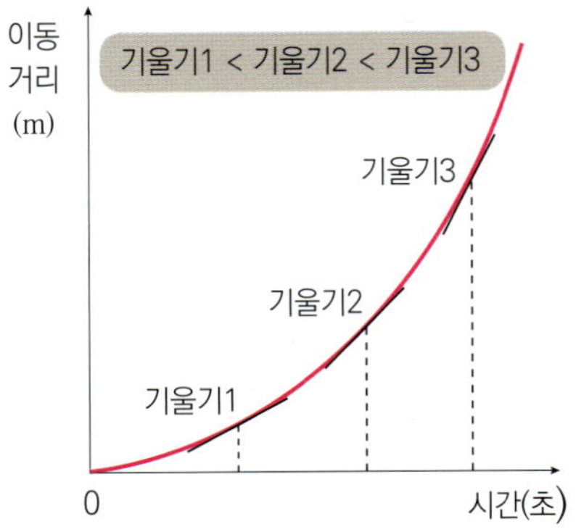

빗면에서 물체가 내려올 때, 물체가 높은 곳에서 연직 아래로 떨어질 때, 지하철이 출발할 때는 속도가 일정하게 증가하는 운동을 한다.

---

1 등속★ 운동

일정한 시간 동안 이동한 거리가 일정한 운동을 등속 운동이라고 한다. 즉, 속력이 변하지 않고 계속 이동하는 것을 말한다.

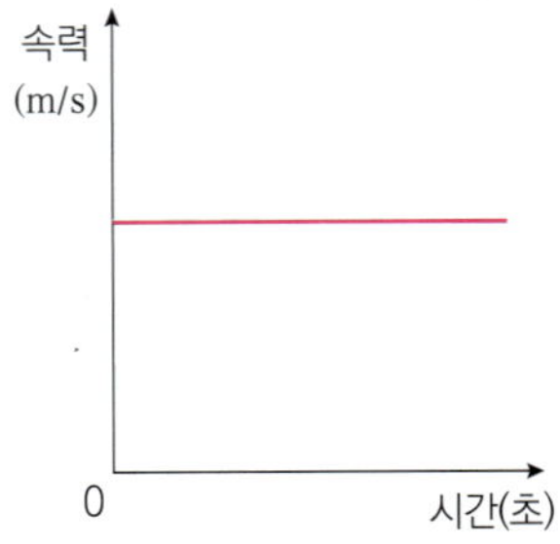

▲ 등속 운동의 속력-시간 그래프

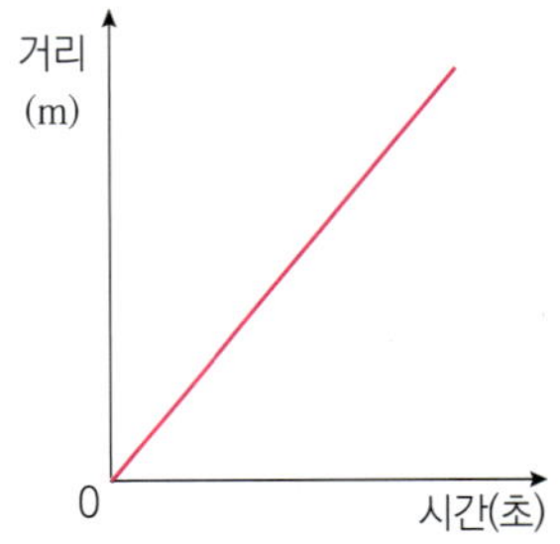

▲ 등속 운동의 거리-시간 그래프

2 평균 속력 구하기

속력이 일정하지 않은 경우에 전체 이동 거리를 전체 걸린 시간으로 나눠주면 평균 속력이 된다.

$$\text{평균 속력} = \frac{\text{전체 이동 거리}}{\text{전체 걸린 시간}}$$

과학단어

★ 등속 속력이 일정함

③ 속력이 일정하게 감소하는 직선 운동

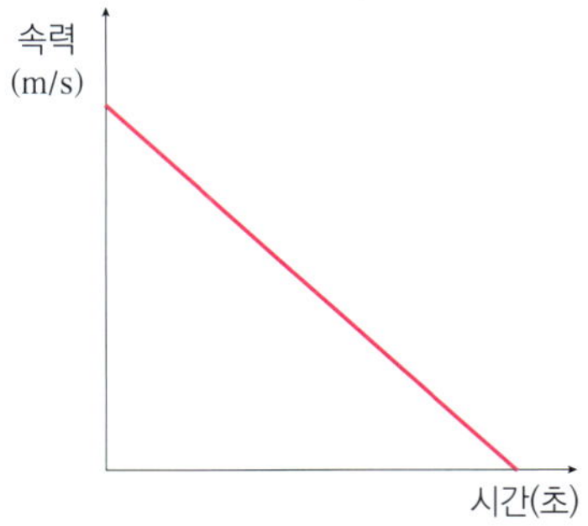

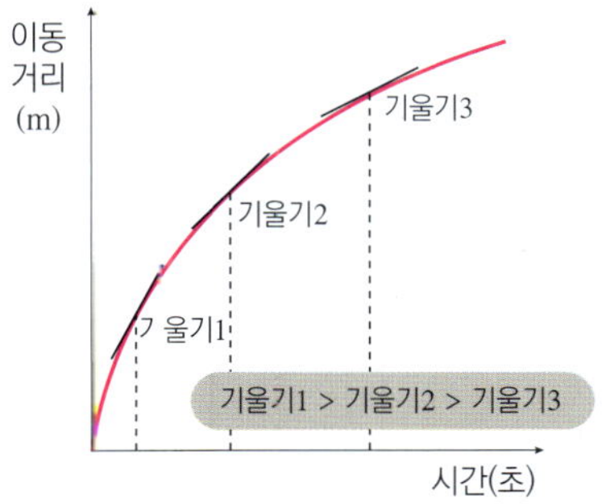

빗면으로 물체가 올라갈 때, 물체를 연직 위로 던졌을 때, 지하철이 역에 도착할 때는 속도가 일정하게 감소하는 운동을 한다.

❸ 힘(F)과 가속도(a)

물체가 힘을 받으면 속도가 변하는 가속도 운동을 한다. 힘과 가속도의 방향은 같고, 크기는 비례한다.

$$\text{가속도} = \frac{\text{나중 속도} - \text{처음 속도}}{\text{전체 걸린 시간}}$$

$$F = ma$$

(F : 힘, m : 물체의 질량, a : 가속도)

5 물체의 속력과 안전

(1) 놀이 기구가 멈출 때까지 이동한 거리

놀이 기구	속력(m/s)	멈추는 데까지 이동한 거리(m)
자전거	4.0	11.6
킥보드	3.4	3.3
인라인스케이트	3.7	7.1

일반적으로 물체의 무게가 크고 속력이 ❺ ________ 정지하는 데 필요한 거리가 더 길다.

(2) 자동차가 멈출 때까지 걸리는 시간

사람이 머릿속에서 브레이크★를 밟는다고 생각하고 실제로 브레이크를 밟을 때까지 시간이 걸리며, 또 브레이크를 밟은 후 멈출 때까지 시간이 걸린다.

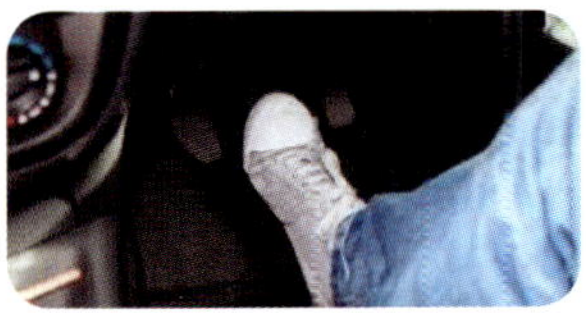

▲ 자동차의 브레이크 밟는 모습

과학단어

★ **브레이크** 회전하고 있는 자동차, 자전거 등의 바퀴를 멈추게 하거나 속력을 늦추게 하는 장치

기본확인문제

01 관찰자의 입장에서 시간에 따라 위치가 변하는 경우를 (운동, 정지)(이)라고 한다.

02 관찰자에 따라 물체의 움직임은 다르게 보일 수 (있다, 없다).

03 일정한 거리를 이동하는데 걸린 시간이 (짧을, 길)수록 빠른 물체이다.

04 일정한 시간 동안 이동한 거리가 (짧을, 길)수록 빠른 물체이다.

05 속력은 (이동 거리, 걸린 시간)을(를) (이동 거리, 걸린 시간)(으)로 나누어 구한다.

06 (m/s, g/mL)는 속력의 단위이다.

07 시간에 따른 이동 거리의 그래프에서 기울기가 (작을, 클)수록 속력은 빠르다.

08 일정한 (시간, 거리) 간격으로 움직이는 물체의 위치를 표시하여 속력을 비교할 수 있다.

09 운동하는 물체가 정지하는 데 필요한 거리는 속력이 (느릴, 빠를)수록 길어진다.

개념다지기 정답 ❶ 위치 ❷ 걸린(일정) 시간 ❸ 이동한 거리 ❹ 속력 ❺ 빠를수록

07 탐구력 키우기

탐구 1 시간 기록계로 속력 측정하기

탐구과정

준비물

시간기록계, 종이 테이프

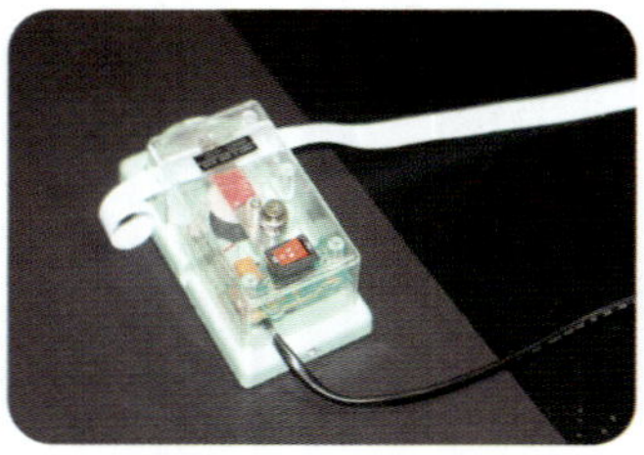

1. 60Hz 시간기록계를 실험대에 고정시키고 종이 테이프를 끼운다.
2. 시간 기록계를 작동시킨 다음 종이 테이프의 끝을 손으로 잡고 일정한 속력으로 잡아당긴다.
3. 종이 테이프를 6타점 간격으로 잘라 연속적으로 모눈종이에 세로로 붙인다.
4. 종이 테이프를 잡아당기는 속력을 2~3단계 변화시키면서 동일한 실험을 하여 결과를 비교한다.

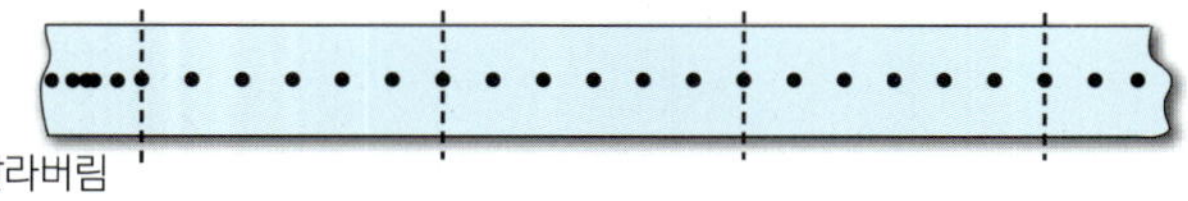

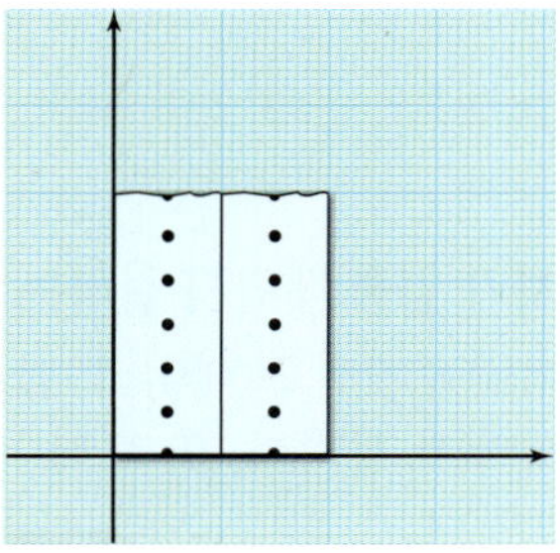

탐구결과

1. 종이 테이프를 세로로 붙이는 이유는 무엇일까?

탐구문제

1. 종이 테이프를 6타점 간격으로 자른 이유는 무엇인지 쓰시오.

2. 오른쪽 그림은 어떤 물체의 시간의 변화에 따른 속력 변화를 나타낸 그래프이다. 이 물체가 3초 동안 이동한 거리는 얼마인지 구하시오.

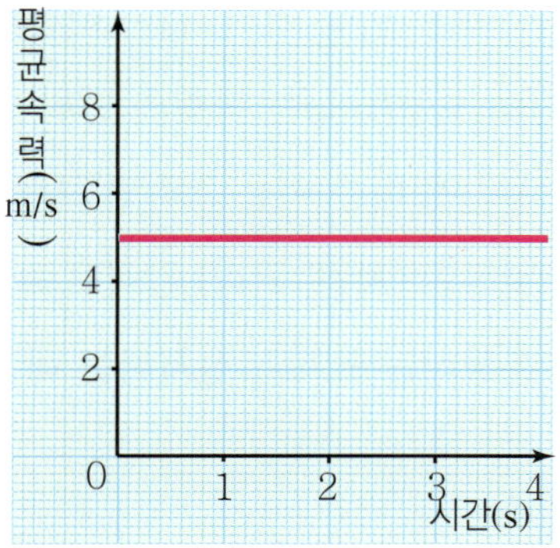

탐구 2 속력이 일정하게 증가하는 직선 운동

탐구과정

다음 그림은 마찰이 없는 빗면에서 미끄러져 내려가는 물체의 위치를 0.1초 간격으로 나타낸 다중 섬광 사진이다.

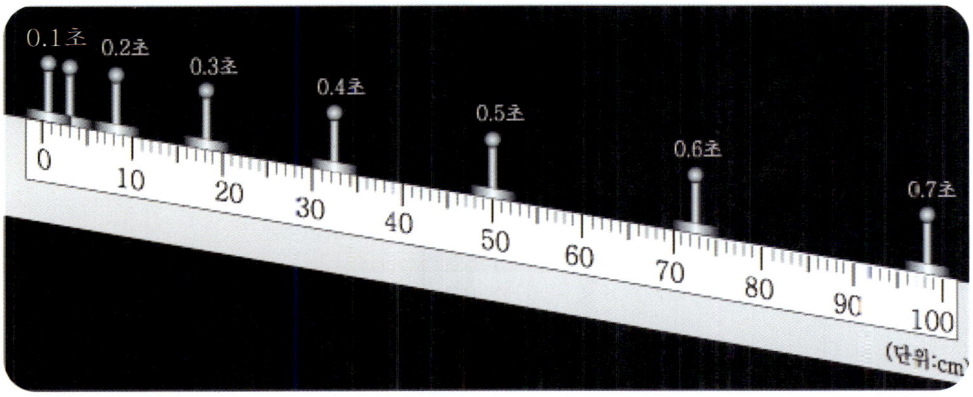

탐구결과

1. 위 사진의 눈금을 보고 물체의 운동을 다음 표에 기록해 보자

시간(초)	0	0.1	0.2	0.3	0.4	0.5	0.6	0.7
위치(cm)	0	3	8	18	32	50	72	98
구간 이동 거리(cm)	3							
평균속력(cm/초)	30							

2. 출발점으로부터의 (이동 거리-시간) 그래프와 (속력-시간) 그래프를 아래 모눈종이에 그려 보자.

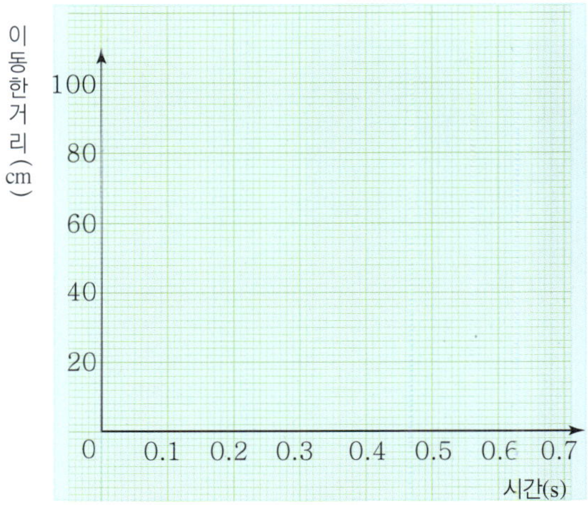

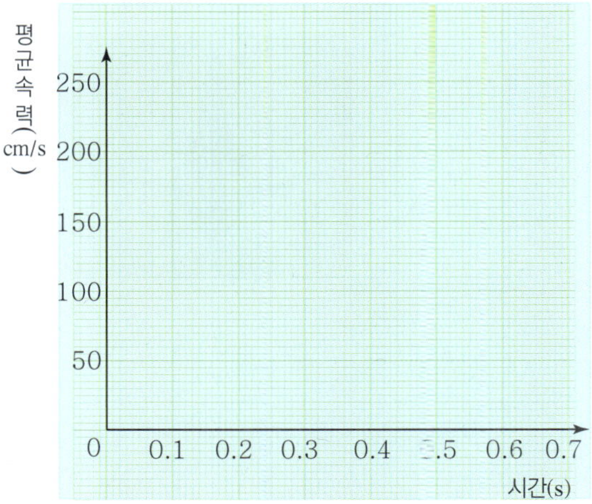

07 문제해결력 키우기

01 상현이는 인형극을 하기 위해 다음과 같은 배경과 인형을 만들었다. 인형이 오른쪽으로 움직이는 것처럼 보이게 하기 위해서 상현이가 할 수 있는 방법을 2가지 쓰시오.

02 다음 중 속력과 방향이 일정한 운동을 하는 물체는 어느 것인가?

① 
② 
③ 
④ 
⑤ 

03

준정이네 반에서는 모둠별 대항 장난감 경주 대회를 하였다. 다음은 모둠별 경주 결과이다. 가장 빠른 장난감과 가장 느린 장난감을 가진 모둠의 이름을 쓰시오.

모둠	장난감	움직인 거리 (m)	걸린 시간 (초)
(가)		10	8
(나)		5	10
(다)		15	20
(라)		10	5

· 가장 빠른 장난감을 가진 모둠 :

· 가장 느린 장난감을 가지 고둠 :

04

다음은 일정한 빠르기로 달리는 비행기, 자동차, 기차가 30분 동안 움직인 거리를 막대 그래프로 나타낸 것이다. 세 가지 교통 수단을 빠른 순서대로 쓰시오.

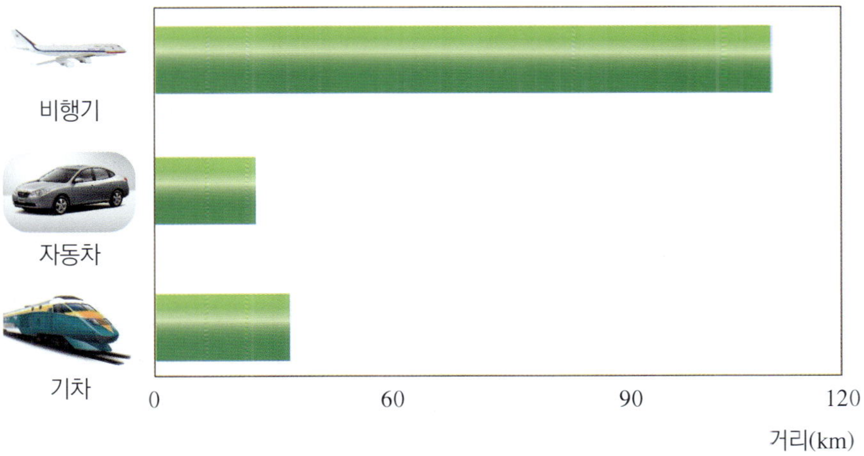

05

다음은 철인 3종 경기의 결과를 나타낸 것이다.

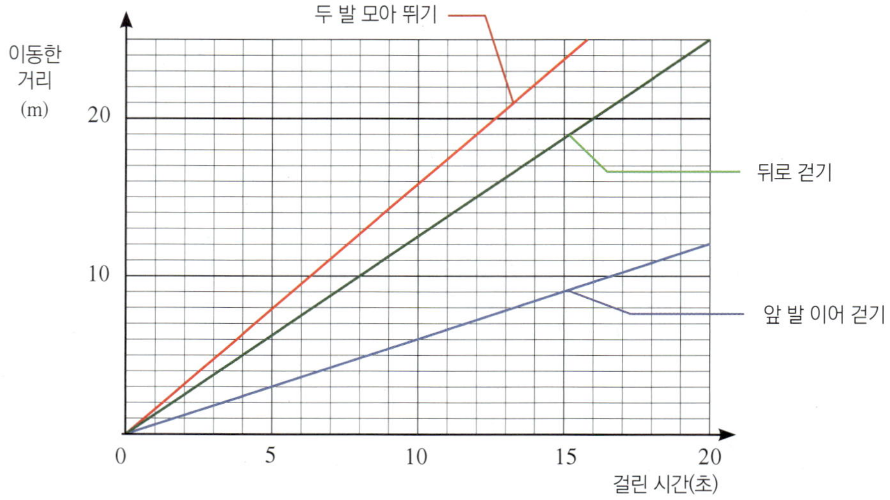

위 그래프에 나타난 3가지 운동의 속력을 각각 구하시오.

06

100 km/h 의 속력으로 달리는 자동차가 있다. 비가 오지 않는 날, 이 운전자가 신호를 보고 브레이크를 밟을 때까지 자동차가 이동하는 거리가 약 20 m 이며, 신호를 보고 자동차가 정지할 때까지 총 길이는 100 m 라고 한다.

빗길에서는 브레이크를 밟아서 자동차가 멈출 때까지의 거리가 두 배로 길어진다. 빗길에서 시속 100 km 로 달리는 자동차의 안전 거리는 몇 m 인지 쓰시오.(단, 안전한 거리란 신호를 보고 정지할 때까지의 총 거리를 말한다.)

07

제한 속도가 80 km/h 인 도로에 무인 속도 측정기가 설치되어 있다. 승희가 운전한 차가 첫 번째 센서를 통과할 때 시각이 15시 35분 25초이고, 두 번째 센서를 통과할 때의 시각이 15시 35분 27초였다. 승희는 속도 위반으로 단속 카메라에 찍혔을지 안찍혔을지 쓰시오. (단, 센서와 센서 사이의 거리는 40m이다.)

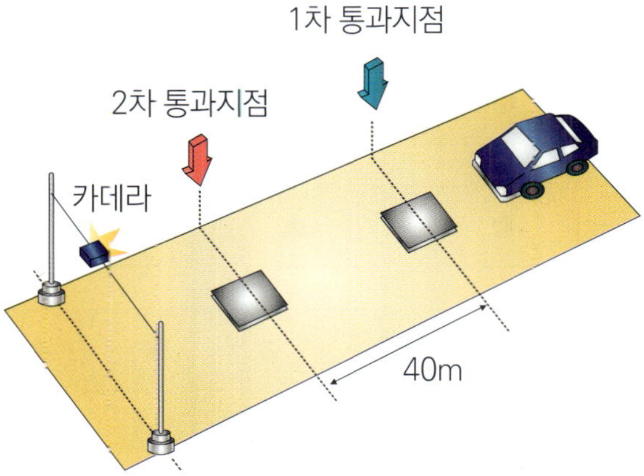

08

다음 그림과 같이 왕복 4차선 도로에서 A, B 자동차와 버스, 총 3대의 차가 달리고 있다.

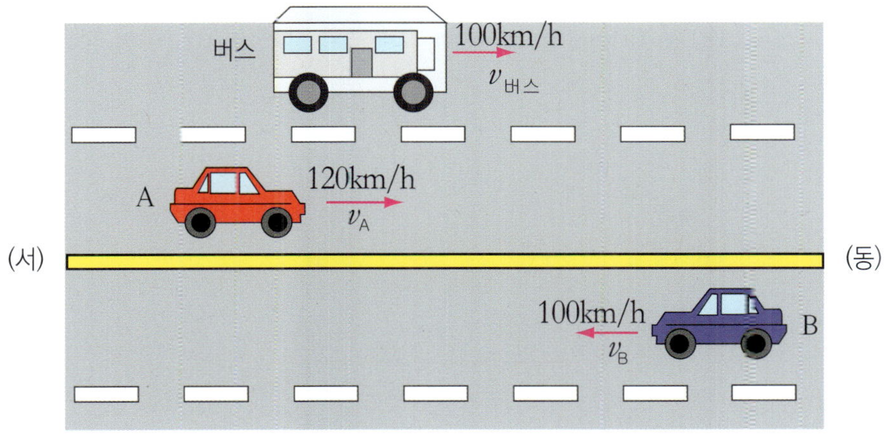

A 자동차 안에 탄 사람이 B 자동차와 버스를 볼 때, B 자동차와 버스의 빠르기와 방향은 어떠한지 쓰시오.

· B 자동차의 빠르기와 방향 :

· 버스의 빠르기와 방향 :

07 문제해결력 키우기

STEP BY STEP

09 다음은 화살표 방향으로 운동하는 물체의 움직임을 종이 테이프에 기록한 것이다. (단, 시간 기록계는 1초에 1번씩 종이테이프에 점을 찍었다.)

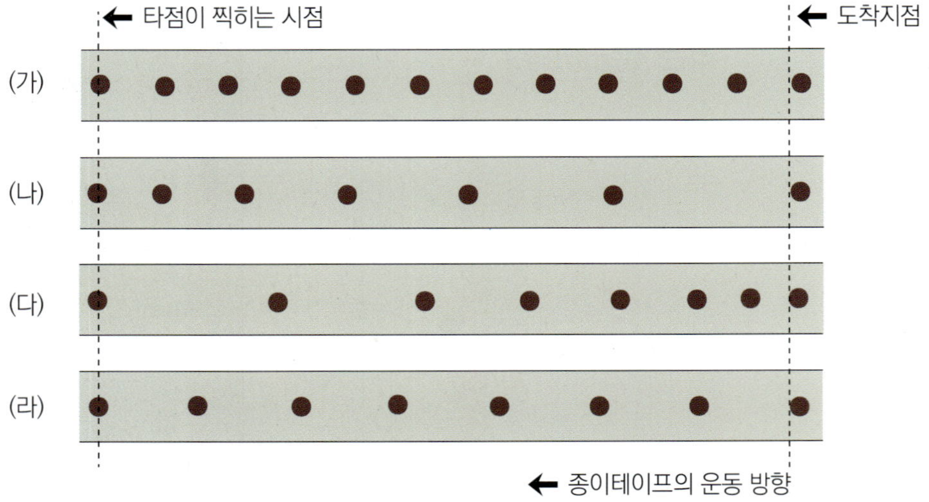

(1) 위 (가)~(라) 중 전체 거리를 가는데 가장 짧은 시간이 걸린 것의 기호를 쓰시오.

(2) 위 (가)~(라) 중 다음 그래프와 같은 운동을 하는 것의 기호를 모두 찾아 쓰시오.

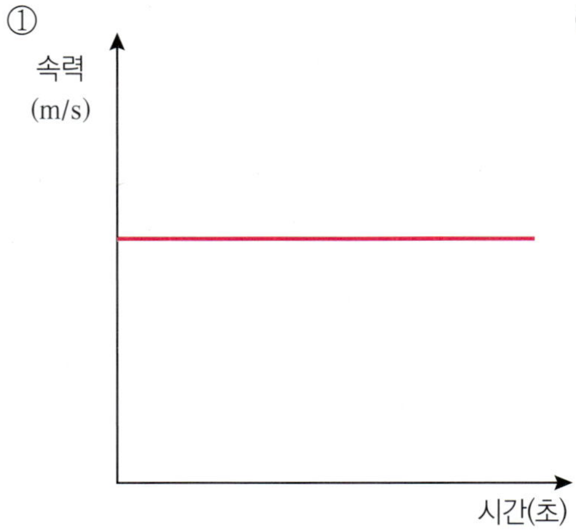

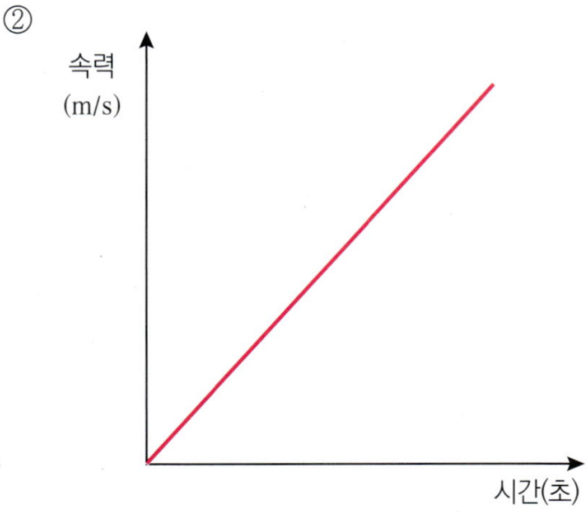

STEP BY STEP

10 **서울에 사는 세윤이네 가족은 할아버지 생신이어서 할아버지가 사시는 춘천에 가려고 오전 10시에 집에서 출발했다. 서울에서 춘천까지 60 km/h의 평균 속력으로 달려야 할아버지 생신 파티 시간에 도착할 수 있다. 차가 막혀서 40 km/h의 평균 속력으로 서울에서 춘천까지의 중간 지점까지 왔다. 서울에서 춘천까지는 120 km이다.**

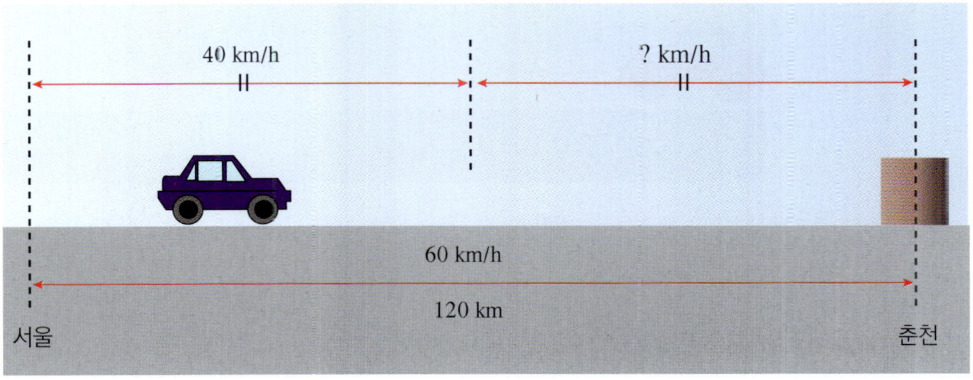

(1) 할아버지의 생신 파티는 몇 시일까?

(2) 중간 지점에 도착했을 때 파티까지 남은 시간은 얼마인가?

(3) 남은 거리를 얼마의 평균 속력으로 달려야 약속 시간에 맞춰서 도착할 수 있을까?

STEP BY STEP

11 **자동차의 기름통에서 새는 기름이 2초 간격으로 지면에 떨어진다. 다음 그림은 도로에 떨어진 기름방울의 모습이다. 기름방울이 떨어지기 시작한 O점으로부터 도로 표지판이 서 있는 S점까지의 거리는 180 m이다.**

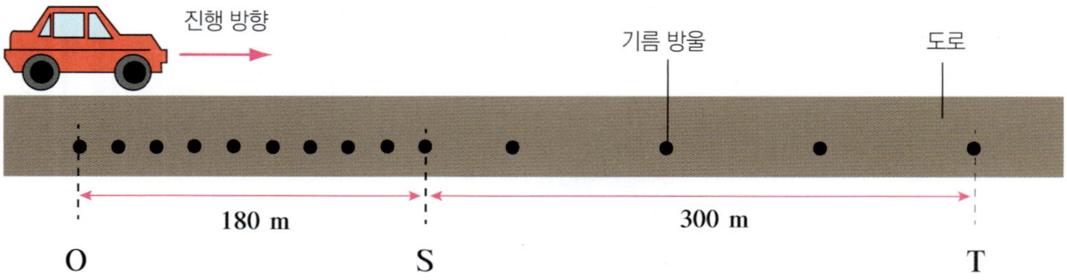

(1) O점으로부터 도로 표지판이 서 있는 S점에 도달했을 때 이 자동차의 속력은 얼마인가?

(2) 도로 표지판이 서 있는 S점을 지나서 자동차의 속력이 일정한 비율로 증가하기 시작했다면 S점에서 300m 떨어진 T점에서 이 자동차의 속력은 얼마인가?

(3) S점에서 T점까지 이 자동차의 가속도의 크기는 얼마인지 구하시오.

STEP BY STEP

12 다음 그림은 공이 마찰이 없는 면 위에서 A점에서부터 B점까지의 움직임을 나타낸 것이다.

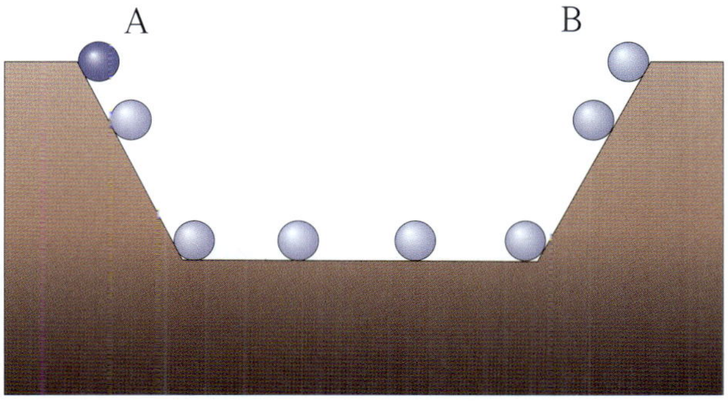

(1) A 지점에서 B 지점까지 공이 움직이는 동안의 빠르기는 어떻게 변하였는지 글로 표현하시오.

(2) A 지점에서 B 지점까지 공이 움직이는 동안의 빠르기 변화를 속력-시간 그래프에 나타내시오.

07 창의력 키우기

01 다음은 장난감 자동차가 5초 동안 움직인 모습을 $\frac{1}{10}$ 로 축소하여 나타낸 것이다. 이 자동차의 속력을 구하는 방법을 쓰시오.

✓ 유창성
융통성
✓ 독창성
정교성

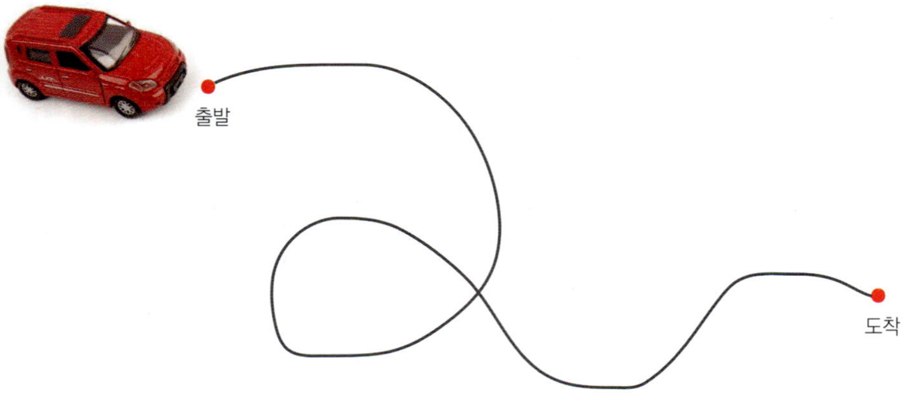

(1) 길이 구불거려서 자동차가 이동한 거리를 딱딱한 자로 잴 수가 없다. 장난감 자동차가 움직인 거리를 잴 수 있는 방법을 쓰시오.

(2) 출발부터 도착까지 거리를 재었더니 30 cm였다면 이 장난감 자동차의 평균 속력은 얼마인지 구하시오.

(3) 이 자동차가 출발할 때 속력이 10cm/s 이고, 도착할 때 속력이 0이라고 한다면 출발할 때부터 도착할 때까지 평균 가속도는 얼마인가?

02 운동하고 있는 물체는 외부에서 힘이 작용하지 않는 한, 자신의 운동 상태를 유지하려고 한다. 즉, 정지한 물체는 계속 정지해 있으려 하고, 운동하는 물체는 계속 운동하려고 한다. 이러한 성질을 관성이라고 한다. 다음 그림은 운동하고 있는 자동차 안에서 쇠구슬에 실을 매어 천장에 매달았더니 쇠구슬이 오른쪽으로 기울어지는 모습을 나타낸 것이다.

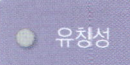

- 유창성
- ✓ 융통성
- 독창성
- ✓ 정교성

(1) 쇠구슬이 기울어져 머달려 있는 이유를 설명하시오.

(2) 자동차의 운동 상태에 대해서 간단히 서술하시오.

(3) 쇠구슬 대신 고무풍선에 공기를 불어 넣은 후 바닥에 매달고 자동차를 오른쪽으로 출발시켰다. 출발 직후 고무 풍선은 어떻게 되겠는가?

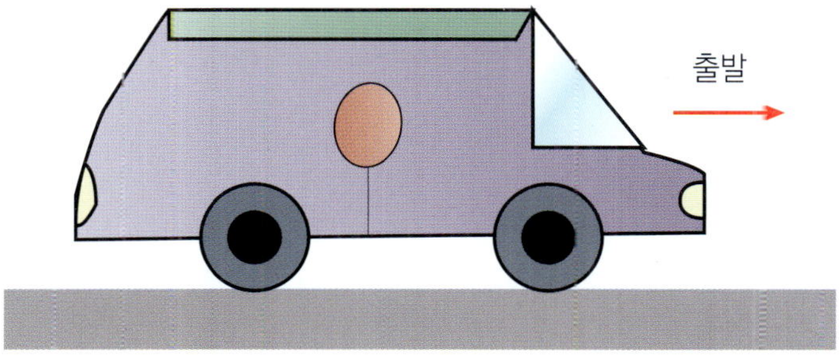

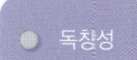

07 STEAM 융합형 문제 해결하기

01

놀이 공원에서 화려함과 즐거움을 동시에 선사해주는 회전목마. 회전목마는 방향은 계속 바뀌지만 속력은 변하지 않는 등속원운동을 하고 있다. 그렇다면 회전목마 안에 타고 있는 사람들은 모두 같은 속도의 움직임으로 운동을 하고 있을까?

오른쪽 그림과 같이 회전 목마의 바깥쪽에 영미가 앉아 있고, 안쪽에 은희가 앉아 있다.

(1) 같은 시간 동안 영미와 은희의 회전수는 같을까? 다를까?

(2) 회전목마를 타고 있는 영미와 은희의 속력은 어떠할지 시간과 이동 거리를 이용하여 설명하시오.

(3) 회전목마를 타는 사람들이 더 스릴감을 느끼게 하기 위해 장치를 바꾸려고 한다. 어떻게 바꾸는 것이 좋을지 3가지 이상 쓰시오.

8

기온과 바람

바람이 부는 까닭은?

오래전부터 바람을 이용하여 배를 이동시키고,
풍차를 돌려 농업에 필요한 물을 끌어올렸다.
오늘날에는 풍력 발전기를 돌려서 전기 에너지를 만든다.
바람은 어디에서 불어올까?

08 개념다지기

1 대기권 구조

(1) 대기권의 특징

① 구성 성분 : 질소와 산소가 전체 대기의 99% 차지[1]

② 지표면에서 높이 올라갈수록 ❶ ______ 감소

(2) 대기권의 구조(구분 기준 : 높이에 따른 기온★ 변화)

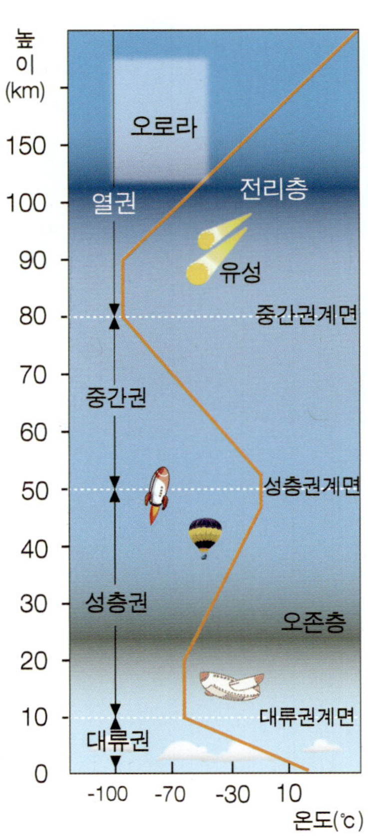

	각 층의 특징
열권	· 높이 올라갈수록 기온 상승 (태양 복사 에너지를 흡수하기 때문) · 낮과 밤의 기온 차가 큼(공기가 희박) · 극지방 부근에서 오로라 현상 나타남
중간권	· 높이 올라갈수록 기온 감소 (성층권에서 멀어져 도달하는 열이 감소하기 때문) · 공기층이 불안정하여 대류 현상
성층권	· 높이 올라갈수록 기온 상승 (오존층에서 자외선을 흡수하기 때문) · 높이 20 ~ 30km에 오존층 존재 · 기층이 안정되어 비행기 항로로 이용
대류권	· 높이 올라갈수록 기온 감소 (지구 복사 에너지가 감소하기 때문) · 전체 대기의 70 ~ 80% 존재 · 공기 층이 불안정하여 대류 현상 발생 · 구름, 비, 눈 등의 기상 현상 발생

2 하룻 동안의 기온 변화

(1) 하루 동안의 기온 변화 측정 : 일정한 시간 간격으로 백엽상★에서 기온을 측정한다.

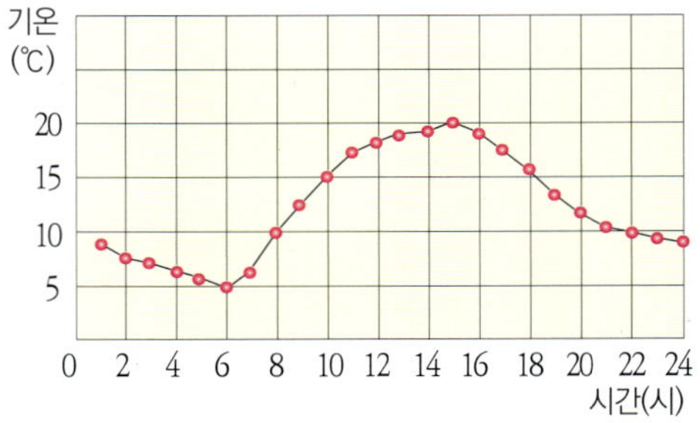

기온이 가장 높은 시각과 그 때의 기온[2]	오후 3시경, 약 20 ℃
기온이 가장 낮은 시각과 그 때의 기온	오전 6시경, 약 5 ℃
일교차 (하루 중 최고 기온과 최저 기온의 차이)	(20 − 5) ℃ = 15 ℃

(2) 하루동안의 기온이 변하는 까닭 : 태양의 고도가 변함에 따라 하룻동안 지표면이 받는 ❷ ______ 의 양이 변하기 때문이다.[3]

---

1 대기의 구성 성분

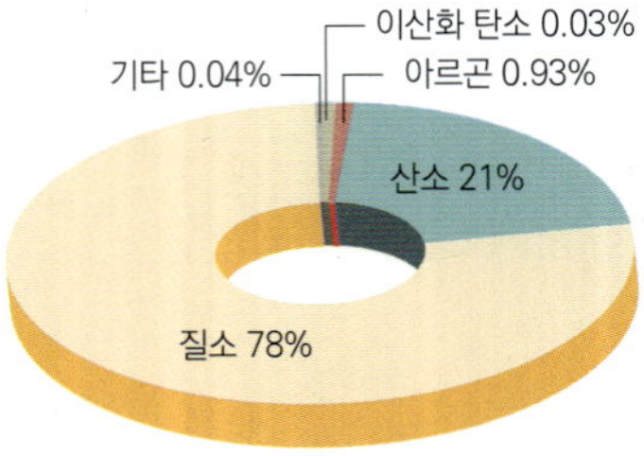

이산화 탄소, 오존, 수증기 등의 기체들은 전체 질량에 비해 그 양이 매우 적지만 기후변화에 중요한 역할을 한다.

2 실제 기온이 오후 2~3시경에 가장 높은 이유

태양의 고도는 낮 12시에 가장 높지만, 지표면이 열을 받아서 데워지는 데 시간이 걸리므로 실제 기온은 오후 2~3시 경에 가장 높다.

3 고도에 따른 태양 복사 에너지

· 수직으로 비출 때 (태양의 고도가 높을 때)

좁은 면적을 집중적으로 비춘다.

· 비스듬히 비출 때 (태양의 고도가 낮을 때)

같은 빛이 넓은 면적에 비춰진다.

과학단어

★ **기온** 우리를 둘러싸고 있는 공기의 온도

★ **백엽상** 기상 관측 기구가 들어 있는 흰색 집 모양의 나무 상자. 태양열과 복사열의 영향을 거의 받지 않음

3 지면과 수면의 온도 변화

(1) 모래와 물의 온도 변화 : 같은 크기의 비커에 같은 양의 물과 모래를 넣고, 햇빛이 잘 비치는 곳에 두고 온도를 측정한다.

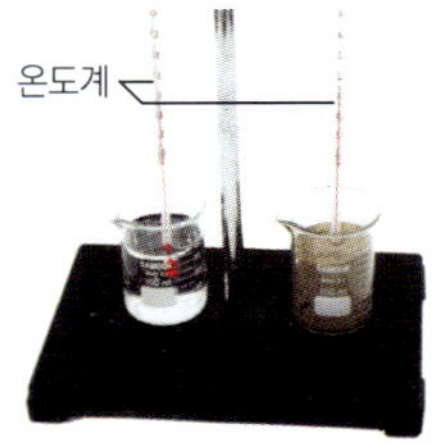

- 다르게 해야 할 조건 : 온도를 측정할 대상(물과 모래)
- 같게 해야 할 조건 : 모래와 물의 양, 온도계를 꽂는 깊이, 햇빛을 비추는 시간 등

알 수 있는 사실	햇빛을 받을 때 모래가 물보다 더 빨리 데워지고 햇빛을 받지 못할 때 모래가 물보다 더 빨리 식는 것으로 보아 모래가 물보다 온도 변화가 더 크다는 것을 알 수 있다.

(2) 하루 동안의 지면과 수면의 온도 변화[4]

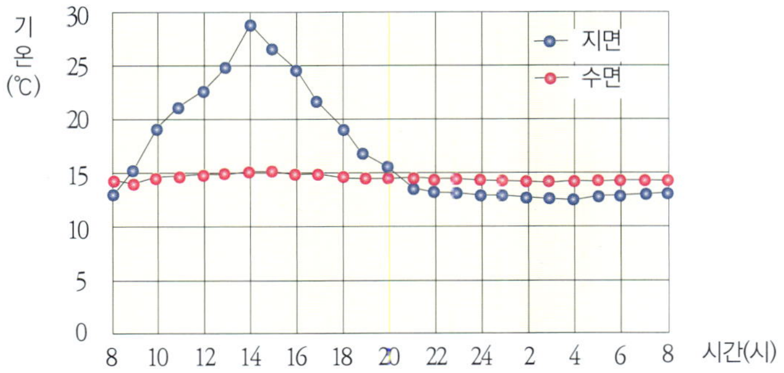

① 하루 중 온도가 가장 높을 때 : 지면과 수면 모두 14시(오후 2시)경
② 지면과 수면의 온도차가 가장 클 때 : 14시(오후 2시)경
③ 하루 동안의 지면과 수면의 온도 : ❸ ______ 에는 지면의 온도가 더 높게 나타나고, ❹ ______ 에는 지면의 온도가 내려가 수면의 온도가 더 높게 나타난다.
④ 지면 위의 공기와 수면 위의 공기의 온도 : 낮에는 지면 위의 공기의 온도가 더 높고, 밤에는 수면 위의 공기의 온도가 더 높다.

4 바람이 부는 까닭

(1) 대류★ 상자 안에서 공기의 움직임 : 대류 상자 안에 햇빛이 비치는 곳에 두었던 모래와, 소금을 뿌린 얼음 조각[6]을 각각 넣고 굴뚝을 만들어 세운 다음, 그 사이에 향을 피우고 향 연기의 움직임을 관찰한다.

- 향 연기의 움직임 : 얼음이 있는 곳에서 모래 쪽으로 움직인 후 위로 올라간다.
- 까닭 : 모래 위의 따뜻한 공기가 위로 올라가면 따뜻한 공기가 있던 자리를 메우기 위해 차가운 곳에 있던 공기가 따뜻한 곳으로 이동해 가기 때문이다.

(2) 바람이 부는 까닭 : 바람★은 ❺ ______ 때문에 생기는 공기의 흐름이다.[6] 주변보다 온도가 낮은 공기는 밀도가 커져 고기압이 되고 주변보다 온도가 높은 곳은 공기가 상승하면서 공기의 밀도가 작아져 저기압이 된다. 지표면의 공기는 고기압에서 저기압으로 움직이게 된다.

4 지면이 수면보다 빨리 데워지고 빨리 식는 이유

① 물의 온도를 1℃ 높이는데 필요한 열량이, 같은 질량의 흙의 온도를 1℃ 높일 때보다 더 크다.
② 햇빛을 받아 따뜻해진 물이 그 아래의 차가운 물과 잘 섞이기 때문에 데워지는 속도가 느리다.
③ 물은 증발되면서 열을 빼앗아가므로 온도가 쉽게 올라가지 않는다.
④ 물은 투명하여 태양빛이 깊이 투과되어 큰 부피의 물에 태양 에너지가 흡수되지만, 흙은 불투명하여 태양 에너지가 표면에만 흡수된다.

5 등압선

기압이 같은 부분을 선으로 연결한 것이다. 등압선의 간격이 촘촘할수록 강한 바람이 분다.

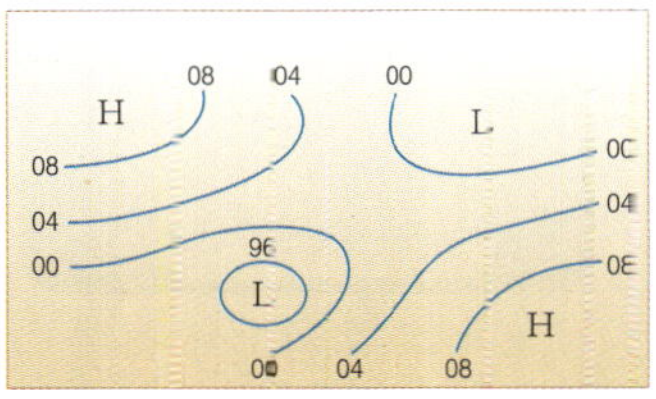

6 얼음 조각에 소금을 뿌리는 이유

얼음에 소금을 넣으면 얼음의 어는점(물이 얼음으로 변하는 온도)이 더 낮아지면서 얼음 주위의 공기 온도가 더 낮아져 모래와 얼음의 온도차를 크게 한다.

과학단어

★ 바람 공기의 움직임
★ 대류 고온의 물질이 저온의 물질과 섞이면서 열이 전달되는 현상으로 주로 액체와 기체가 열을 이동시키는 방법

❺ 바람의 방향

(1) 해륙풍 : 해안 지역에서 육지와 바다의 가열과 냉각★ 속도의 차이 때문에 생기는 바람으로, 하루를 주기로 바람의 방향이 바뀜

	낮 (❻)	밤 (❼)
	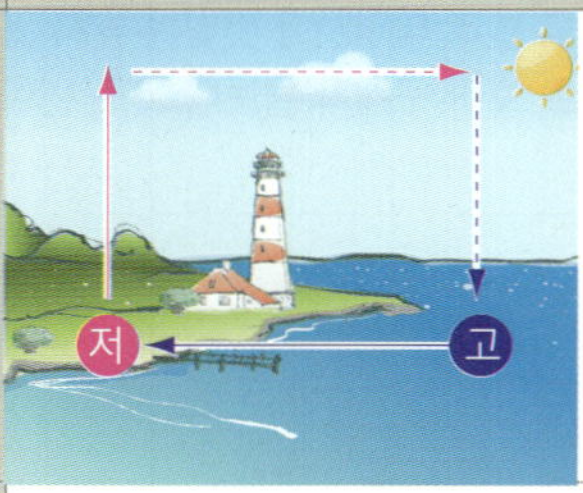 온도 바다 〈 육지 기압 바다 〉 육지	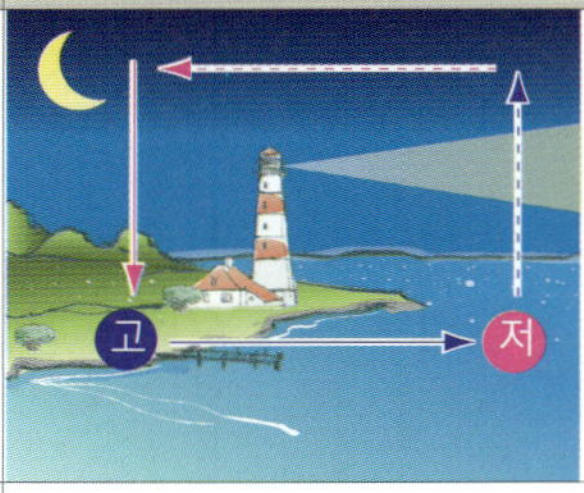 온도 바다 〉 육지 기압 바다 〈 육지
방향	바다 ➡ 육지로 부는 바람❶	육지 ➡ 바다로 부는 바람
원인	육지가 바다보다 빨리 가열 육지 지면 바로 위의 공기가 상승	육지가 바다보다 빨리 냉각 바다 수면 바로 위의 공기가 상승

(2) 산곡풍 : 산의 꼭대기에서 산봉우리와 산골짜기의 가열과 냉각 속도의 차이 때문에 생기는 바람으로, 하루를 주기로 바람의 방향이 바뀜

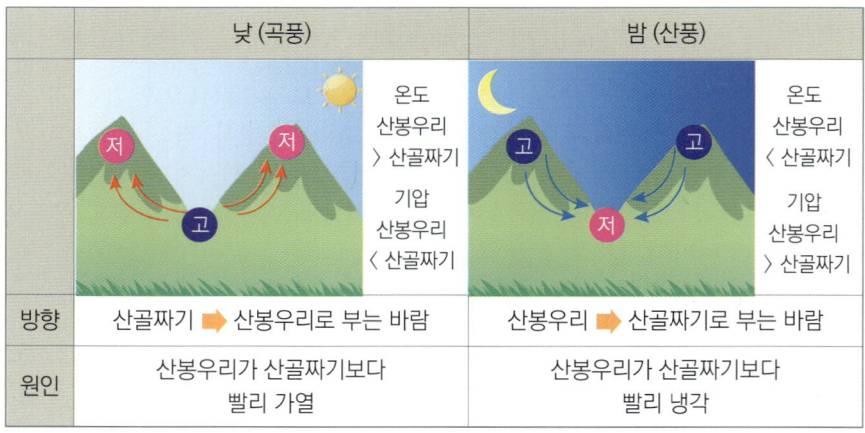

	낮 (곡풍)	밤 (산풍)
	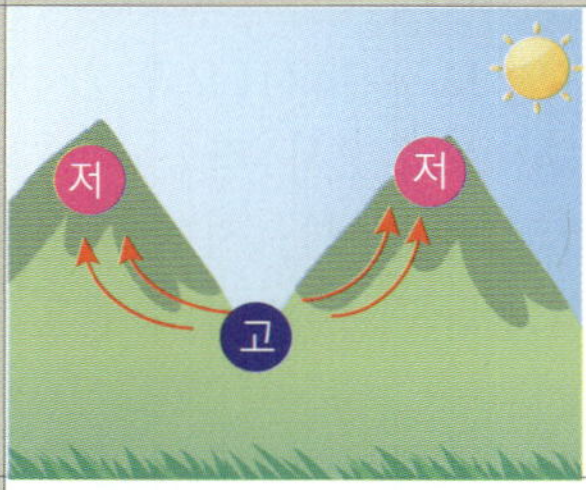 온도 산봉우리 〉 산골짜기 기압 산봉우리 〈 산골짜기	 온도 산봉우리 〈 산골짜기 기압 산봉우리 〉 산골짜기
방향	산골짜기 ➡ 산봉우리로 부는 바람	산봉우리 ➡ 산골짜기로 부는 바람
원인	산봉우리가 산골짜기보다 빨리 가열	산봉우리가 산골짜기보다 빨리 냉각

(3) 계절풍 : 대륙과 해양 사이에서 대륙과 해양의 가열과 냉각 속도의 차이 때문에 생기는 바람으로, ❽ 　　　　을 주기로 바람의 방향이 바뀜

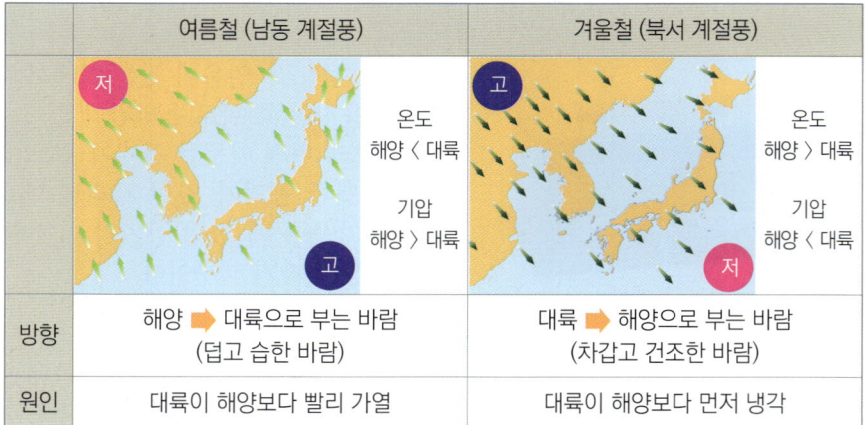

	여름철 (남동 계절풍)	겨울철 (북서 계절풍)
	 온도 해양 〈 대륙 기압 해양 〉 대륙	 온도 해양 〉 대륙 기압 해양 〈 대륙
방향	해양 ➡ 대륙으로 부는 바람 (덥고 습한 바람)	대륙 ➡ 해양으로 부는 바람 (차갑고 건조한 바람)
원인	대륙이 해양보다 빨리 가열	대륙이 해양보다 먼저 냉각

❶ 바람의 방향을 표시하는 방법

바람의 방향은 '바람이 불어오는 방향'을 말한다. 따라서 바다에서 육지 쪽으로 바람이 불면 이를 해풍이라고 한다. 남쪽에서 바람이 불어오면 남풍, 동쪽에서 불어오면 동풍이라고 한다.

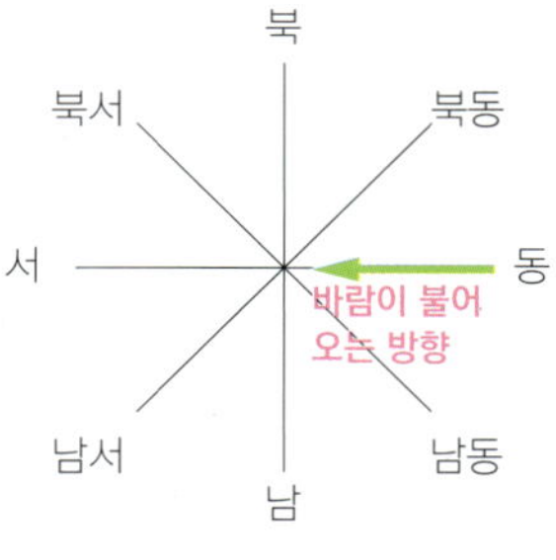

▲ 동풍

바람의 이용

▲ 바람의 힘으로 움직이는 배

▲ 풍력 발전

▲ 풍차

과학단어

★ 냉각 식어서 차게 되는 것

6 대기 대순환

(1) 위도에 따른 태양 복사에너지[3] **:** 위도가 높아질수록(적도 ➡ 극지방으로 갈수록) 태양 고도가 낮아져 지표면이 받는 에너지량이 작아진다.

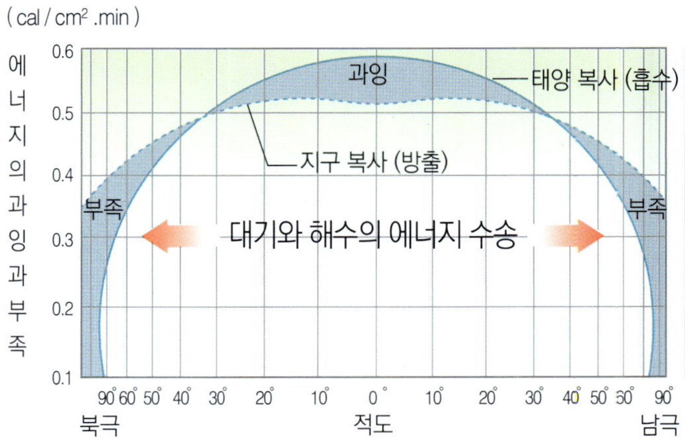

저위도	흡수량 〉 방출량 에너지 과잉
중위도	흡수량 = 방출량 에너지 평형
고위도	흡수량 〈 방출량 에너지 부족

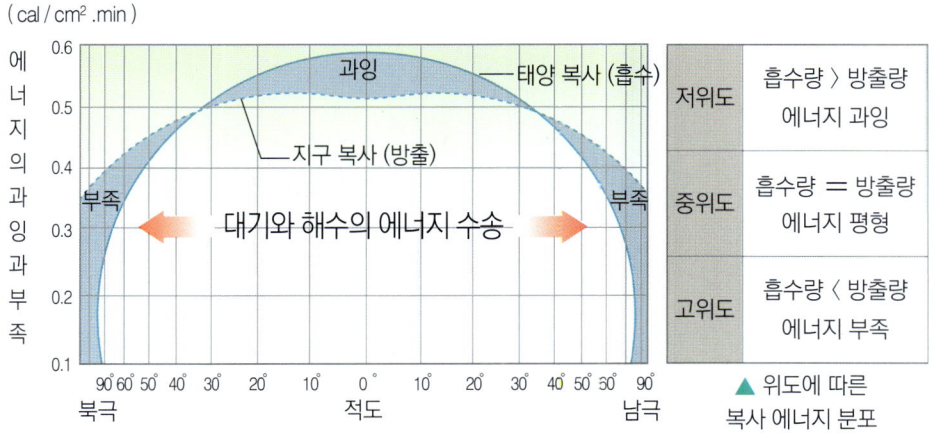

▲ 위도에 따른 복사 에너지 분포

(2) 대기 대순환 : 위도에 따른 태양 복사 에너지 차이로 일어나는 지구 전체 규모의 대기 운동[4]

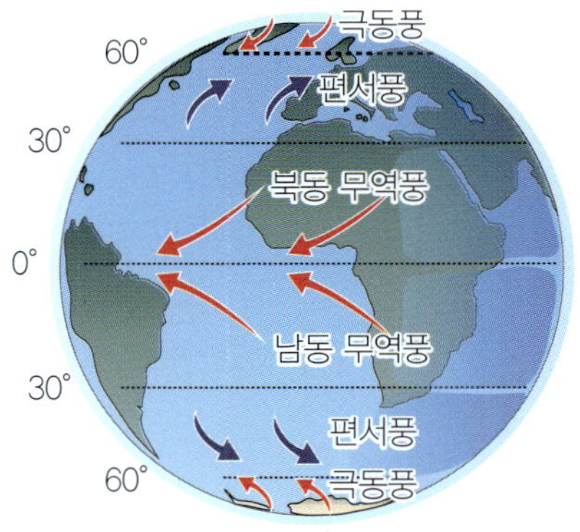

▲ 지구가 자전★할 때

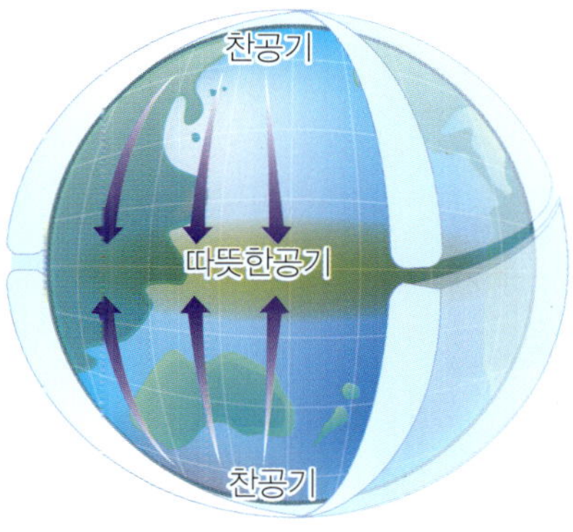

▲ 지구가 자전하지 않을 때

3 위도에 따른 태양 복사에너지

위도가 높을수록 지표면의 태양 복사 에너지 흡수량은 감소한다.

① 지구가 구 모양을 하고 있어서 저위도 지방으로 갈수록 태양의 고도가 높아지기 때문이다.

② 태양 복사에너지가 통과하야 하는 지구의 대기층도 저위도로 갈수록 더 두껍기 때문이다.

4 극동풍, 무역풍, 편서풍

① 극동풍 : 동쪽 방향으로 치우쳐서 부는 바람(편동풍)이며 북극과 남극의 극 고기압 영역에서 위도 60˚ 부근의 저기압대로 분다.

② 무역풍 : 위도 30˚ 부근의 아열대 고압대에서 적도(저압대)로 부는 바람이다. 동쪽 방향으로 치우쳐 부는 편동풍이며 해상 무역에 사용되던 바람이다.

③ 편서풍 : 위도 30˚ 부근의 아열대 고압대에서 일 년 내내 위도 60˚ 부근의 저압대를 향하여 부는 바람이다. 서쪽 방향으로 치우쳐 부는 편서풍이며 우리나라도 편서풍대에 속한다.

과학단어

★ **자전** 천체가 그 자신의 회전축을 중심으로 스스로 회전하는 운동

기본확인문제

01 대기권은 위로 올라갈수록 온도가 내려간다. (O / X)

02 공기층이 불안정하여 대류 현상이 일어나는 것은 대류권과 중간권이다. (O / X)

03 하루 중 기온은 해 뜬 직후가 가장 낮고, 오후 2~3시경에 가장 높다. (O / X)

04 하루 중 최고 기온과 최저 기온의 차이를 일교차라고 한다. (O / X)

05 밤에는 지면의 온도가 더 높고, 낮에는 수면의 온도가 더 높다. (O / X)

06 두 곳의 온도 차이가 있을 때 공기는 따뜻한 곳에서 차가운 곳으로 이동한다. (O / X)

07 바람이 부는 까닭은 기압 차이 때문이다. (O / X)

08 바닷가에서 낮에는 해풍, 밤에는 육풍이 분다. (O / X)

09 대기 대순환 운동이 일어나는 근본적인 원인은 지구 복사 에너지이다. (O / X)

개념다지기 정답 ❶ 온기의 양 ❷ 태양 복사 에너지 ❸ 낮 ❹ 밤 ❺ 기압(온도) 차이 ❻ 해풍 ❼ 육풍 ❽ 1년

08 탐구력 키우기

탐구 1 물과 모래의 온도 변화

탐구과정

준비물

물, 모래, 스탠드, 비커, 온도계

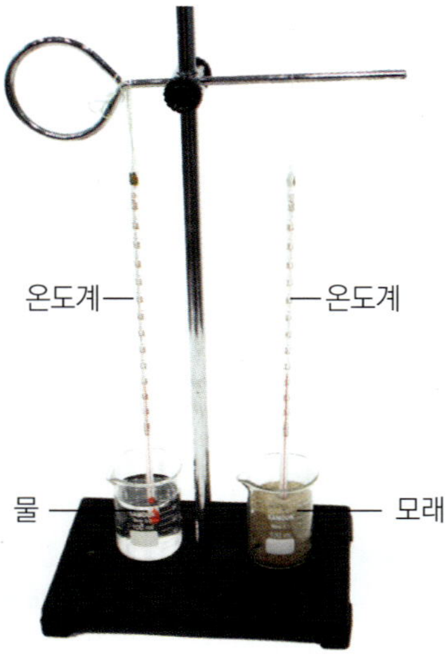

1. 같은 크기의 비커 2개를 준비한다.
2. 비커에 같은 양의 물과 모래를 각각 넣고 같은 깊이로 온도계를 꽂는다.
4. 실험장치를 햇빛이 잘 비치는 곳에 두고 온도를 측정한다.

탐구결과

1. 물과 모래의 온도 변화를 알아보기 위한 실험을 할 때 다르게 해 주어야 할 조건과 같게 해주어야할 조건을 모두 쓰시오.

· 다르게 해주어야 할 조건 :

· 같게 해주어야 할 조건 :

2. 물과 모래 중 온도 변화가 더 큰 것은 무엇이며 이유는 무엇인지 설명하시오.

탐구문제

1. 지면이 수면보다 빨리 데워지는 이유를 3가지 쓰시오.

탐구 2 바람이 부는 원인

탐구과정

준비물

대류상자, 비커, 향, 모래, 얼음

1. 뜨겁게 가열한 모래를 준비한다.
2. 소금을 뿌린 얼음을 준비한다.
3. 오른쪽 그림과 같은 장치를 한다.
4. 얼음과 모래 사이에 향을 피운 후 향 연기의 움직임을 관찰한다.

탐구결과

1. 모래와 얼음 사이에 피워 놓은 향 연기의 움직임은 어떠한지 쓰시오.

2. 다음은 바람이 부는 까닭과 바람이란 무엇인지 정의한 것이다. 다음 ㉠과 ㉡에 들어갈 알맞은 단어를 써 넣으시오.

바람이 부는 까닭은 ㉠ ______ 차이 때문이다. 즉, 지표면의 차가운 곳에서는 고기압, 따뜻한 곳에서는 저기압이 되는데, ㉡ ______ 는 고기압에서 저기압으로 분다.

탐구문제

1. 이 실험에 사용된 모래와 얼음을 대신하여 사용할 수 있는 물질을 각각 3가지씩 쓰시오.

	모래	얼음
①		
②		
③		

2. 향 연기가 움직이는 이유를 기압을 이용하여 설명하시오.

08 문제해결력 키우기

01 아래 그림은 기온 분포에 따른 대기권의 구조를 나타낸 것이다.

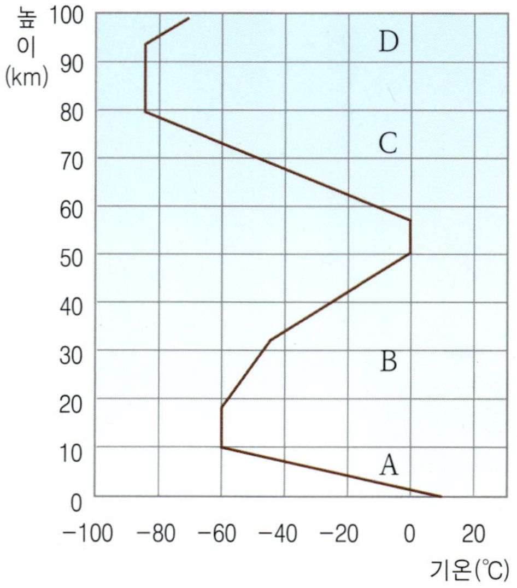

(1) 위 그림의 A~D 중 대류 현상이 일어나는 층은?

(2) 위 그림의 A~D 중 높이 올라갈수록 기온이 상승하는 층은 무엇인가?

(3) 위 그림의 A~D 중 기층이 안정되어 비행기의 항로로 이용되는 층은?

(4) 위 그림의 A~D 중 기상 현상이 일어나는 층은?

02 다음 그래프는 연희가 하룻동안의 기온을 측정하여 그린 그래프이다. 이 그래프에 대한 설명으로 옳은 것을 있는 대로 고르시오.

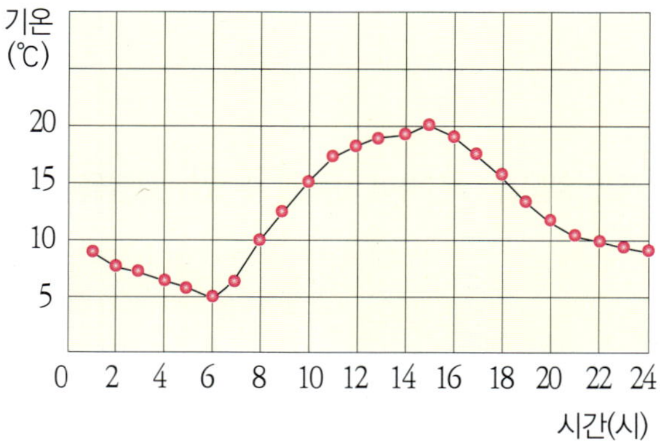

① 일교차는 15℃이다.
② 오후 3시에 가장 기온이 높다.
③ 가장 기온이 낮은 시각은 7시이다.
④ 하룻동안의 기온 변화는 항상 일정하다.
⑤ 높은 곳에서 기온을 측정할수록 기온이 낮다.

03 다음은 어느날 강원도 지역 여러 도시의 최고 기온과 최저 기온을 나타낸 것이다. 알 수 있는 사실로 옳은 것만을 있는 대로 고르시오.

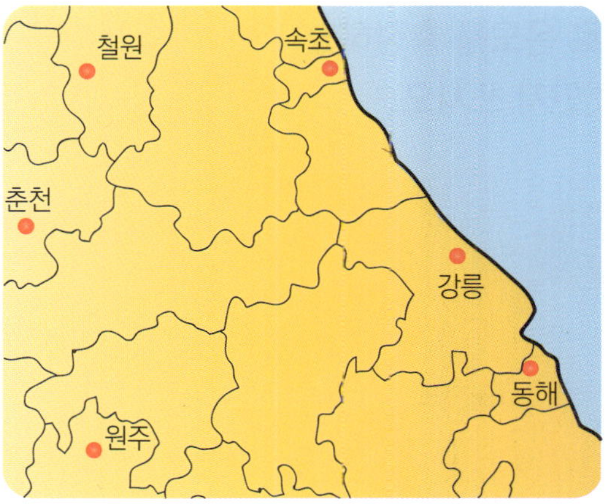

지역	최고 기온(℃)	최저 기온(℃)
춘천	33	16
원주	31	15
철원	30	14
강릉	30	22
속초	32	23
동해	29	20

① 일교차가 가장 큰 도시는 동해이다.
② 남쪽에 위치한 도시일수록 일교차가 작다.
③ 춘천, 원주, 철원의 일교차는 15℃가 넘는다.
④ 해안가에 위치한 도시는 육지에 위치한 도시보다 일교차가 작다
⑤ 해안가에 위치한 도시는 일교차가 크기 때문에 강한 바람이 분다.

04 다음은 어느 날 밤 바닷가 근처의 모습을 그린 것이다. 잘못된 곳만을 있는 대로 찾아 ○ 표하고, 그 이유를 쓰시오.

05 민경이는 두 개의 페트병에 각각 흙과 물을 $\frac{1}{4}$ 정도 넣은 후, 페트병 속의 물과 흙으로부터 15cm 정도 떨어지게 온도계를 스탠드에 고정한 다음, 페트병 입구 주위를 고무 찰흙으로 막았다. 그 후 이 장치를 햇빛이 비추는 곳에 놓고 10분 간격으로 온도를 측정하였다. 이 실험을 통해 민경이가 알아내려고 하는 것은 무엇인지 쓰시오.

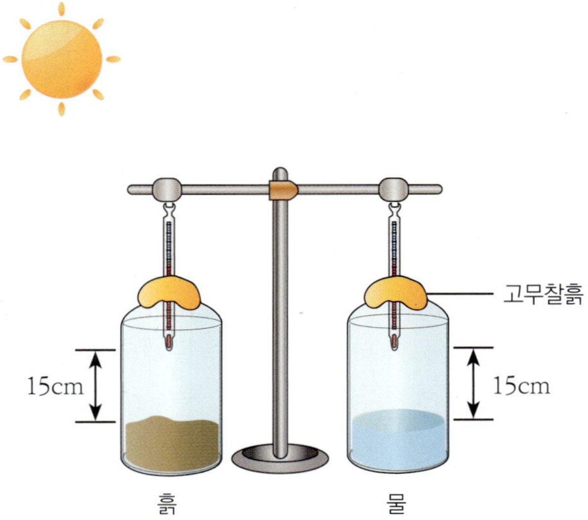

06 아래 그림은 어느 해안 지방에서 부는 바람의 방향을 나타낸 것이다.

이와 같은 바람에 대한 설명으로 옳은 것만을 있는 대로 고르시오.

① 낮에 부는 바람이다.
② A지역이 B지역보다 기온이 높다.
③ A지역이 B지역보다 기압이 높다.
④ 바다가 육지보다 빨리 가열되어서 나타난다.
⑤ 육지가 바다보다 빨리 냉각되어서 나타난다.

07

다음 그림은 산간 지방에 형성된 등압면(기압이 같은 면)의 연직 단면도이다. (1기압 = 1013hpa(헥토파스칼)이다.)

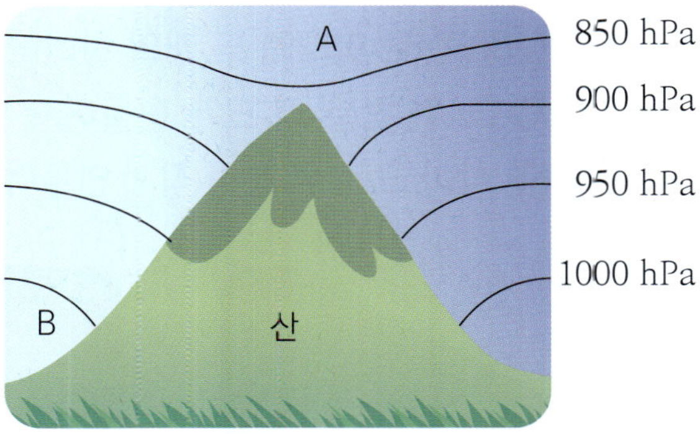

산봉우리(A)와 골짜기(B) 중 기온이 높은 곳, 이때 바람의 방향, 어느 때에 부는 바람인지 각각 쓰시오.

· 기온이 높은 곳 :

· 바람의 방향 :

· 바람이 부는 때 :

08

아래 그림과 같은 바람이 불 때, 이에 대한 설명으로 옳지 <u>않은</u> 것은?

① 겨울철에 분다.
② 북서풍에 해당한다.
③ 해양이 대륙보다 기온이 높다.
④ 황사가 발생한다.
⑤ 대륙으로부터 건조하고 찬 공기가 이동해 온다.

STEP BY STEP

09 **경남 합천 해인사 장경각에는 팔만대장경이 오랜 세월 동안 원형 그대로의 모습을 간직하며 잘 보관되어 있다. 나무에 새겨진 팔만대장경이 이렇게 오랫동안 원형 그대로의 모습을 간직할 수 있었던 것은 습기를 막아주고 적절한 온도를 유지시켜 주었기 때문이다. 이를 위해 장경각에는 물이 있는 계곡 아랫쪽을 향하여 위, 아래에 두 개의 창이나 있는데, 그 중 아래 창은 작게 만들어져 있고, 위 창은 더 크게 만들어져 있다. 반대로 산꼭대기 쪽의 창 두 개는 아래 창이 크고 위 창이 작게 만들어져 있다.**

계곡쪽을 향한 창문

산쪽을 향한 창문

(1) 낮에는 <그림 1>에서처럼 계곡 쪽 아래 창문에서 산 쪽 위 창문으로 바람이 분다. 밤에 장경각 안으로 부는 바람의 방향을 화살표로 <그림 2>에 나타내시오.

〈그림 1〉

〈그림 2〉

(2) 낮에 장경각으로 부는 바람을 보고, 계곡 쪽 아래 창문을 작게 만든 이유를 쓰시오.

(3) 밤에 장경각으로 부는 바람을 보고, 산 쪽 아래 창문을 크게 만든 이유를 쓰시오.

STEP BY STEP

10 **어느 날 10시에서 15시까지 태양의 고도(∠A)와 온도 변화를 측정하여 다음과 같은 표를 얻었다.**

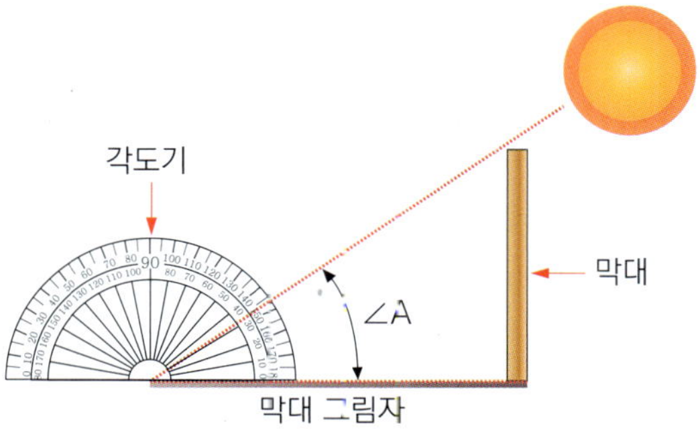

측정 시각(시)	∠A (°)	기온 (℃)
10	38	15
11	45	18
12	53	21
13	52	23
14	44	25
15	36	22

(1) 태양의 고도가 가장 높을 때는 언제인가?

(2) 가로와 세로가 10cm인 검정색 정사각형 종이가 있다. 이 종이를 운동장 한 가운데 두었을 때, 이 종이에 도달하는 태양 에너지의 양이 가장 많을 때는 몇 시인지 쓰시오.

(3) 태양 에너지의 양을 가장 많이 받는 시각과 기온이 가장 높은 시각이 다른 까닭은 무엇인가?

STEP BY STEP

11 **그림 (가)는 모래와 물을 각각 수조에 담고 가열과 냉각에 따른 온도 변화를 측정하는 실험 장치를, (나)는 이 실험 장치를 통해서 전등을 켰을 때와 껐을 때 시간에 따른 온도 변화를 측정하여 그래프로 나타낸 것이다.**

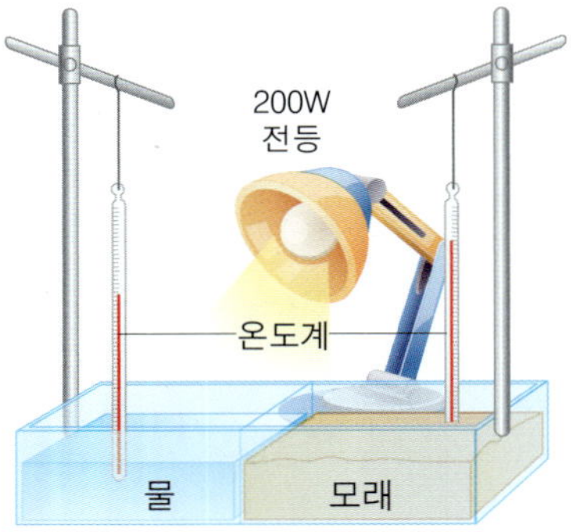

(가)

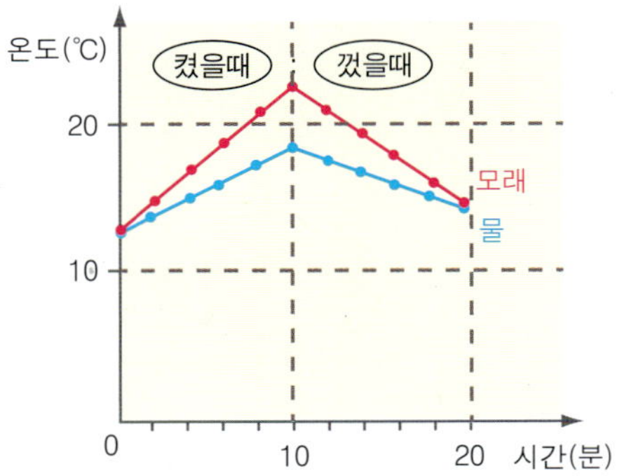

(나)

(1) 전등을 켰을 때 모래와 물 중 ㉠ 더 빨리 가열된 것은 무엇이고 전등을 껐을 때 ㉡ 더 빨리 냉각된 것은 무엇인가?

(2) 이 실험에서 모래는 육지를, 물은 바다를 나타낸다면 해안 지방에서 해륙풍이 부는 이유를 설명해 보시오.

(3) 오른쪽 그림은 어느 해안 지역에서의 기압 분포를 나타낸 것이다. 이때 부는 바람의 명칭과 바다(A)와 육지(B)에서 기온과 기압이 각각 큰 쪽은 어디인가? (단, A와 B는 같은 높이에 있는 지점이다.)

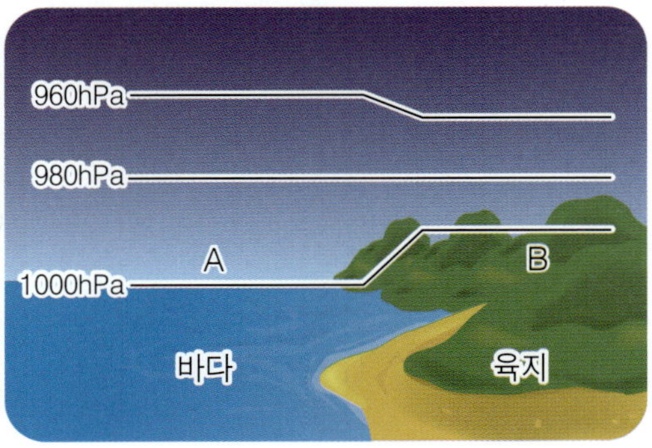

· 기온 :

· 기압 :

· 바람의 명칭 :

STEP BY STEP

12 그림은 지구의 북반구에서 일어나는 대기 대순환을 나타낸 것이다.

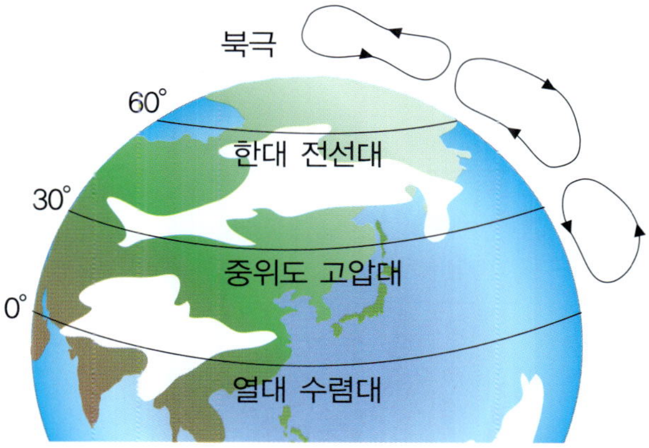

(1) 대기 대순환 운동이 일어나는 근본적인 원인은 무엇일까?

(2) 아래 그림 ⓐ, ⓑ, ⓒ 지역의 지표면에서 나타나는 바람의 방향을 아래 그림에 표현하고 그 명칭을 쓰시오.

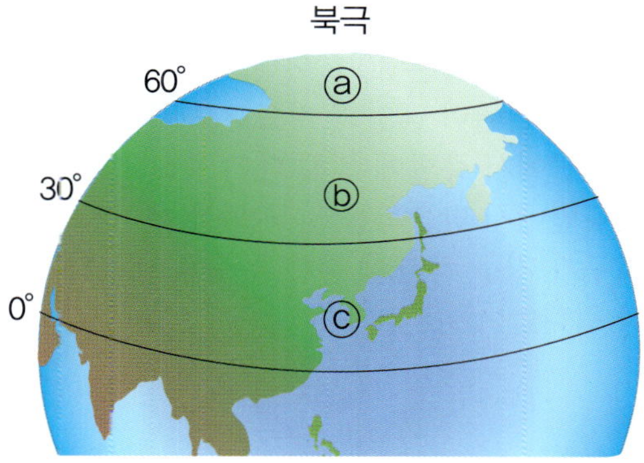

(3) 위의 그림처럼 대기 대순환이 지구에 미치는 영향은 무엇인지 쓰시오.

08 창의력 키우기

01

그림은 지구로 들어오는 태양 복사 에너지량을 100으로 보았을 때 태양 복사 에너지와 지구에서 방출하는 지구 복사 에너지의 양을 수치로 나타낸 것이다.

유창성
✔ 융통성
독창성
✔ 정교성

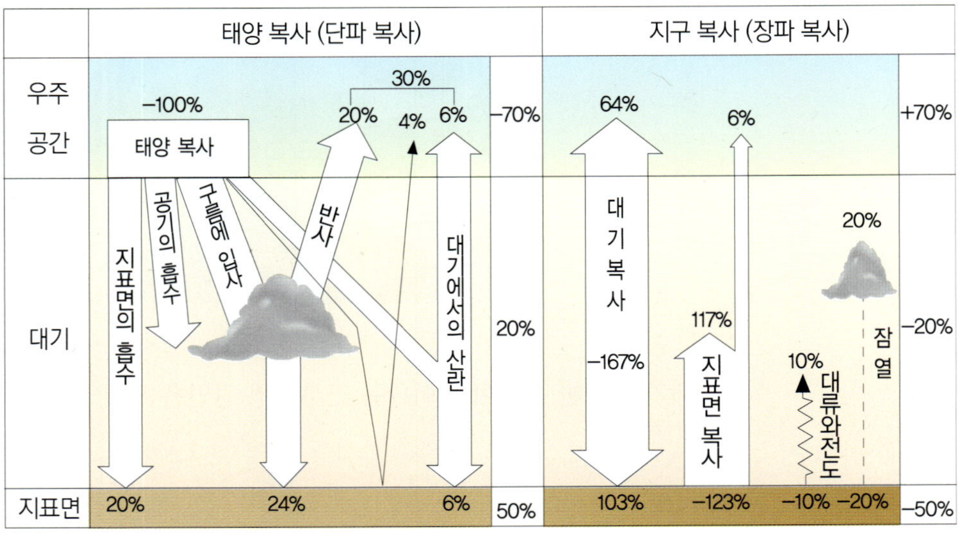

(1) 위 그림에 대한 해석으로 옳은 것만을 있는 대로 고르시오.

① 지구의 반사율은 30% 이다.
② 지구 대기권이 태양과 지표면으로부터 흡수하는 총 에너지는 167% 이다.
③ 지표면에서 증발에 의해 대기 중으로 흘러 들어가는 에너지는 30% 이다.
④ 지표면에서 방출되는 지구 복사 에너지는 모두 대기권에 흡수된다.
⑤ 지구가 지구 복사를 통해 우주로 내보내는 양은 100%로 태양복사 에너지의 양과 같다.

(2) 지구의 연평균 기온이 일정하게 유지되는 이유를 지구 복사에너지를 이용하여 설명하시오.

02

- 유창성
- ✓ 융통성
- ✓ 독창성
- 정교성

다음 그래프는 지구의 평균 기온 변화를 나타낸 것이다. 그래프를 보면, 지구의 평균 기온이 계속해서 상승하는 모습을 볼 수 있다. 앞으로 계속해서 지구의 평균 기온이 상승한다고 할 때, 다음의 각 분야에서 예상되는 변화를 쓰시오.

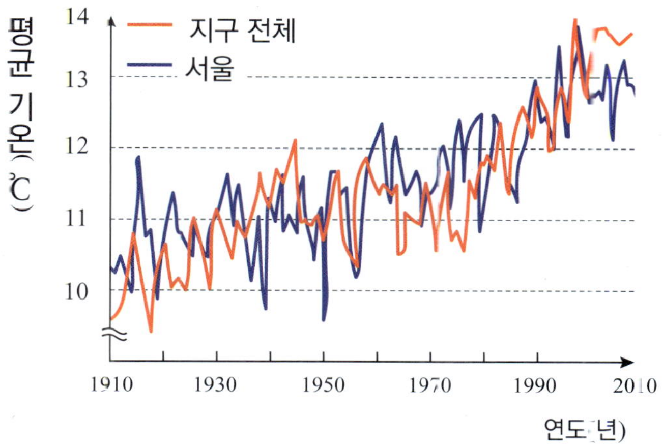

· 기후

· 농업과 삼림

· 수자원

· 해수면

· 환경

08 STEAM 융합형 문제 해결하기

01 그림은 수성과 금성의 특징을 나타낸 것이다.

행성		특징
수성	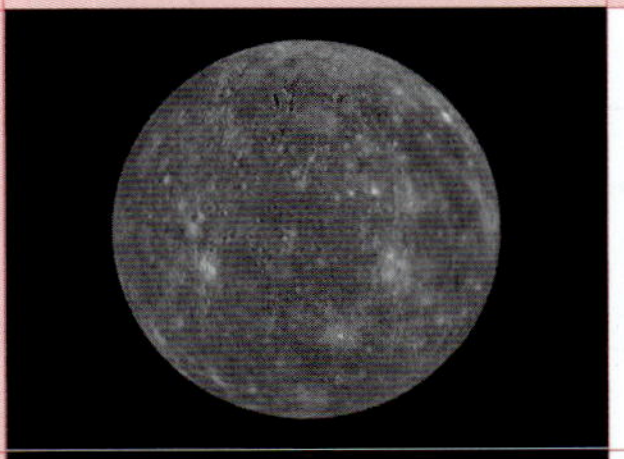	• 운석 충돌로 인한 운석 구덩이가 많음 • 대기와 물이 없음 • 표면 온도 : 약 430℃(낮), 약 −180℃(밤)
금성	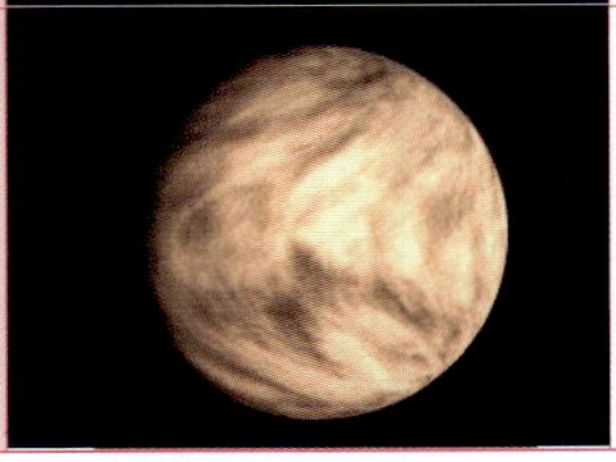	• 지구와 크기가 가장 비슷 • 두꺼운 이산화 탄소 대기로 덮여 있음 • 표면 온도는 약 470℃, 기압이 매우 높음

(1) 수성은 금성에 비해 태양에 더 가깝게 위치하고 있으나 기온의 일교차가 매우 큰 반면에 금성은 계속해서 높은 표면 온도를 유지하고 있다. 그 이유가 무엇인지 위에 제시된 행성의 특징을 참고하여 설명하시오.

(2) 지구는 태양과의 거리와 반사율 등을 고려하면 복사 평형 온도는 −18 ℃가 된다. 그러나 실제 지구의 평균 온도는 15 ℃로 복사 평형 온도와는 무려 33 ℃나 차이가 난다. 이러한 온도의 차이가 나타나는 이유가 무엇인지 설명해 보시오.

(3) 위 자료를 참고로 하여 지구 온난화의 주된 원인이 무엇인지 알아보고, 지구 온난화를 막을 수 있는 방법을 써 보시오.

9

물의 여행

비가 오고 나면 구름의 양이 줄어들까?

비가 오는 날 구름의 색깔은 어두운 색깔에 낮게 떠 있다.
비가 온 후 구름의 모습에는 어떻게 변할까?
구름을 이루는 물방울이 떨어졌으므로 구름의 양이 줄어들까?

1 공기 중의 수증기

(1) 물의 증발

① 증발 : 물(액체)이 끓는 온도 이하에서 수증기(기체)로 변하여 공기 중으로 날아가는 현상[1]

② 증발이 잘 일어나는 조건

기온이	습도가	바람이	표면적이
❶	❷	❸	❹

③ 생활 속 증발 현상의 예

▲ 어항 안의 물이 줄어듦

▲ 빨래가 마름

▲ 젖은 땅이 마름

(2) 공기 중의 수증기와 우리 생활

	수증기가 많을 때	수증기가 적을 때
나타나는 현상	· 곰팡이가 생긴다. · 빨래가 잘 마르지 않는다. · 쇠붙이에 녹이 잘 생긴다. · 불쾌지수★가 높아진다.	· 산불이 나기 쉽다. · 피부가 건조해진다. · 감기에 걸리기 쉽다. · 정전기가 발생하기 쉽다.
조절 방법	· 난로를 켠다. · 방습제★를 사용한다. · 방에 불을 지핀다.	· 가습기를 튼다. · 어항이나 분수대를 설치한다. · 빨래나 젖은 수건을 널어 둔다.

2 습도와 습도계

(1) 습도

① 습도 : 공기의 습하고 건조한 정도를 나타내는 것

② 포화수증기량 : 포화 상태의 공기 $1m^3$속에 들어있는 수증기량 (g/m^3)

③ 상대 습도 : 현재 온도에서의 포화수증기량에 대한 현재의 수증기량을 나타낸다. 보통 습도라고 하면 상대 습도를 말한다.[2]

$$\text{상대 습도 (\%)} = \frac{\text{현재 공기에 포함된 수증기량}(g/m^3)}{\text{현재 기온에서의 포화 수증기량}(g/m^3)} \times 100$$

❶ 증발과 끓음의 차이점

	증발	끓음
장소	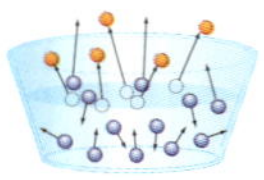 액체 표면에서의 기화	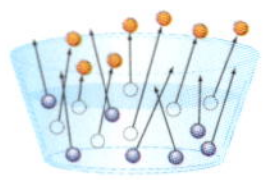 액체 전체에서의 기화
온도	모든 온도	끓는점 이상의 온도
원인	분자 스스로 운동해서	외부로부터 열을 받아서

❷ 절대 습도

기온과 상관없이 공기 $1m^3$ 속에 포함된 수증기의 양이다.

$$\text{절대 습도} = \frac{\text{수증기량(g)}}{\text{공기의 부피}(m^3)}$$

과학단어

★ **방습제** 수분을 제거하는 데 사용되는 물질

★ **불쾌지수** 기온과 습도 등의 기상 요소에 따라 몸이 느끼는 불쾌한 정도를 수치로 나타낸 것

(2) 습도의 측정

① 습도계 : 공기 속에 습기가 얼마나 들어 있는지를 측정하는 기구

② 건습구 습도계[3]

- 물의 증발 현상을 이용한다.
- 건구와 습구 온도계로 구성된다.
- 건구와 습구의 온도 차가 클수록 습도가 낮다.

③ 모발 습도계 : 습도에 따라 머리카락의 길이가 변하는 성질을 이용 (습도가 높을수록, 머리카락 길이가 늘어남)

④ 자기 습도계★ : 회전 원통이 달려 있어 습도의 변화를 연속적으로 기록

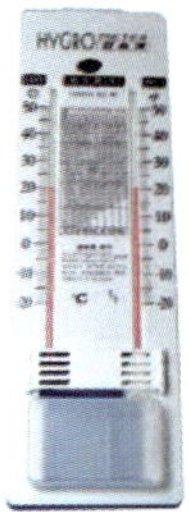
▲ 건습구 습도계

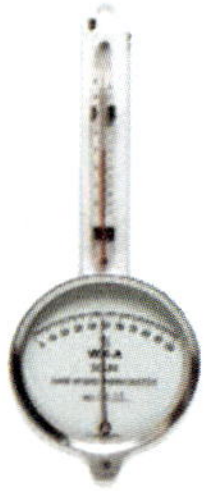
▲ 모발 습도계

▲ 자기 습도계

3 다시 물방울이 되어

(1) 응결 : 공기 중의 수증기(기체)가 모여 물방울(액체)로 변하는 현상

이슬[4]	안개	구름

공기 중의 수증기가 응결하여 물체 표면에 달라 붙어 있는 것[5][6]	공기 중의 수증기가 응결하여 물방울이 지표면 부근에 떠 있는 것	공기 중의 수증기가 응결하여 물방울이나 얼음 알갱이로 상공에 떠 있는 것

(2) 이슬점 : 공기 중의 수증기가 ⑤ ________ 하여 물체의 표면에 물방울이 생기기 시작하는 온도이다. 그림의 화살표는 30 ℃의 불포화 공기가 10 ℃로 냉각되면서 수증기가 응결되는 과정을 나타내고 있다.

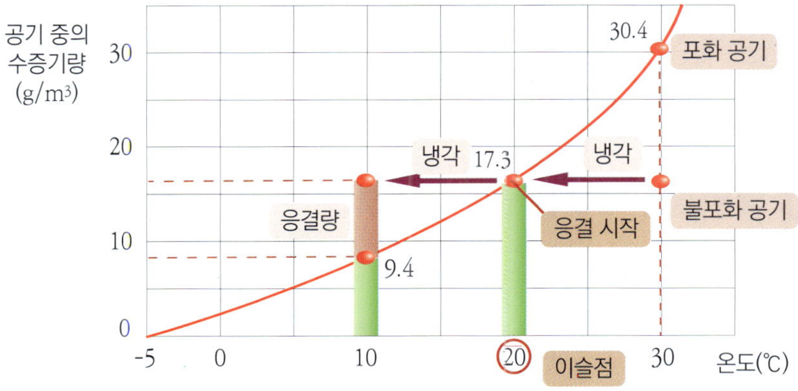

▲ 포화 수증기량 곡선

3 습도표

습구 온도 (℃)	건구와 습구의 온도 차(℃)								
	0	1	2	3	4	5	6	7	8
10	100	88	78	59	60	52	45	39	33
11	100	89	79	59	61	54	47	[illegible]	35
12	100	89	79	70	62	55	48	42	37
13	100	90	80	71	63	56	50	44	39
14	100	90	81	72	64	57	51	45	40
15	100	90	81	73	65	59	52	47	42
16	100	90	82	74	66	60	54	48	43
17	100	91	82	74	67	61	55	49	44
18	100	91	83	75	68	62	56	50	45
19	100	91	83	76	69	62	57	51	47
20	100	91	83	76	69	63	58	52	48
21	100	92	84	77	70	64	58	53	49
22	100	92	84	77	71	65	59	54	50

▲ 습도표 (단위 : %)

4 이슬이 생기는 과정

① 유리 컵의 표면을 깨끗이 닦고 물과 얼음을 유리 컵에 넣는다.

② 시간이 경과하면서 유리 컵의 표면에 물방울이 생긴다.

▶ 공기 속의 수증기가 찬 유리 컵의 표면에서 갑자기 식어 응결하면서 작은 물방울들이 생기는 것이다.

5 이슬이 잘 만들어지는 조건

① 물체와 공기와의 온도 차이가 클 때

② 날씨가 맑을 때

③ 바람이 불지 않을 때

④ 공기 중에 수증기가 많을 때

6 이슬과 서리의 차이점

이슬은 공기 중의 수증기가 차가운 물체의 표면에 달라붙어 물방울이 맺히는 것이고, 서리는 기온이 0 ℃ 이하로 내려가 공기 중의 수증기가 물체의 표면에 얼어붙은 것이다.

과학단어

★ **자기 습도계** 전자기파를 이용하여 공기의 습도를 측정하는 기기

4 구름[7]

(1) 구름의 생성 과정

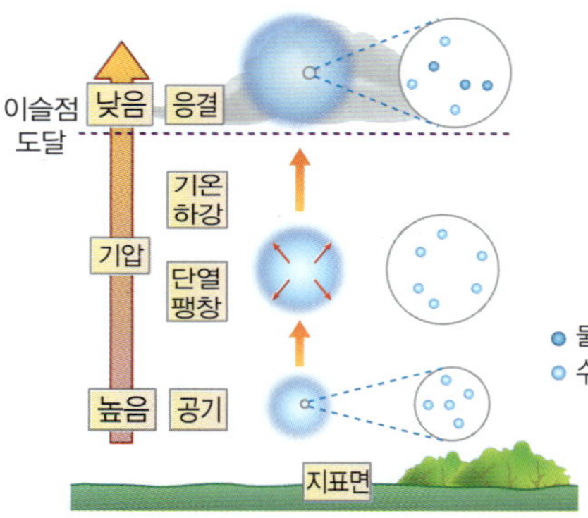

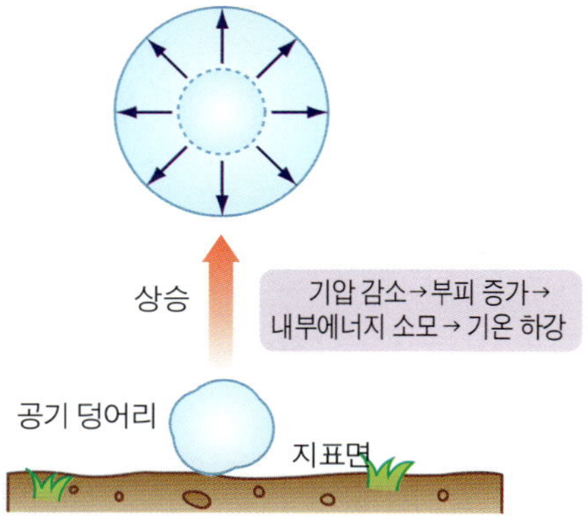

〈단열팽창〉★

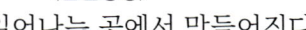

(2) 구름의 생성 : 구름은 공기의 ❻ ______ 이 일어나는 곳에서 만들어진다.

지표면이 부분적으로 가열될 때	찬 공기가 따뜻한 공기를 밀어 올릴 때	산의 빗면을 타고 상승할 때	저기압 중심으로 공기가 모여들 때

5 비가 내리는 과정

(1) 실험 방법

① 비커에 따뜻한 물을 가득 담은 후, $\frac{1}{4}$ 정도만 남기고 버린다.
② 비커 위에 은박 접시를 놓고, 그 위에 얼음을 올려놓는다.

(2) 실험 결과

① 은박 접시 바닥과 비커의 벽에 물방울이 맺힌다.
② 맺힌 물방울이 점점 커져 비가 내리는 것처럼 뚝뚝 떨어진다.

[비가 내리는 과정]
강, 호수, 바다 등에서 물이 증발한다 ➡ 수증기를 포함한 공기가 위로 올라간다 ➡ 공기의 온도가 내려가 수증기가 액화되어 구름을 만든다 ➡ 구름 속의 작은 물방울들이 뭉치면서 커지고, 무거워져서 떨어진다.[8]

6 맑은 날과 비 오는 날의 구름 모습

맑은 날 구름(권운, 층운)		비가 오는 날 구름(적운)	
	· 색깔이 하얗고 얇다. · 하늘 높이 떠 있다.		· 색깔이 어둡고 두껍다. · 낮게 떠 있다.

7 구름의 종류

구름은 크게 높이에 따라 상층운, 중층운, 하층운, 수직운으로 구분한다.

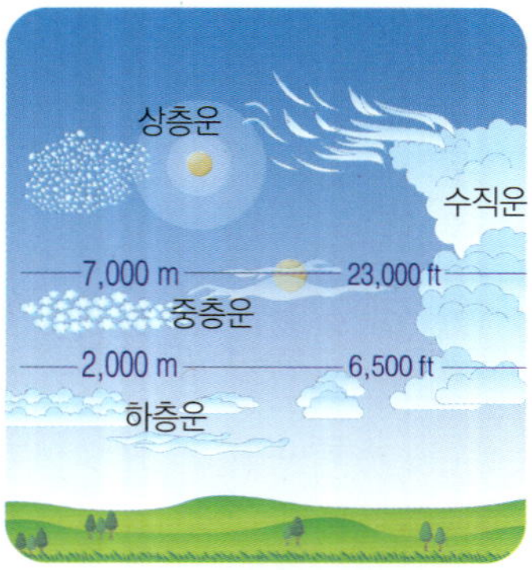

▲ 높이에 따른 구름의 분포

8 빗방울과 구름 알갱이의 크기 비교

일반적으로 구름 알갱이의 크기는 직경이 0.01~0.002mm인데, 빗방울의 경우 그 직경이 이슬비 방울은 0.5mm, 보통의 빗방울은 2mm정도이다. 따라서 구름 알갱이가 100만 개 모여야 한 개의 보통 빗방울이 될 수 있다.

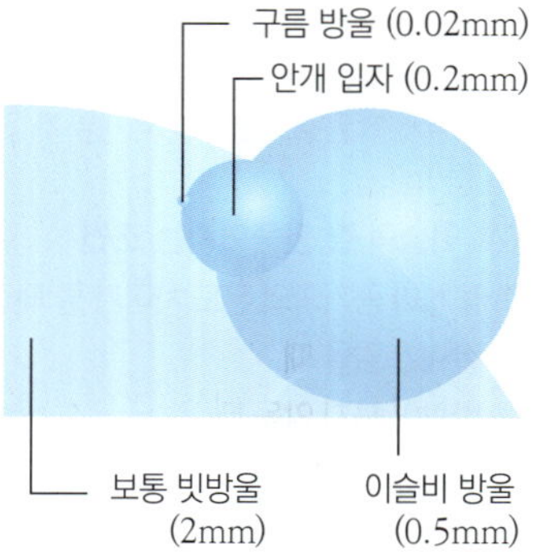

과학단어

★ **단열 변화** 공기 덩어리가 주위의 공기와 열을 주고받지 않으면서 부피가 팽창 또는 수축될 때 일어나는 변화

비구름이 검은 까닭	비가 오기 전에 구름 속의 물방울이 평소보다 크기 때문에 빛을 산란시키는 것보다 오히려 흡수하여 검게 보이는 것이다.

7 물의 순환★

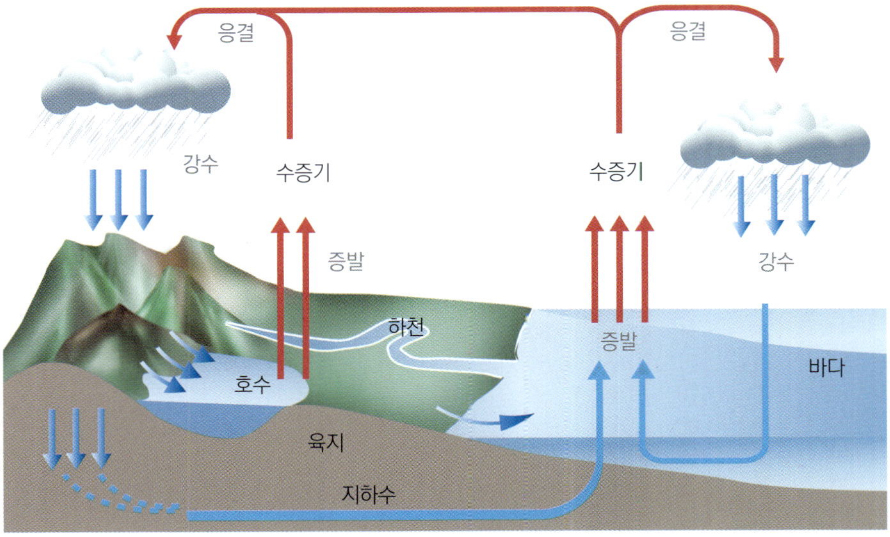

물은 증발하여 공기 속의 수증기가 되고, 수증기는 대기의 흐름을 따라 이동하다가 비나 눈의 모습으로 다시 땅으로 떨어진다. 땅으로 내려온 물은 지표면을 흘러 강을 이루고 바다나 호수로 흘러가기도 한다. 또한 일부는 지하수가 되어 땅 속을 흐르기도 하고, 생물체에 흡수되어 생물체를 이루기도 한다. 이처럼 물은 구름, 비, 눈, 얼음 등으로 모습이 바뀌면서 끊임없이 순환하고 있으며, 물의 순환 과정을 일으키는 근본적인 에너지는 ❼ 이다.

물의 상태 변화

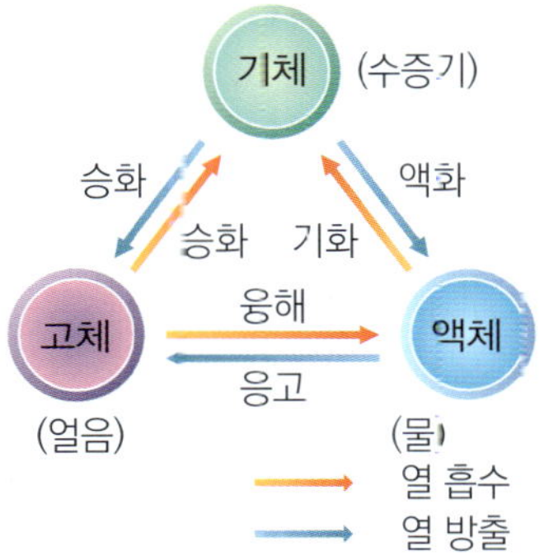

과학단어

★ **순환** 주기적으로 되풀이하여 도는 것

기본확인문제

01 공기 중에 수증기가 (적을, 많을) 때 곰팡이가 생기기 쉽다.

02 물의 온도가 (낮을, 높을)수록 빨리 증발한다.

03 공기 중에 있는 습기의 양을 측정하는 기구는 (온도계, 습도계)이다.

04 유리 컵에 물과 얼음을 넣으면 유리 컵 표면에 (이슬, 서리)(이)가 생긴다.

05 (안개, 구름)은(는) 공기 중의 수증기가 작은 물방울로 되어 지표면 부근에 떠 있는 것이다.

06 습도의 단위는 (%, ‰)이다.

07 현재 온도에서의 포화 수증기량에 대한 현재의 수증기량을 나타낸 것이 (상대, 절대) 습도이다.

08 수증기가 포함된 공기가 상승하여 높은 곳에서 응결하여 작은 물방울이 되어 공기 중에 떠 있는 것을 (이슬, 안개, 구름)이라고 한다.

09 구름 속의 얼음 알갱이에 수증기가 달라붙어 녹지 않고 무거워져 떨어지는 것은 (비, 눈)이다.

개념다지기 정답 ❶ 높을수록 ❷ 낮을수록 ❸ 강할수록 ❹ 넓을수록 ❺ 응결 ❻ 상승 ❼ 태양 복사 에너지

09 탐구력 키우기

탐구 1 건습구 습도표 해석

다음 그림은 건구 온도계와 습구 온도계를 이용한 습도표를 나타낸 것이다.

습구 온도 (℃)	건구와 습구의 온도 차(℃)										
	0	1	2	3	4	5	6	7	8	9	10
35	100	93	87	81	76	71	66	62	58	54	50
34	100	93	79	81	75	70	66	61	57	53	50
33	100	93	87	81	75	70	65	61	56	52	49
32	100	93	86	80	75	69	65	60	56	52	48
31	100	93	86	80	74	69	64	59	55	51	47
30	100	93	86	80	74	68	63	59	54	50	46
29	100	93	85	79	73	68	63	58	54	49	45
28	100	92	85	79	73	67	62	57	53	48	44
27	100	92	85	78	72	67	61	56	52	47	43
26	100	92	85	78	71	66	60	55	51	46	42
25	100	92	84	77	71	65	59	54	50	45	41
24	100	92	84	77	70	64	59	53	49	44	40
23	100	91	84	76	69	63	58	53	48	43	39
22	100	91	83	76	69	63	57	52	47	42	38
21	100	91	83	75	68	62	56	51	46	41	37
20	100	91	82	74	67	61	55	49	44	40	36
19	100	91	82	74	66	60	54	48	43	39	35

탐구문제

1. 건구와 습구의 온도 차이가 4 ℃이고, 습구의 온도는 25 ℃일 때 습도는 몇 %인가?

2. 건구와 습구의 온도 차이가 2 ℃인 날과 9 ℃인 날의 차이점을 쓰고, 차이가 생기는 이유를 쓰시오.

   · 차이점 :

   · 이유 :

3. 사람이 유쾌한 생활과 일의 능률을 올리기에 적당한 습도는 55~60 %이다. 건구와 습구의 온도 차이가 2 ℃인 날의 습도 조절 방법을 2가지 쓰시오.(단, 같은 원리를 이용한 방법은 한 가지로 간주한다.

건구와 습구의 온도 차이	습도 조절 방법
2℃	

4. 습도표를 보고 다음 관계를 설명하시오.

   · 습구 온도와 습도의 관계 :

   · 건구와 습구 온도차와 습도와의 관계 :

탐구 2 구름의 발생

탐구과정

준비물

둥근바닥플라스크, 온도계, 주사기, 스탠드, 클램프, 향

1. 그림과 같이 가지 달린 둥근바닥플라스크에 물을 조금 넣고 온도계를 끼운 고무마개를 끼워 입구를 닫는다.
2. 플라스크 가지와 주사기를 고무관으로 연결한 후 플라스크 내부의 처음 온도를 측정한다.
3. 주사기의 피스톤을 잡아당기면서 플라스크 속의 온도와 변화를 관찰한다.
4. 주사기의 피스톤을 밀어 넣어 플라스크 안의 공기를 압축시키면서 플라스크 속의 온도와 변화를 관찰한다.
5. 플라스크 속에 향 연기를 조금 넣고 위의 3. 과 4.를 반복한다.

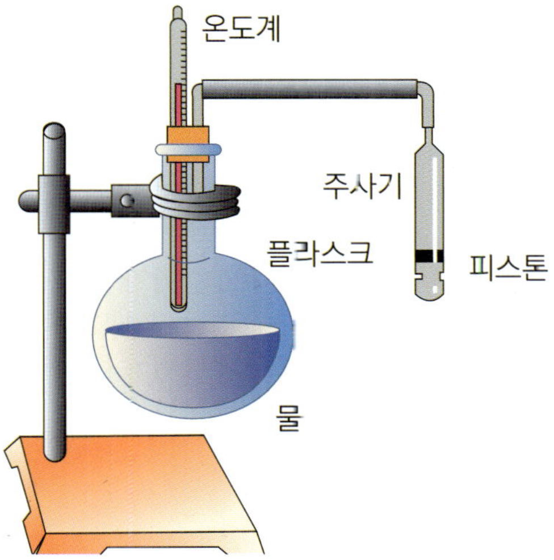

탐구문제

1. 주사기의 피스톤을 밀고 당기면서 플라스크 내부의 변화를 정리한 표이다. 다음 빈 칸을 채우시오.

구분	공기 부피	기온 변화	플라스크 속 변화
잡아 당겼을 때			
밀어 넣었을 때			

2. 향 연기가 하는 역할은 무엇인가?

3. 다음 보기는 실험에 대한 설명을 나타낸 것이다. 옳은 것만을 있는 대로 고르시오.

ㄱ. 향 연기를 넣어주면 플라스크 안의 온도가 상승한다.
ㄴ. 주사기의 피스톤을 잡아당기면 플라스크 안의 공기의 부피가 팽창한다.
ㄷ. 주사기의 피스톤을 밀어 넣으면 플라스크 안에서 수증기의 응결이 일어난다.
ㄹ. 주사기의 피스톤을 잡아당기면 플라스크 안의 공기의 상대 습도가 증가한다.

09 문제해결력 키우기

01 다음 중 증발이 가장 잘 일어나는 날을 고르시오.

① 춥고 날씨가 맑은 날
② 비가 내리고 바람이 없는 날
③ 날씨가 맑고 바람이 없는 날
④ 날씨가 맑고 따뜻하며 바람이 부는 날
⑤ 날씨가 춥고 흐리며 바람이 없는 날

02 승연이가 집이 추워서 난로를 계속 틀었더니 정전기가 너무 많이 발생하였다. 승연이네 집에서 정전기가 많이 생긴 이유와 정전기를 없앨 수 있는 방법을 3가지 쓰시오.

정답 및 해설 P27

03 그림은 안개와 구름의 모습을 나타낸 것이다. 안개와 구름의 공통점과 차이점을 쓰시오.

▲ 안개

▲ 구름

· 공통점 :

· 차이점 :

04 다음 그림은 습도표의 일부분을 나타낸 것이다.

습구 온도 (℃)	건구와 습구의 온도 차 (℃)			
	1	2	3	4
15	90	81	73	65
16	90	82	74	66
17	91	82	74	67
18	91	83	75	68
19	91	83	76	69

방 안에서 측정한 습구 온도가 19 ℃일 때, 상대 습도가 76 %였다. 방 안에서 측정한 건구 온도는 몇 ℃일까?

05 다음 표는 온도와 포화 수증기량과의 관계를 나타낸 것이다.

온도 (℃)	0	5	10	15	20
포화수증기량 (g/m^3)	4.8	6.8	9.4	12.8	17.3

15 ℃의 공기 1 m^3 속에 수증기가 9.4 g 포함되어 있을 때, 이 공기의 이슬점은 몇 ℃인지 쓰시오.

06 그림은 어느 날 기온과 이슬점의 하루 동안의 변화량를 측정하여 그래프로 나타낸 것이다.

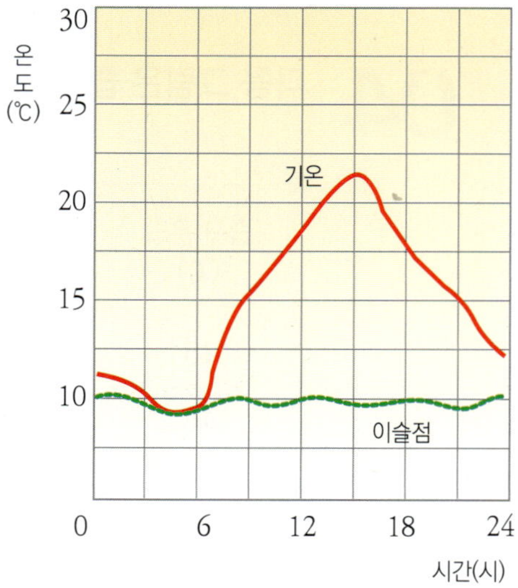

이 그래프에 대한 해석으로 옳은 것만을 있는 대로 고르시오.

① 이 날 낮에는 비가 내렸을 것이다.
② 하루 동안 공기 중의 수증기량은 거의 일정하였다.
③ 태양 고도가 가장 높은 15시 경에 기온이 가장 높았다.
④ 상대 습도는 6시경에 가장 높았다.
⑤ 상대 습도는 15시 경에 가장 낮았다.

07

그림과 같이 끓고 있는 물 위에 차가운 뚜껑을 덮었더니 뚜껑 안쪽에 작은 물방울들이 생기고, 이 물방울이 점점 커져서 아래로 뚝뚝 떨어졌다.

이것은 실제 어떤 기상 현상이 일어나는 과정과 비슷한지 쓰시오.

08

그림은 물의 평균적인 순환 과정을 나타낸 것이다.

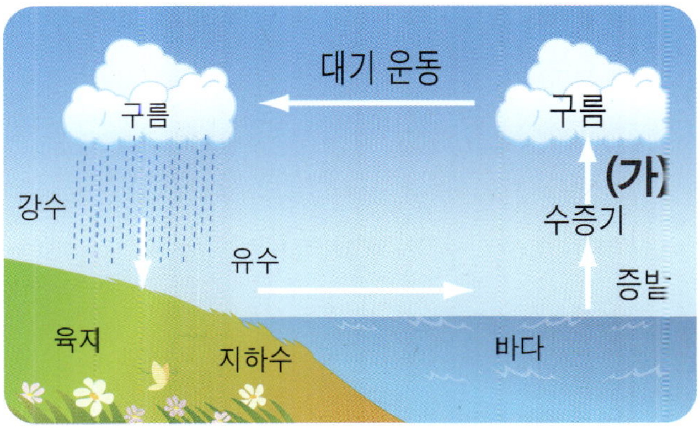

(가)와 같은 과정으로 생성되는 현상만을 보기에서 있는 대로 고르시오.

보기

ㄱ. 젖은 빨래가 말랐다.
ㄴ. 이른 아침, 풀잎에 이슬이 맺힌다.
ㄷ. 얼음물이 담긴 컵의 표면에 물방울이 맺힌다.
ㄹ. 추운 겨울, 자동차 창문에 서리가 생겼다.
ㅁ. 주전자의 물이 끓으면 하얀 김이 나온다.

09 문제해결력 키우기

STEP BY STEP

09 **영재는 상대 습도를 측정하기 위해서 그림과 같이 장치한 후 기온을 측정하는 실험을 실시하였다. 기온과 포화 수증기량과의 관계를 나타낸 그래프를 이용하여 물음에 답하시오.**

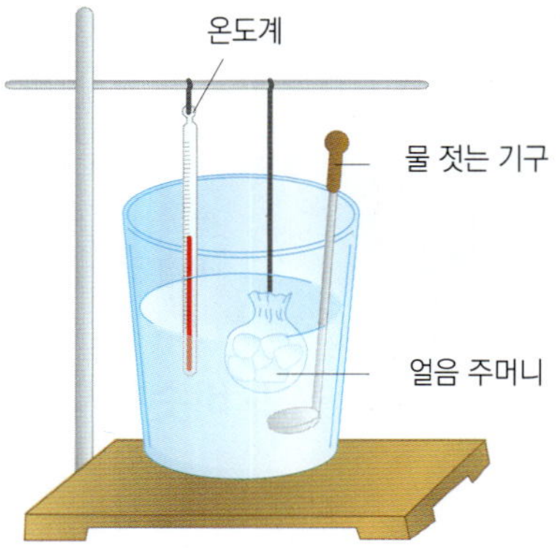

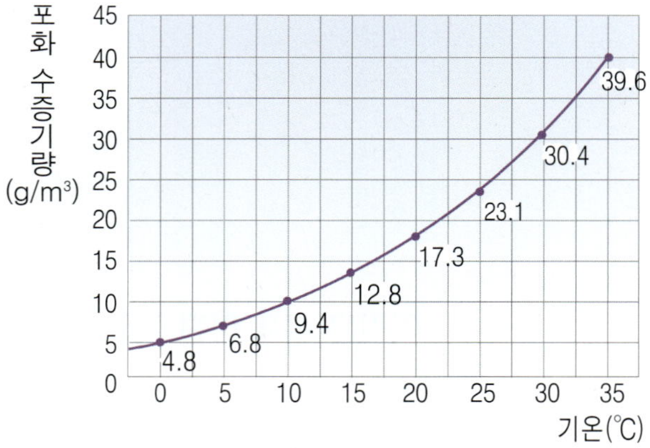

[실험]

① 물이 든 컵 속에 얼음 주머니를 담근 다음, 온도계를 꽂고 물을 잘 저었다.

② 유리컵 표면이 흐려지기 시작하는 순간의 물의 온도를 측정하였더니 10 ℃, 현재의 기온은 20 ℃였다.

(1) 실험실 공기 1 m^3 속에 포함되어 있는 수증기의 양은 몇 g 인지 쓰시오.

(2) 실험실 안의 상대 습도는 약 몇 %인지 쓰시오.

(3) 이 공기를 5 ℃로 냉각시켰을 때 실험실 안의 공기 10 m^3 속에서 응결되는 수증기의 양은 몇 g 인지 쓰시오.

STEP BY STEP

10 **그림은 바람이 없는 맑은 날 어느 지역의 기온과 이슬점 온도를 나타낸 것이다. 이 지역에서 야간에 안개가 발생하기 시작하였다.**

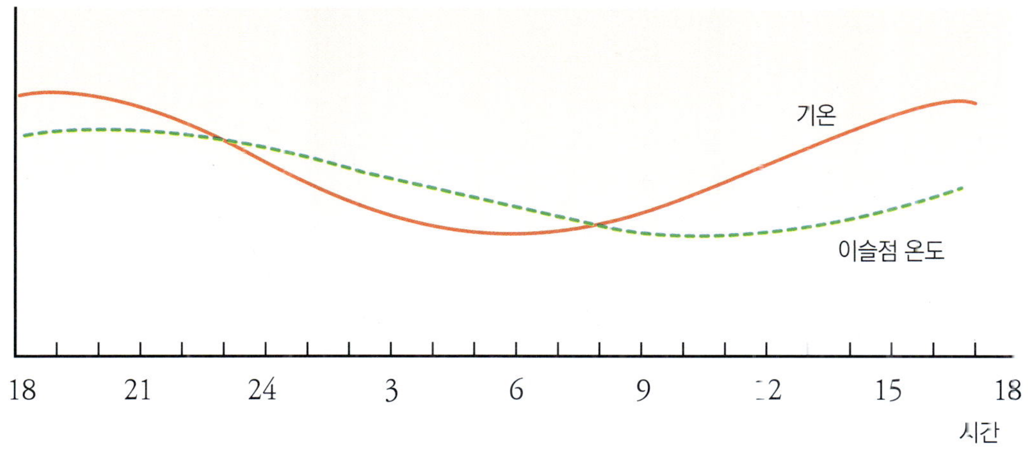

(1) 안개가 발생할 수 있는 시간은 몇 시부터 몇 시까지인지 이유와 함께 쓰시오.

(2) 해가 뜨는 시간은 몇 시와 몇 시 사이라고 할 수 있는지 이유와 함께 쓰시오.

STEP BY STEP

11 **실험실에서 건구와 습구의 온도를 측정했더니 각각 20 ℃와 16 ℃였다. 포화 수증기량 곡선과 습도표를 이용하여 물음에 답하시오.**

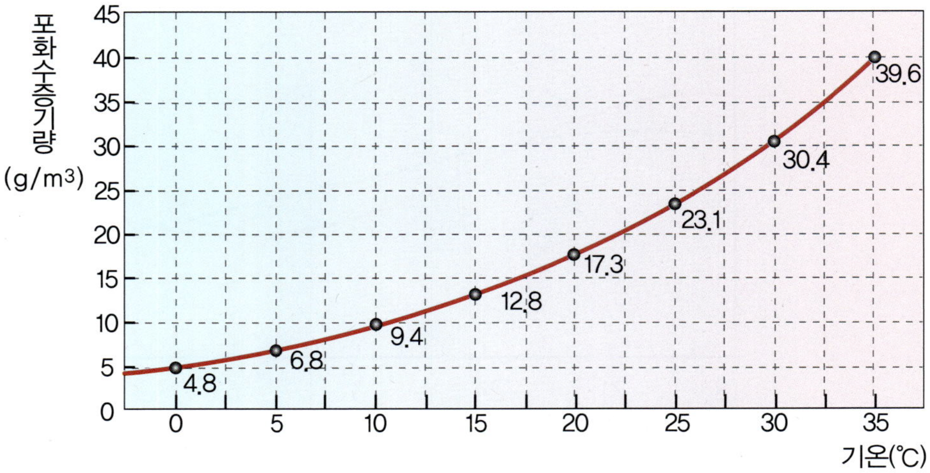

습구 온도 (℃)	건구와 습구의 온도 차 (℃)					
	0	1	2	3	4	5
16	100	90	82	74	66	60
17	100	91	83	74	67	61
18	100	91	83	75	68	62
19	100	91	83	76	69	62
20	100	91	83	76	69	63

(1) 실험실 공기의 습도를 구하시오.

(2) 실험실 공기 1 m^3 속에 포함되어 있는 수증기의 양은 약 몇 g 인지 구하시오.

(3) 실험실 공기가 10 ℃까지 냉각됐을 때 응결된 물방울의 양을 구하시오. (단, 실험실 공기의 부피는 100 m^3이다.)

STEP BY STEP

12 **구름이 생성되는 원리를 알아보기 위하여 (가)와 같이 장치한 후 (나)와 같은 실험을 하였다.**

(가)

[실험방법]

① 페트병 속에 향 연기를 조금 넣은 후 마개를 단단히 막는다.
② 페트병을 양 손으로 붙들고 잠시 동안 세게 눌렀다가 놓는다.
③ ②의 동작을 반복하면서 페트병 내부의 변화를 관찰한다.

(나)

(1) 페트병을 눌렀다가 놓았을 때 나타나는 변화에 대한 설명으로 옳은 것만을 <보기>에서 있는 대로 고르시오.

〈보기〉

ㄱ. 페트병 속이 부옇게 흐려진다.
ㄴ. 페트병 속이 맑아진다.
ㄷ. 페트병 속의 공기의 부피가 감소한다.
ㄹ. 페트병 속 공기의 온도가 하강한다.
ㅁ. 페트병 속 공기의 상대습도가 감소한다.

(2) 향 연기를 넣어 주면 페트병 속의 변화가 더 잘 일어난다. 그 이유는 무엇인지 쓰시오.

09 창의력 키우기

01

학생들은 맑은 날 새벽에 기온이 낮아지면 안개가 잘 생기고 기온이 높은 한낮에는 안개가 걷히는 사실로부터 아래와 같은 가설을 세웠다.

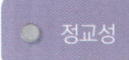

✔ 유창성
● 융통성
✔ 독창성
● 정교성

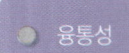

가설 : "기온과 습도는 반비례 관계이다."

다음은 이 가설을 검증하기 위한 각 학생들의 실험 설계 내용이다. 바르게 설계한 학생은 누구이며 그 이유는 무엇인지 서술하시오.

지섭 : 밀폐된 방에 가습기를 틀어 놓고 난로를 피우면서 일정 시간 간격으로 온도와 습도를 측정한다.

미영 : 밀폐된 방과 창문이 열린 방에서 난로를 피우면서 일정 시간 간격으로 온도와 습도를 측정한다.

인성 : 밀폐된 방에 난로를 피워 놓고 일정한 시간 간격으로 온도와 습도를 측정한다.

태희 : 밀폐된 두 방에서 한 방은 가습기를 틀고, 한 방은 가습기가 없는 상태에서 일정 시간 간격으로 온도와 습도를 측정한다.

02

- ✔ 유창성
- ✔ 융통성
- 독창성
- 정교성

불쾌지수는 기온이나 습도에 의해 느끼는 불쾌감의 정도를 숫자로 나타낸 것을 말한다. 평균 기온이 약 40 ℃ 인 사막에서보다 평균 기온이 30 ℃ 인 우리나라 여름철에 느끼는 불쾌지수가 더 높다고 한다.

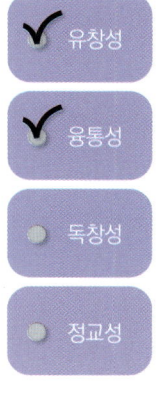

불쾌지수	
70 ~ 75	약 10%의 사람이 불쾌감을 느낌
76 ~ 80	약 50%의 사람이 불쾌감을 느낌
80 ~ 85	대부분의 사람이 불쾌감을 느낌
86 이상	견딜 수 없을 정도의 불쾌감을 느낌

자료 : 기상청

(1) 기온이 높을 때 우리 몸에서는 어떤 변화가 일어나는가?

(2) 기온이 더 높은 사막보다 습도가 높은 우리나라의 여름날이 불쾌지수가 더 높은 이유는 무엇일지 (1)번의 답과 연결하여 설명하시오.

09 STEAM 융합형 문제 해결하기

01 다음 그림은 준정이네 회사에서 제작한 제습기의 모습이다. 제습기는 습한 공기를 빨아들여 건조한 공기로 바꾸어서 공기 중의 습도를 조절하는 기계이다.

준정이네 회사에서는 제습기를 사용했을 때의 장점을 살려 광고를 하려고 한다. 여러분이 카피라이터라면, 어떤 광고 문안을 작성하겠는가? 제습기에 적당한 광고 문안을 3가지 쓰시오.

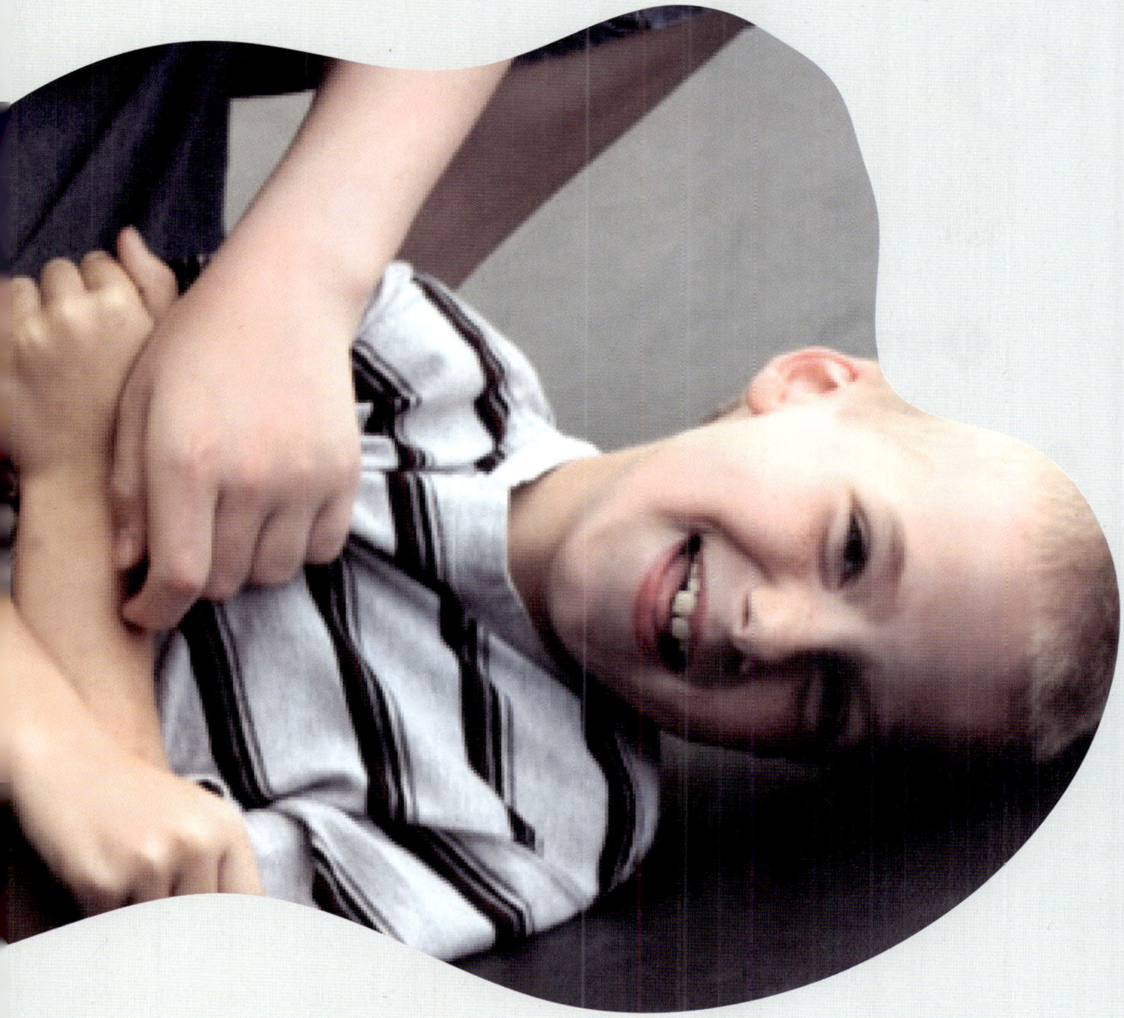

10

자극과 반응

간지럼이란 무엇일까?

조금만 건드려도 간지럼을 많이 타는 사람이 있고,
한참을 간지럼을 태워도 반응을 나타내지 않는 사람도 있다.
우리는 왜 간지럼을 타는 걸까?

1 감각 기관

(1) 눈

① 시각 : 빛이 자극이 되어 일어나는 감각으로, 물체의 형태, 크기, 색깔, 명암★ 등을 구분한다.

② 눈의 구조와 기능

① 각막	눈의 가장 바깥쪽을 싸고 있는 투명한 막
② 수정체	빛을 굴절시켜 망막에 상이 맺히게 한다.
③ 홍채	동공의 크기를 변화시켜 눈으로 들어오는 빛의 양을 조절한다.
④ 모양체	수정체의 두께를 조절하여 상이 망막에 잘 맺히게 한다.
⑤ 망막	시각세포가 분포하고 상이 맺히는 곳
⑥ 맥락막	검은 색소가 있어 빛의 산란을 막는다.
⑦ 황반	망막의 중심부로 시각세포가 밀집되어 있어 선명한 상이 보인다.
⑧ 맹점	시각 신경이 모여 빠져나가는 곳으로 시각세포가 없어 상이 맺혀도 보이지 않는다.
⑨ 공막	눈의 바깥쪽의 흰색의 단단한 막으로 눈의 형태를 유지하고 내부를 보호한다.

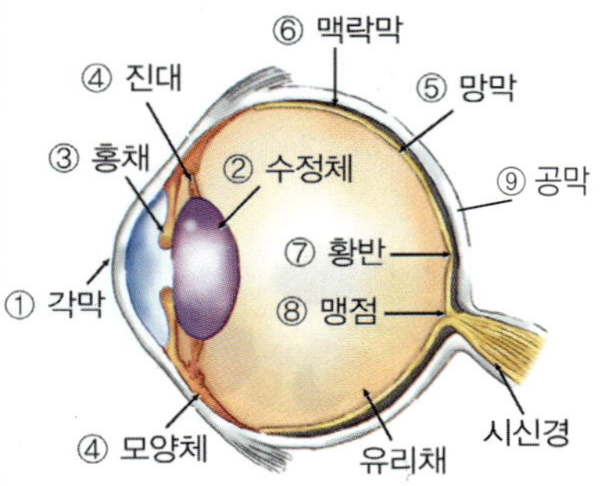

③ 시각의 전달 경로

빛 ➡ 각막 ➡ 수정체 ➡ 유리체 ➡ 망막(시각세포) ➡ 시각 신경 ➡ ❶ ____

(2) 귀

① ❷ ____ : 소리가 자극이 되어 일어나는 감각으로, 소리의 높낮이, 강약, 음색 등을 느낀다.

② 귀의 구조와 기능

외이	· 귓바퀴, 귓구멍, 외이도로 구성 · 소리를 모아 고막으로 전달
중이	· 고막 : 음파에 의해 진동되는 얇은 막 · 귓속뼈 : 고막의 진동을 증폭시키는 세 개의 작은 뼈 · 귀인두관 : 중이와 외부의 압력을 같게 해 고막을 보호한다.
내이	· 달팽이관 : 청각세포가 분포되어 있어 자극을 받아들인다. · 평형 감각 기관 : 반고리관(회전), 전정 기관(기울기와 위치)

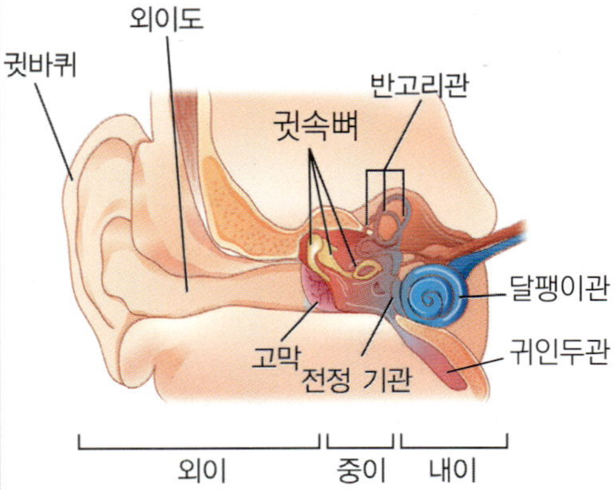

③ 청각의 전달 경로

소리(음파) ➡ 귓바퀴 ➡ 귓구멍 ➡ 외이도 ➡ 고막 ➡ 귓속뼈 ➡ 달팽이관(청각세포) ➡ 청각 신경 ➡ 대뇌

1 눈과 사진기의 비교

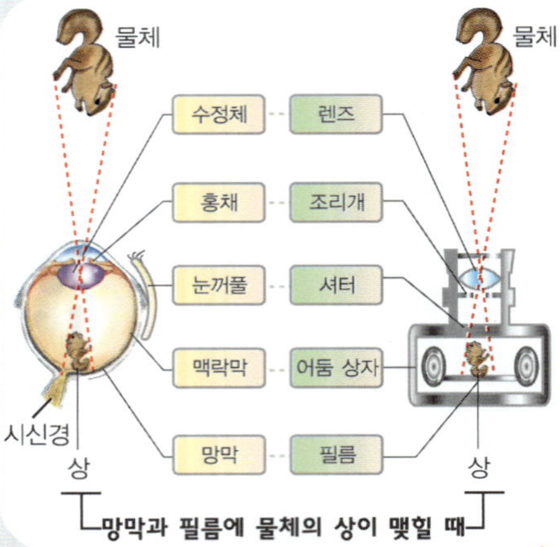

기능	눈	사진기
빛 차단	눈꺼풀	셔터
빛의 굴절	수정체	렌즈
빛의 양 조절	홍채	조리개
상이 맺히는 곳	망막	필름
빛의 산란 방지 기능	맥락막	어둠상자

2 홍채

홍채의 색깔은 사람마다 달라서, 다양한 눈동자 색깔을 가지게 된다. 또한 홍채의 무늬는 지문만큼이나 독특하여 일란성 쌍둥이조차 서로 무늬가 다르다고 한다. 이러한 특징을 이용한 기술이 홍채 인식 기술이다.

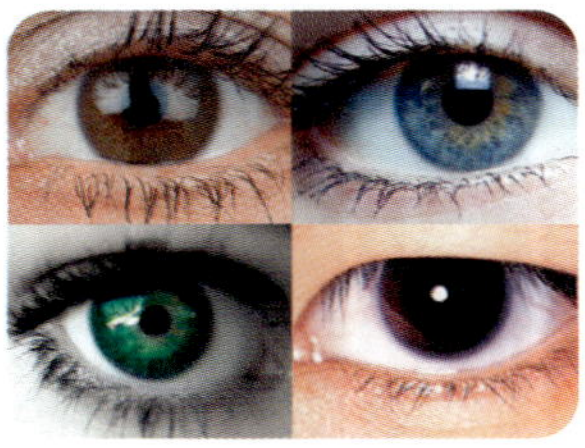
▲홍채 색의 종류

과학단어

★ **명암** 밝음과 어두움을 통틀어 이르는 말

(3) 코

① 후각 : 기체 상태의 화학 물질이 자극이 되어 일어나는 감각으로, 냄새를 맡는다.

② 코의 구조 : 콧속 천장 부분에 후각 상피가 있으며, 이 곳에 냄새 자극을 받아들이는 후각세포[3]가 분포되어 있다.

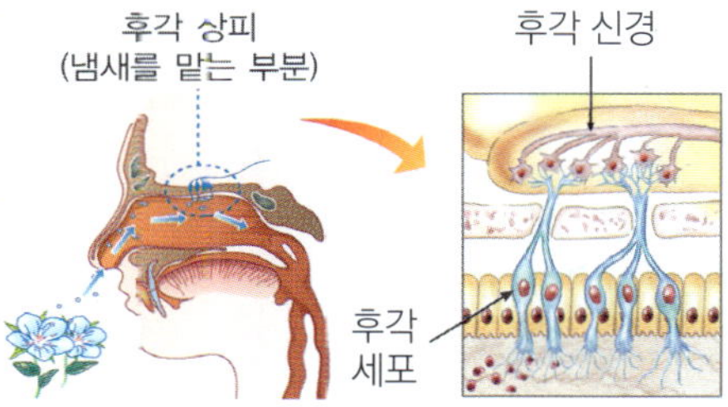

③ 후각의 전달 경로

> 화학 물질(기체) ➡ 콧속 ➡ 후각 상피 ➡ 후각 세포 ➡ 후각 신경 ➡ 대뇌

④ 후각의 특징 : 여러 감각 중 가장 예민하지만, 가장 빨리 ❸ ______ 를 느낀다. ➡ 같은 냄새를 오래 맡으면 그 냄새를 느끼지 못한다.

(4) 혀

① 미각 : ❹ ______ 상태의 화학 물질이 자극이 되어 일어나는 감각으로, 맛을 느낀다.

② 혀의 구조 : 혀의 표면에 유두가 있고, 유두 양 옆으로 맛세포가 모인 맛봉오리가 있다.

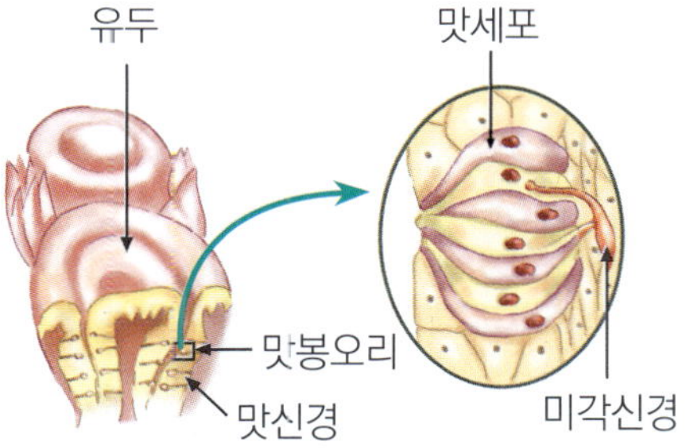

③ 미각의 전달 경로

> 화학 물질(액체) ➡ 유두 ➡ 맛세포 ➡ 미각 신경 ➡ 대뇌

④ 혀에서 느끼는 맛 : 단맛, 짠맛, 신맛, 쓴맛, 감칠맛

(5) 피부

① 피부 감각 : 피부에서 느낄 수 있는 감각으로, 뜨거움, 차가움, 압력★, 물체와의 접촉, 아픔 등을 느낀다.

② 피부의 구조[4]

표피	피부의 가장 바깥 세포층으로 죽은 세포로 되어 있다.
진피	살아 있는 세포로 되어 있으며, 여러 가지 감각점이 분포한다. · 통점 : 아픔을 느낀다.(통각) · 촉점 : 물체가 닿는 것을 느낀다.(촉각) · 압점 : 누르는 압력을 느낀다.(압각) · 냉점 : 차가움을 느낀다.(냉각) · 온점 : 따뜻함을 느낀다.(온각)

③ 감각점의 분포[5] : 감각점의 종류에 따라 밀도가 다르다.[6]

> 통점 > 압점 > 촉점 > 냉점 > 온점

④ 감각점의 특징

- 감각점은 피부의 진피에 분포한다.
- 몸의 부위에 따라 감각점의 분포 수가 다르다. ➡ 감각점이 많이 분포할수록 예민하다.
- 압각, 냉각, 온각, 촉각도 자극이 심해지면 통각으로 느낀다.
- 내장 기관에도 감각점이 분포한다.

❸ 후각세포

후각세포는 점액으로 덮여 있으며, 기체 상태 물질은 그 점액에 녹아 후각세포를 자극하게 된다. 따라서 콧속이 마르면 기체 상태의 냄새 물질은 녹아들어가지 못하므로 후각세포를 자극하지 못해 냄새를 맡지 못하게 된다.

❹ 피부의 구조

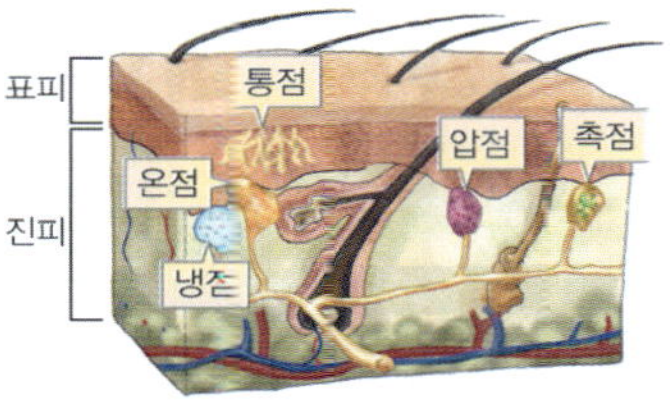

❺ 감각점의 분포

감각점	분포 밀도(개/cm²)
촉점	25
압점	50
통점	100~200
온점	3
냉점	6~23

❻ 복합 감각

'가렵다, 간지럽다'와 같은 감각은 한 종류의 감각점에 의해 나타나는 현상이 아닌 통각과 압각이 동시에 자극되어 나타나는 현상이다.

▲ 간지러움

과학단어

★ **압력** 두 물체가 접촉면을 경계로 하여 서로 그 면에 수직으로 누르는 단위 면적 당 작용하는 힘.

2 신경계[1]

(1) 자극의 전달 경로

자극 ➡ 감각기 ➡ 감각 신경 ➡ 중추 신경(뇌와 척수) ➡ 반응기 ➡ 반응

(2) 중추 신경계 : 뇌와 척수로 구성

① 뇌 : 전달된 ⑤ ______ 을 느끼고, 행동을 판단하여 결정한다.

② 척수[2] : 신경의 통로로서 자극을 전달하고, 급할 때에는 자극이 뇌에 전달되기 전에 행동을 판단하기도 한다.

대뇌	· 좌우 두 개의 반구로 표면에 주름이 많음 · 고등 정신 활동을 담당(판단, 추리, 기억, 언어 등)	
간뇌	· 체온과 물질대사 조절	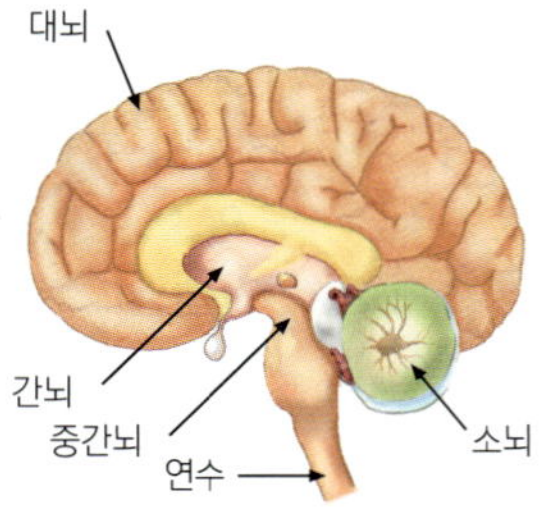
중간뇌	· 눈동자 운동 조절 · 홍채의 작용을 조절	
소뇌	· 몸의 균형 유지 · 근육 운동을 조절	
연수	· 몸의 좌우 신경이 교차되는 곳 · 호흡, 심장 박동, 소화, 하품 등을 조절	
척수	· 뇌와 말초★ 신경계 사이의 흥분 전달 통로 · 척추 속에 들어 있어 보호 받음 · 배변, 배뇨, 무릎 반사 등의 무조건 반사의 중추	

(3) 말초 신경계 : 중추 신경계에서 뻗어 나와 온몸에 퍼져 있는 신경계

① 체성 신경계 : 대뇌, 척수의 직접적인 지배를 받는다.

② 자율 신경계 : 대뇌의 지배를 받지 않으며, 내장 기관에 분포하여 소화, 순환, 호흡, 호르몬 분비 조절 등 생명 유지와 관련된 기능을 한다.

3 자극에 대한 반응의 종류

(1) 의식적인 반응 : 전달된 자극을 ⑥ ______ 에서 판단하고 반응기에 적절한 명령을 내려 이루어지는 반응이다.

자극	① 식탁에 차려져 있는 맛있는 밥과 반찬
감각기	② 눈
감각신경	③ 시각 신경
중추	④ 대뇌
운동 신경	⑤ 운동 신경
반응기	⑥ 팔의 근육
반응	⑦ 숟가락을 들어 밥을 먹는다

1 사람의 신경계

사람의 신경계는 중추 신경계와 말초 신경계로 구성된다.

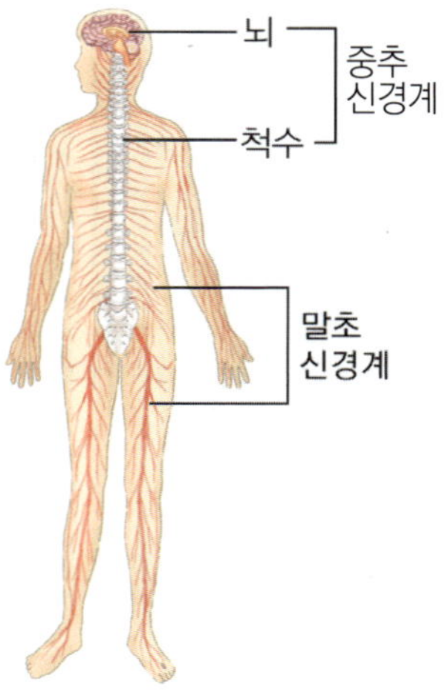

▲ 사람의 신경계

2 척수

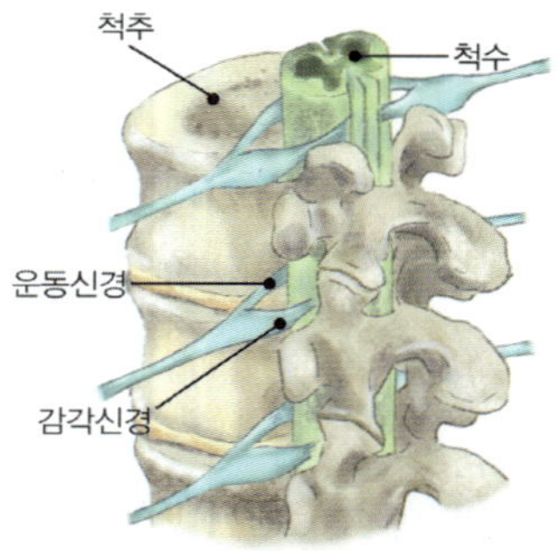

척수는 감각기에서 받아들인 자극을 뇌로 전달하는 감각 신경과 뇌의 명령을 반응기로 전달하는 운동 신경의 통로이다.

➡ 척수는 뇌와 말초 신경을 연결해 준다.

과학단어

★ 말초 신경 중추 신경계로부터 피부, 근육, 감각 기관 등에 연결되어 있는 신경을 말한다

(2) 무의식적인 반응 : 반사

① 무조건 반사 : 자극에 대해 무의식적으로 ❼ ______ 나타나는 반응으로 대뇌까지 자극이 전달되지 않기 때문에 반응 속도가 매우 빠르다.
➡ 갑자기 닥친 위험으로부터 우리 몸을 보호할 수 있다.
예 재채기, 침 분비, 딸꾹질★, 구토, 무릎 반사, 배변, 배뇨, 뜨거운 물체가 손에 닿았을 때 급히 손을 떼는 현상 등

· 무조건 반사 경로

자극 ➡ 감각기 ➡ 감각 신경 ➡ 척수, 연수, 중뇌 ➡ 운동 신경 ➡ 반응기 ➡ 반응

② 조건 반사 : 과거의 경험이 조건이 되어 나타나는 ❽ ______ 적인 반응으로 대뇌가 기억하는 과거의 경험이 조건이 되어 나타난다.
➡ 대뇌까지 자극이 전달되어 과거의 경험에 따라 사람마다 다른 반응이 나타날 수 있다.
예 신 과일을 보거나 상상만 해도 침이 고임, 파블로프의 실험

· 조건 반사 경로

자극 ➡ 감각기 ➡ 감각 신경 ➡ 대뇌 ➡ 운동 신경 ➡ 반응기 ➡ 반응

③ 파블로프의 실험

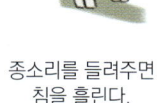

먹이를 주면 침이 나온다. (무조건 반사)	종소리만 들려주면 침은 나오지 않는다.	먹이를 줄 때마다 종소리를 반복적으로 들려준다.	종소리를 들려주면 침을 흘린다. (조건 반사)

❸ 무릎 반사의 경로 (무조건 반사)

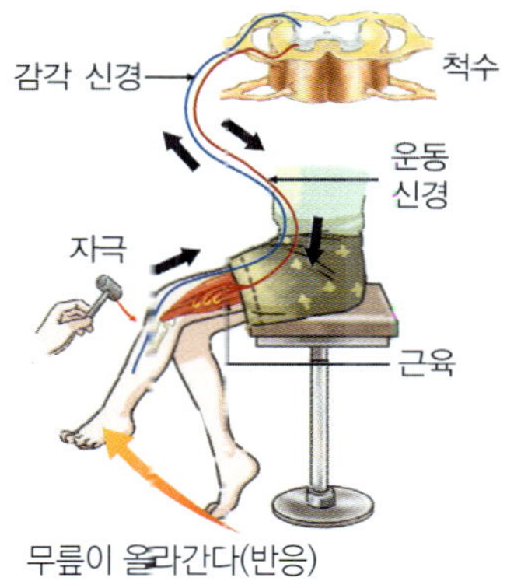

과학단어

★ **딸꾹질** 가로막의 경련으로 들이쉬는 숨이 방해를 받아 목구멍에서 이상한 소리가 나는 증세

기본확인문제

01 시각은 빛이 자극이 되어 일어나는 감각으로 크기, 색깔, 형태 등을 느낄 수 있다. (O / X)

02 수정체는 시각세포가 분포하고 상이 맺히는 곳이다. (O / X)

03 청각은 소리의 높낮이, 강약, 음색 등을 느낀다. (O / X)

04 피부 감각은 가장 예민하지만 가장 빨리 피로를 느낀다. (O / X)

05 미각으로 느낄 수 있는 맛은 단맛, 짠맛, 신맛, 쓴맛, 매운맛, 감칠맛 등이 있다. (O / X)

06 중추신경계는 뇌와 척수로 구성된다. (O / X)

07 소뇌는 정신 활동을 담당하고, 좌우 두 개의 반구로 표면에 주름이 많다. (O / X)

08 재채기, 침분비, 딸꾹질 등은 의식적인 반응이다. (O / X)

09 먹이를 줄 때마다 종소리를 들은 개는 종소리만 들어도 침을 흘린다. (O / X)

개념다지기 정답 ❶ 대뇌 ❷ 청각 ❸ 피부 ❹ 액체 ❺ 자극 ❻ 대뇌 ❼ 빠르게 ❽ 무의식

10 탐구력 키우기

탐구 1 감각지도 그리기

탐구과정

준비물

자, 이쑤시개 2개, 셀로판테이프

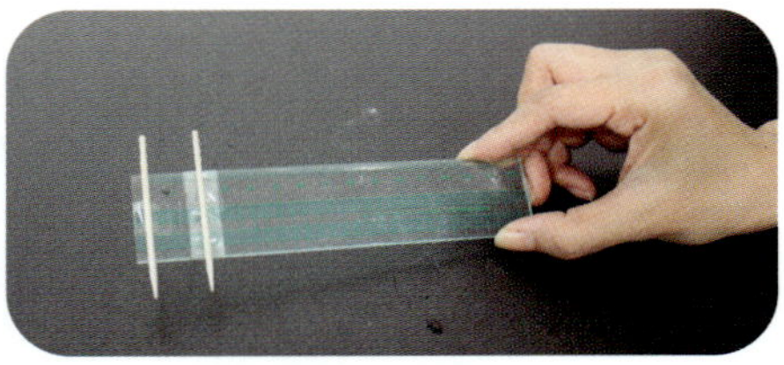

① 두 명이 한 모둠이 되어 한 명의 눈을 가리고, 다른 한 명은 이쑤시개를 벌려 상대방의 이마를 가볍게 누른다.
② 눈을 가린 사람이 이쑤시개를 2개라고 느낄 때까지 폭을 0.5 cm씩 벌리면서 계속 상대방의 이마를 누른다.
③ 2개라고 느꼈을 때의 이쑤시개의 폭을 표에 기록하고, 그 평균을 내어 역수를 취한다.
④ 역수로 구한 값을 모눈종이에 인체 그림으로 나타낸다. 역수가 3이면 모눈종이에 3칸으로 나타내며 인체를 그린다.

위치	거리(cm)		역수 (1/평균값)
이마			
뺨			
입술			
턱			
코			
목			
어깨			
팔꿈치			
손목			
손바닥			
손가락끝			
손등			

탐구문제

1. 피부에 닿는 점이 2개라고 느껴지는 부분과 감각점의 분포와는 어떤 관계가 있는가?

2. 신체에서 가장 예민한 부분은 어디인가?

탐구 2 자극이 전달되는 속도

탐구과정

준비물

자, 초시계

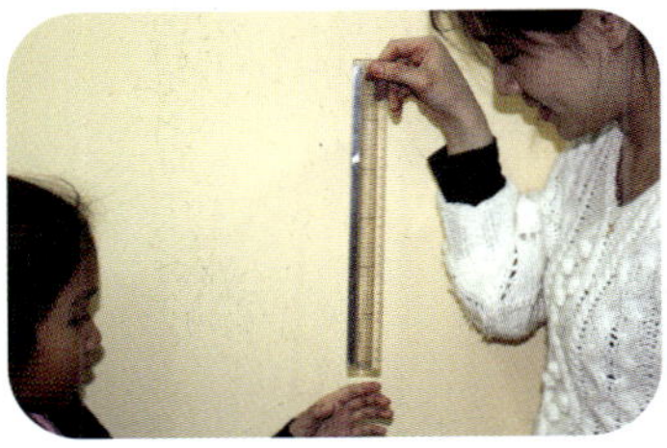

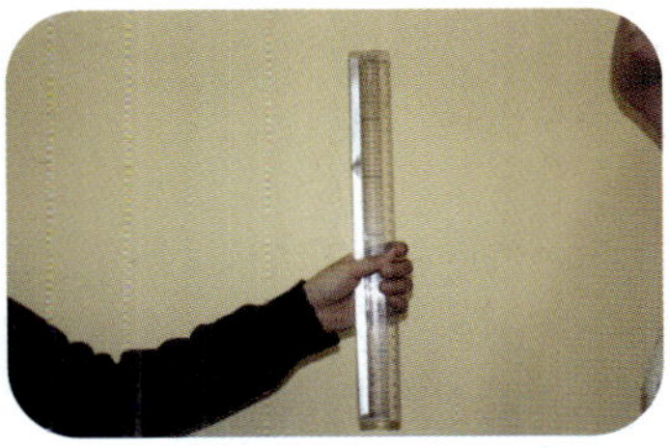

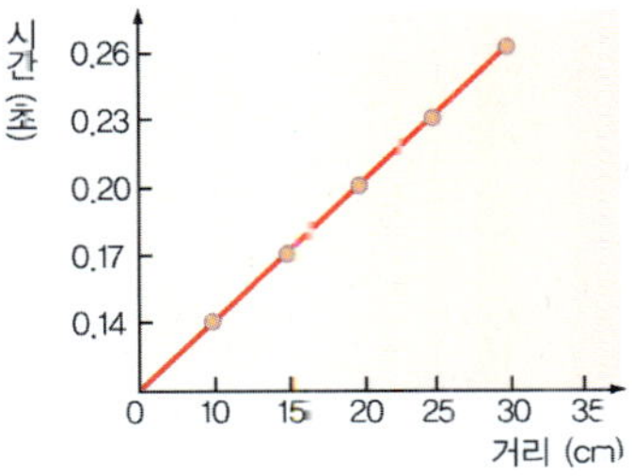

① 두 명이 한 모둠이 되어 한사람은 자의 윗부분을, 다른 한 사람은 기준선에서 두 손가락을 벌려 자를 잡을 준비를 한다.

② 자를 잡고 있는 사람이 자를 놓으면 다른 한 사람은 떨어지는 자를 재빨리 잡은 후 기준선에서부터 잡은 위치까지의 거리를 측정한다.

③ 앞의 과정을 5회 반복하여 평균값을 그한 후 위 그래프를 이용하여 자를 잡을 때까지 걸린 시간을 구한다.

탐구결과

1. 떨어뜨린 자를 손가락으로 잡기까지 이 과정에 관여하는 기관을 쓰시오.

구분	감각기	자극 판단 및 명령 중추	반응기
기관			

2. 시간을 직접 재지 않고 거리를 측정함으로써 시간을 구하는 이유는 무엇인가?

탐구문제

1. 떨어지는 자를 잡기까지 자극의 전달 경로이다. ( )안에 알맞은 말을 쓰시오.

떨어지는 자 ➡ 눈 ➡ (   ) ➡ (   ) ➡ (   ) ➡ 팔과 손의 근육 ➡ 반응

2. 오른쪽 그림은 전화 통화 과정을 간단히 나타낸 것이다. 전화 통화 과정을 위 실험의 신경 전달 과정과 비교했을 때 해당하는 것을 쓰시오.

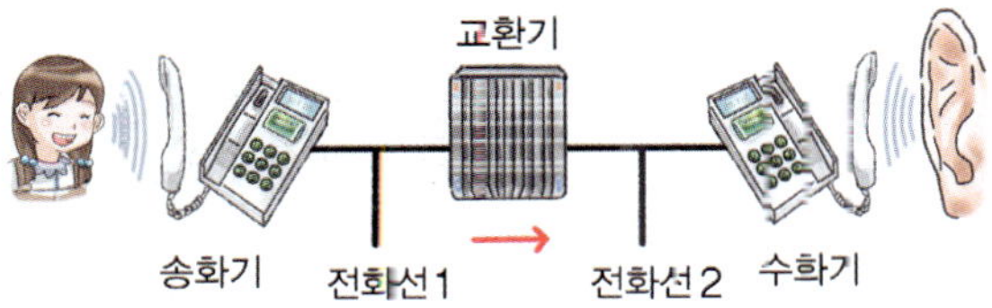

(1) 송화기 :   (2) 전화선1 :

(3) 교환기 :   (4) 전화선2 :   (5) 수화기 :

10 문제해결력 키우기

01 **아래 그림은 눈의 구조를 나타낸 것이다. 눈의 각 부분에 대한 설명으로 옳은 것은?**

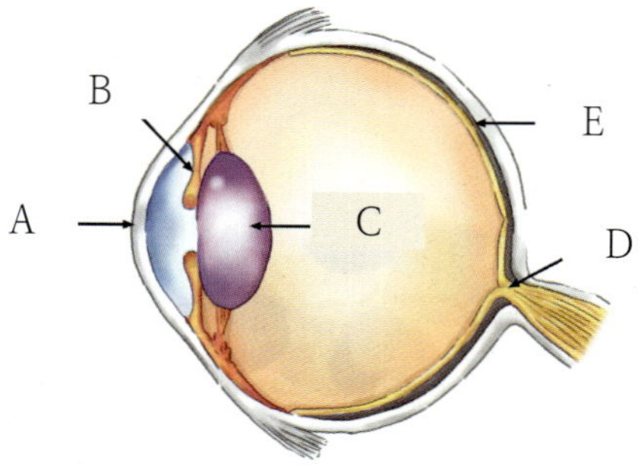

① A – 눈으로 들어오는 빛의 양을 조절한다.
② B – 카메라의 렌즈에 해당하며, 빛을 굴절시킨다.
③ C – 시세포가 분포하며, 상이 맺힌다.
④ D – 눈의 형태를 유지하고 내부를 보호한다.
⑤ E – 암실과 같은 역할을 한다.

02 **다음 그림은 사람의 귀의 구조를 나타낸 것이다.**

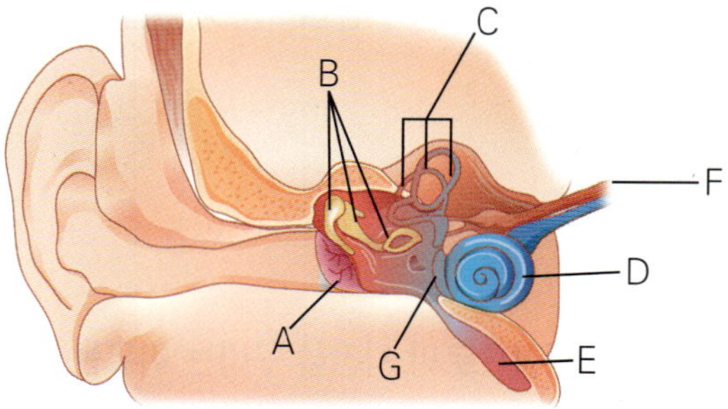

다음 (가)~(라)의 설명에 해당하는 구조의 기호와 이름을 각각 쓰시오.

	구조에 대한 설명	구조의 기호	구조의 이름
(가)	음파에 의해 최초로 진동하는 얇은 막이다.		
(나)	청각세포가 분포하여 청각 자극을 받아들여 청각 신경으로 전달한다.		
(다)	차를 타고 높은 산에 오르면 귀가 멍멍해지는 현상과 관계있다.		
(라)	고막의 진동을 증폭시켜 음파를 달팽이관으로 전달한다.		

03 다음 그림은 무와 사과의 맛을 알아내는 실험을 나타낸 것이다.

위 실험을 통해 알 수 있는 사실은 무엇인지 다음에서 고르시오.

① 시각에 의한 자극의 정보가 주어지지 않으면 맛을 구별할 수 없다.
② 후각은 맛을 느끼는데 필요하지 않은 감각이다.
③ 큰 자극을 주어야 맛을 정확하게 구별할 수 있다.
④ 후각은 쉽게 피로해지기 때문에 음식 맛을 구별하는데 큰 도움이 되지 않는다.
⑤ 후각과 미각이 복합적으로 작용하여 맛을 느끼게 한다.

04 진주의 할아버지는 귀가 잘 들리지 않아 보청기를 사용하신다.

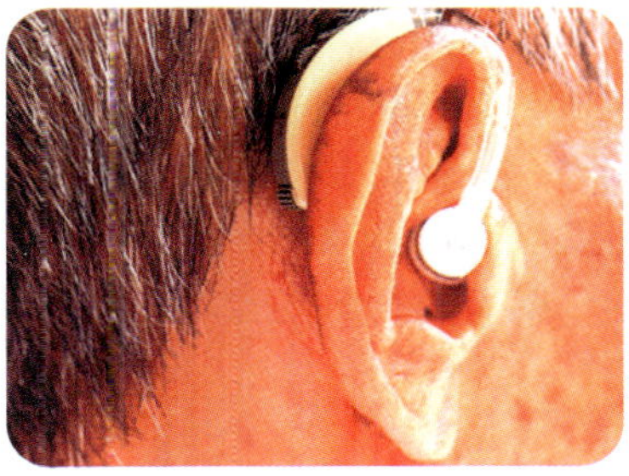

우리 주변에서 보청기와 같이 감각 기관들의 능력을 보강하기 위해 사용하는 것을 3가지 쓰시오.

05 다음 그림은 뇌의 구조를 나타낸 것이다.

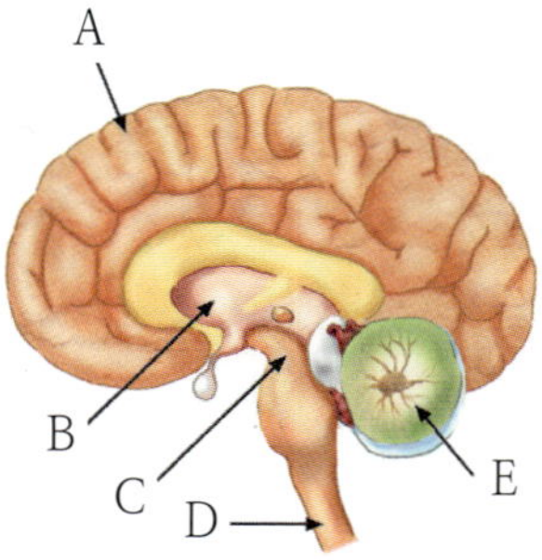

다음 (가)~(마)의 설명에 해당하는 부분을 기호로 각각 나타내시오.

	기능	기호
(가)	판단, 추리, 기억 등의 고등 정신 활동을 담당한다.	
(나)	심장박동, 호흡, 소화관 운동의 중추이다.	
(다)	몸의 균형 및 근육 운동을 조절한다.	
(라)	체온과 물질대사를 조절한다.	
(마)	눈동자 운동과 홍채의 작용을 조절한다.	

06 다음 글은 치매에 걸린 사람에 관한 이야기를 나타내고 있다.

지난 2000년 8월 남북 이산 가족의 만남이 있었다. 아무리 불러도 치매 증세로 인해 알아듣지 못하는 어느 아버지의 모습은 50년 만에 만난 아들과 이를 지켜보던 많은 사람들의 눈시울을 적셨다. 이와 같이 치매는 여러 가지 원인에 의해서 뇌세포가 손상을 받아 기억력, 이해력, 판단력 등을 상실함으로써 정상적인 사회 활동과 가정 생활 등에 지장을 받는 상태를 말한다.

치매에 걸린 할아버지는 뇌의 어느 부분에 이상이 있는 것이며, 그렇게 판단한 근거는 무엇인지 쓰시오.

07 **다음 그림은 대뇌가 신체를 담당하는 범위가 어느 정도인지를 비교하여 상대적인 크기로 나타낸 것이다. 호문쿨루스라 불리는 이 감각 모형을 보면 손가락 끝이나 혀 끝이 다른 감각보다 크게 그려져 있다. 이것은 손가락 끝이나 혀끝이 다른 감각보다 예민하다는 것을 나타내는데 예민한 이유는 무엇인지 옳게 설명한 것은?**

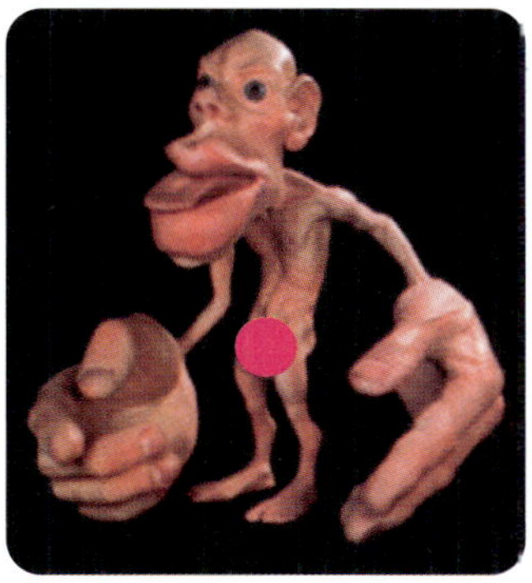

① 피부가 매우 얇기 때문에
② 감각점이 많이 분포되어 있기 때문에
③ 통점, 압점, 냉점, 온점이 같은 수로 분포하기 때문에
④ 신경이 많이 밀집되어 있기 때문에
⑤ 신경의 전달 속도가 빠르기 때문에

08 **다음 〈보기〉에서 설명하는 것을 무조건 반사와 조건 반사로 나누어 기호를 쓰시오.**

보기

ㄱ. 떨어지는 자를 보고 재빨리 잡았다.
ㄴ. 밥을 입에 넣었더니 침이 분비되었다.
ㄷ. 하품을 하면 눈물이 나온다.
ㄹ. 귤을 보기만 해도 입에 침이 고인다.
ㅁ. 청소를 하다 먼지가 코에 들어와 재채기를 한다.
ㅂ. 밥을 먹을 때마다 종소리를 들은 개는 종소리만 들어도 침을 흘린다.

·무조건 반사 :

·조건 반사 :

STEP BY STEP

09 다음 그림은 사람의 코의 구조를 나타낸 것이다.

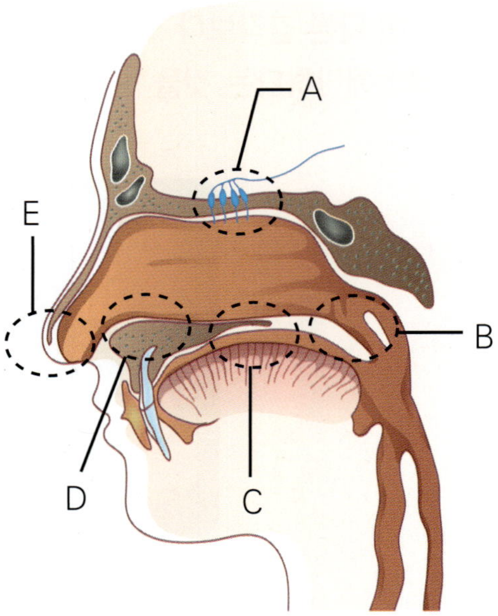

(1) 후각 세포가 존재하여 냄새를 맡을 수 있는 곳은 어디인지 기호로 나타내시오.

(2) 후각에 대한 설명으로 옳은 것만을 있는 대로 고르시오.

① 사람의 감각 중 가장 예민한 감각이다.
② 쉽게 피로해지는 감각이다.
③ 후각 상피에 있는 후각세포에 의해 감각을 받아들인다.
④ 장시간 동안 같은 냄새를 지속적으로 느낄 수 있다.
⑤ 후각의 자극원은 기체 상태의 화학 물질이다.

(3) 건조한 날씨에 바깥 활동을 계속 하다보면 콧속이 건조해지는 것을 느낄 수 있다. 콧속이 건조해지면 왠지 냄새가 잘 맡아지지 않는 것 같은 느낌이 든다. 이것은 단순한 착각일까? 아니면 실제로 건조함과 후각이 상관이 있는 것일까? 자신의 생각을 써보시오.

STEP BY STEP

10 **은지는 친구의 눈을 가리고 다음 그림과 같이 끝이 뾰족한 두 개의 핀을 친구의 피부에 대고 동시에 누르면서 친구가 핀을 떨어진 두 점으로 인식할 수 있는 최단 거리를 알아보는 실험을 하였다. 표는 친구가 두 점으로 인식한 최단 거리를 나타낸 것이다.**

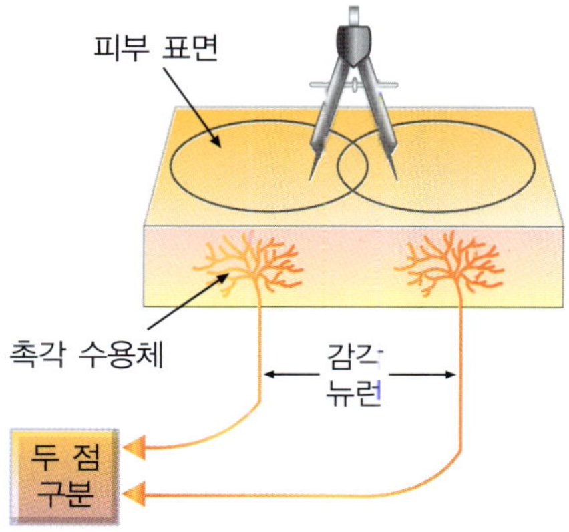

신체 부위	최단거리(mm)
등	39.5
뺨	25
입술	6
손바닥	10.3
손가락	2.7
발가락	10

(1) 위 자료에 대한 설명으로 옳은 것만을 있는 대로 고르시오.

① 가장 둔감한 부위는 등이다.
② 촉각이 가장 예민한 곳은 입술이다.
③ 신체의 부위에 따라 감각점의 분포가 다르다.
④ 두 핀의 거리를 15 mm로 하면 입술과 발가락에서는 한 점으로 느끼게 된다.
⑤ 눈을 감고 물체를 식별할 때 손가락보다는 손바닥을 사용하는 것이 더 정확하다.
⑥ 촉점이 가장 많이 분포하는 곳은 손가락이다.

(2) 신체 부위마다 예민함의 차이가 나는 이유는 무엇인가?

10 문제해결력 키우기

STEP BY STEP

11 **다음 그림은 사람의 중추 신경계인 뇌의 모습을 나타낸 것이다.**

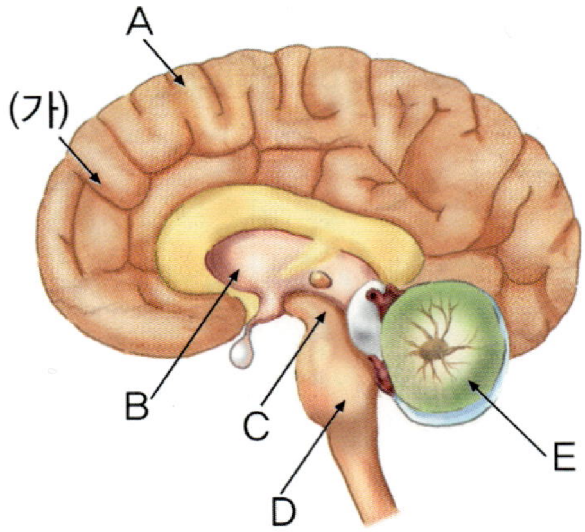

(1) 다음 표는 혈액 속 알코올 농도에 따른 증상을 나타낸 것이다. 자료를 바탕으로 혈중 알코올 농도가 높아짐에 따라 영향을 받는 중추 신경의 기호(A~E)를 골라 순서대로 나열하시오.

혈액 속 농도(%)	증상
0.05	기분이 들뜨며, 얼굴이 붉어진다.
0.05 ~ 0.1	반응 속도가 느려지고, 말이 많아지며 발음이 불분명해진다.
0.1 ~ 0.3	몸을 똑바로 가누지 못하여 걸음걸이가 불안정해진다.
0.3 ~ 0.45	걷지 못하고, 의식이 없어진다.
0.45 이상	호흡이 마비되어 사망한다.

(2) 사고로 인해 뇌를 다친 환자를 자기공명 영상 장치(MRI)로 검사한 결과 (가) 지점이 손상되어 있었다. 다음 중 이 환자에게서 나타날 수 있는 가능성이 높은 증상은 무엇인가?

① 체온 조절이 제대로 안된다.
② 성격이 매우 폭력적으로 변한다.
③ 심장 박동이 매우 불규칙해진다.
④ 안구 운동에 심각한 장애가 온다.
⑤ 몸의 균형을 제대로 유지하기 어렵다.

STEP BY STEP

12 다음은 시각과 청각에 의해 받아들인 자극이 전달되는데 걸리는 시간을 비교하기 위한 실험 과정과 각 과정을 5회 반복한 결과의 값을 나타낸 것이다. 다음 물음에 답하시오.

[실험 I]
두 사람이 한조가 되어 자를 떨어뜨리고, 다른 한 사람은 떨어지는 자를 잡는다. 이때 자의 기준선으로부터 잡은 곳까지의 거리를 측정한다.

[실험 II]
한 사람은 안대를 하고 실험 I 과 같은 실험을 한다. 이때 자를 떨어뜨리는 사람은 떨어뜨리는 동시에 소리를 내어 알려준다.

[실험 III]
실험 I 과 같은 실험을 하는데 이때 자를 잡는 사람은 제시된 수학 문제를 머리로 계산하면서 동시에 떨어지는 자를 잡는다.

[실험 결과]

	1회	2회	3회	4회	5회
실험 I 에서 자가 떨어진 거리(cm)	18.1	17.4	14.5	15.0	16.0
실험 II 에서 자가 떨어진 거리(cm)	24.5	22.0	19.0	17.0	17.5
실험 III 에서 자가 떨어진 거리(cm)	47.5	45.6	44.5	44.9	42.5

*참고 : h (자의 낙하거리(m)) $= \frac{1}{2}gt^2$ [g : 중력가속도($10m/s^2$), t : 시간(초)]

(1) 눈과 귀로부터 받아들인 자극이 전달되어 반응으로 나타나기까지 걸린 시간을 구하시오.

(2) 실험 I 과 실험 III 의 결과를 바탕으로 운전 중 핸드폰 사용이 교통 안전에 미치는 영향에 대해 설명하시오.

10 창의력 키우기

01

다음은 목격자가 범행 현장을 본 후, 경찰서에 신고하고 의견을 진술하는 만화이다. 목격자는 한 눈에 안대를 하고 있었다.

- ✔ 유창성
- ✔ 융통성
- 독창성
- 정교성

(1) 목격자가 범행 현장을 목격한 뒤 취조실에서 범인이 들어간 건물에 대해 설명하고 있다. 목격자의 진술 중 정확한 증언으로 보기 어려운 것은 무엇인가?

① 목격자에서 건물까지의 거리
② 건물의 높이
③ 건물의 폭
④ 건물의 형태
⑤ 건물의 색

(2) 위의 답을 고른 근거를 제시하시오.

02

유창성
융통성
독창성
정교성

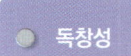

사탕을 먹고 난 후 과일을 먹으면 단맛을 잘 느끼지 못하거나, 밝은 곳에서는 촛불의 밝기를 느끼기 어렵다. 사람이 주어진 자극의 변화를 느끼기 위해서는 처음 자극에 비해 일정한 비율 이상으로 더 강한 자극을 주어야 한다. 예를 들어 사탕을 먹고 나면 그것보다 더 단맛이 나는 초콜릿을 먹어야 단맛을 느낀다거나, 촛불을 밝혔다가 형광등을 밝혀야 더 밝게 느껴지는 경우가 있다. 이것을 우리는 베버의 법칙이라고 한다. 다음은 베버의 법칙을 식으로 나타낸 것이다.

$$K\ (\text{베버 상수}) = \frac{R_2\ (\text{나중 자극의 세기}) - R_1\ (\text{처음 자극의 세기})}{R_1\ (\text{처음 자극의 세기})} = \text{일정}$$

*베버 상수는 감각 기관마다 다르며, 베버 상수가 작을수록 예민한 감각 기관이다.

(1) 다음 중 베버의 법칙의 예로 알맞은 것만을 있는 대로 고르시오.

① 약을 먹은 후에 단맛이 나는 사탕을 먹는다.
② 낮에 촛불을 켜면 밝은 것을 잘 느끼지 못한다.
③ 낮에 어두운 극장 안으로 들어가면 처음에는 물체가 잘 보이지 않다가 서서히 보이기 시작한다.
④ 도서관에서는 작은 목소리도 잘 들리지만 시끄러운 공사장에서는 큰소리로 말해야 들린다.
⑤ 냉탕에 몸을 담그면 처음에는 추위가 느껴지지만 시간이 지날수록 춥게 느껴지지 않는다.
⑥ 무거운 물건을 들고 있는 사람은 가벼운 물건을 들고 있는 사람보다 무게 변화를 잘 느끼지 못한다.

(2) 승희가 손 위에 40 g의 구슬이 놓여 있는 상태에서 10 g짜리 구슬을 더 얹었을 때 더 무거워지는 느낌이 들었다. 그렇다면 손 위에 100 g짜리 구슬이 놓여 있을 때 최소한 몇 g 짜리 구슬을 올려놓아야지 더 무거워짐을 느낄 수 있을까?

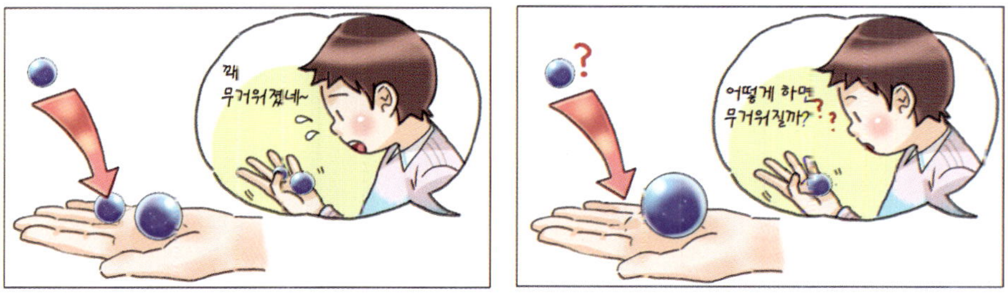

10 STEAM 융합형 문제 해결하기

01 **우주 비행사는 신체 검사와 심리 테스트를 거친 후 선발된다. 이후 고된 훈련을 받게 되는데 주요한 훈련의 아래와 같다.**

▷ 원심력 발생 장치에 의한 로켓의 가속도에 견디는 훈련
▷ 회전 탁자에 서서 상하 좌우의 흔들림에 견디는 훈련
▷ 한사람이 겨우 들어갈만한 공간에 수평·수직·사방의 3방향으로 회전하는 로터라는 장치에 의해 모든 회전 운동에 견디는 훈련
▷ 엘리베이터 장치에 의한 무중력 상태에서 견디는 훈련

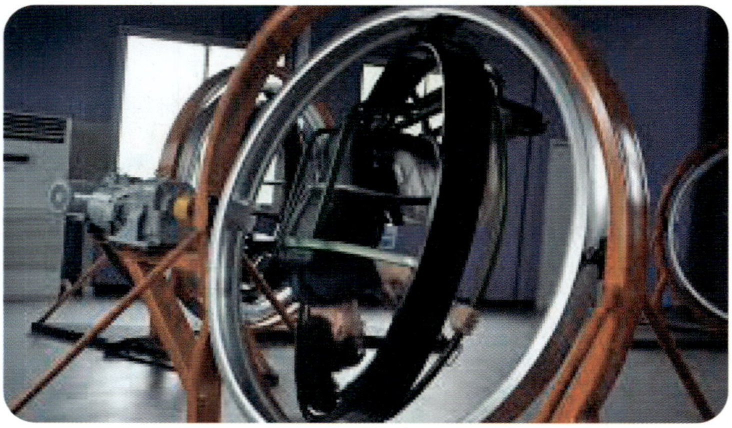

(1) 우주 비행사들이 위와 같은 훈련을 거침으로써 회전 감각과 평형 감각이 향상될 수 있을까? 아니면 회전 감각은 타고나는 것일까? 자신의 생각을 이유와 함께 설명하시오.

(2) 우주에서 눈을 감고 몸을 기울일 때 몸의 기울어짐을 느낄 수 있을까? 자신의 생각에 ○표하고 그렇게 생각한 이유를 설명하시오.

YES　　　　NO

11

일기 예보

내일의 날씨를 어떻게 알까?

TV에서는 내일의 날씨 뿐만 아니라 일주일 후의 날씨까지도 예보한다.
어떻게 내일의 날씨를 미리 알 수 있을까?

11 개념다지기

1 기압과 공기의 움직임

(1) 기압

① 기압은 공기 입자가 부딪치며 만들어내는 압력으로 ❶ ________ 방향으로 작용하며, 같은 고도에서는 같은 크기로 작용한다.

② 공기 기둥의 무게에 의해 생기는 압력과 크기가 같다.

③ 높은 산에 올라가면 부딪치는 공기 입자의 개수가 작아지고, 대기 표면까지의 공기 기둥이 짧으므로 기압이 낮아진다.

(2) 기압의 크기[2]

토리첼리의 실험	기압의 변화
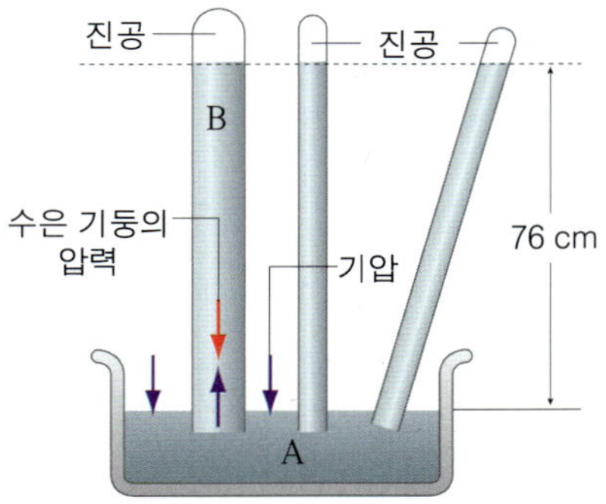	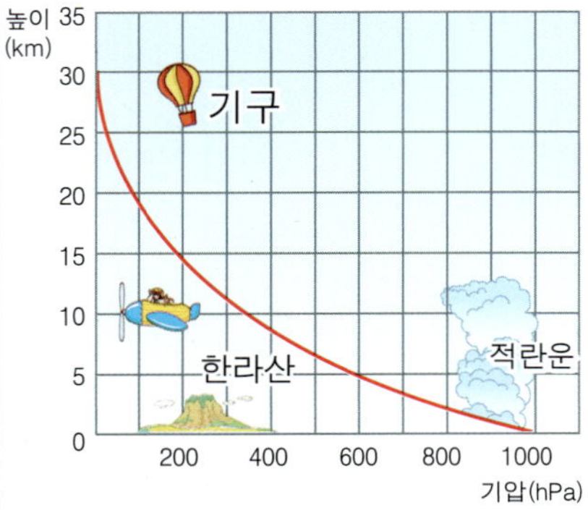
· 수은★면 A에 작용하는 기압 = 수은 기둥 B가 누르는 압력 · 유리관의 굵기나 기울어진 정도를 다르게 해도 수은 기둥의 높이는 일정 · 1기압 = 높이 76 cm의 수은 기둥 밑면에 작용하는 대기의 압력(76 cmHg) = 물기둥 약 10.3m에 의한 압력 = 1013 hPa	· 높이 상승할수록 ➡ 공기의 양 감소 ➡ 기압 감소 · 지표면의 공기는 계속 움직임 (기압은 측정 장소와 시간에 따라 변함)

(3) 고기압과 저기압 (북반구)

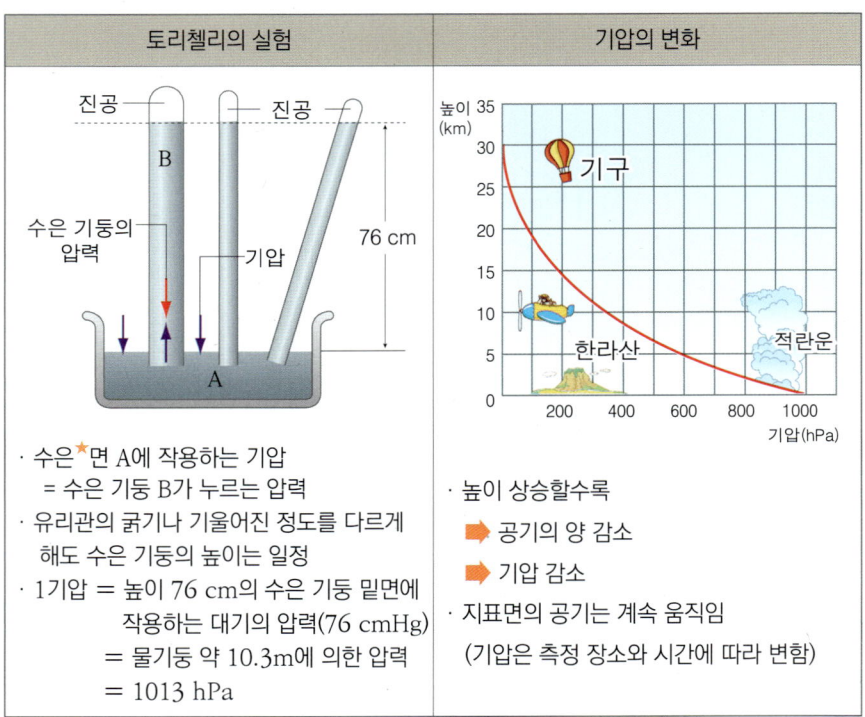

	❷ ________	❸ ________
	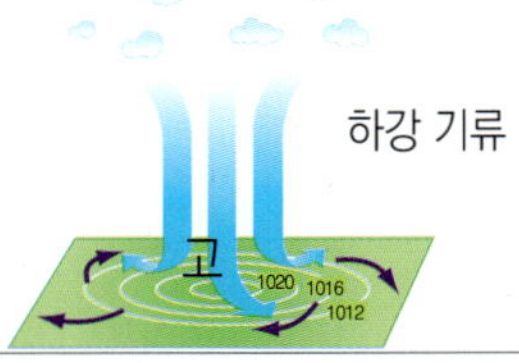	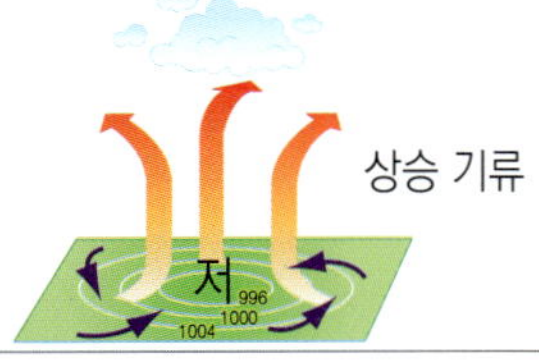
정의	주변보다 기압이 높은 곳	주변보다 기압이 낮은 곳
공기의 움직임	중심부에서 공기의 하강 기류가 생김	중심부에서 공기의 상승 기류가 생김
날씨	구름 소멸, 맑은 날씨	구름 생성, 흐리거나 비가 내림
바람의 방향	시계 방향으로 불어 나감 (고기압 → 저기압)	반시계 방향으로 불어 들어옴 (고기압 → 저기압)

1 사람이 느끼는 기압

기압과 같은 크기의 압력이 사람 몸 안쪽에서 바깥쪽으로 작용하고 있기 때문에 사람은 기압을 거의 느끼지 못한다.

2 기압계의 종류

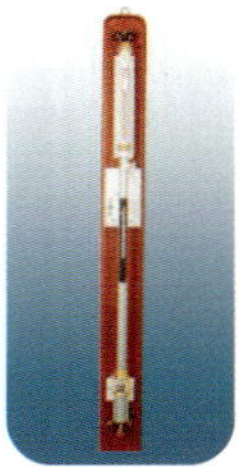

▲ 수은 기압계

▲ 아네로이드 기압계

과학단어

★수은 무겁고 은색인 금속이며 상온에서 액체 상태이다. 인체에 해롭고 밀도는 13.6 g/cm^3 로 커서 각종 기압 실험에 사용한다.

2 일기도

(1) 일기도 : 넓은 범위에 걸쳐 일정한 시각의 기압과 날씨 상태를 숫자, 기호 등을 사용하여 나타낸 지도이다.

① 등압선 : 기압이 같은 곳을 연결한 선
② 고기압 : 주위보다 기압이 높은 곳
③ 저기압 : 주위보다 기압이 낮은 곳
④ 관측소의 날씨 : 구름의 양, 풍속, 풍향 등의 정보를 기호로 표시

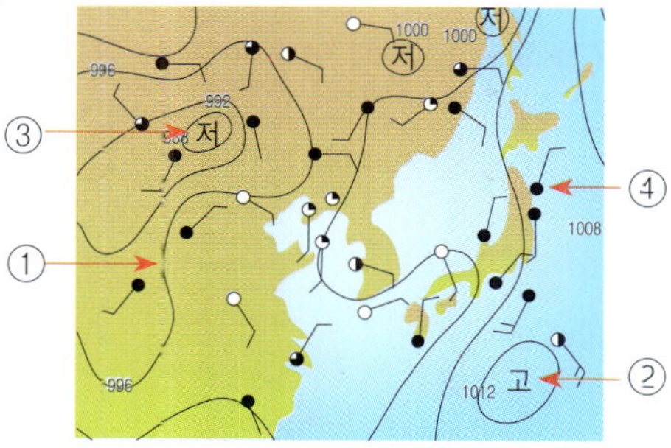

▲ 일기도

(2) 일기도에 사용되는 기호[3]

일기 현상	● 비	눈	≡ 안개	소나기	뇌우★	진눈깨비	일기도 기압의 예[4]
풍속 (m/s)	◎ 무풍	1	2	5	7	25	
구름	○ 맑음	구름조금(갬)	구름많음	● 흐림			
기타	온난	한랭	정체	폐색			
	Ⓗ 고기압	Ⓛ 저기압	태풍				

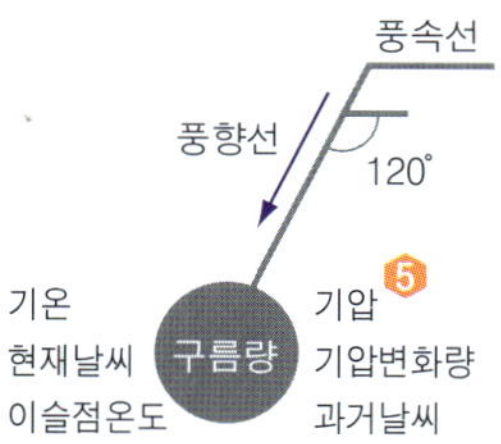

(3) 일기도 작성 목적 : 일기도는 현재의 일기 상태를 파악하거나 앞으로 다가올 날씨를 예측하기 위해 작성한다.

3 계절에 따른 우리나라의 날씨

(1) 우리 나라의 여름과 겨울의 날씨

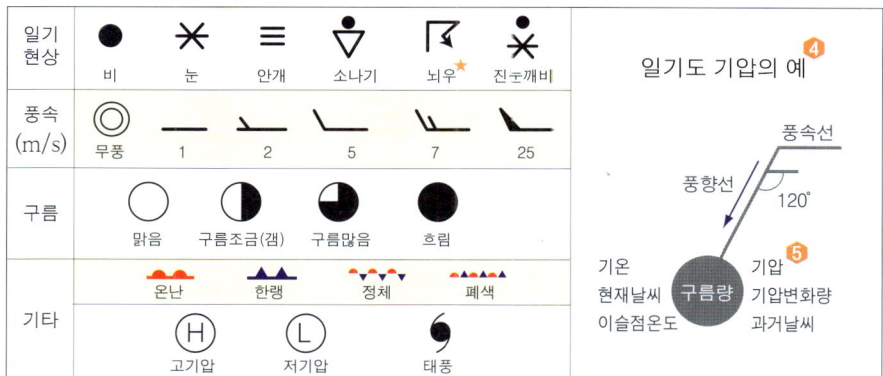

	여름	겨울
일기도	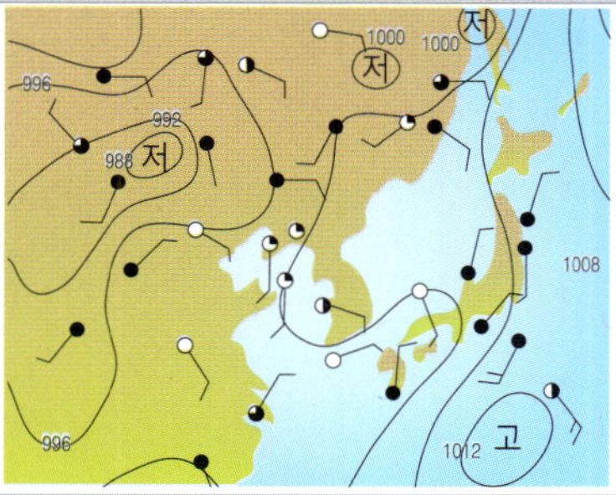	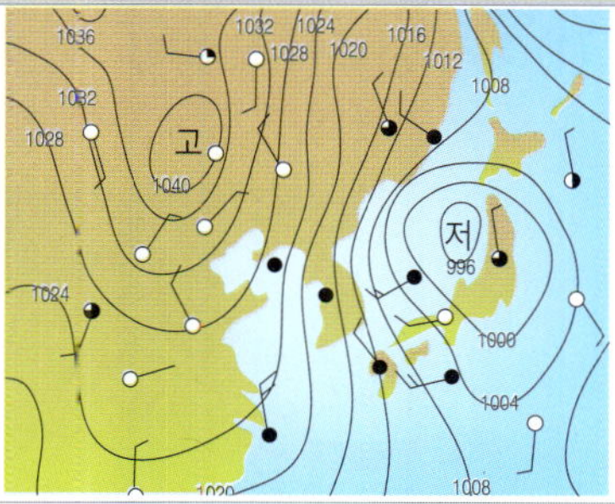
기압 배치	남동쪽 바다에 고기압, 북서쪽 대륙에 저기압이 위치 (남고 북저형)	북서쪽 대륙에 고기압, 남동쪽 바다에 저기압이 위치 (서고 동저형)
바람	남동풍	북서풍
날씨	기온이 높고 습함	기온이 낮고 건조
특징	초여름에는 장마가, 한여름에는 무더위가 기승을 부리며, 1~2차례 태풍이 피해를 준다.	3일 정도는 매우 춥고, 4일 정도는 추위가 풀리는 삼한사온 (三寒四溫) 현상이 발생한다.

3 풍향과 풍속

· 풍향 : 바람이 불어오는 방향을 말한다.
· 풍속 : 바람이 1초 동안 이동해 가는 거리를 말한다. (단위 : m/s)

4 풍향과 풍속의 표시

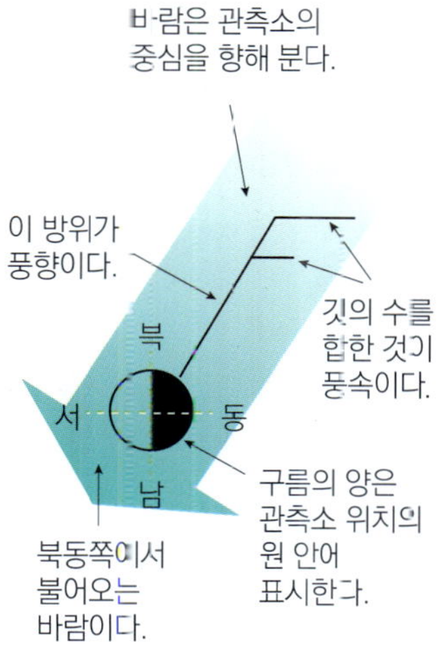

5 기압 표시

기압 표시는 천 단위인 경우 백 단위까지 떼고 소숫점 첫재짜리까지 나타낸다.

예 1013.2 hPa ➡ 132

1000hpa을 넘지 않은 경우에는 백의 자리만 생략하고 나타낸다.

예 996.8 hPa ➡ 968

과학단어

★ **뇌우** 천둥 번개를 동반한 소나기성 비를 가리킨다. 여름철에 키가 큰 구름이 발달하여 생기는 경우가 많다.

(2) 우리 나라에 영향을 주는 기단

① 기단 : 기온이나 습도 등의 대기 상태가 ❹ ______ 거대한 공기 덩어리

② 우리 나라 주변의 기단과 날씨

기단	성질	영향을 주는 계절	날씨
시베리아	한랭 건조	겨울	한파, 폭설
오호츠크해	한랭 다습	초여름	장마
양쯔강	온난 건조	봄가을	심한 변화
북태평양	고온 다습	여름	무더위
적도	고온 다습	여름~초가을	태풍

(3) 태풍[6]

① 태풍 : 수온이 27 ℃ 이상인 열대 바다에서 만들어지는 저기압 중 중심 풍속이 17 m/s 이상인 열대성 저기압을 말한다.[7]

② 에너지원 : 해상에서 증발한 수증기가 상승, 응결할 때 발생하는 잠열

③ 태풍의 소멸 : 육지에 상륙하면 수증기 공급이 차단되어 세력이 약해진다.

④ 태풍의 피해 : 강한 바람, 큰 비, 해일★에 의한 피해가 크다.

▲ 태풍의 위성 사진

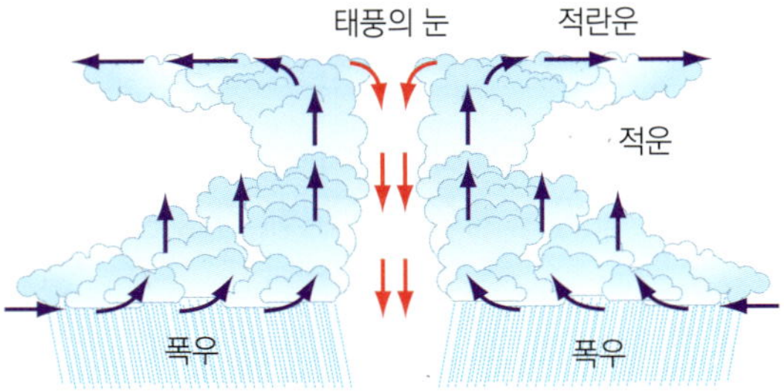

▲ 태풍의 구조

4 일기 예보의 과정

(1) 기상 자료 수집 방법 : 기상 관측소, 라디오존데★, 기상 레이더, 기상 위성 등을 이용하여 다양하게 관측된 자료를 기상청에서 수집하여 처리한다.

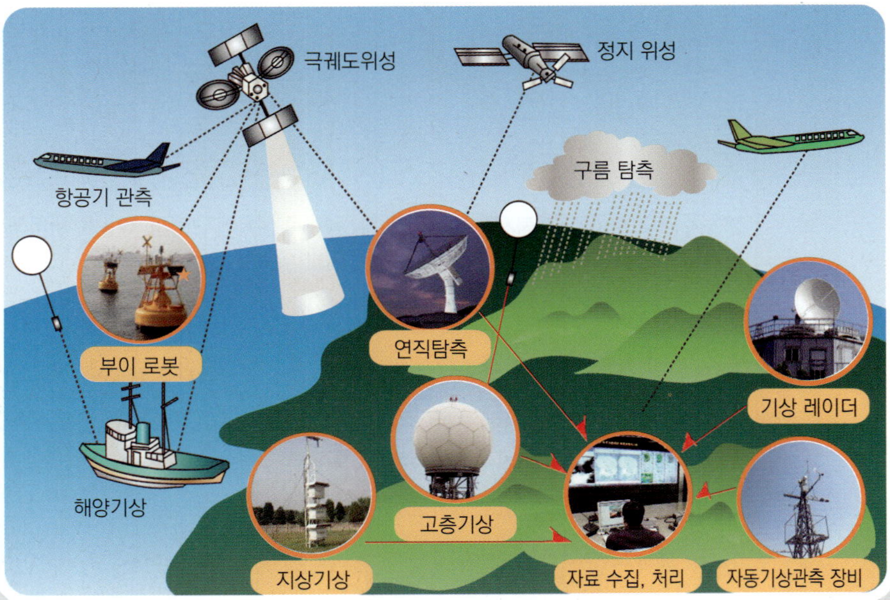

6 태풍의 형제들

태풍은 허리케인(북미, 남미), 사이클론(인도, 호주)과 동일한 현상으로, 영향을 주는 지역에 따라 다르게 부를 뿐이다. 즉, 이들은 형제라고 할 수 있으며, 평균적인 발생 규모나 위력으로 볼 때 태풍이 가장 맏형이라 할 수 있다.

▲ 태풍의 발생 지역별 명칭

7 태풍의 이로운 점

① 가뭄을 해결한다.

② 바다물을 뒤집어 영양 염류를 순환시켜 바다 생태계를 활성화시킨다.

③ 저위도의 에너지를 고위도로 수송하는 역할을 한다.

과학단어

★ **해일** 폭풍이나 지진 등에 의해 바닷물이 비정상적으로 높아져 육지로 넘쳐드는 현상이다.

★ **라디오존데** 상층의 기상 상태를 측정하기 위해 풍선에 매달아 올리는 기상 관측 장비이다.

★ **부이** 바다 위에 띄우는 무인 기상 및 해상 관측 장비로 부표라고도 한다.

(2) 일기 예보의 과정

▲ 관측 ▲ 자료 처리 ▲ 자료 분석 및 예보 ▲ 예보 전달

① 기상을 관측하고 관측한 일기 자료를 수집한다.
② 수집된 일기 자료를 처리하고 ❺ ________ 를 작성한다.
③ 일기 자료를 분석하여 ❻ ________ 를 한다.
④ 일기 예보를 방송국, 신문사, 인터넷 등에 전달한다.

5 일기 예보의 이용

농업	농작물 선택, 모내기 시기나 추수 시기 결정할 때
어업	출항★ 날짜 및 안전 운항에 이용
학교	학교 행사, 수련회, 운동회, 소풍 계획을 세울 때
교통	교통 안전 안내, 항공기나 선박의 운행을 결정할 때
건설	건물, 교량, 댐 등의 건설 계획을 세울 때
생활	스포츠, 등산, 질병 관리 등에 이용

7 날씨 속담의 과학적인 근거

· 달무리가 지면 다음 날 비가 온다.
➡ 달무리를 만드는 구름은 종종 온난 전선이 다가오는 전면에서 생기므로 이후에 점점 낮은 구름이 다가와 비를 내리는 경우가 많다.

· 서리가 많이 내린 날은 맑다.
➡ 하늘이 맑아 일교차가 커야 서리가 잘 생기므로 맑은 날씨가 이어질 가능성이 높다.

· 아침 무지개는 비가 올 징조이다.
➡ 태양이 동쪽에서 뜰 때 서쪽 하늘에 물방울이 많아 무지개가 생기고, 서쪽 하늘의 물방울이 점점 다가오므로 비가 올 가능성이 높다.

▲ 달무리 ▲ 서리

과학단어

★ 출항 배가 항구를 떠남

기본확인문제

01 공기는 기압이 높은 곳에서 낮은 곳으로 이동한다. (O / X)
02 기압은 공기 기둥의 무게에 의해 생기는 것이므로 위에서 아래 방향으로만 작용한다. (O / X)
03 북반구에서 저기압 주변에는 반시계 방향으로 바람이 불어 들어온다. (O / X)
04 서쪽에서 동쪽으로 불어가는 바람은 동풍이다. (O / X)
05 우리나라의 여름철은 남동 계절풍의 영향으로 덥고 습하다. (O / X)
06 장마전선을 형성하고 고온다습한 성질을 띠는 것은 오호츠크해 기단이다. (O / X)
07 태풍은 수온이 높은 열대 바다에서 만들어지는 열대고기압이다. (O / X)
08 인공위성에서 찍은 기상 영상에서 하얗게 보이는 것은 대부분 구름이다. (O / X)
09 라디오존데, 기상레이더, 기상위성 등의 목적은 여러 기상 자료를 관측하는 것이다. (O / X)

개념다지기 정답 ❶ 온난 ❷ 고기압 ❸ 저기압 ❹ 비슷한 ❺ 일기도 ❻ 일기 예보

11 탐구력 키우기

탐구 1 등압선 그리기

탐구과정

다음 그림은 지상 관측소에서 기압 값을 표시한 것이다. 아래의 등압선 그리는 방법을 참조하여 등압선을 완성하시오.

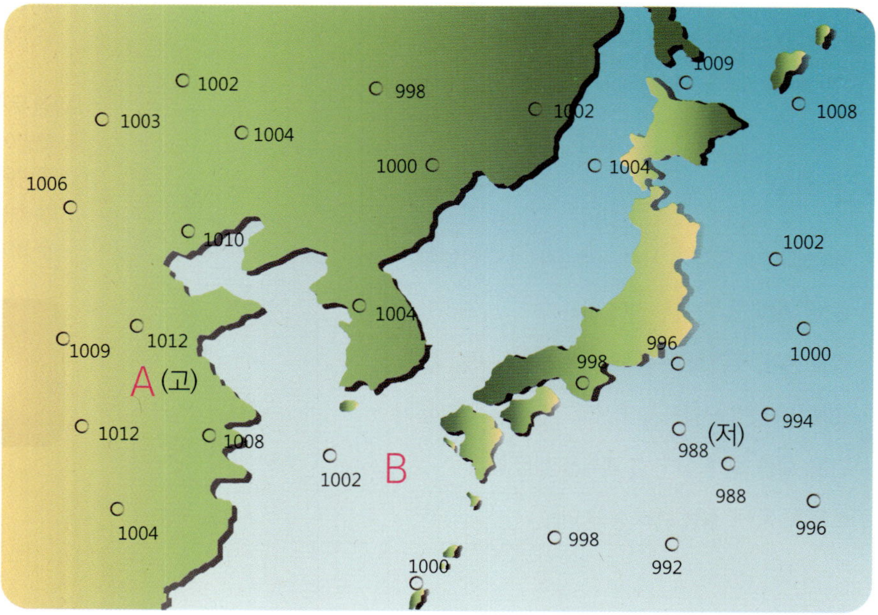

[등압선 그리는 방법]

① 1000 hPa을 기준으로 4 hPa 간격으로 그린다.
② 관측값이 없는 곳은 주변 측정값으로부터 거리 비례를 이용하여 어림한다.
③ 한 등압선을 경계로 한쪽은 기압이 높고, 다른쪽은 기압이 낮다.
④ 곡선으로 그리되, 중간에 끊어지거나 서로 교차하지 않는다.
⑤ 주위보다 기압이 높은 곳을 '고', 낮은 곳을 '저'로 표시한다.

탐구문제

1. A와 B 중 바람의 세기가 강할 것으로 추정되는 곳은 어디인지, 이유와 함께 쓰시오.

2. 위의 일기도에 상승기류가 나타날 것이 확실한 지역은 어디인지 표시하시오.

탐구 2 일기도 예상하기

탐구과정

다음 그림은 북반구에서 태풍의 회전 모습과 태풍 매미의 이동 경로를 나타낸 것이다.

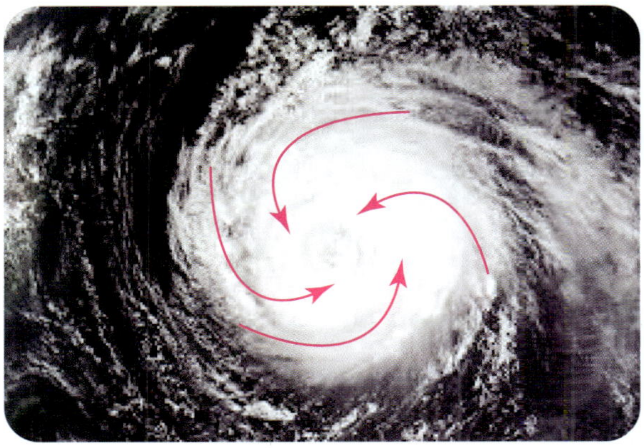

(가)

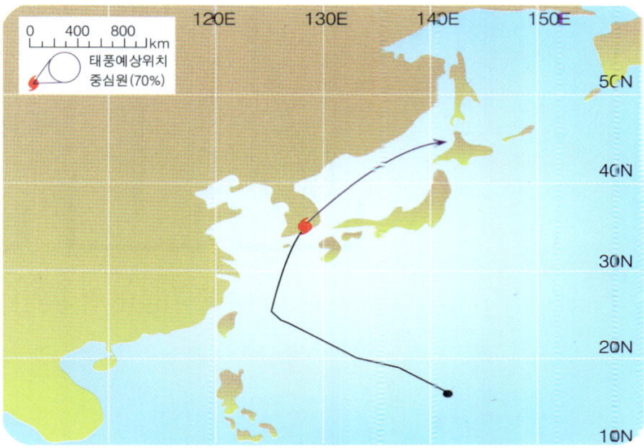

(나)

탐구해석

1. 태풍의 중심 기압이 0.96기압이라면, 태풍의 중심은 1기압일 때보다 해수면의 높이를 얼마나 더 높일 수 있는지 계산하시오.(단, 1기압은 물기둥 10m를 더 받칠 수 있는 크기의 압력이다.)

2. 남반구에서 태풍의 회전 방향을 화살표로 나타내시오.

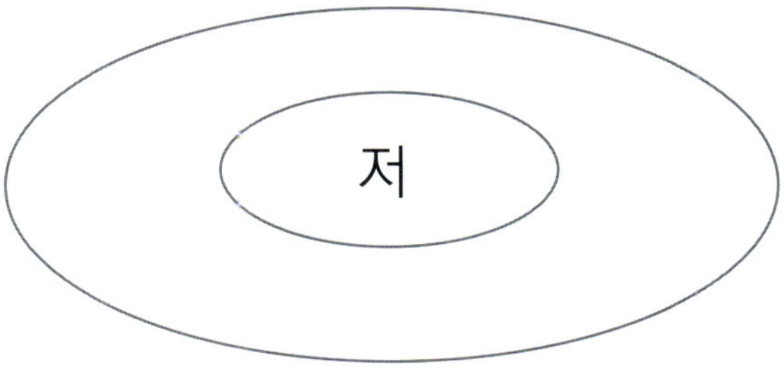

3. 태풍이 그림 (나)와 같이 진행하면 태풍의 진행 방향과 태풍 주위의 바람의 움직임을 고려해 볼 때 태풍 진형 방향의 오른쪽 반원과 왼쪽 반원 중 어느 쪽에서 부는 바람이 더 강한지 설명하시오.

11 문제해결력 키우기

01 다음과 같이 높이가 다른 A, B, C 지역에서 토리첼리의 실험을 하였다. 수은 기둥의 높이가 높은 곳부터 차례대로 나열하시오.

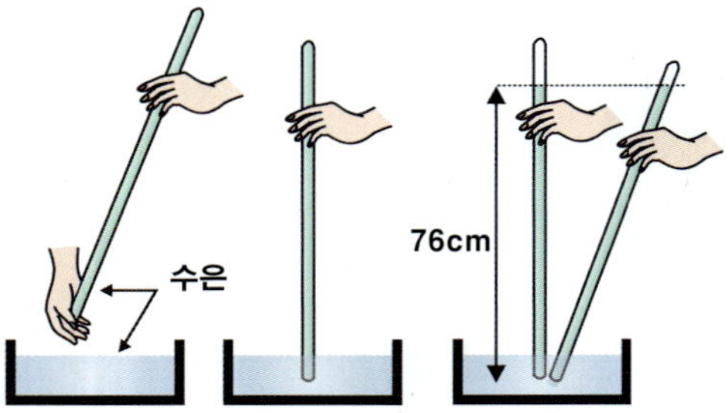

〈수은 기둥 높이 재기〉

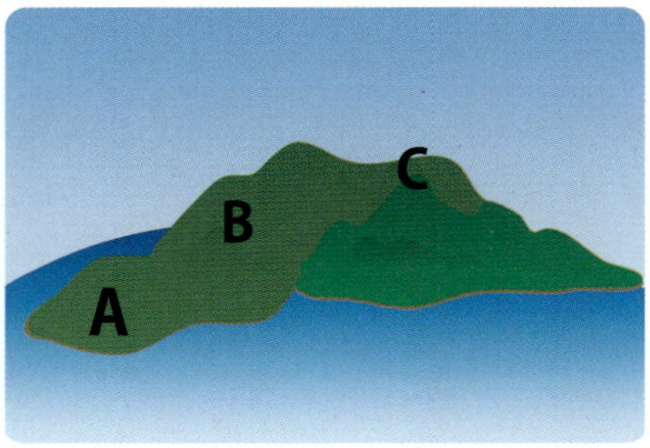

02 다음 그래프 중 높이에 따른 기압의 변화를 옳게 나타낸 것은?

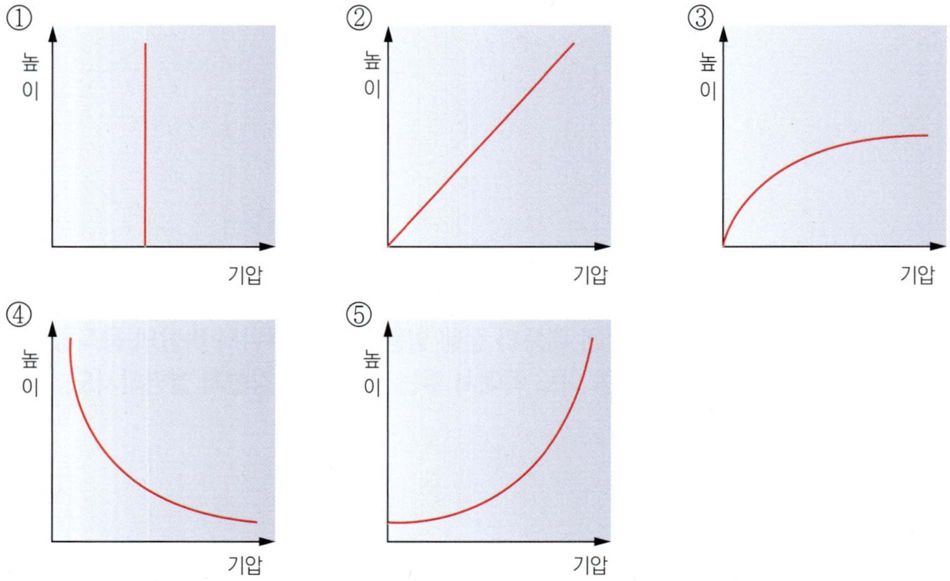

정답 및 해설 P34

03

다음은 간이 기압계를 나타낸 것이다. 이 기압계에 대한 다음 설명 중 옳은 것만을 있는 대로 고르시오.

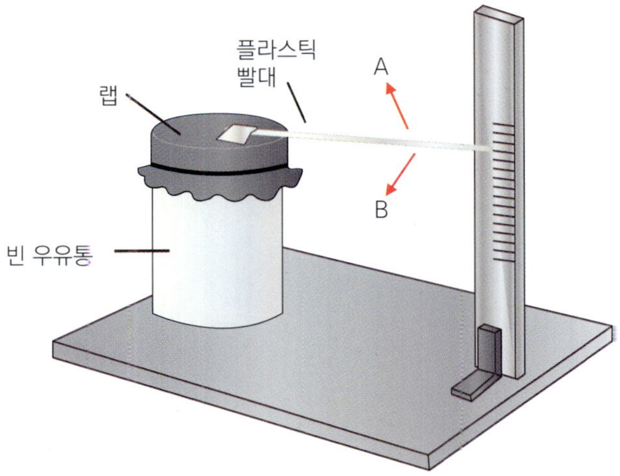

① 기압이 높아지면 빨대는 B쪽으로 움직인다.
② 기압이 높아지면 랩이 우유통 안쪽으로 눌린다.
③ 태풍이 다가오면 빨대는 점점 B쪽으로 움직인다.
④ 저기압이 다가오면 빨대는 점점 A쪽으로 움직인다.
⑤ 우유통 속과 주변과의 기압 차이를 이용한 도구이다.

04

다음 (가)와 (나)는 우리 나라의 대표적인 계절의 일기도이다. 다음 설명 중 옳지 않은 것을 고르시오.

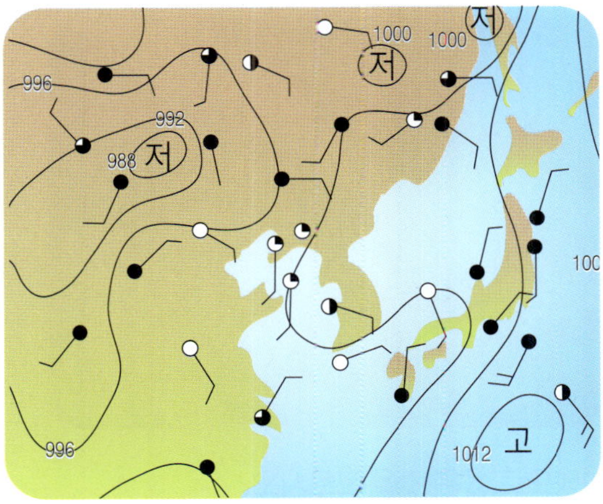

(가)

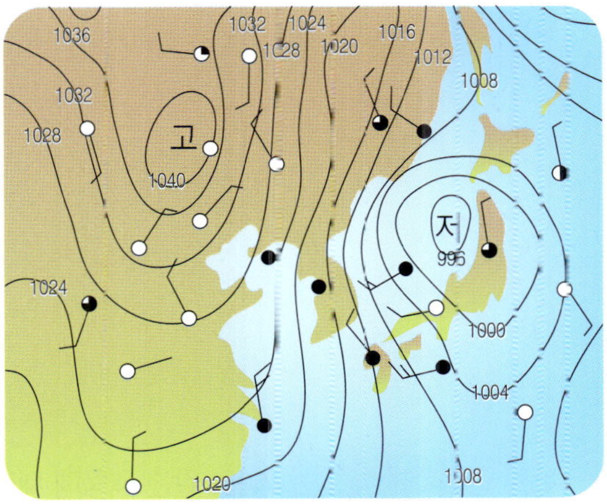

(나)

① (가)에는 우리나라에 남동풍이 분다.
② (가)는 여름철, (나)는 겨울철 일기도이다.
③ (나)에는 우리나라에 차가운 북서풍이 분다.
④ (가)는 대륙에 저기압, 바다에 고기압이 위치한다.
⑤ (가)에는 바다에 있는 고기압의 영향으로 삼한사온 현상이 나타난다.

05 아래 그림은 우리 나라의 날씨에 영향을 주는 기단을 나타낸 것이다. A ~ D 기단의 명칭과 성질을 선으로 연결하시오.

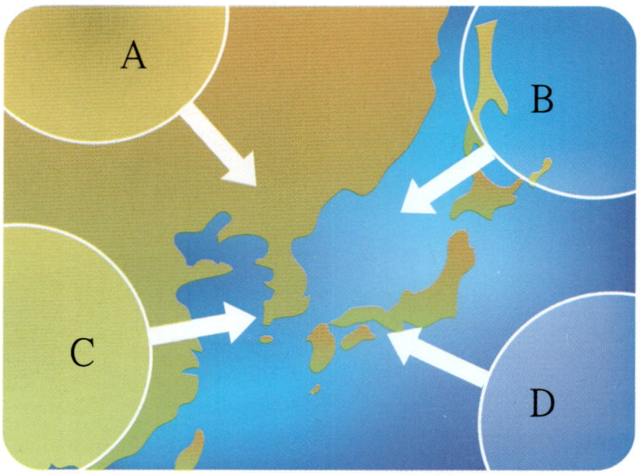

A •	• 시베리아 기단 •	• 한랭 건조
B •	• 오호츠크해 기단 •	• 고온 다습
C •	• 북태평양 기단 •	• 한랭 다습
D •	• 양쯔강 기단 •	• 온난 건조

06 아래 그림은 태풍의 위성사진을 나타낸 것이다.

이와 같은 태풍에 대한 설명으로 옳은 것을 고르시오.

① 여러 종류의 전선을 동반한다.
② 태풍의 눈에서는 강한 비바람이 분다.
③ 육지에 상륙하면 세력이 더 강해진다.
④ 열대 저기압 중 풍속이 17 m/s 이하인 것이다.
⑤ 에너지원은 수증기가 응결할 때 내어놓는 잠열이다.

07 다음 그림은 따뜻한 육지에서 발달한 따뜻한 기단이 차가운 바다를 지나 차가운 육지로 이동하는 모습을 나타낸 것이다. 이 기단의 변화에 대한 다음 설명 중 옳은 것만을 있는 대로 고르시오.

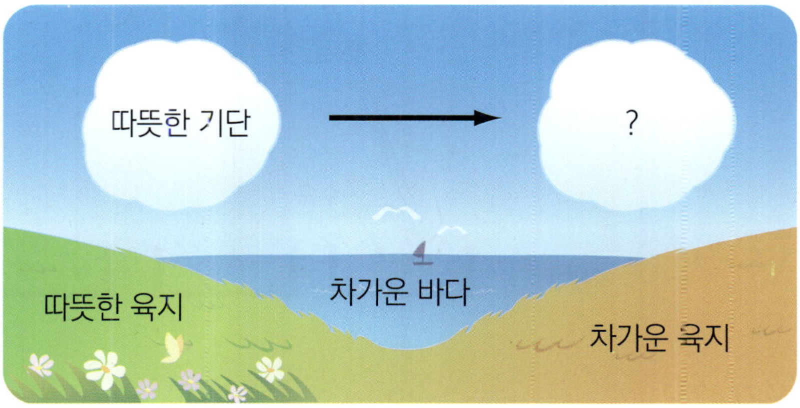

① 차가운 육지로 이동하면 날씨가 비교적 맑다.
② 차가운 육지로 이동하면 대기가 불안정해진다.
③ 바다를 이동하는 동안 기단 하층의 온도가 낮아진다.
④ 차가운 육지로 이동하면 하강기류가 나타난다.
⑤ 차가운 육지로 이동하면 적란운이 생기고 소나기가 내리기도 한다.

08 아래 그림은 일기 예보의 과정을 순서와 관계없이 나열한 것이다. (가) ~ (라)를 일기 예보의 과정에 맞게 바르게 나열하시오.

(가) 자료 처리 (나) 예보 전달 (다) 관측 (라) 자료 분석 및 예보

STEP BY STEP

09 다음은 토리첼리가 수은을 이용하여 기압의 크기를 측정하는 실험 과정을 나타낸 것이다.

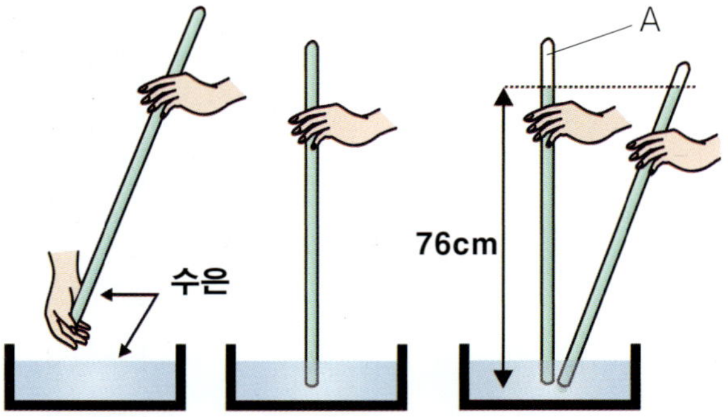

수은을 가득 채우고 1 m의 유리관 입구를 막고 뒤집어 수은이 담긴 수조에 넣는다. 막았던 입구를 열면 수은이 내려오다 일정한 높이에서 멈춘다. 주변 기압이 1기압이면 수은 기둥의 높이는 76 cm가 된다.

(1) 수은 기둥보다 높은 곳에 있는 A에는 어떤 물질이 있는가?

(2) 기압이 1기압보다 낮아지면 수은 기둥의 높이는 어떻게 변하는지 설명하시오.

(3) 달에서 동일한 토리첼리의 실험을 한다면 수은 기둥의 높이는 얼마이며, 그렇게 되는 이유는 무엇인지 설명하시오.

STEP BY STEP

10 다음 그림은 북반구 어느 지역의 등압선도를 나타낸 것이다.

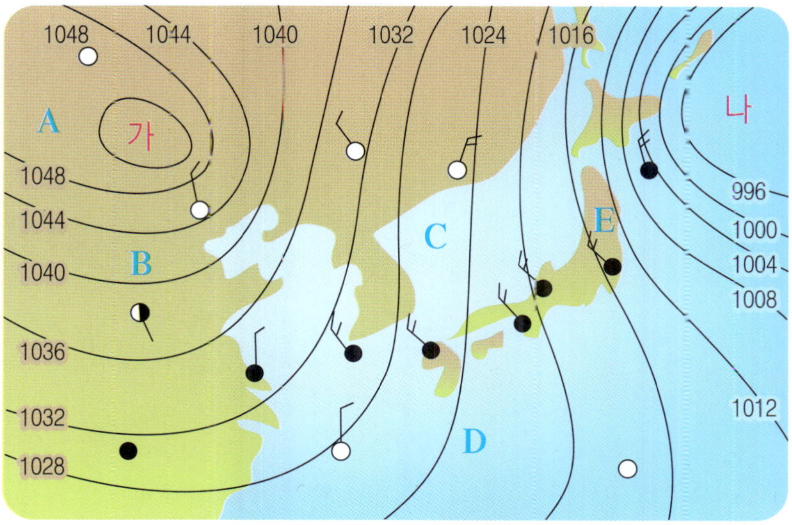

(1) 위의 등압선 A~E 지역 중 바람이 가장 강하게 부는 지역은 어느 곳인지 이유와 함께 쓰시오.

(2) (가)와 (나) 지역에서 바람의 방향과 중심부에서의 공기의 움직임을 아래 등압선 그림에 표현해 보시오.

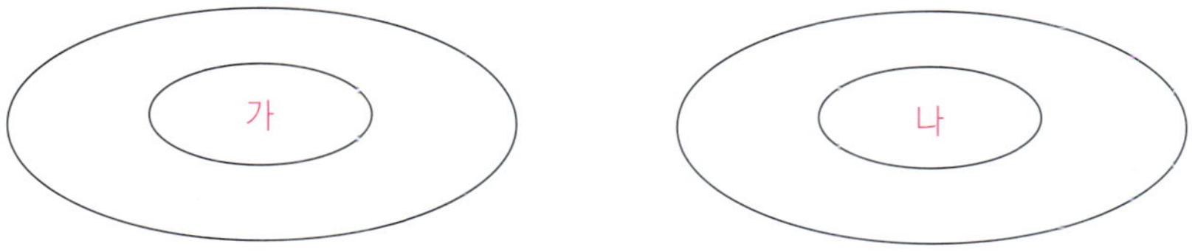

(3) 고기압과 저기압에서 바람이 부는 모습을 살펴보면 바람은 등압선에 수직으로 불지 않고 휘어져 분다. 이와 같은 현상이 일어나는 가장 주요한 원인은 무엇인지 쓰시오.

11 문제해결력 키우기

STEP BY STEP

11 **다음은 어느 날 우리나라 주변의 일기도를 나타낸 것이다.**

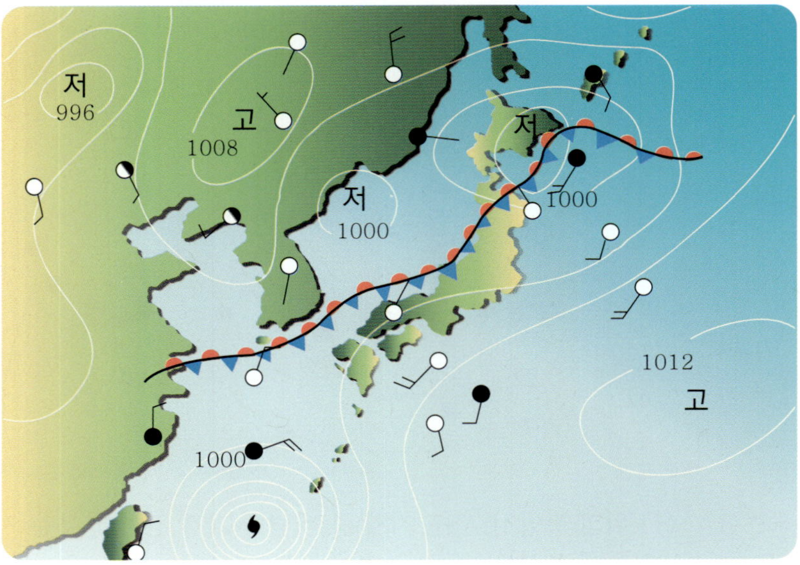

(1) 현재 우리 나라의 날씨는 어떠한지 설명하시오.

(2) 앞으로 우리나라의 날씨에 영향을 줄 수 있는 요인을 2가지 이상 찾아보고, 그 요인에 의해 날씨가 어떻게 변화할 수 있는지 설명하시오.

(3) 이 일기도는 어느 계절의 일기도인지 3가지 이상의 근거를 들어 설명하시오.

STEP BY STEP

12 일기예보는 기상 실황 파악 → 자료 수집 → 예보 작성 → 통보 과정을 통하여 나오게 된다. 다음 그림 (가)는 지상 일기도를, (나)는 언론 매체에서 일기 예보를 하는 모습을 나타낸 것이다.

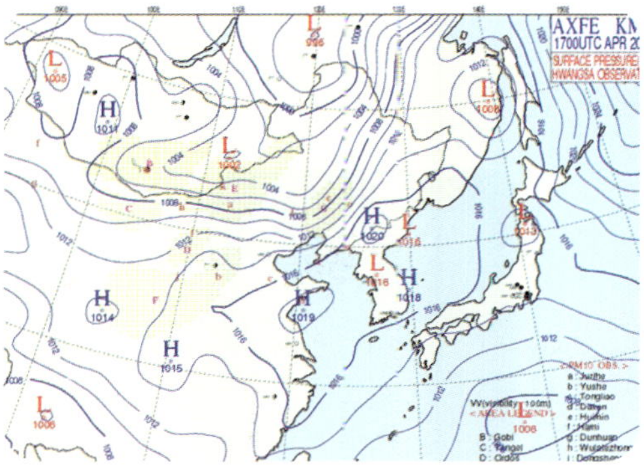

(가)

(나)

(1) 아래 그림은 위의 그림 (가)와 같은 일기도에 표현되어 있는 일기 기호와 그 해석을 나타낸 것이다. 빈 칸 (ㄱ)~(ㄹ)에 들어갈 알맞은 내용을 적어보시오.

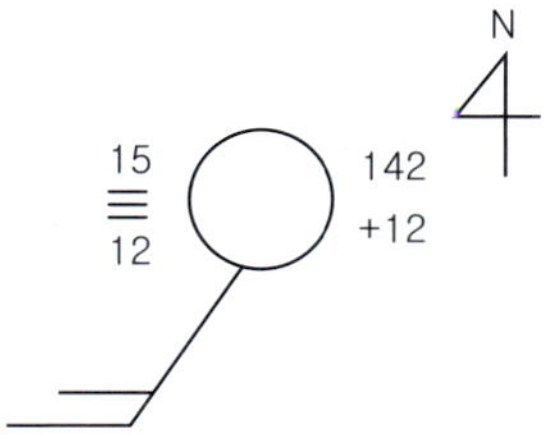

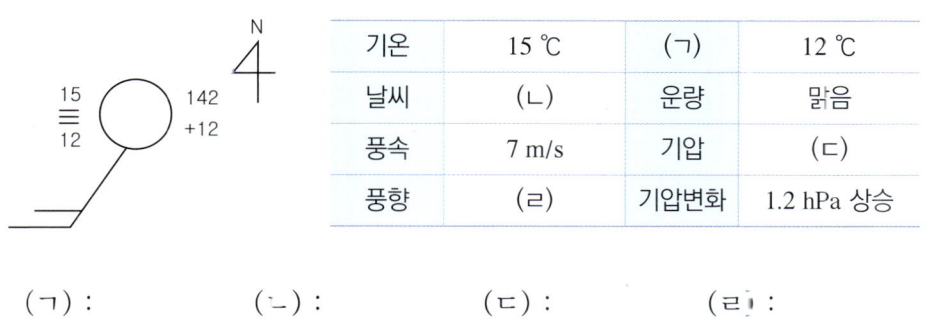

기온	15 ℃	(ㄱ)	12 ℃
날씨	(ㄴ)	운량	맑음
풍속	7 m/s	기압	(ㄷ)
풍향	(ㄹ)	기압변화	1.2 hPa 상승

(ㄱ) : (ㄴ) : (ㄷ) : (ㄹ) :

(2) 다음 <보기>는 위의 그림 (나)처럼 우리가 언론 매체를 통해서 일기예보를 할 때 듣게 되는 내용을 나타낸 것이다. 어색한 문장이 있는 것만을 <보기>에서 있는 대로 골라서 바르게 수정하시오.

보기

ㄱ. 내일은 한반도의 전역에 걸친 기압골의 영향으로 맑은 날씨가 지속될 것입니다.
ㄴ. 내일은 한랭 전선의 영향으로 차차 흐려져서 한차례 소나기가 내린 이후에 맑게 개겠습니다.
ㄷ. 내일은 새벽에 안개가 끼면서 비가 내리다가 오후 들어 차차 맑아지겠습니다.
ㄹ. 내일은 시베리아 고기압이 다가옴에 따라 한반도 전역이 한랭하고 건조한 날씨가 될 것입니다.

11 창의력 키우기

01

유창성

✓ 융통성

독창성

정교성

그림은 우리나라의 보물 제 561 호인 공주 금영 측우기와 제 842 호인 측우대이다. 지름 14 cm, 깊이 31 cm의 원통형으로 생긴 이 측우기는 조선 시대부터 우리 조상들이 체계적이고 과학적으로 기상 관측을 하였음을 보여준다.

▲ 측우기

▲ 측우대

▲ 측우기와 측우대

(1) 우리 조상의 측우기 뿐만 아니라 현재 사용하고 있는 우량계도 기본적으로 원통형의 모양을 가지고 있다. 사각 기둥 모양의 우량계에 비해 원통형의 우량계는 어떤 장점이 있는지 설명하시오.

(2) 조선 시대에는 측우기를 측우대 위에 설치하여 지면으로부터 일정한 높이 이상 있도록 하였다. 현재 우리가 사용하는 우량계는 주위에 아무 것도 없는 풀밭에 땅을 파서 지면으로부터 약 20 cm 높이에 우량계 입구가 나오도록 설치한다. 이처럼 우량계를 설치하는 장소나 높이를 까다롭게 규정하는 이유는 무엇인지 설명하시오.

02 다음 실험은 삶은 달걀을 입구가 작은 유리병 속에 집어넣는 실험 과정이다.

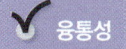

- 유창성
- ✔ 융통성
- ✔ 독창성
- 정교성

[실험 과정]

① 종이에 불을 붙여 유리 병 속에 집어넣는다.

② 삶은 달걀을 유리병 입구가 완전히 막히도록 올려 놓는다.

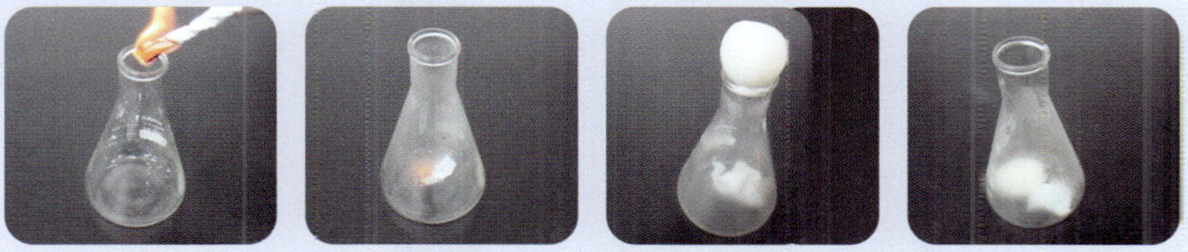

(1) 입구가 막힌 유리병 속에서 종이를 연소시킬 때 유리병 속의 기압은 어떻게 변하며, 그 이유는 무엇인지 설명하시오.

(2) 삶은 달걀이 유리병 속에 빨려 들어가는 이유를 기압과 연관지어 설명하시오.

(3) 삶은 달걀이 부서지지 않게 병에서 다시 빼내는 방법을 고안하시오.

11 STEAM 융합형 문제 해결하기

01

다음 그림은 2003년 9월 우리나라에 큰 영향을 주었던 태풍 '매미'에 대한 기사 자료와 이동 경로를 나타낸 그림(그림 1)과 대기 대순환을 나타낸 그림(그림 2)이다. 자료와 그림을 참조하여 다음 물음에 답하시오.

[태풍 '매미' 경남 남해안 상륙]

제 14호 태풍 '매미(MAEMI)가 12일 오후 경남 남해안 지방에 상륙, 강풍을 동반한 많은 비를 뿌렸다. 태풍은 13일 새벽 강원도 강릉 인근 동해안으로 빠져나갈 것으로 보이나 태풍이 지나간 뒤에도 비, 바람으로 인한 태풍 피해가 우려된다. 기상청은 12일 "태풍 '매미'가 오늘 오후 8시 현재 경남 삼천포 인근 남쪽 해안지방에 상륙, 시속 40 km 속도로 북상 중"이라며 "매미는 북진 또는 북북동진하면서 대구, 경북 등지를 관통, 내일 새벽 강원도 강릉 인근 해상에서 동해안으로 빠져나갈 전망"이라고 예보했다. (이하 생략)

연합뉴스 2003–09–12 20:54:37

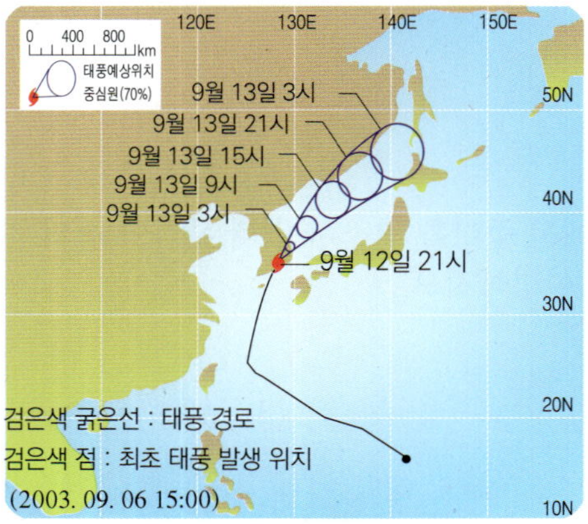

(그림 1) 태풍 진로 예상도 (제 14 호 태풍 매미)

(그림 2) 대기 대순환

(1) 태풍이 저위도에서 고위도로 이동하는 동안 그림처럼 진로가 바뀌는 이유는 무엇일까 설명하시오.

(2) 태풍 매미가 우리나라에 상륙했을 때, 경남 지방의 피해가 다른 지방보다 크게 나타났다. 지구에 부는 전체 바람과 연관지어 그 이유를 설명하시오.

(3) 태풍은 강한 바람과 비를 동반하여 우리 생활에 큰 피해를 준다. 그러나 태풍은 지구 전체에 이로운 작용을 하는 고마운 자연 현상이기도 하다. 태풍이 주는 혜택에는 무엇이 있는지 2가지 이상 쓰시오.

12

힘

물체가 힘을 받으면 어떻게 될까?

우리는 어떤 힘을 알고 있을까?
우리가 아는 힘은 어떻게 물체에 작용하고,
힘을 받은 물체는 어떤 운동을 할까?

12 개념다지기

힘

1 힘의 의미와 효과

(1) 과학에서의 힘 : 물체의 ❶ ________ 이나 ❷ ________ 를 변화시키는 원인

과학적 의미의 힘을 사용한 경우	과학적 의미의 힘이 아닌 경우
· 책상을 힘껏 밀었더니 책상이 움직였다. · 활을 힘껏 잡아당겨서 화살을 쏘았다. · 손에 힘을 주어 밀가루 반죽을 했다. · 노를 힘껏 저으니 배가 앞으로 나아갔다. · 풍선을 힘껏 불었더니 크게 부풀었다.	· 배가 고파서 힘이 없다. · 운동을 했더니 너무 힘들다. · 보기 힘든 경치였다. · 힘을 빼야 운동이 잘된다. · 앉아 있기가 너무 힘들다.

(2) 힘의 효과[1]

① 운동 상태는 변하지 않고 모양이 변하는 경우

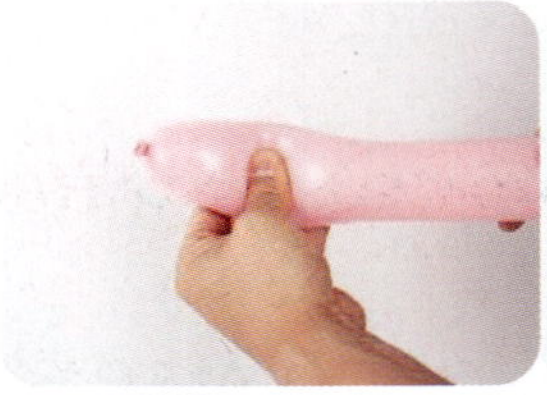
손으로 고무 풍선을 누르니 풍선이 찌그러졌다.

공이 날아와 유리창이 깨졌다.

찰흙에 힘을 주어 여러 가지 물건을 만들었다.

② 모양은 변하지 않고 운동 상태가 변하는 경우

바람을 일으켜 멈추어 있던 바람개비를 움직였다.

사과가 나무에서 바닥으로 떨어진다.

정지해 있던 수레를 밀었더니 앞으로 움직였다.

③ 모양과 운동 상태가 모두 변하는 경우

날아온 야구공이 배트에 맞아 운동 방향이 바뀐다.

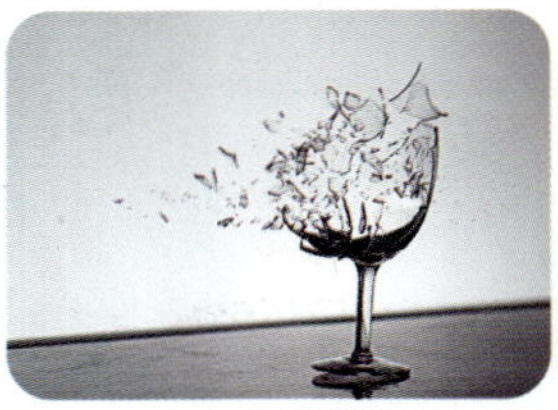
유리잔이 바닥에 떨어져 깨진다.

날아온 축구을 차면 운동 방향이 바뀐다.

❶ 힘의 상호 작용★

손으로 판자를 쪼개는 경우 판자가 깨지며 모양이 변화하므로 판자가 힘을 받은 것이다. 또한 내 손도 아프므로 내 손도 힘을 받은 것이다. 과학적 힘을 사용할 때에는 같은 크기의 힘을 서로 주고받게 된다.

과학단어

★ **작용** 어떠한 현상을 일으키거나 영향을 미침

❷ 중력

(1) 중력 : 지구가 물체를 끌어당기는 힘으로 ❸ ______ 방향이다.[2]

(2) 중력의 크기

① 질량에 비례한다.
② 지구 중심에서 멀어질수록 작아진다.
③ 측정 장소에 따라 달라진다.(극지방 최대)

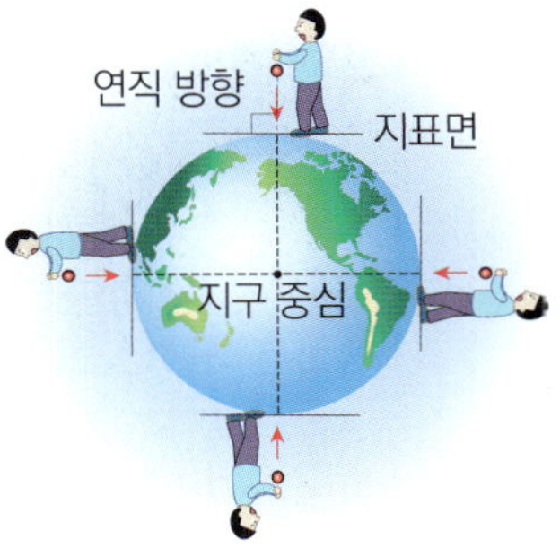

(3) 중력에 의한 현상

① 물이 아래로 흐른다.
② 위로 던진 물체가 아래로 떨어진다.

❸ 마찰력

(1) 마찰력 : 두 물체의 접촉면★ 사이에서 물체의 운동을 ❹ ______ 하는 힘으로 물체의 운동 방향과 반대 방향으로 작용한다.

(2) 마찰력의 크기

① 접촉면의 표면이 거칠수록, 물체의 무게가 무거울수록 큰 마찰력이 작용한다.
② 같은 물체라면 면과 물체 사이의 접촉면의 넓이가 달라져도 마찰력의 크기는 변하지 않는다.

(3) 마찰★의 이용[3]

① 마찰을 크게 한 경우

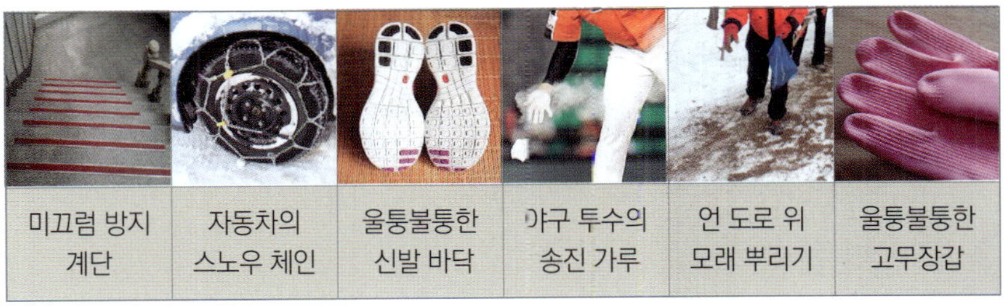

미끄럼 방지 계단	자동차의 스노우 체인	울퉁불퉁한 신발 바닥	야구 투수의 송진 가루	언 도로 위 모래 뿌리기	울퉁불퉁한 고무장갑

② 마찰을 작게 한 경우

피아노 바퀴	유선형 열차	수영장 미끄럼틀 물	인라인 스케이트 베어링	얼음판 눈가루 정리	전신수영복

❷ 비스듬히 던진 물체에 작용하는 중력

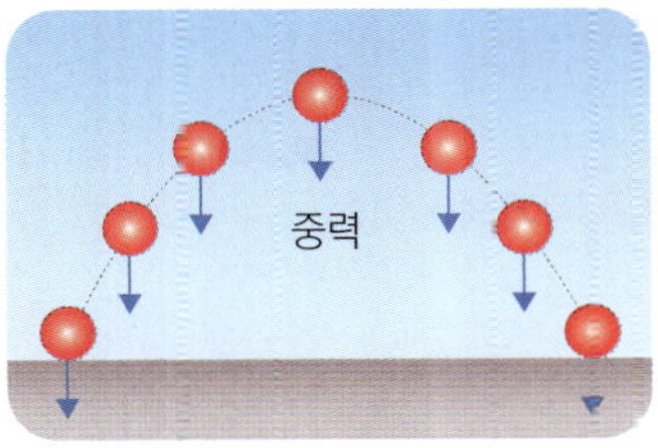

어디서나 연직 방향★으로 같은 크기의 중력이 작용한다.

❸ 마찰력 때문에 일어나는 현상의 예

성냥켜기 : 성냥의 머리 부분은 인과 염소산 칼륨으로 만들고 성냥갑의 성냥과 마찰되는 부분은 유리 가루, 규조토 등의 마찰제를 바른다. 성냥을 성냥갑에 문지르면 마찰로 때문에 열이 발생하여 불이 붙게 된다.

과학단어

★ **연직 방향** 실에 추를 매달아 늘어뜨릴 때 추가 나타내는 방향
★ **접촉면** 물체끼리 서로 맞닿은 면
★ **마찰** 물체끼리 맞닿아 운동할 때 운동을 방해하는 힘이 생기는 현상

4 전기력과 자기력

구분		자기력[1]		전기력	
뜻		자석과 자석, 자석과 쇠붙이 사이에 작용하는 힘		전기를 띤 물체 사이에 작용하는 힘	
힘의 종류	인력		다른 종류의 극 사이에 작용(서로 잡아당기는 힘)	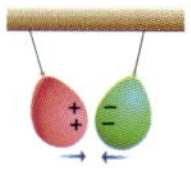	다른 종류의 전기 사이에 작용(서로 잡아당기는 힘)
	척력	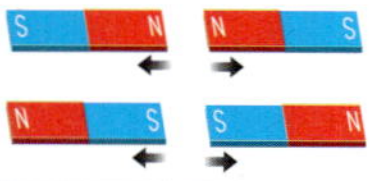	같은 종류의 극 사이에 작용(서로 밀어내는 힘)	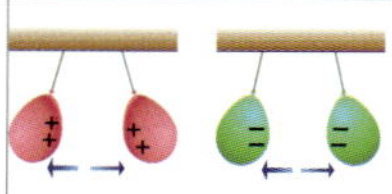	같은 종류의 전기 사이에 작용(서로 밀어내는 힘)
크기		· 자석과 자석 사이의 거리가 가까울수록 크다. · 자석의 양 끝(극)으로 갈수록 크다.		· 두 물체 사이의 거리가 가까울수록 크다. · 물체가 띤 전기의 양이 많을수록 크다.	

5 탄성력

(1) 탄성력 : 용수철, 고무줄 등의 모양을 변화시켰을 때, 원래의 상태로 되돌아가려는 힘으로 용수철이나 고무줄(탄성체)에 작용한 힘의 방향과 5 ________ 방향으로 작용한다.

(2) 탄성력의 크기

① 탄성체에 작용한 힘의 크기와 같다.

② 탄성체의 모양 변화가 많이 될수록 탄성력의 크기가 커진다.

(3) 탄성력의 이용

컴퓨터 자판	완력기	트램펄린	양궁	장대높이뛰기	번지점프

6 두 힘의 합성

(1) 힘의 표시 : 화살표로 힘의 3요소를 나타낸다.

① 힘의 크기 : 화살표의 길이. 힘의 크기에 비례하여 길이를 정한다.

② 힘의 방향 : 화살표의 방향

③ 힘의 작용점 : 화살표의 6 ________ 점. 힘의 작용선을 따라 옮겨도 힘의 효과는 같다.

1 자기력의 이용

▲ 나침반

▲ 냉장고 자석

▲ 전자석 기중기

▲ 자기 부상 열차★

과학단어

★ **자기부상열차** 자석의 힘으로 바퀴가 떠서 운행하는 열차

(2) 힘의 측정

① 힘의 크기 측정 : 용수철의 늘어난 길이가 힘의 크기에 비례하므로 용수철을 이용하여 힘의 크기를 측정한다.[2]

② 힘의 크기 측정 도구 : 용수철 저울, 앉은뱅이 저울, 체중계

③ 힘의 단위 : N(뉴턴)[3], kgf(킬로그램힘)[4]

7 두 힘의 합성

(1) 힘의 합력과 합성 : 한 물체에 작용하는 여러 힘과 ❼ ______ 효과를 내는 하나의 힘을 합력이라 하고, 합력을 구하는 것을 힘의 ❽ ______ 이라고 한다.

(2) 나란하게 작용하는 두 힘

구분	같은 방향으로 작용하는 두 힘	반대 방향으로 작용하는 두 힘
두 힘의 합성	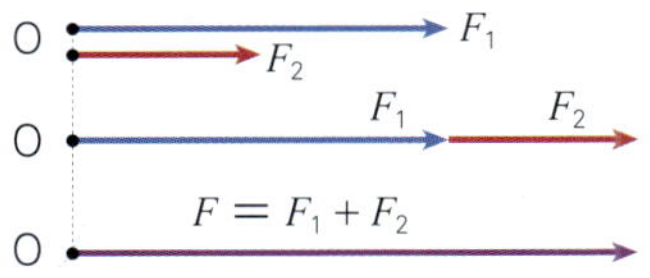	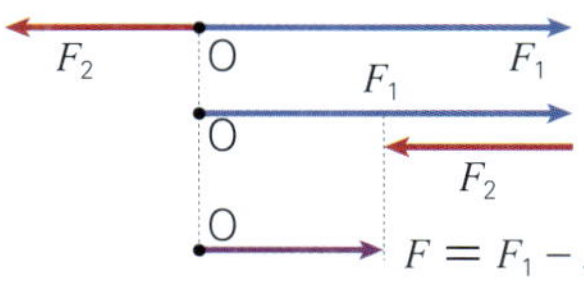
합력의 크기	두 힘의 크기를 더한 값 F(합력) $= F_1 + F_2$	큰 힘에서 작은 힘을 뺀 값 F(합력) $= F_1 - F_2$ ($F_1 \geq F_2$일 때)
합력의 방향	두 힘(F_1, F_2)의 방향과 같은 방향	큰 힘(F_1)의 방향과 같은 방향
적용 예	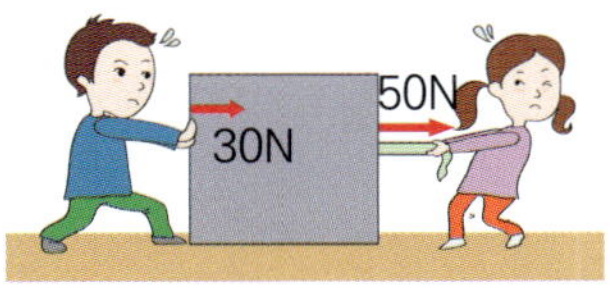물체에 오른쪽으로 80 N의 힘이 작용한다.	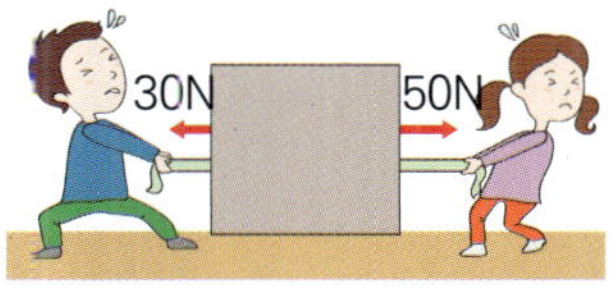물체에 오른쪽으로 20 N의 힘이 작용한다.

2 용수철 저울을 이용한 힘의 측정

용수철 저울은 용수철의 늘어난 정도로 무게를 나타낸다. 용수철의 늘어난 길이는 용수철에 작용한 힘의 크기(추의 무게)에 비례한다.

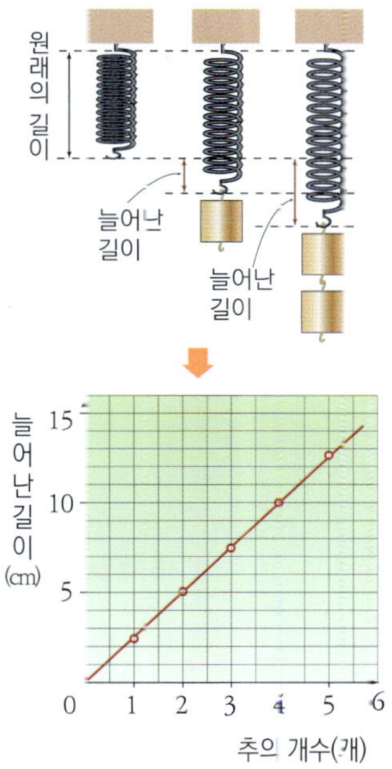

3 N (뉴턴)

만유인력을 발견한 과학자인 뉴턴(newton)의 첫글자를 따서 힘의 단위로 사용한다.

4 1 kgf (킬로그램힘)

질량이 1 kg인 물체에 작용하는 중력의 크기(1 kgf = 9.8 N)

기본확인문제

01 물체의 모양이나 운동 상태를 변화시키는 원인을 (힘, 일)(이)라고 한다.

02 손으로 풍선을 누르면(운동 상태, 모양)는 변하지 않고, (운동상태, 모양)는(은) 변한다.

03 중력은 지구가 물체를 끌어당기는 힘으로 (지구 중심, 우주)를 향한다.

04 마찰력은 물체의 운동을 방해하는 힘으로 물체의 운동 방향과 (같은 방향, 반대 방향)으로 작용한다.

05 마찰을 크게 해서 사용하는 경우는 (자동차의 스노우 체인, 수영장 미끄럼틀, 유선형 열차, 울퉁불퉁한 고무장갑의 바닥) 등이 있다.

06 물체가 서로 접촉해서 작용하는 힘은 (자기력, 전기력, 탄성력, 중력) 등이 있다.

07 탄성체의 모양 변화가 많이 될수록 탄성력의 크기가 (커진다, 작아진다).

08 힘의 크기를 나타낼 때 화살표의 길이는 힘의 (크기, 방향, 작용점)을 나타낸다.

09 한 물체에 작용하는 여러 힘과 같은 효과를 내는 하나의 힘을 (합력, 합성)이라고 한다.

개념다지기 정답 ❶❷ 모양, 운동 상태 ❸ 지구 중심 ❹ 방해 ❺ 반대 ❻ 시작 ❼ 같은 ❽ 합성

12 탐구력 키우기

탐구 1 마찰력에 영향을 주는 것

탐구과정

준비물

나무도막, 용수철 저울, 사포

1. 책상 위에 나무 도막을 올려놓고 용수철 저울을 연결하여 천천히 잡아당긴다.

2. 나무 도막을 1개 더 올려 놓고 용수철 저울로 천천히 당긴다.

3. 나무 도막의 좁은 면을 바닥에 닿게 하고 용수철 저울을 연결하여 천천히 당긴다.

4. 바닥에 사포를 깔아 놓고 그 위에 나무 도막을 올린 후 용수철 저울을 연결하여 천천히 당긴다.

탐구결과

다음 빈칸에 알맞은 말을 써 넣으시오.

면 위에서 물체를 잡아당길 때 면을 누르는 힘(무게)과 (　　　　)은 비례한다.
면 위에서 물체를 세워서 끌거나 눕혀서 끌거나 마찰력의 크기는 (　　　　).
면이 거칠수록 마찰력의 크기는 (　　　　).

탐구문제

그림과 같이 장치하고 서서히 힘을 증가시키며 용수철 저울을 잡아당기면서 나무 도막이 움직이는 순간 저울의 눈금을 측정하였다. A, B, C 는 모두 동일한 나무 도막을 사용하였다.

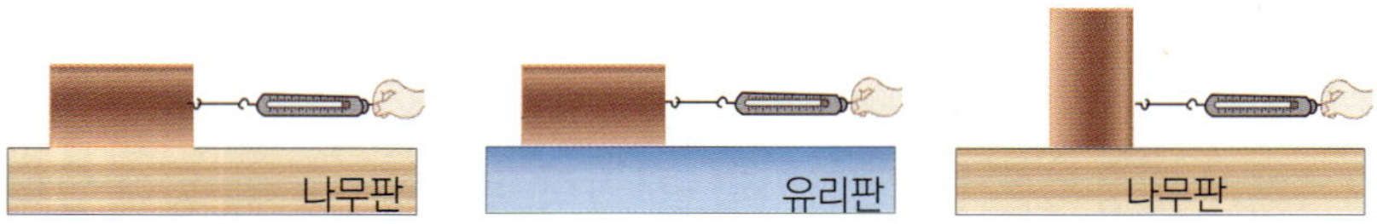

1. A와 B 중에서 나무 도막이 움직이는 순간 저울의 눈금이 더 크게 나타날 것으로 예상되는 것을 고르고, 이유를 쓰시오.

2. A와 C 중에서 나무 도막이 움직이는 순간 저울의 눈금이 더 크게 나타날 것으로 예상되는 것을 고르고, 이유를 쓰시오.

정답 및 해설 P36

탐구 2 합력 구하기

탐구과정

힘의 합성 1 – 나란하게 작용하는 두 힘의 합성

두 힘의 방향이 같으면 두 힘의 크기를 더하고, 방향이 반대이면 큰 힘에서 작은 힘을 뺀다.

힘의 합성 2 – 나란하지 않게 작용하는 두 힘의 합성

평행사변형법을 이용해 다음과 같은 단계로 구한다.

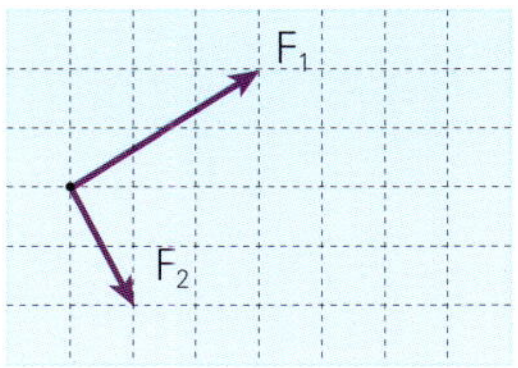

1. 모눈종이에 두 힘의 작용점을 일치시켜 표시한다.

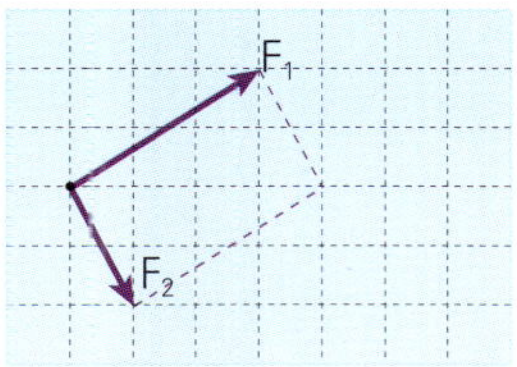

2. 두 힘을 두 변으로 하는 평행사변형을 그린다.

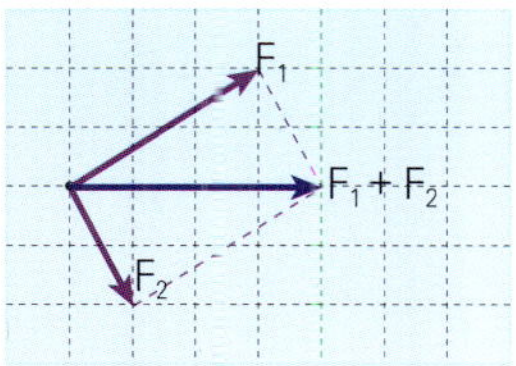

3. 평행사변형의 대각선을 화살표로 표시하면 합력이 된다.

힘의 합성 3 – 나란하지 않게 작용하는 세 힘의 합성

평행사변형법을 이용해 다음과 같은 단계로 구한다.

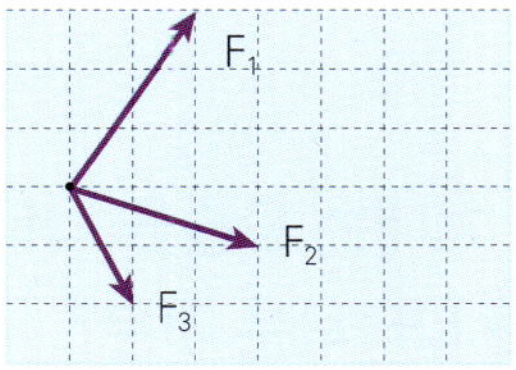

1. 모눈종이에 세 힘의 작용점을 일치시켜 표시한다.

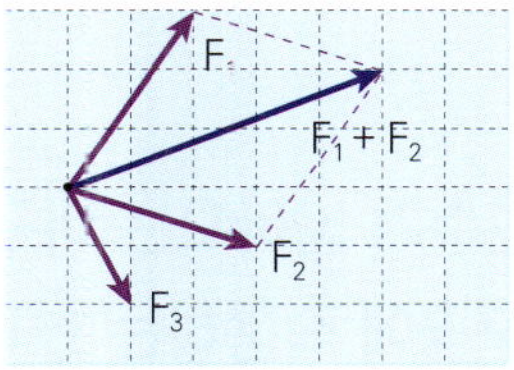

2. 평행사변형을 이용해 세 힘 중 두 힘의 합력을 먼저 구한다.

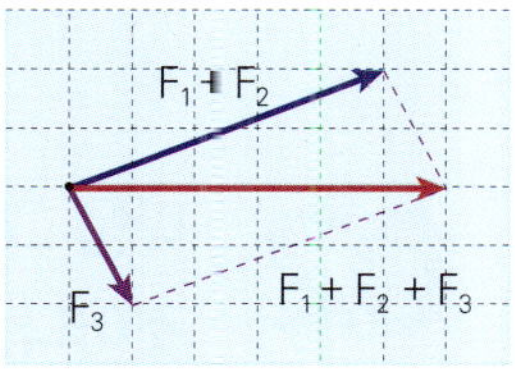

3. 앞에서 구한 힘과 한 힘을 평행사변형법으로 합성한다.

탐구결과

다음의 경우 두 힘 또는 세 힘의 합력의 크기를 구하시오.(단, 모눈 종이의 눈금 한 칸은 1 N이다.)

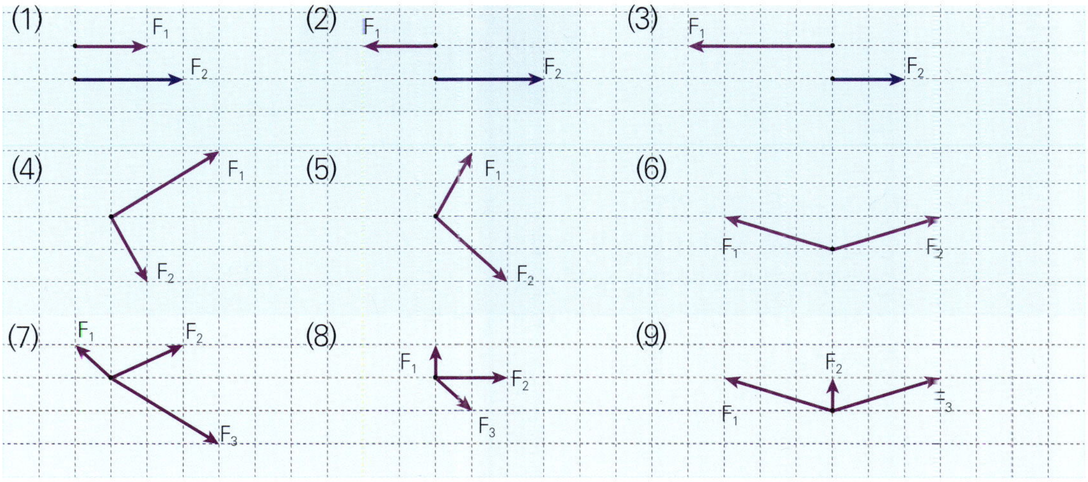

12 문제해결력 키우기

01

친구들의 대화를 읽고, 과학에서 말하는 힘의 의미로 사용한 친구는 누구인지 고르시오.

효진 : 아침을 안 먹었더니 너무 힘이 들어.
수인 : 고무 풍선을 힘주어 눌렀더니 터졌다.
혜영 : 운동을 했더니 너무 힘들다.
인수 : 힘을 합해야 잘 살 수 있다.
시경 : 아는 것이 힘이다.

02

다음 그림은 야구 선수가 날아오는 야구공을 배트로 쳐내는 모습을 나타낸 것이다. 다음 중 야구공에 작용하는 힘과 같은 효과가 나타나는 것은?

① 축구공을 깔고 앉았다.
② 볼링공을 굴려서 핀을 맞추었다.
③ 고무찰흙으로 작품을 만들었다.
④ 자동차가 충돌하여 찌그러지면서 멈추었다.
⑤ 풍선을 눌러 터뜨렸다.

03 그림은 위로 던져 올려진 농구공이 다시 아래로 떨어지는 모습을 나타낸 것이다. 이때, A, B, C 지점에서 작용하는 중력의 방향을 화살표로 각각 나타내시오.

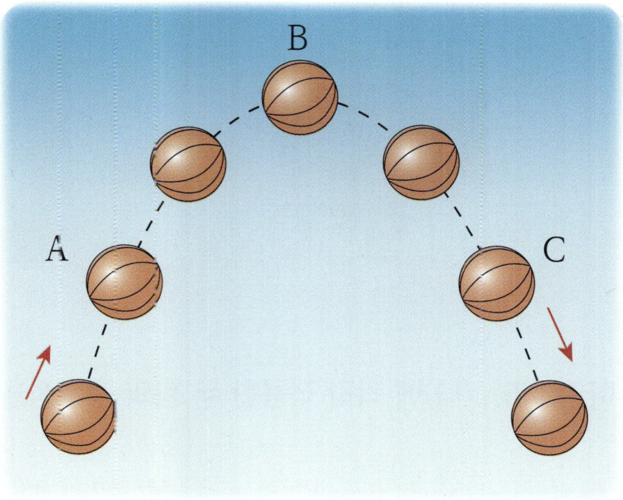

04 그림은 수평면 위에서 물체를 일정한 속력으로 끌고 있는 모습을 나타낸 것이다. 힘 A ~ E 중 나무 도막에 작용하는 마찰력의 방향을 나타낸 것은?

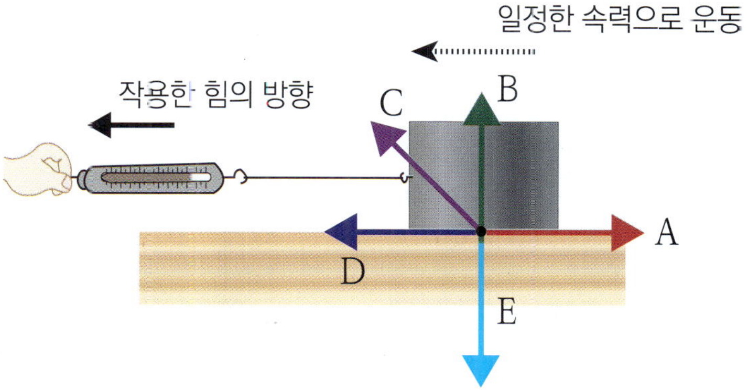

12 문제해결력 키우기

05 그림 (가)는 쇠붙이를 붙여서 이동하고 있는 모습이고 그림 (나)는 벽에 풍선이 붙어 있는 모습을 나타낸 것이다.

(가)

(나)

이 때 (가), (나)에 각각 작용한 두 힘의 공통점을 3가지만 설명하시오.

06 다음 중 탄성력을 이용한 경우가 아닌 것은?

①

번지점프

②

전신 수영복

③

트램펄린

④

컴퓨터 자판

⑤

양궁

07 아래 그림은 길이 10 cm의 화살표로 5 N의 힘을 표시한 것이다. 같은 방향으로 2 N의 힘을 표시하려면 화살표의 길이는 얼마가 되어야 할까?

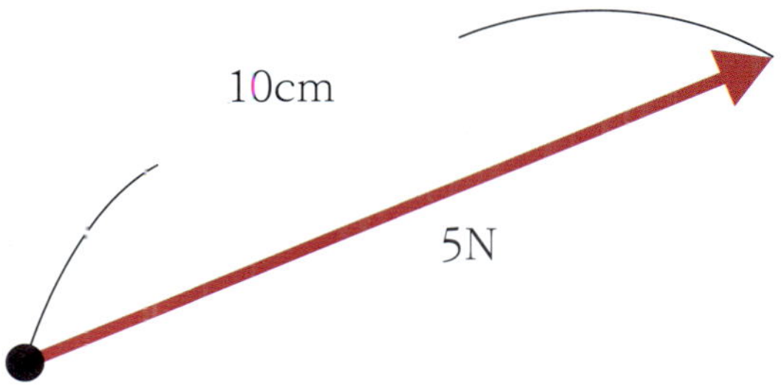

08 다음 그림과 같이 A는 상자를 앞에서 200 N의 힘으로 끌고, B는 뒤에서 100 N의 힘으로 밀고 있다. 지면과 상자 사이의 마찰력을 무시할 때, A 와 B가 상자에 작용하는 힘의 합력의 크기는 얼마인지 구하시오.

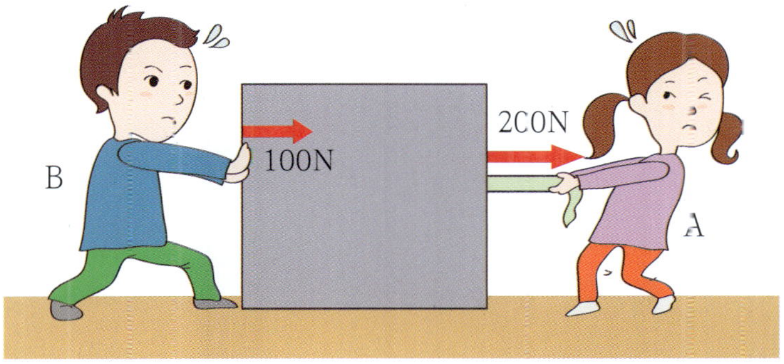

12 문제해결력 키우기

STEP BY STEP

09 다음 표는 여러 천체의 중력가속도를 나타낸 것이다.

천체	중력 가속도 (m/s^2)
지구	9.8
화성	3.7
금성	8.8
달	1.6

(1) 화성에서 질량 5 kg의 물체의 무게는 몇 N인가?

(2) 같은 물체를 고무줄에 매달았을 때 지구에서 6 cm 늘어났다면 달에서는 몇 cm 늘어나겠는가?

(3) 같은 높이에서 물체를 놓으면 어느 천체에서 가장 늦게 떨어지겠는가?

STEP BY STEP

10 **그림과 같이 접촉면의 면적과 무게, 접촉면의 거친 정도를 달리하여 나무 도막을 수평 방향으로 서서히 잡아당기면서 나무 도막이 움직이는 순간 용수철 저울의 눈금을 읽었다.**

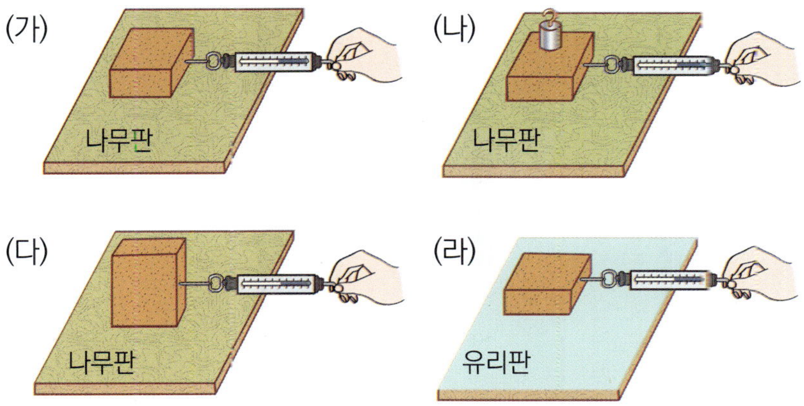

(1) (가), (나), (다), (라)를 용수철 저울의 눈금이 크게 나오는 순서로 부등호나 등호를 사용하여 나타내시오.

(2) 위의 실험을 통해 알 수 있는 것을 보기에서 모두 고르면?

보기

ㄱ. 접촉면이 넓을수록 마찰력의 크기가 커진다.
ㄴ. 접촉면이 거칠수록 마찰력이 커진다.
ㄷ. 면을 누르는 힘이 클수록 마찰력이 커진다.

① ㄱ ② ㄴ ③ ㄱ, ㄴ
④ ㄴ, ㄷ ⑤ ㄱ,ㄴ,ㄷ

(3) 마찰력과 달리 물체끼리 접촉하지 않아도 작용하는 힘은 무엇이 있는지 쓰시오.

12 문제해결력 키우기

STEP BY STEP

11 **다음 그림과 같이 용수철에 추를 매달았을 때 매단 추의 무게와 용수철 길이의 관계가 다음 표와 같았다.**

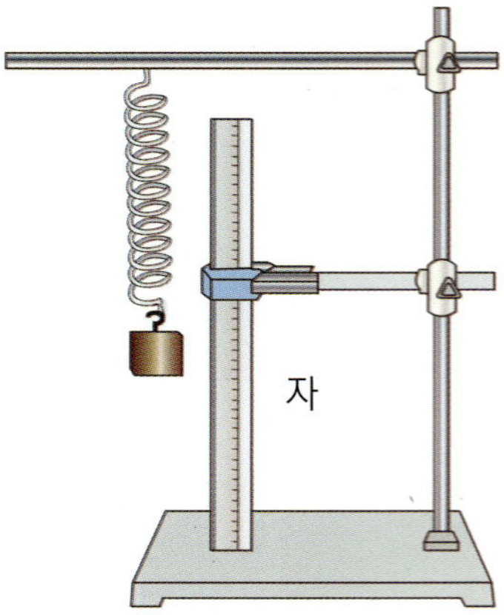

추의 무게 (N)	용수철 길이 (cm)
0	10
3	12
6	14
9	16

(1) 동일한 추 여러 개로 실험을 할 때 매단 추의 개수와 용수철의 늘어난 길이를 바르게 나타낸 그래프는?

①
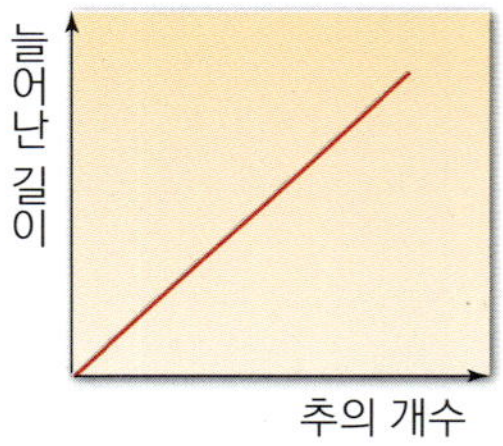

②
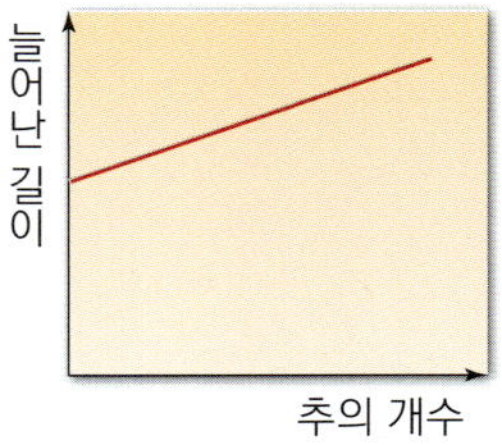

③
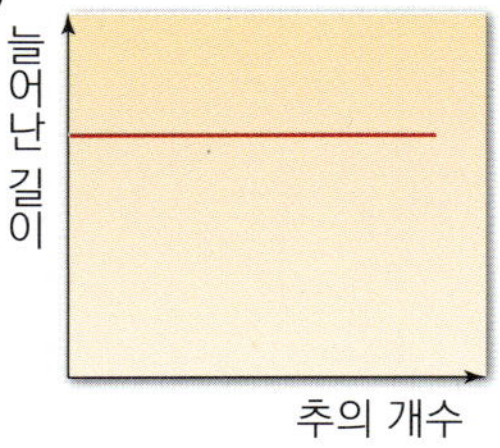

④
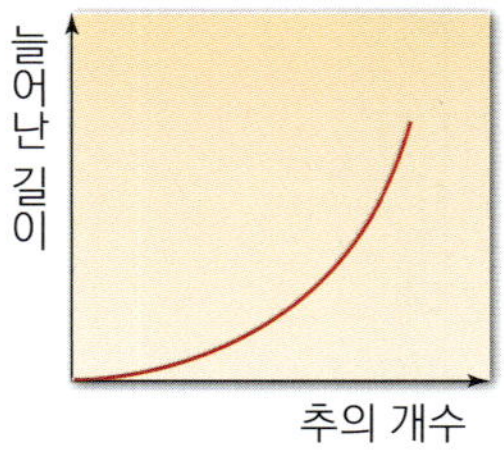

⑤
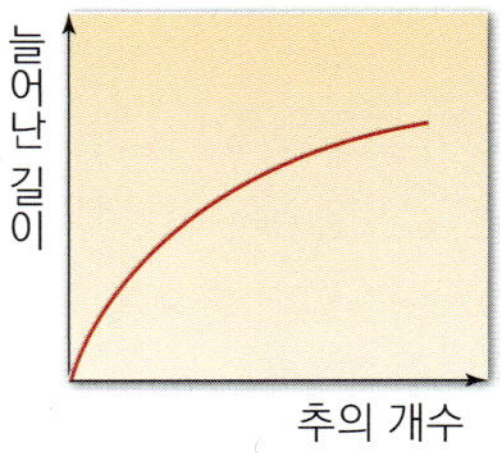

(2) 이 용수철에 쇠구슬을 매달았더니 용수철의 길이가 22 cm가 되었다, 이 쇠구슬의 무게는 몇 N인가?

STEP BY STEP

12 현민이와 수지는 무거운 물체에 끈을 매달아 함께 들어올리며 여러 가지 실험을 하였다.

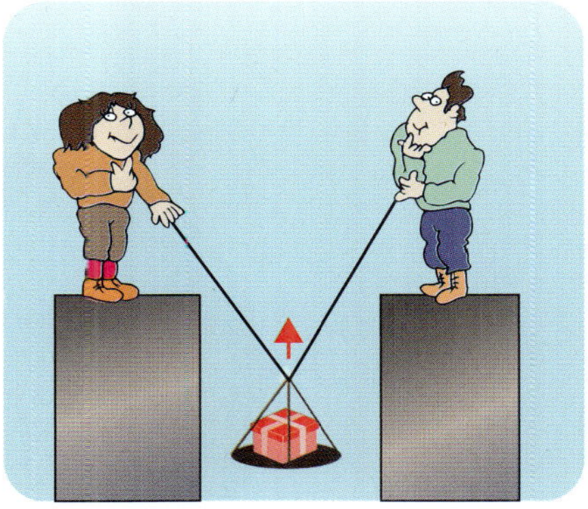

(1) 두 사람이 물체를 들어올릴 때 두 끈의 각도와 두 사람이 들어 올리는 힘의 크기와 어떤 관계가 있는가?

(2) 물체가 위로 올라올수록 두 사람이 물체에 작용하는 힘의 크기는 어떻게 변할까?

(3) 정확한 무게를 모르는 물체를 두 사람이 들어올렸더니 다음과 같은 결과가 나왔다. 이 물체의 무게는 얼마인가? (길이 1 cm는 10 N에 해당한다.)

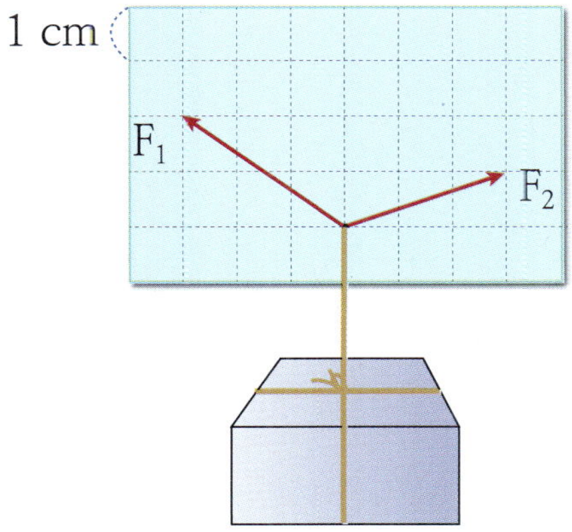

12 창의력 키우기

01 **지구는 지구 중심으로부터 극지방(그림의 A, C 지점)까지의 거리가 지구 중심으로부터 적도 지방(그림의 B, D 지점)까지의 거리보다 약간 짧다고 한다.**

유창성
융통성
독창성
✓ 정교성

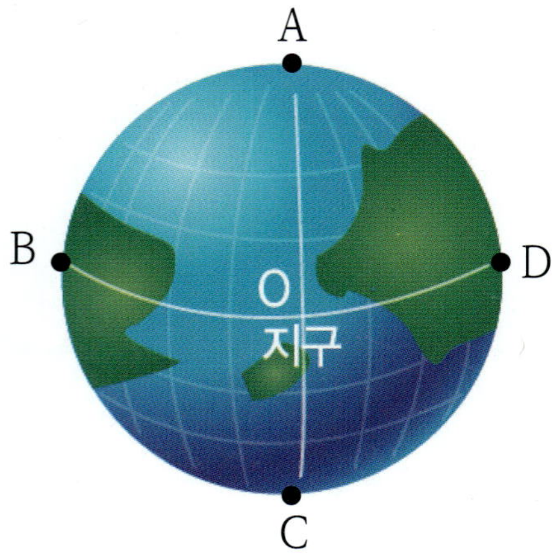

(1) 극지방에서의 중력이 적도 지방에서의 중력보다 크다고 한다. 그 이유는 무엇일까?

(2) 은재는 극지방에서 몸무게가 50 kgf 이었고, 선우는 적도 지방에서 몸무게가 50 kgf 이었을 때, 두 사람이 우리나라에서 만나서 몸무게를 비교하다면 누구의 몸무게가 더 클지 그 이유를 설명하시오.

02 철봉에 매달릴 때 팔을 넓게 하여 매달리는 경우(A)와 팔을 좁게 하여 매달리는 경우(B) 중에서 더 오래 매달릴 수 있는 경우는 어느 경우인지 설명하시오.

- 유창성
- ✓ 융통성
- 독창성
- 정교성

12 STEAM 융합형 문제 해결하기

01 **다음 그림은 우주선이 지구 밖의 궤도에서 돌고 있는 모습을 나타낸 것이다. 이 우주선이 지구의 발사대에 정지해 있을 때에는 우주선에 작용하는 중력이 매우 크다.**

〈궤도에서 돌고 있는 우주선〉

〈발사대에 정지해 있는 우주선〉

(1) 우주선이 지구 표면으로부터 200 km 상공을 비행하고 있을 때에 우주선에 작용하는 중력의 크기를 나타낸 것 중 가장 잘 나타낸 것은?

① 중력은 정확히 0이 된다.
② 중력은 0에 가깝다.
③ 중력은 우주선이 발사대에 정지해 있을 때와 같다.
④ 중력은 우주선이 발사대에 정지해 있을 때의 약 절반이 된다.
⑤ 중력은 우주선이 발사대에 정지해 있을 때와 차이가 10% 이내이다.

(2) 우주선이 지구에 떨어지지도 않고 우주 밖으로 나가지도 않고 일정하게 궤도를 돌고 있는 이유는 무엇일까?

총정리 문제

제 1회 (1~3단원)

제 2회 (4~6단원)

제 3회 (7~9단원)

제 4회 (10~12단원)

01 제 1 회 총정리 (1~3 단원)

01 **다음은 열에너지와 물질의 온도에 대한 설명이다. 옳지 않은 것은?** (10점)

① 열에너지를 흡수하는 물질은 온도가 올라간다.
② 열이 더 이상 이동하지 않는 상태를 열평형이라고 한다.
③ 열에너지는 온도가 높은 물질에서 낮은 물질로 이동한다.
④ 섭씨온도는 최소 0 ℃에서 최대 100 ℃까지 표시할 수 있다.
⑤ 같은 질량, 같은 물질인 경우, 온도가 높을수록 열에너지가 크다.

02 **그림은 식물의 잎에 존재하는 입술 모양의 세포를 나타낸 것이다. 다음 중 옳지 않은 것은?** (10점)

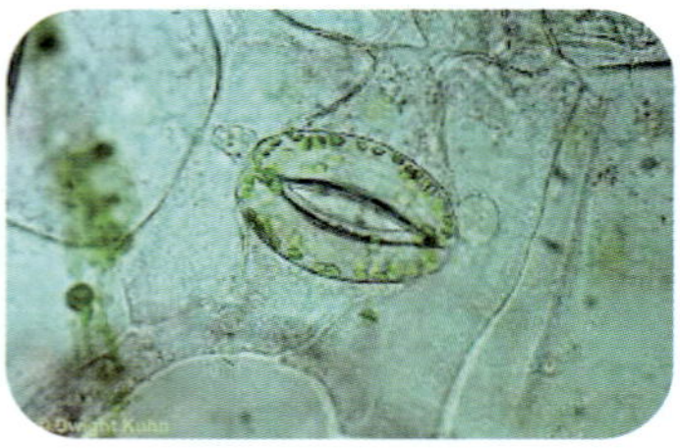

① 엽록체가 있어서 광합성이 일어난다.
② 식물에 따라 분포가 다르며 열고 닫히기도 한다.
③ 주로 잎의 앞면에 분포하며, 호흡을 하는 세포이다.
④ 표피 세포의 일부가 변한 것이며 세포 사이로 수증기가 빠져나간다.
⑤ 이산화 탄소가 들어오고, 산소를 밖으로 내보내는 역할을 한다.

03 **다음 보기는 열의 이동에 대한 설명이다. 〈보기〉에서 각각에 해당하는 현상을 찾아 기호를 쓰시오.** (15점, 각 5점)

보기
(가) 삶은 감자에 꽂아 둔 젓가락이 뜨거워진다.
(나) 방의 한쪽에 난로를 켜 두면 방 전체가 따뜻해진다.
(다) 에어컨을 틀어 놓으면 방 전체가 시원해진다.
(라) 햇빛을 쬐면 따뜻하다.
(마) 뜨거운 국에 담가 둔 숟가락이 뜨거워진다.
(바) 난로를 판지로 가리면 춥고, 판지를 치우면 따뜻하다.

(1) 전도

(2) 대류

(3) 복사

04 우리 생활에서 열에너지를 이동하는 경우에 대해 설명한 것이다. 무엇에 대한 설명인지 명칭을 쓰고, 이를 이용하는 방법의 예를 각각 한 가지씩 적어 보자.

(12점, 각 3점)

(1) 전도, 대류, 복사 등의 열이 이동하는 것을 막는 것

· 명칭 :

· 이용 방법의 예 :

(2) 에너지를 사용하는 과정에서 외부로 버려지는 열

· 명칭 :

· 이용 방법의 예 :

05 다음은 행성들의 물리적 특징을 나타낸 표이다. 〈보기〉 중 옳은 것만을 있는 대로 고르시오. (11점)

행성	태양까지 거리 (지구=1)	반지름 (지구=1)	질량 (지구=1)	밀도 (g/cm^3)	중력 (지구=1)	위성 수	대기	표면 온도 (℃)	표면의 구성물질	물
지구	1	1.00	1.0	5.52	1.00	1	질소, 산소 등	15	암석	많다
(A)	1.52	0.53	0.11	3.94	0.38	2	엷은 이산화 탄소	-140 ~20	암석	있었던 흔적
(B)	5.19	11.19	317.8	1.33	2.37	16	수소, 헬륨 등	-121	얼어붙은 기체	없다

보기

ㄱ. (A)는 목성형, (B)는 지구형 행성이다.
ㄴ. (A)는 물이 있었던 흔적으로 보아 화성이다.
ㄷ. (B)는 비교 가능한 목성형 행성이 없어서 행성의 구분이 불가능하다.

① ㄱ　② ㄴ　③ ㄴ, ㄷ
④ ㄱ, ㄴ　⑤ ㄱ, ㄴ, ㄷ

06 **다음 그림은 금성이 태양 주위를 공전하면서 관측되는 변화를 나타낸 것이다. 지구에서 관측했을 때 원에 금성의 모양 변화를 그림으로 나타내시오.** (12점, 각 1.5점)

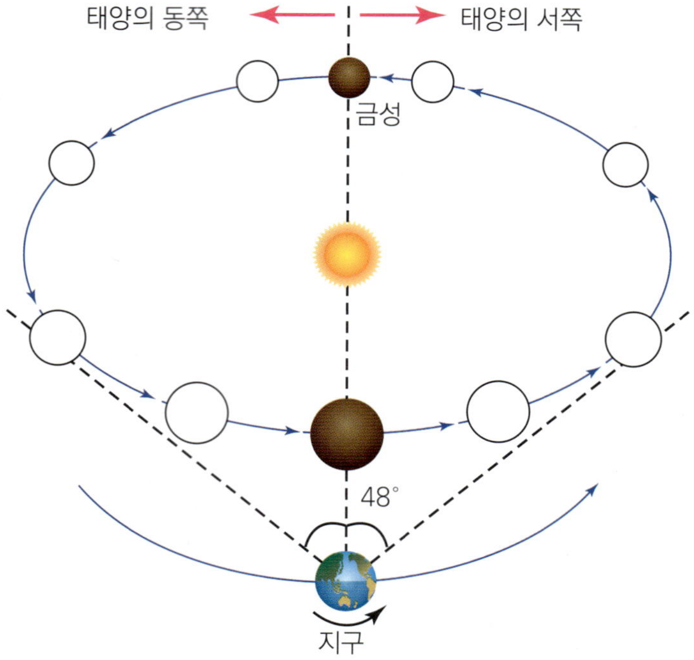

07 **다음은 태양을 관측할 때 나타난 사진이다. (A), (B)의 밝은 부분과 (C)의 높게 솟은 부분에 대한 설명 중 옳지 않은 것을 고르시오.** (10점)

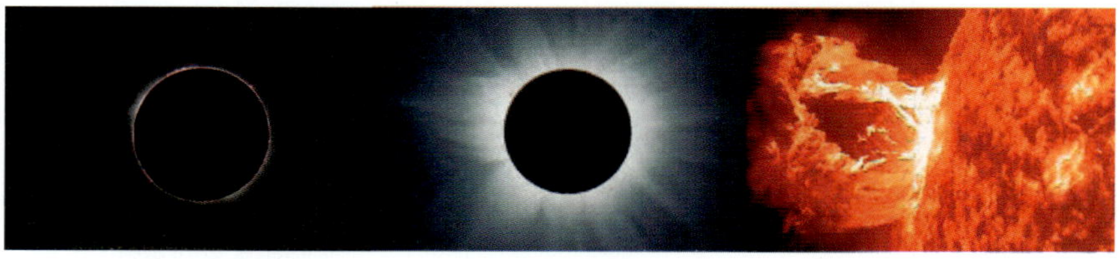

(A) (B) (C)

① (A)는 광구 바로 위의 대기의 모습이다
② (A)의 온도가 가장 뜨겁다.
③ (B)는 청백색에 수백 만 km의 두께를 지닌다.
④ (C)는 채층 위로 수십 만 km까지 솟아 오를 수 있다.
⑤ (A)는 채층, (B)는 코로나, (C)는 홍염이다.

08 다음 그림은 꽃의 구조를 나타낸 것이다. 각각의 설명 중 옳지 않은 것은? (10점)

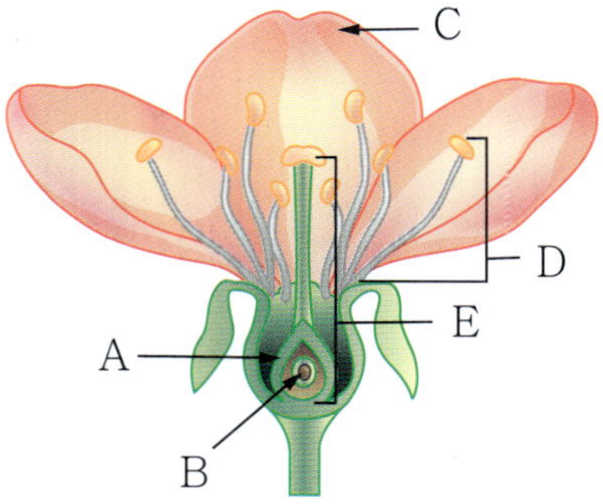

① A는 열매가 된다.
② B는 꽃을 보호하며 광합성을 하여 양분을 생산한다.
③ C는 외부 환경의 변화로부터 암술과 수술을 보호한다.
④ D는 꽃가루를 만드는 꽃밥과 수술대로 구성되어 있다.
⑤ E에 꽃가루가 떨어지게 되는 것을 수분이라고 한다.

09 다음 그림은 줄기의 단면을 나타낸 것이다. 각 구조에 대한 설명으로 옳지 않은 것은? (10점)

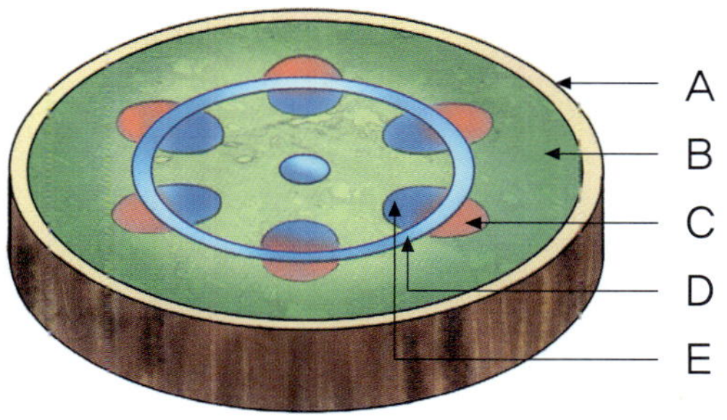

① A를 표피라고 부른다.
② B는 두꺼운 하나의 세포층으로 이루어져있다.
③ C는 잎에서 만든 유기양분의 통로이다.
④ D는 살아있는 세포로 된 조직이다.
⑤ E는 죽은 세포로 이루어져 있다.

02 제 2 회 총정리 (4~6 단원)

01 **잠수부가 잠수 후 수면으로 올라왔더니 가슴이 답답하고 숨이 잘 쉬어지지 않았다. 그 이유는 무엇인가?** (10점)

02 **다음 용액의 퍼센트(%) 농도를 비교하시오.** (12점)

A : 소금 10g 이 녹아 있는 소금물 100g
B : 물 75g 에 소금 25g 을 녹인 소금물
C : 물 15g 에 소금 5g 을 녹인 소금물

03 **다음 중 성질이 다른 하나를 고르시오.** (6점)

① 철판에 녹이 슨다.
② 속이 쓰릴 때 제산제를 복용한다.
③ 산성화된 토양에 석회석을 뿌려준다.
④ 비린내를 없애기 위해 레몬즙을 뿌린다.
⑤ 벌레에 물렸을 때 암모니아 수를 바른다.

04 다음은 A~C 용액의 지시약에 따른 색의 변화를 나타낸 표이다.

	A	B	C
메틸 오렌지	주황색	붉은색	노란색
BTB 용액	녹색	노란색	푸른색
페놀프탈레인 용액	무색	무색	붉은색

(1) A, B ,C를 pH가 큰 순서대로 나열하시오. **(6점)**

(2) 위의 표를 보고 다음 중 옳지 않은 것을 고르시오. **(6점)**

① C 용액에는 전류가 흐른다.
② A 용액에 대리석 조각을 넣으면 아무런 변화가 없다.
③ B 용액에 마그네슘 조각을 넣으면 수소 기체가 발생한다.
④ C 용액에 금속 조각을 넣으면 이산화 탄소 기체가 발생한다.
⑤ B 용액 속에 들어 있는 수소 이온의 농도가 C 용액 속에 들어 있는 수소 이온의 농도보다 높다.

05 다음 보기에 나열된 물질들을 산과 염기로 분류하시오. (12점)

보기

사이다, 베이킹파우더, 우유, 레몬, 위액, 비눗물, 수산화 나트륨 수용액

·산 :

·염기 :

02 제 2 회 총정리 (4~6 단원)

06 용해도 그래프를 보고 다음 중 옳은 것만을 있는 대로 고르시오. (12점)

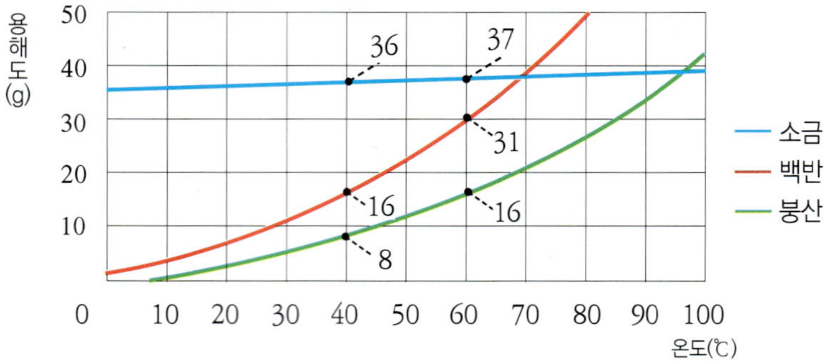

① 온도가 높아질수록 고체의 용해도는 감소한다.
② 40℃의 물 300g 에 최대로 녹일 수 있는 붕산의 양은 24g이다.
③ 60℃의 물 200g 에 백반 31g 을 녹인 용액은 포화 상태에 있다.
④ 80℃의 물 100g 에 소금 40g 을 녹인 다음, 60℃로 냉각시킨 경우, 얻을 수 있는 소금의 양은 3g 이다.
⑤ 55℃일 때 백반의 용해도가 25g 이라면, 55℃의 포화 상태에서 백반 용액의 퍼센트 농도는 20%이다.

07 그림은 사람의 소화기관을 나타낸 것이다.

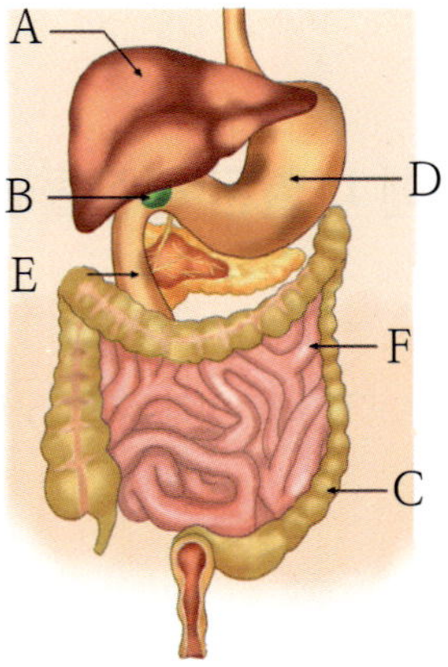

(1) 탄수화물, 단백질, 지방이 모두 소화되는 기관의 기호와 이름을 쓰시오. **(6점)**

(2) 각 기관에 대한 설명으로 옳은 것을 고르시오. **(6점)**

① A는 소화기관으로 단백질을 분해한다.
② B는 소화를 돕지 않는다.
③ C는 융털을 통해 영양분을 흡수한다.
④ D는 단백질을 분해하고 세균을 죽이는 살균작용을 한다.
⑤ F는 남은 찌꺼기를 항문으로 배출한다.

08 다음은 사람의 호흡 운동을 나타낸 것이다.

(1) 빈칸을 채워 넣으시오. **(5점)**

구조	들숨	날숨
갈비뼈	(①)	(②)
가로막	아래로 이동	위로 이동
폐의 크기	(③)	(④)
공기의 이동	입, 코 → 폐	(⑤)

(2) 사람이 호흡할 때 공기가 지나가는 3가지 기관을 순서대로 나열하시오. **(7점)**

09 다음은 혈관의 구조를 나타낸 것이다.

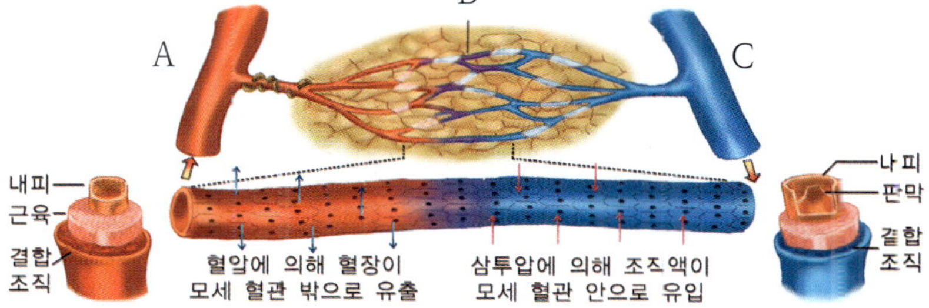

(1) 그림에 대한 설명으로 옳은 것을 고르시오. **(6점)**

① A는 정맥, B는 모세혈관, C는 동맥이다.
② 혈액은 A→B→C 방향으로 이동한다.
③ A는 얇은 근육질의 벽으로 판막이 있다.
④ A는 혈압이 매우 낮다.
⑤ C는 심장으로부터 온몸으로 혈액을 운반한다.

(2) 다음 설명에 해당하는 혈관의 기호와 이름을 쓰시오. **(6점)**

> 한 층의 세포로 이루어진 벽을 가지고 있고,
> 혈액이 흐르는 속도가 느려 물질 교환에 유리하다.

03 제 3 회 총정리 (7~9 단원)

01 **구름이 생성되는 원리를 알아보기 위하여 그림과 같이 장치한 후 페트병 속에 향 연기를 조금 넣은 후 마개를 단단히 막았다. 페트병을 눌렀다가 놓았을 때 나타나는 변화에 대한 설명으로 옳은 것만을 〈보기〉에서 있는 대로 고르면 몇 개인가?** (12점)

보기

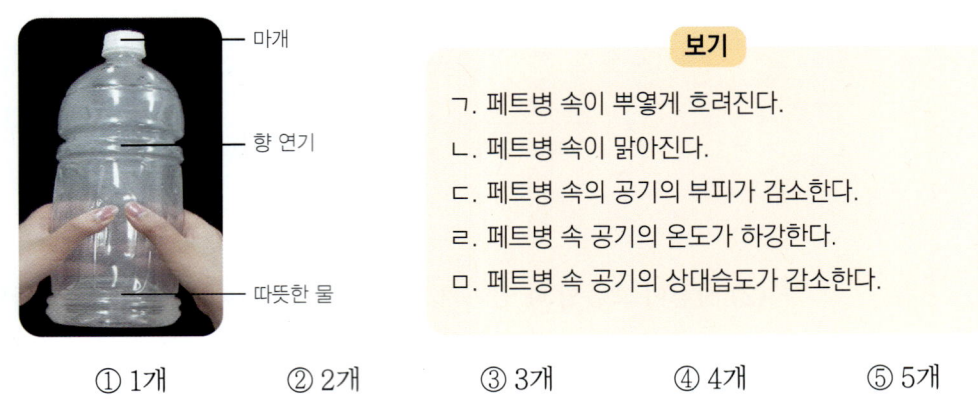

ㄱ. 페트병 속이 뿌옇게 흐려진다.
ㄴ. 페트병 속이 맑아진다.
ㄷ. 페트병 속의 공기의 부피가 감소한다.
ㄹ. 페트병 속 공기의 온도가 하강한다.
ㅁ. 페트병 속 공기의 상대습도가 감소한다.

① 1개 ② 2개 ③ 3개 ④ 4개 ⑤ 5개

02 **다음 용어와 용어 설명의 연결이 옳지 않은 것은?** (12점)

① 서리 – 공기 중의 수증기가 지상의 물체 표면에 얼어붙은 것
② 이슬 – 공기 중의 수증기가 응결하여 물체 표면에 물방울이 되어 맺히는 것
③ 안개 – 공기 중의 수증기가 응결하여 물방울이 지표면 부근에 떠 있는 것
④ 구름 – 공기 중의 수증기가 응결하여 물방울이나 얼음 알갱이로 상공에 떠 있는 것
⑤ 이슬점 – 공기 중의 수증기가 응결하여 물체의 표면에 물방울이 생기기 시작하는 수증기량

03 **날씨가 화창한 일요일 오후, 근환이는 오후 1시에 빨래를 널고 3시간 뒤 빨래가 모두 말라있는 것을 확인할 수 있었다. 이를 통해 알 수 있는 것만을 〈보기〉에서 있는 대로 고른 것은?** (10점)

보기

ㄱ. 기온과 습도가 높을 때 쉽게 일어난다.
ㄴ. 표면적이 좁을 때 더 효과적으로 발생한다.
ㄷ. 어항 속의 물이 줄어드는 것과 같은 원리이다.
ㄹ. 액체 표면에서의 기화로 인한 증발 현상이 일어났다.

① ㄱ, ㄴ ② ㄴ, ㄷ ③ ㄷ, ㄹ
④ ㄱ, ㄴ, ㄷ ⑤ ㄴ, ㄷ, ㄹ

04 **다음 그래프는 어떤 물체의 직선운동을 속력 - 시간 그래프로 나타낸 것이다. 이 운동에 대한 설명으로 옳은 것은?** (10점)

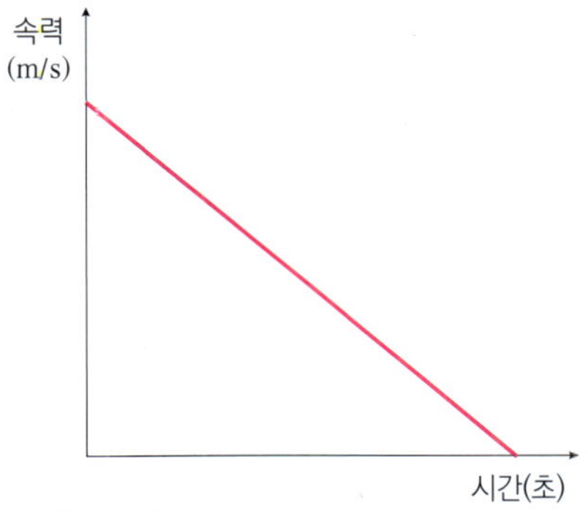

① 물체의 속력이 점점 줄어든다.
② 물체의 이동 방향이 바뀌고 있다.
③ 물체의 가속도가 점점 줄어든다.
④ 물체의 이동 거리는 점점 줄어든다.
⑤ 물체에 작용하는 힘이 점점 줄어든다.

05 **다음 그림은 기온 분포에 따른 대기권의 구조를 나타낸 것이다. 그림을 보고 〈보기〉에서 옳은 것만을 있는 대로 고르시오.** (12점)

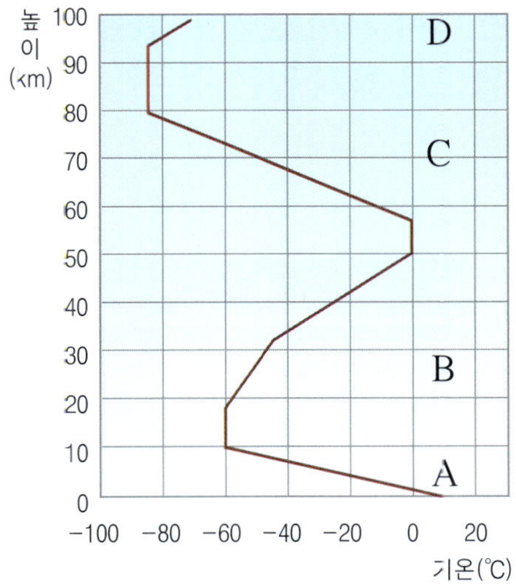

보기

ㄱ. 대기권에서 높이 올라갈수록 기온이 상승한다.
ㄴ. A, C 층에서는 대류 현상이 일어난다.
ㄷ. 오존층이 존재하는 곳은 A층이다.
ㄹ. B 지역은 기층이 안정되어 비행기 항로로 이용된다.

① ㄱ, ㄴ ② ㄱ, ㄷ ③ ㄱ, ㄹ
④ ㄴ, ㄷ ⑤ ㄴ, ㄹ

03 제 3 회 총정리 (7~9 단원)

06 **다음 그래프는 물체의 직선 운동을 거리-시간 그래프로 나타낸 것이다. 이러한 운동에 대한 설명으로 옳지 <u>않은</u> 것은?** (10점)

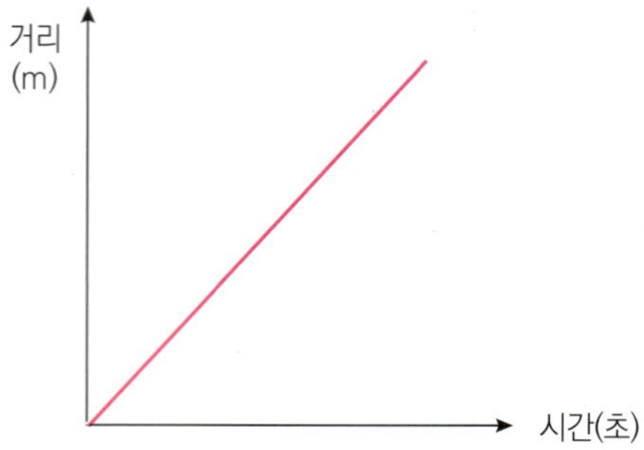

① 이 물체의 속력은 증가한다.
② 이 물체의 운동 방향은 일정하다.
③ 이 물체의 이동 거리는 증가한다.
④ 그래프의 기울기가 나타내는 것은 속력이다.
⑤ 5초일 때의 물체의 속력과 10초일 때의 속력은 같다.

07 **다음은 여러 가지 운동을 일정 시간마다 촬영한 그림이다. 그림에 대한 설명으로 옳지 <u>않은</u> 것은?** (12점)

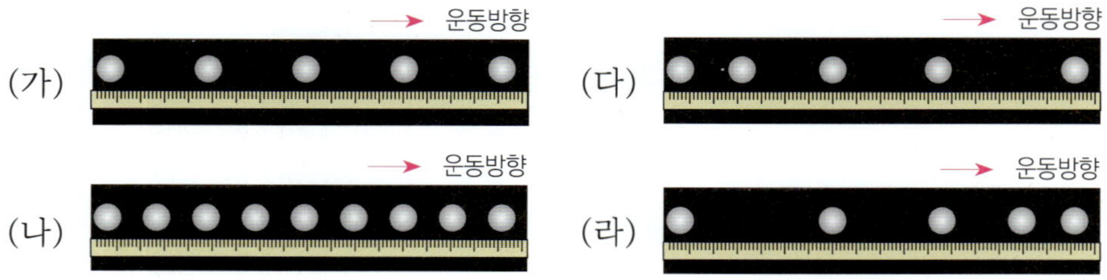

① 속력이 가장 느린 것은 (나)이다.
② 속력이 일정한 것은 (가)와 (나)이다.
③ 속력이 변하는 것은 (다)와 (라)이다.
④ (가)와 (나) 중 속력이 빠른 것은 (가)이다.
⑤ (다)와 (라) 중 속력이 빠른 것은 (다)이다.

08

다음은 바람이 부는 원인을 확인하기 위한 실험이다. 이 실험에 사용된 모래와 얼음을 대신하여 사용할 수 있는 물질을 나열한 것 중 옳지 않은 것은? (10점)

	모래	얼음
①	뜨거운 물	차가운 물
②	가열한 돌	차가운 돌
③	촛불	드라이아이스
④	찰흙	진흙
⑤	녹힌 초콜렛	아이스크림

09

다음 그림은 하루 동안의 지면과 수면의 온도 변화를 나타낸 그래프이다. 다음 중 옳지 않은 것은? (12점)

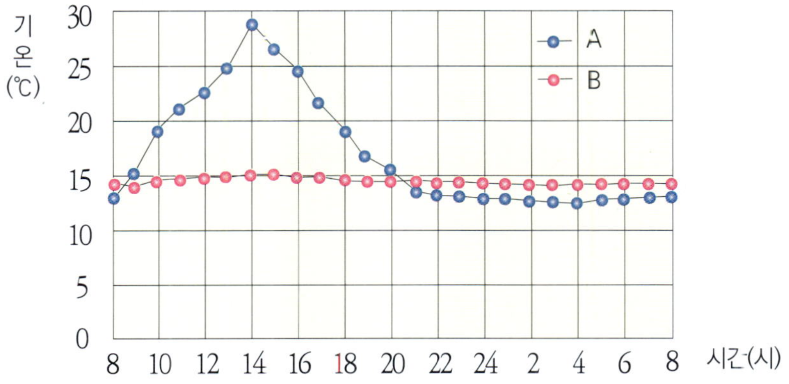

① A가 수면, B가 지면의 온도를 나타낸 그래프이다.
② 하루 중 온도가 가장 높은 때는 지면과 수면 모두 오후 2시 경이다.
③ 지면과 수면의 온도차가 가장 클 때는 오후 2시 경이다.
④ 낮에는 지면의 온도가 더 높게 나타나고, 밤에는 수면의 온도가 더 높게 나타난다.
⑤ 낮에는 지면 위의 공기의 온도가 더 높고, 밤에는 수면 위의 공기의 온도가 더 높다.

04 제 4 회 총정리 (10~12 단원)

01 다음은 눈과 사진기를 비교한 것이다. 비교가 옳지 않은 것은? (10점)

	기능	눈	사진기
①	빛 차단	눈꺼풀	셔터
②	빛의 굴절	모양체	렌즈
③	빛의 양 조절	홍채	조리개
④	상이 맺히는 곳	망막	필름
⑤	빛의 산란 방지	맥락막	어둠상자

02 보기는 사고로 인해 뇌를 다친 환자의 증상들이다. 그림을 보고 손상된 부분의 기호와 명칭을 쓰시오. (10점, 각 2점)

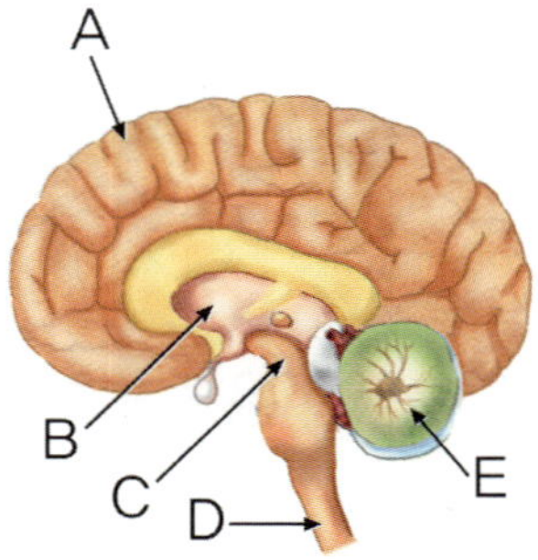

㉠ 기억을 잃고 판단력이 떨어진다.
㉡ 심장박동이 매우 불규칙하다.
㉢ 몸의 균형을 제대로 유지하기 어렵다.
㉣ 체온 조절이 제대로 안된다.
㉤ 안구 운동에 심각한 장애가 온다.

03 기상캐스터가 꿈인 창동이는 뉴스에서 방송된 일기예보를 받아 적었다. 다음 내용 중 어색한 문장을 있는 대로 골라 옳게 고치시오. (12점)

오늘은 매우 화창한 날씨였는데요.
내일은 전국적인 고기압의 영향으로 안개가 끼거나 비가 많이 오겠습니다.
비구름은 오전까지만 있다가 편서풍의 영향으로 서쪽 지역으로 이동되며,
오후에는 비가 오는 곳이 없을 것으로 예상됩니다.
중부 지방은 27도로 조금 덥겠고, 남부 지방은 32도로 덥겠습니다.
000뉴스의 기상캐스터 000입니다. 감사합니다.

정답 및 해설 P42

04 다음 그림은 사람의 귀의 구조를 나타낸 것이다.

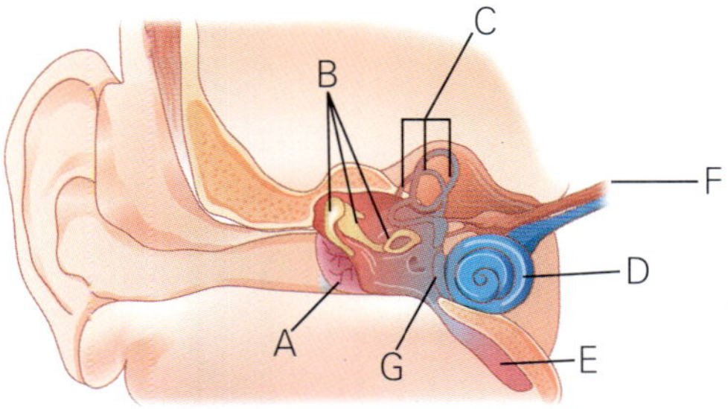

(1) 각 설명에 해당하는 구조의 기호와 이름을 쓰시오.(6점, 각 1점)

① 음파에 의해 진동되는 얇은 막
② 고막의 진동을 증폭시키는 세 개의 작은 뼈
③ 중이와 외부의 압력을 같게 해 고막을 보호함
④ 청각세포가 분포되어 있어 자극을 받아들임
⑤ 회전 감각 기관
⑥ 기울기와 위치 감각 기관

(2) 소리가 전달되는 경로의 빈칸을 채우시오.(8점, 각 2점)

소리 ➡ (　　) ➡ 귓구멍 ➡ 오이도 ➡ (　　) ➡ 귓속뼈 ➡ (　　) ➡ 청각신경 ➡ (　　)

05 한 물체에 두 사람이 힘을 작용하는 경우에 대한 설명으로 옳지 <u>않은</u> 것은? (10점)

① 한 물체에 두 사람이 동시에 힘을 작용하면 힘을 합성할 수 있다.
② 한 명이 더 와서 물체에 작용하는 힘이 3개가 되어도 합력을 구할 수 있다.
③ 두 사람이 같은 방향으로 힘을 작용하면 두 힘의 합과 같은 크기의 힘이 작용한다.
④ 두 사람이 반대 방향으로 힘을 작용하면 두 힘의 차와 같은 크기의 힘이 작용한다.
⑤ 한 사람은 물체를 앞에서 끌고, 한 사람은 뒤에서 밀 때, 물체에 작용하는 힘의 방향이 달라 합력을 구할 수 없다.

06 다음 그림 (가)와 (나)는 우리 나라의 대표적인 계절의 일기도를 나타낸 것이다. 다음 설명 중 옳지 않은 것을 고르시오. (12점)

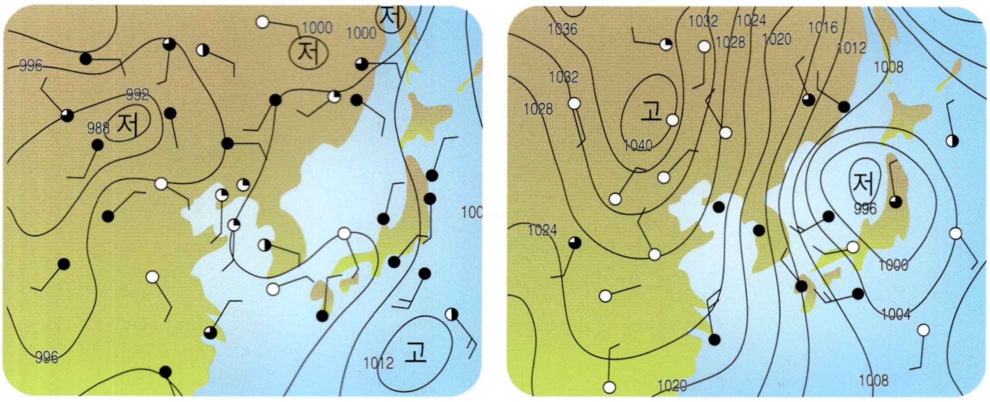

(가) (나)

① (가)는 종종 태풍의 피해를 겪는다.
② (가)는 여름철, (나)는 겨울철 일기도이다.
③ (나)에는 우리나라에 차가운 북서풍이 분다.
④ (가)는 대륙에 저기압, 바다에 고기압이 위치한다.
⑤ (가)에는 바다에 있는 고기압의 영향으로 삼한사온 현상이 나타난다.

07 그림과 같이 비스듬히 던진 물체에 대한 설명으로 옳은 것은? (10점)

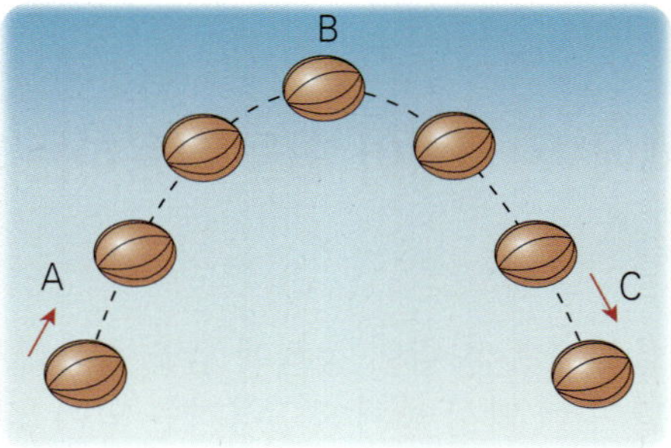

① B지점에서 작용하는 힘의 크기는 0이다.
② 각각의 위치에서 작용하는 힘의 방향은 같다.
③ 물체에 작용하는 힘은 물체가 클수록 커진다.
④ A와 C에서 물체에 작용하는 힘의 방향은 반대이다.
⑤ B점을 지나서 물체는 일정한 속력으로 바닥으로 떨어질 것이다.

08 다음 그림을 보고 적절하지 <u>않은</u> 것을 고르시오. (10점)

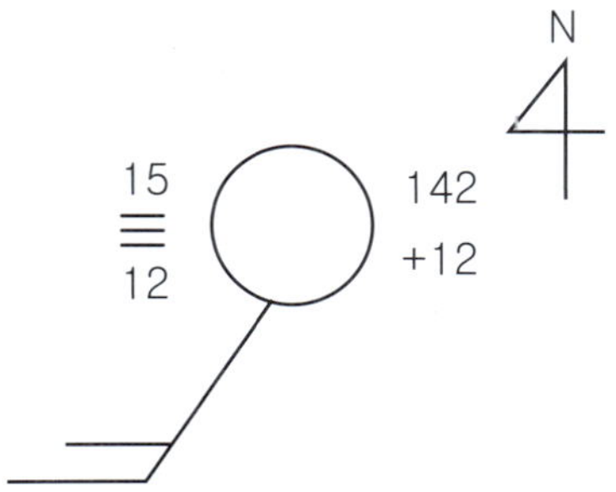

① 풍속선의 깃의 수를 합한 것이 풍속이다.
② 풍향선으로 보아 남서쪽에서 불어오는 바람이다
③ 기온은 15 ℃, 풍속은 7 m/s, 기압은 1014.2 hpa 이다.
④ 왼쪽 아래 숫자는 이슬점의 온도를 말한다.
⑤ 구름이 끼고 흐린 날씨가 지속될 것이다.

09 그림은 매끄럽지 않은 바닥에서 나무도막을 일정한 속력으로 끌어당기는 것을 나타낸 것이다. 이에 대한 설명으로 옳은 것은? (12점)

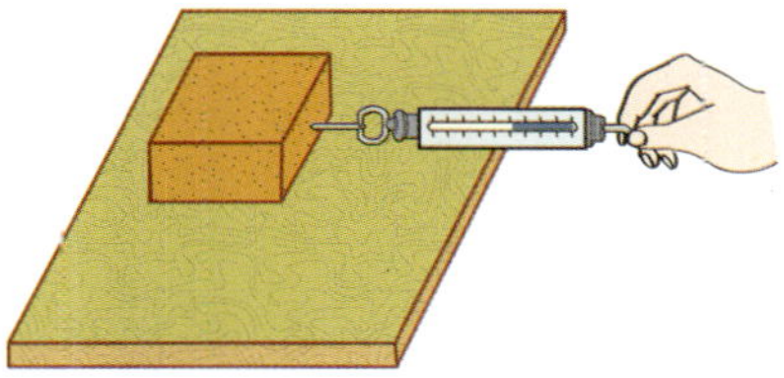

① 울퉁불퉁한 바닥에서보다 매끄러운 바닥에서 마찰력이 크다.
② 나무 도막에 작용하는 마찰력의 방향은 물체를 당기는 방향과 같다.
③ 나무 도막을 끌어당기는 방향을 바꾸어도 마찰력의 방향은 변하지 않는다.
④ 나무 도막을 세워서 좁은 면으로 끌어당기면 접촉 면적이 줄어들어서 쉽게 끌어당길 수 있다.
⑤ 똑같은 나무 도막을 위로 하나 더 올려 끌어당길 때의 마찰력은 나무도막이 한 개일 때보다 크다.

MEMO

무한상상

무한상상

창의력과학

아이앤아이

당단풍

초등 5 ~ 6

정답 및 풀이

무한상상

당단풍나무

무환자나무목 단풍나무과에 속하는 관속식물이다. 숲속에 자라는 낙엽 큰키나무로 줄기는 높이 10~20cm다. 잎은 마주나며, 홑잎, 손바닥 모양으로 9~11갈래로 가운데까지 갈라지고, 길이와 폭은 10cm쯤이다. 밑이 심장 모양이다. 잎 뒷면은 흰색 털이 많다. 관상용으로 흔히 재배하고 목재는 가구재로 쓴다. 우리나라 전역에 나며, 중국 동북부, 러시아 등지에도 분포한다.

출처: 환경부 국립생물자원관

창의력과학

아이앤아이 당단풍

초등 5 ~ 6

정답 및 해설

01

1. 열의 이동과 우리생활

기본 확인 문제 13 쪽

01 온도 02 흡수 03 전도 04 대류
05 복사 06 높은 , 낮은 07 나무 08 폐열

탐구력 키우기 14~15쪽

탐구 1 온도가 다른 두 물체 사이의 열평형

탐구결과

① 답 높은, 낮은
② 답 온도, 열평형
③ 답 같다.

탐구문제

1 답 60℃인 물과 20℃인 물의 양이 정확히 같지 않았거나, 단열 상태가 되지 않아 외부로 빼앗긴 열이 있기 때문이다.

2 답 열평형이 일어나더라도 물 입자(분자)들은 계속 움직이고 있으므로 열을 계속 주고 받고 있는 것이다.

탐구 2 물의 대류

탐구결과

1 답 차가운, 뜨거운

탐구문제

1 답 뜨거운 물은 밀도가 작아 위로 올라가고, 차가운 물은 뜨거운 물에 비해 밀도가 크므로 아래로 내려오면서 뜨거운 물과 차가운 물이 서로 섞이게 된다.

2 답 열평형이 이루어졌으므로 온도는 같다.

문제해결력 키우기 16~23쪽

01 답 ⑤
해설 온도는 물체의 차고 뜨거운 정도를 숫자로 표현한 것이다. 온도는 섭씨 온도, 화씨 온도, 절대 온도 등이 있다. 섭씨 온도는 물의 어는 점을 0℃, 끓는 온도를 100℃로 하여 100등분한 것이고, 화씨 온도는 물의 어는 온도를 32°F, 끓는 온도를 212°F로 하였다. 절대 온도는 분자 운동이 멈추는 온도인 -273℃를 0K(켈빈)으로 하였다. 대기와 열평형 상태이므로 같은 장소에 있는 창문 유리와 나무 창틀의 온도는 같다. 겨울에 창문 유리와 나무 창틀을 동시에 만져보면 창문 유리가 더 차가운 것은 유리가 나무보다 열전도율이 커서 유리의 열이 손으로 빨리 전달되기 때문이다.

02 답 ③, ⑤
해설 ① 난로불 옆에 있으면 복사열로 인해 따뜻해진다.
② 국자의 손잡이는 나무나 플라스틱으로 만들어 냄비의 열이 손으로 전달되지 않도록 한다.
③ 얼음에 음료수병을 넣어두면 얼음과 음료수 안의 음료수가 열평형을 이루어 음료수가 시원해진다.
④ 에어컨은 방의 위쪽에 두어 차가워진 공기가 아래쪽으로 내려오도록 하고, 난방기는 방의 아래쪽에 두어 따뜻해진 공기가 위로 올라가면서 대류에 의해 방 전체가 시원하거나 따뜻해지게 한다.
⑤ 체온을 잴 때 입안이나 겨드랑이에 체온계를 꽂고 한참 있으면 체온과 온도계가 열평형을 이루어 온도가 같아진다.

03 답 대엽
해설 열은 온도가 높은 곳에서 낮은 곳으로 이동하며 쇠막대를 통해 열이 전도되는 경우는 어느 방향으로나 같은 속도로 전달된다.

04 답

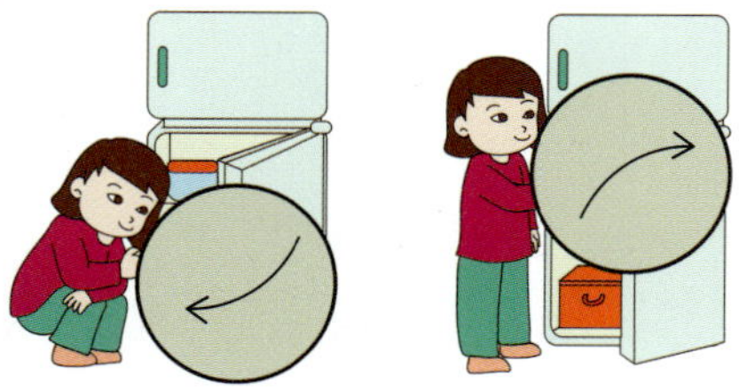

해설 냉장고의 문을 열면 문 밑에서는 냉장고 안쪽의 차가운 공기가 문 바깥쪽으로 빠져나간다. 따라서 휴지 조각은 냉장고 바깥쪽으로 움직인다. 문 위에서는 실내의 따뜻한 공기가 냉장고 안으로 이동하기 때문에 휴지 조각은 냉장고 안쪽으로 움직인다.

05 답 ②, ④

해설 에어컨의 찬 공기가 아래로 내려오고 대기 중의 따뜻한 공기가 위로 올라가면, 이 공기를 다시 에어컨이 차갑게 만드는 과정을 통해 방 전체가 시원해진다. 이와 같은 열의 이동은 방법을 대류라고 한다. ①과 ⑤는 복사, ③은 전도에 의한 열의 이동 방법을 나타낸 것이다.

06 답 아이스크림 주변에 닿은 공기에서 아이스크림의 쪽으로 열이 이동하므로 주변의 공기보다 온도가 낮아진다. 그런데 선풍기 바람으로 아이스크림 주변에 닿은 공기를 계속해서 쫓아버리면 따뜻한 공기가 아이스크림 주변에 닿게 되어, 열이 아이스크림 쪽으로 더 빨리 이동하게 된다. 이러한 현상이 반복되면 아이스크림은 더 빨리 녹게 된다.

07 답 ㉠ : 대류 ㉡ : 전도 ㉢ : 복사

08 답 ④, ⑤

해설 검은색 옷을 입으면 흰색 옷을 입을 때보다 옷 안의 온도가 6℃정도 높아진다. 그런데 헐렁하게 입으면 옷 안의 데워진 공기는 헐렁한 옷의 윗부분으로 빠져나가고, 외부의 공기가 헐렁한 옷의 아래로 들어오면서 바람이 불게 된다. 바람이 분다고 해서 기온이 내려가는 것은 아니다. 바람이 불면 땀의 증발이 활발해지고, 땀이 증발하면서 열을 빼앗아가기 때문에 시원하게 느껴지는 것이다. 바람이 부는 날 체감온도가 낮아져서 실제 기온보다 더 춥게 느껴지는 것과 같은 현상이다.

09 (1) 답 금속은 열전도율이 높고 플라스틱은 열전도율이 낮기 때문에 손에서 금속으로 열이 빨리 전달되어 더 차갑게 느껴지는 것이다.

해설 금속과 플라스틱 부분은 외부 온도와 열평형을 이루고 있으므로 온도가 같다. 금속은 열전도율이 높은 반면 플라스틱은 열전도율이 낮다. 따라서 우리 손에서 금속으로 열이 빨리 전달되므로 플라스틱보다 금속이 더 차갑게 느껴지는 것이다.

(2) 답 ②, ⑤

해설 손잡이를 플라스틱으로 만드는 것은 열전도를 이용한 것이다. ②⑤은 전도, ③⑥는 대류에 의한 열의 전달, ④은 열에 의한 물의 부피 팽창, ① 전자레인지는 물에 전자파를 비추면 물분자의 회전운동이 커지면서 열이 발생하는 원리를 이용한 것이다.

10 (1) 답 태양 에너지를 받는 양이 많은 적도 지방(위도 0°)부근에는 난류가 흐르고, 태양 에너지를 받는 양이 적은 극지방(위도 90°) 부근에는 한류가 흐른다.

해설 난류는 적도 지방 부근에서 발생하여 극지방 부근으로 이동하고 한류는 극지방 부근에서 적도 지방 부근으로 이동한다. (해수의 대류 현상)

(2) 답 적도 지방의 열이 극지방으로 이동하므로 적도는 계속해서 뜨거워지지 않고, 극지방은 적도 지방의 열을 받으므로 계속해서 차가워지지 않는다. 즉, 해류를 통해 적도 지방의 열에너지를 극지방으로 이동하여 지구의 열평형이 이루어진다.

(3) 답 대기의 순환

해설 적도 지방은 열에너지가 남고 극지방은 열에너지가 부족하다. 해류의 이동이나 대기의 순환에 의해 적도 지방의 열에너지가 극지방으로 이동함으로써 열에너지의 불균형이 줄어든다.

11 (1) 답 양은 냄비는 금속으로 만들어져 있어 열전달율이 높아 냄비 안의 음식을 빨리 익힐 수 있다. 뚝배기는 열전달율이 높지 않아 음식이 데워지는데 오랜 시간이 걸리지만 불을 끄고 나더라도 오랜 동안 음식을 따뜻하게 보존할 수 있다.

(2) 답 예시 1. 양은 냄비 : 라면을 빨리 익힐 수 있고, 익고 난 후에 그릇이 빨리 식기 때문에 면발이 불지 않는다.

2. 뚝배기 : 물을 끓이는데 시간이 오래 걸리지만, 끓이고 난 후, 그릇이 빨리 식지 않으므로 다 먹을 때까지 라면이 따뜻하다.

(3) 답 ·열의 전달이 빠른 성질을 이용하여 단든 것 : 다리미의 다림판, 핫멜트 건(글루건)의 입구 부분, 프라이팬의 금속 부분, 커피 포트의 열선, 전기 오븐의 열선 등

·열의 전달이 느린 성질을 이용하여 만든 것 : 보온병, 창문에 친 커튼, 털옷, 아이스박스, 건물을 지을 때 쓰는 단열재, 주방 장갑, 냄비 받침 등

12 (1) 답 ·예상한 결과 : 고무 풍선은 터지지 않는다.

·이유 : 고무 풍선 속에 있는 물이 열을 흡수하여 풍선의 발화점보다 온도를 낮게 유지하기 때문이다.

(2) 답 ·예상한 결과 : 고무 풍선이 터진다.

·이유 : 고무 풍선의 고무가 열을 가하면 약해지기 때문이다.

해설 고무 풍선의 고무는 열을 가하면 약해진다. 물이 없는 고무 풍선을 가열하면 어느 순간 고무 풍선 안의 공기의 압력을 견딜 수 없게 되어 터지게 된다

02

창의력 키우기 24~25쪽

01 (1) 답 ·사막 여우 : 몸집이 작고 몸에 비해 귀가 매우 크다.
·북극여우 : 몸집이 크고 몸에 비해 귀가 매우 작다.

(2) 답 사막 여우는 뜨거운 곳에 살고 있으므로 몸에 비해 큰 귀를 이용해 몸의 열을 방출하며 체온을 유지한다. 북극 여우는 추운 곳에 살고 있으므로 체온이 떨어지지 않도록 하기 위해 몸의 말단 부위(귀, 발가락 등)가 바깥으로 적게 노출되어 있고, 피부 지방층을 두껍게 한다.

02 (1) 답 ·장점 : 경제적이다. 고장이 별로 없다. 방을 데우는 동시에 밥을 지을 수 있다.
·단점 : 온도를 조절하기 어렵다. 열 손실이 크다. 방바닥과 윗면의 온도 차가 심하다.

(2) 답 **예시 답안**
·가설 1 : 열을 가하면 물과 공기의 대류에 의해 물이 끓고, 철판의 온도가 높아질 것이다.
·실험 방법
① 그림과 같이 장치한다.
② 토치에 불을 붙여 대형 비커의 물을 데운다.
③ 물과 철판의 온도를 1분 간격으로 측정한다.

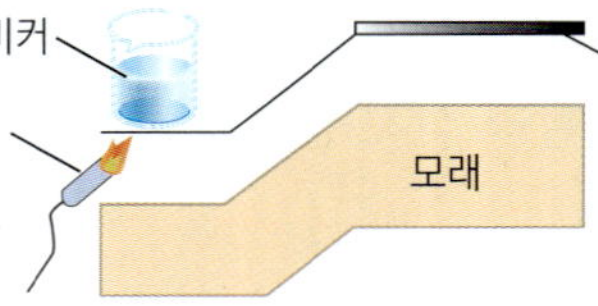

·가설 2 : 호스로 연결한 철판 사이에 끓는 물을 통과시키면 철판의 온도가 높아질 것이다.
·실험 방법
① 그림과 같이 장치한다.
② 대형 비커의 물을 가열하고 펌프를 작동시켜 물을 호스로 뽑아 올린다.
③ 철판의 온도를 1분 간격으로 측정한다.

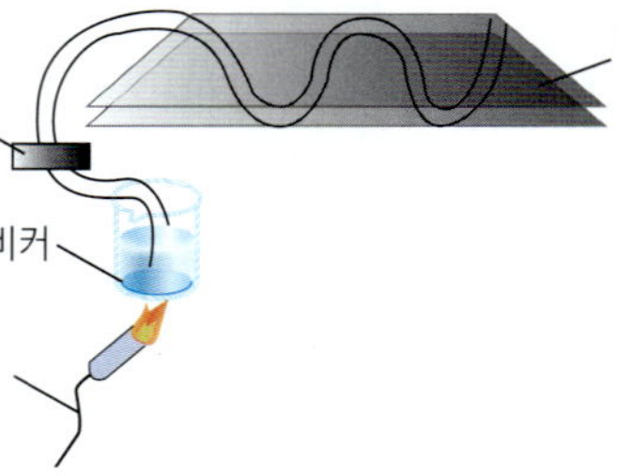

STEAM 융합형 문제 해결하기 26쪽

01 (1) 답 ②
해설 처음에 보일러에서 나오는 열때문에 집안의 온도는 올라가나 보일러에서 나오는 열이 집밖으로 빠져나가는 열과 같으면 온도는 일정하게 유지된다.(열평형). 따라서 열손실이 더 큰 집 A의 온도가 낮게 유지된다.

(2) 답 ④
해설 시간이 지나면, 보일러에서 나오는 열 = 집밖으로 빠져나가는 열이 된다. 열손실이 더 큰 집 A의 집밖으로 빠져나가는 열이 더 빨리 보일러에서 나오는 열과 같아진다.

(3) 유리창에 뽁뽁이 붙이기, 창문과 문에 문풍지 붙이기, 출입문에 두꺼운 커튼 달기 등

2. 태양의 가족

기본 확인 문제 31 쪽

01 태양계 02 위성 03 강하지 않은
04 금성 05 1억 5000만 06 천왕성
07 대류 08 목성 09 일식

탐구력 키우기 32~33쪽

탐구 1 태양계의 행성 탐구

자료해석

1 답 수성, 목성

2 답 작은 편이다. 태양계의 행성을 작은 것부터 순서대로 나열하면 수성>화성>금성>지구>해왕성 > 천왕성>토성>목성이다. 8개 중 4번째로 작으므로 작은 편에 속한다. 또, 상대적인 크기를 보더라도 해왕성, 천왕성은 지구보다 약 4배가 크고, 토성은 약 9배, 목성은 약 11배 이상 크므로 지구는 작은 편에 속한다.

3 답 토성, 물보다 밀도가 작은 0.7 g/cm^{3}이기 때문이다.

4 답 수성, 대기가 존재하지 않기 때문이다.

탐구 2 금성의 위상 관찰

자료해석

1 답 그림 참조(밝게 나타난 모양이 금성의 모습이다.) 지구와 가까울수록 커진다.

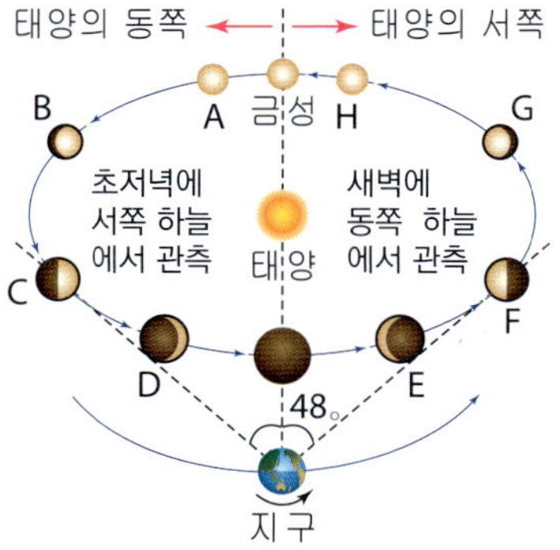

	태양보다 동쪽				태양보다 서쪽			
위치	A	B	C	D	E	F	G	H
관측 시기	해가 진 후 서쪽 하늘				해 뜨기 전 동쪽 하늘			
관측 방향	서쪽				동쪽			
모양 변화								

2 답 C
해설 지구에서 봤을 때 태양과 가장 멀리 떨어져 있는 것으로 보이는 위치인 C, F에서 가장 오래 관측할 수 있다. C는 서쪽 하늘에서 F는 동쪽 하늘에서 관측 가능하다.

3 1. 달은 전체적인 모양만 변하고, 크기의 변화는 거의 없으나, 금성은 지구에서 멀어지고 가까워짐에 따라 크기 차이가 많이 난다.
2. 지구에서 볼 수 있는 시간이 달에 비해 짧다.

문제해결력 키우기 34~41쪽

01 답 ③, ④
해설 태양계의 중심에는 태양이 있으며, 지구에서 가장 가까운 행성은 금성이다. 항성은 스스로 빛나는 천체로 태양계에서 항성은 태양이 유일하다.

02 답 ②
해설 그림은 혜성 사진이다. 혜성은 주로 얼음과 먼지로 이루어져 있으며, 태양 가까이에 오면 태양에 의해 얼음이 녹아서 꼬리가 태양 반대쪽으로 길어진다.

03 답 ·이름 : 흑점
·이유 : 주변보다 온도가 낮아서 검게 보인다.
해설 흑점은 강한 자기장의 영향으로 광구 아래에 있는 대류층의 대류를 억제하므로 주변보다 온도가 낮아 검게 보이는 것이다. 그러므로 태양의 자기장의 세기가 강할수록 온도는 더욱 낮아져 더욱 검게 보인다. 흑점의 크기는 시간에 따라 변한다. 대부분의 흑점은 크게 성장하지 못하고 수 시간 또는 수 일 만에 없어지고 만다.

04 답 8분 20초 전에 출발한 것이다.
해설 거리를 속도로 나누면 걸린 시간을 알 수 있다.

$$\frac{150,000,000(\text{km})}{300,000(\text{km/s})} = 500\text{초}$$

$$\frac{500\text{초}}{60} = 8\frac{1}{3}(\text{분}) = 8\text{분 } 20\text{초}$$

02

05 답 태양은 자전한다.
해설 사진을 보면 흑점의 위치가 이동하는 것을 볼 수 있다. 이것은 태양의 자전으로 인하여 흑점이 돌아가는 것처럼 보이는 것이다.

06 답 금성은 두꺼운 이산화 탄소 대기로 덮여 있기 때문에 온실효과에 의해 표면 온도가 높다.
해설 금성은 수성보다 태양으로부터 더 멀리 떨어져있지만 표면 온도가 더 높은 이유는 주로 이산화 탄소로 이루어진 두꺼운 대기를 가지고 있어 온실효과가 크게 나타나기 때문이다. 금성의 표면 온도는 약 500 ℃로 높으며, 표면 기압도 지구의 90배나 된다.

07 답 1. 육안 관측 - 인류는 아주 오래 전부터 맨눈으로 천체를 관찰해 왔다. 대표적인 육안 관측자는 '티코 브라헤'로 혜성을 관측하여 달보다 먼 곳에 있음을 밝혀내었다.
2. 망원경 관측 - 1609년 갈릴레이가 굴절식 천체 망원경을 제작하여 천체를 관측하였으며, 1672년 뉴턴이 오목 거울을 이용한 반사식 천체 망원경을 발명하였다. 1931년 미국 벨 연구소의 칼 잰스키에 의해 처음 시도된 전파 망원경이 있으며, 현재 지구 대기권 밖에서 지구를 공전하는 인공 위성에 설치한 망원경인 허블 우주 망원경과 제임스 웹 우주 망원경이 있다.
3. 탐사선 탐사 - 인류는 1957년 최초 인공 위성인 스푸트니크 1호를 시작으로 각종 탐사선을 여러 행성에 근접시키거나 착륙시켜서 태양계의 행성들을 조사하고 있다.

08 답 화성에는 적지만 대기가 있고, 물이 있던 흔적이 남아 있고, 자전축이 지구와 비슷하게 기울어져 있어서 사계절이 나타나는 등 지구와 비슷한 환경이다. 화성은 태양에서 지구보다 멀리 떨어져 있으므로 지구보다 먼저 식었을 것이고, 그 결과 지구보다 먼저 생명체가 나타나서 고등 문명을 이루었을 것이라는 생각을 가지게 되었다.

09 (1) 답 A
해설 일식은 달에 의하여 태양이 가려지는 현상이다.
(2) 답 지리적으로는 가깝지만 일본은 달의 본그림자 영역에 위치하며, 우리나라는 달의 반그림자 영역에 위치하기 때문에 이런 차이가 발생한다.
(3) 답 일식은 지구-달-태양이 일직선에 놓일 때 일어나는데, 달이 움직이는 길과 태양이 움직이는 길이 일직선에 있지 않고 기울어져 있기 때문에 1회 공전하는 1개월마다 일식이 일어나지는 않는다.

10 (1) 답 A
해설 수성은 태양과 너무 가까이 있기 때문에 대기가 없다.
(2) 답 ① 작다 ② 크다 ③ 무거운 원소 ④ 없거나 적다 ⑤ 없다 ⑥ 길다
(3) 답 D, 화성
해설 화성의 표면이 붉은색 사막으로 되어있는데 토양에 산화 철이 섞여있기 때문이다. 또한 양극에 흰색의 극관이 있는데 이 극관은 얼음과 드라이아이스로 되어 있어 여름에는 작아지고 겨울에는 커진다.

11 (1) 답 21년
해설 천왕성의 공전 기간은 총 84년이다. 1 → 2로 가는 기간은 총 공전 기간의 1/4이므로 21년이다.
(2) 답 1일
해설 천왕성의 극지방에서 태양을 관측하면 태양주위를 1회 공전하는 1년 중 절반 동안은 태양이 뜨는 낮 기간이고, 나머지 절반 동안은 태양이 뜨지 않는다. 그러므로 태양이 뜨고 지는 것을 기준으로 할 때 천왕성의 극지방에서 1년은 1일과 같다.

12 (1) 답 7억 8000만 km
해설 $5.2 \times 150,000,000 = 780,000,000$(km)
(2) 답 약 2만 6000일
해설 지구와 화성이 가장 가까울 때 지구에서 화성까지의 거리는
$0.5 \times 150,000,000 = 75,000,000$(km)
지구에서 화성까지 걸리는 시간은
$$\frac{75,000,000(\text{km})}{120(\text{km/시})} = 625,000(\text{시간})$$
625000시간은 약 $625000 \div 24 \fallingdotseq 26042$일이다.
(3) 답 64,009,606,500,000,000,000 km^2
해설 태양에서 해왕성까지의 거리는
$30.1 \times 150,000,000 = 4,515,000,000$(km)
태양계의 넓이는 태양에서 해왕성까지의 거리를 반지름으로 하는 원의 넓이와 같으므로
3.14 × 반지름 × 반지름
$= 3.14 \times 4,515,000,000 \times 4,515,000,000$
$= 64,009,606,500,000,000,000(\text{km}^2)$

창의력 키우기 42~43쪽

01 (1) 답 ·곡식 – 태양빛을 이용하여 광합성을 하여 영양분을 만들어내고, 그 영양분을 이용해 생장하여 곡식을 얻는다.
·구름 – 태양으로부터 오는 열은 수증기를 포함하고 있는 공기를 상승시켜서 구름을 만든다.
해설 지구상의 대부분의 물질들의 에너지의 근원은 태양 에너지이다.

(2) 답 1. 태양계의 8행성과 소행성들이 태양계를 벗어나 우주 공간으로 나갈 것이다.
2. 태양의 힘에 의해 일정한 궤도를 돌던 지구와 행성들은 궤도를 이탈하여 서로 충돌할 수 있다.
3. 지구의 온도가 급격하게 낮아져서 생명체가 동사한다.
4. 지구에서는 급격한 기상 이변이 일어날 것이다.
해설 지구에 있어서 태양이란 모태가 되는 존재와도 같다. 지구에 있는 생명체들 중 태양의 영향을 받지 않는 생명체는 없다. 태양이 사라지면 우선 나타나는 현상은 기온이 크게 떨어지며, 기온 급감으로 인하여 식물 등은 대부분 동사하게 된다. 식물이 살지 않으면 그 식물을 소비하는 생물들이 차례로 죽게 되며, 결국에는 그 영향이 인간에게 까지 다다른다. 기온 급감으로 적도 지방을 중심으로 사람들이 동사하며 그 다음 아열대, 온대, 아한대를 강타하며 대부분의 사람이 얼어 죽는다. 또한, 태양이 없어지면 태양이 인력으로 잡아당기는 8개의 행성들이 구심점을 찾지 못하여 원심력에 의하여 우주로 멀리 튕겨져 나간다. 이 과정에서 서로 충돌하는 행성들도 생기게 될 것이다.

02 (1) 답 ·밀도 크기 순서 : A > 지구 > B
·이유 : 지구에서 5 km 깊이에 있는 암석 시료의 밀도는 지각의 밀도(2.5 g/cm^3~3.0 g/cm^3)와 같다. A는 크기와 총질량은 지구와 동일하지만 내부 구성 물질이 균질하므로 지구의 평균 밀도 (5.5 g/cm^3)와 비슷할 것이다. B 또한 내부 구성 물질이 균일하나 반지름이 지구의 4배이므로 지구의 밀도보다 64배 작을 것이다. 대기의 밀도는 행성의 밀도에 큰 영향을 주지 않는다.

(2) 답 ·운석 구덩이가 보존될 가능성이 가장 큰 행성 : B > A > 지구
·이유 : 충돌 후 생긴 구덩이가 가장 오랫동안 보존되려면 풍화 침식이 되지 않아야 한다. B는 대기가 없으며 물이 존재하지 않으므로 풍화·침식이 되지 않는다. A도 물에 의한 풍화, 침식이 없으므로 대기에 의한 약간의 풍화만 있다.

STEAM 융합형 문제 해결하기 44쪽

01 (1) 답 75억 km
해설 $50 \times 150,000,000 = 7,500,000,000$(km)

(2) 답 물과 얼음
해설 오르트구름 안에서 만들어진 혜성이 얼음과 먼지로 구성되어 있으므로 카이퍼벨트와 오르트구름 안의 소행성들은 주로 얼음과 먼지로 구성되어 있다고 생각할 수 있다.

(3) 답 약 2천 600일 전
해설 오르트구름 중심 까지의 거리는
$50,000 \times 150,000,000 = 7,500,000,000,000$(km)
혜성이 지구에 도착하기 까지 걸린 시간은
$$\frac{7,500,000,000,000(\text{km})}{350(\text{km/시})} = 21,430,000,000\text{시간}$$
$21,430,000,000 \div 24 = 893,000,000$일
오르트 구름 중심에서 만들어진 혜성이 지구에 도착하려면 약 893,000,000일(약 8.93억 일)이 걸린다.

03

3. 식물이 하는 일

기본 확인 문제

49 쪽

01 × 02 ○ 03 ○ 04 ○ 05 ×
06 ○ 07 ○ 08 ○ 09 ×

탐구력 키우기

50~51쪽

탐구 1 식물의 줄기 단면 관찰

탐구결과

1 답

	장미	백합
단면모습	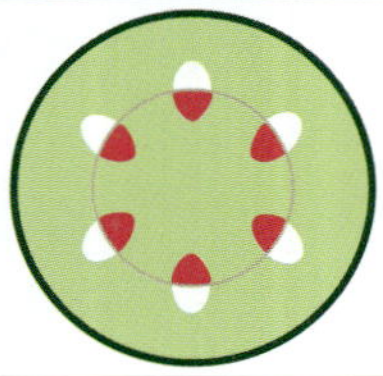	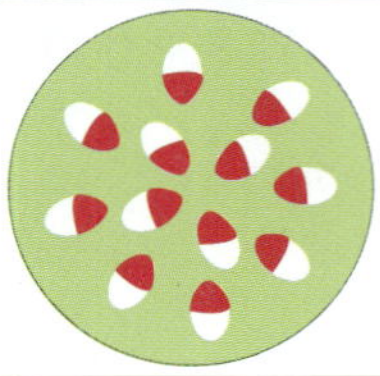
관다발 배열의 특징	물관과 체관 사이에 형성층이 있으며, 관다발이 규칙적으로 배열되어 있다.	형성층이 없으며, 관다발이 불규칙하게 흩어져 있다.

2 답 물관

탐구문제

1 답

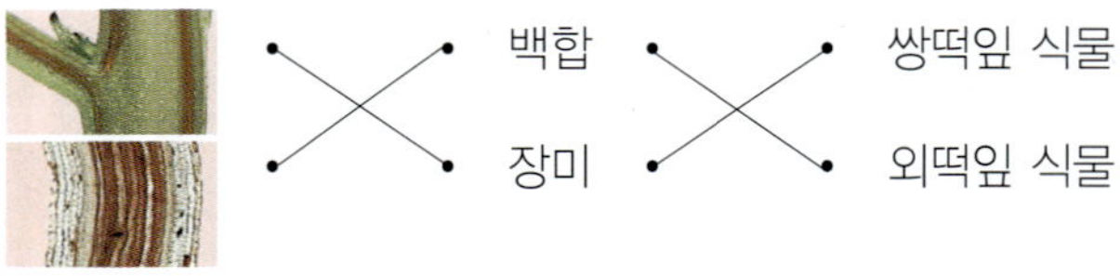

해설 장미(쌍떡잎식물)의 세로 단면은 붉게 물든 부분이 2줄로 나타난다. 백합(외떡잎식물)의 세로 단면은 붉게 물든 부분이 여러 줄로 나타난다.

2 답

	형성층	뿌리 종류	부피 생장	관다발 배열
쌍떡잎식물	○, X	곧은, 수염	○, X	규칙, 불규칙
외떡잎식물	○, X	곧은, 수염	○, X	규칙, 불규칙

해설

	쌍떡잎식물	외떡잎식물
떡잎	2장	1장
뿌리	곧은뿌리	수염뿌리
형성층	있다	없다
관다발	규칙적	불규칙적
잎맥	그물맥	나란히맥
꽃잎의 수	4 또는 5의 배수	없거나 3의 배수
식물의 예	봉선화, 호박, 민들레, 강낭콩, 무궁화, 해바라기, 복숭아나무	보리, 붓꽃, 강아지풀, 잔디, 옥수수, 양파, 백합, 대나무

탐구 2 광합성의 원료

탐구예상

1 답

구분	시험관에서 일어나는 작용
A	광합성이 일어나 용액 중의 이산화 탄소가 소모된다
B	빛이 없어 광합성이 일어나지 않고 호흡만 일어나게 된다
C	BTB 용액의 온도가 높아져 용액 속의 이산화 탄소가 공기중으로 빠져나간다.
D	변화 없음

2 답

A	B	C	D
청색	황색	청색	황색

해설 BTB 용액(지시약)은 산성에서 황색, 산성이 아니면 청색을 띤다. 입김을 불어 넣으면 날숨의 이산화 탄소에 의해 용액이 산성으로 되므로 황색으로 변하며, 이산화 탄소가 없어지면 청색을 띤다.

탐구문제

1 답 시험관 A와 C는 모두 이산화 탄소가 빠져나가서 청색으로 변한다. 시험관 A에서 물풀이 이산화 탄

소를 흡수하기 때문에 BTB 용액의 산성도가 낮아져 황색에서 청색으로 바뀌는 것이다. 식물이 광합성을 할 때 이산화 탄소가 필요하다는 것을 알 수 있다.

2 답 시험관 A는 용액의 색이 청색으로 변하는 것으로 보아 이산화 탄소가 없어진다는 것을 알 수 있고, 시험관 B는 황색 그대로 있는 것으로 보아 광합성이 일어나지 않는 것이므로, 녹색 식물이 광합성을 하기 위해서는 빛이 필요하다는 것을 알 수 있다.

문제해결력 키우기 52~59쪽

01 답 ㉠ : 꽃잎 – 암술과 수술을 감싸서 보호하며, 화려한 색을 띠고 있어 곤충을 유인한다.
㉡ : 수술 – 꽃밥과 수술대로 되어 있으며, 꽃밥에서 꽃가루를 만든다.
㉢ : 암술 – 암술머리와 씨방이 암술대에 의해 연결되어 있으며, 꽃가루가 암술머리에 떨어져서 수분이 이루어진다.
㉣ : 씨방 – 암술의 아랫부분에 볼록한 주머니 모양으로 안에 밑씨가 들어있다.
㉤ : 밑씨 – 수정이 이루어진 후, 씨앗이 된다.

02 답 • 꽃이 벌에게 주는 도움 : 꿀과 쉴 곳을 제공해 준다.
• 벌이 꽃에게 주는 도움 : 꽃가루를 옮겨 준다.
해설 꽃은 곤충에게 꿀과 안식처를 제공하고, 곤충은 꽃의 꽃가루를 암술에 옮겨주는 역할을 한다. 서로에게 필요한 것을 제공하게 되는 것이다. 이러한 관계를 공생이라고 한다.

03 답 꽃잎이 발달되어 있지 않은 것으로 보아 바람에 의해 꽃가루받이가 이루어지는 풍매화이다.

04 답 ②
해설 감의 씨에서 A는 배젖, B는 배이다. 강낭콩에서 C는 배, D는 떡잎이다. 강낭콩의 배젖은 씨가 생성되는 과정에서 퇴화되어 양분을 떡잎에 저장한다. B와 C는 싹이 트면 자라서 어린 식물이 되는 배아이며 정핵과 난세포의 수정으로 생성된다.

05 답 ②, ③, ⑤
해설 열매는 씨와 과피로 구성되어 있으며, 과피는 가장 바깥쪽 껍질인 외과피와 보통 우리가 먹는 부분인 중과피, 그리고 열매의 가장 안쪽에 있는 씨앗을 보호하는 부분인 내과피로 되어 있다. 씨 속에는 자라서 새로운 개체가 될 배가 있고, 양분이 되는 배젖이 있다. 꽃이 핀 다음 암술머리에 수술의 꽃가루가 붙는 수분이 된 후에 수정이 되면, 씨방이나 꽃턱, 꽃받침 등이 열매로 변하며, 밑씨는 자라서 씨(종자)가 된다.

06 답 A : (표피, ㄷ), B : (피층, ㅁ), C : (체관, ㄴ), D : (형성층, ㄱ), E : (물관, ㄹ)
해설

표피		줄기의 가장 바깥쪽에 있는 한 겹의 세포층
피층		표피 안쪽에 있는 여러 겹의 세포층
관다발	물관	물과 무기 양분의 이동 통로
	형성층	세포 분열이 일어나 부피 생장이 일어나는 분열 조직
	체관	유기 양분의 이동 통로

07 답 ㄴ, ㄷ, ㅂ
해설 줄기에 양분을 저장하는 식물은 감자, 양파, 토란, 연, 사탕수수 등이 있다.

08 답 ③, ④, ⑤
해설 제시된 사진은 현미경으로 본 공변세포의 모습이다. 공변세포 사이의 기공은 식물체가 뿌리를 통해 흡수한 물을 수증기 형태로 공기 중으로 내보내는 증산작용과, 광합성의 결과 만들어진 산소를 내보내고 공기 중의 이산화 탄소를 받아들이는 기체 교환을 담당한다. 공변세포는 꽃이나 줄기를 포함하여 대기에 노출된 대부분 부위에 위치하고 있으나, 주로 잎의 뒷면에 많이 분포한다. 또한 식물에 따라 그 분포의 수가 다르다.

09 (1) 답 ③, ④
해설 잎이 있는 나뭇가지와 잎이 없는 나뭇가지를 비교하여 증산작용이 일어나는 장소를 확인할 수 있으며, 잎이 있는 나뭇가지와 비닐봉지를 씌운 나뭇가지를 비교하여 주변 환경의 습도에 따른 증산작용의 차이를 알아볼 수 있다.

(2) 답 시험관의 물이 수면에서 바로 공기 중으로 증발하는 것을 막아 식물체를 통한 물의 증산량만 비교하기 위해서이다.

(3) 답 • B > C > A
• 이유 : B는 잎이 없기 때문에 증산 작용이 거의 일어나지 않으며 C는 증산 작용이 일어나지만 비닐 봉지 내부에 수증기가 가득 차면서 습도가 높아져 증산 작용이 감소하게 된다. 따라서 잎이 있는 A가 가장 활발하게 증산작용이 일어나게 된다.

10 답 (1) ㉠ : D, ㉡ : 검정말과 달팽이가 동시에 호흡을 하여 발생되는 이산화탄소 양이 많기 때문에
㉢ : B, ㉣ : 검정말이 광합성을 하여 산소를 발생시키기 때문

해설 광합성 과정에서는 산성 기체인 이산화 탄소를 흡수하고 호흡 과정에서는 이산화 탄소를 방출한다. 달팽이는 호흡을 하고 검정말은 빛이 있을 때는 광합성을 하고 빛이 없을 때에는 호흡만 한다. 따라서 B는 검정말이 단독으로 광합성을 하므로, C와 같이 달팽이와 함께 있을 때보다 이산화 탄소가 빨리 줄어들어 청색이 된다. D는 검정말과 달팽이가 동시에 호흡을 하므로 A보다 이산화 탄소가 빨리 늘어나 가장 먼저 황색이 된다.

(2) 답 ㄱ, ㄷ, ㅂ
해설 ㄱ. 물달팽이는 호흡 결과 이산화 탄소를 방출하기 때문에 산성으로 변하므로 중성 BTB 용액의 색깔이 황색으로 변하게 된다.
ㄴ. 빛의 세기에 따른 광합성량을 비교하기 위해서는 빛의 세기를 각각 다르게 하고, 다른 조건들은 모두 같게 하여 실험해야 한다.
ㄷ. 시험관 E에서는 빛이 은박지에 의해 차단되기 때문에 식물은 광합성 작용을 하지 않는 반면 지속적으로 호흡을 하기 때문에 산소를 흡수하고 이산화 탄소는 배출하므로 황색으로 변한다.
ㄹ. 시험관 D에서는 빛이 은박지에 의해 차단된 상태에서 식물과 물달팽이가 동시에 들어 있다. 물달팽이와 식물의 호흡 작용만 일어나므로 이산화 탄소가 늘어나 물달팽이는 결국 죽게 된다.
ㅁ : 물에 녹아 있는 산소의 양에 따른 광합성량을 비교하기 위해서는 시험관마다 공급되는 산소의 양을 달리하고 나머지 조건들은 동일하게 한 채 실험해야 한다.
ㅂ : 시험관 C에서는 식물과 물달팽이를 동시에 넣었을 때, 식물이 빛에 의해 광합성 작용을 하기 때문에 그 결과 호흡에 필요한 산소를 방출하고 이 산소를 물달팽이가 이용하기 때문에 물달팽이는 계속 살 수 있다.

11 (1) 답 A, 녹말
해설 햇빛을 받은 토끼풀 A에서만 광합성이 일어나기 때문에 녹말이 생성되어 아이오딘-아이오딘화 칼륨 용액에 의해 청남색으로 변하게 된다.

(2) 답 ④
해설 에탄올에 잎을 넣어 중탕하면 잎의 엽록소가 에탄올로 빠져나와 제거되므로 이미 만들어진 녹말을 아이오딘-아이오딘화 칼륨 용액과 반응시켰을 때 색깔 변화를 뚜렷하게 관찰할 수 있다.

(3) 답 1.광합성을 하기 위해서는 빛이 필요하다.
2. 광합성의 결과 녹말이 만들어진다.
해설 빛을 차단한 시험관에서 녹말이 생성되는 광합성이 일어나지 않으므로 광합성을 하기 위해서는 빛이 필요하다는 것을 알 수 있다. 아이오딘-아이오딘화 칼륨 용액과의 반응을 통해 광합성 결과 녹말이 생성된다는 것을 확인할 수 있다.

12 (1) 답 온도, 공기 중의 이산화 탄소 농도, 빛의 세기
(2) 답

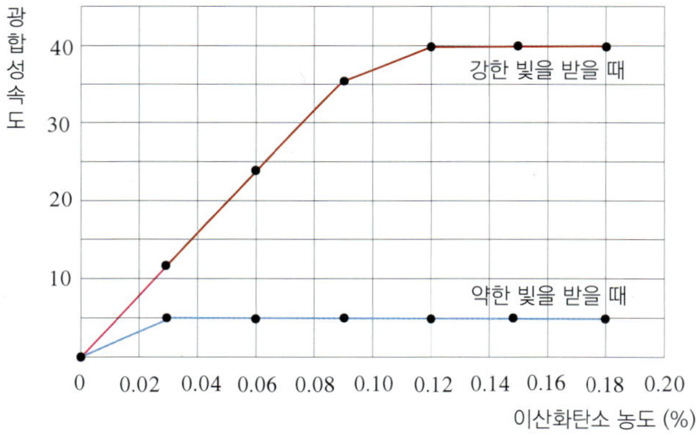

특징 : 강한 빛을 받을 때 공기 중 이산화탄소 농도가 증가해도 광합성 속도는 어느 한도 이상 증가하지 않고 일정해진다.
(3) 답 1. 비닐 하우스 안의 온도를 35℃ 정도가 되게 한다.
2. 이산화 탄소의 농도는 0.12 % 가 되게 한다.
3. 식물이 강한 빛을 받게 한다.

창의력 키우기 60~61쪽

01 (1) 답 빛의 세기

해설 민들레 꽃은 햇빛에 민감한 세포들을 가지고 있다. 이 세포들 중 위와 아래쪽의 세포가 햇빛에 서로 다른 반응을 보인다. 햇빛이 강하면 위쪽의 세포가 물을 흡수하여 팽창하고, 햇빛이 약하면 오므라드는 것이다.

(2) 답 빛의 세기, 온도

해설 튤립은 고온에서 피고 저온에서 닫힌다. 튤립의 안쪽과 바깥쪽의 생장 속도가 열에 의해 달라지기 때문이다. 빛의 세기에 따라 온도가 달라지므로 튤립의 수면 운동에 영향을 준다고 생각되는 요인은 빛의 세기와 온도이다.

02 (1) 답 플라타너스

(2) 답

	선택한 까닭	우리 생활에 주는 이로운 점
1	이산화 탄소 흡수량이 많고 산소 방출량이 많다	사람들이 숨쉬는 데 필요한 산소를 제공한다.
2	오존 흡수량이 많다.	대기 중의 오존을 흡수하여 대기를 정화시킨다.
3	수분 방출량이 많다.	수분을 방출하여 주위 대기의 열에너지를 제거함으로서 빌딩 숲의 열섬 현상을 해소하고, 도시 기후를 쾌적하게 한다.

해설 플라타너스는 세계 4대 가로수의 하나로 북반구 주요 나라의 도로를 장식하고 있으며, 하루 중 상당 시간을 광합성 과정을 통하여 이산화 탄소와 질소산화물, 아황산 가스, 오존 등을 흡수하고 산소를 생산한다. 플라타너스 1그루는 매일 이산화탄소 3.6 kg을 흡수하고 산소 2.6 kg을 방출함으로서 3.5명이 하루 동안 숨쉴 수 있는 산소를 제공한다. 이 양은 병원에서 사용하는 산소 약 5만 2천원에 상당하는 경제적 가치를 갖는다. 또한, 하루 13 kg의 오존을 흡수하는 뛰어난 대기 정화 효과를 갖고 있다. 이 양은 느티나무보다 3.5배, 은행나무보다 5.5배 많은 것이다.
또한 플라타너스는 증산작용으로 수분을 다량 방출하여 주위의 대기 열에너지를 제거함으로써 빌딩 숲에 의한 열섬 현상을 상당 부분 해소하는 등 도시 기후를 쾌적하게 하는 효과도 뛰어나다.

STEAM 융합형 문제 해결하기 62쪽

01 (1) 답 A는 양지식물, B는 음지식물의 그래프이다. 다리 밑은 음지이고, 약한 빛에서도 잘 자라는 음지식물을 심어야 하므로 B 식물을 심는 것이 유리하다.

해설 광합성을 할 때 이산화 탄소를 흡수하므로 이산화탄소 흡수량은 곧 광합성량을 뜻한다. 호흡 시 이산화 탄소는 방출되므로 순 광합성량은 이산화 탄소 흡수량 – 방출량이다. 빛의 세기가 b일 때, 음지식물인 B는 광합성을 하여 잘 자라나 양지식물인 A는 호흡량이 많아 죽는다. 음지식물은 보상점이 낮아 약한 빛에서 잘 자라므로 그늘이 지는 큰 다리 아래는 음지 식물로 조경을 해야 한다.

(2) 답

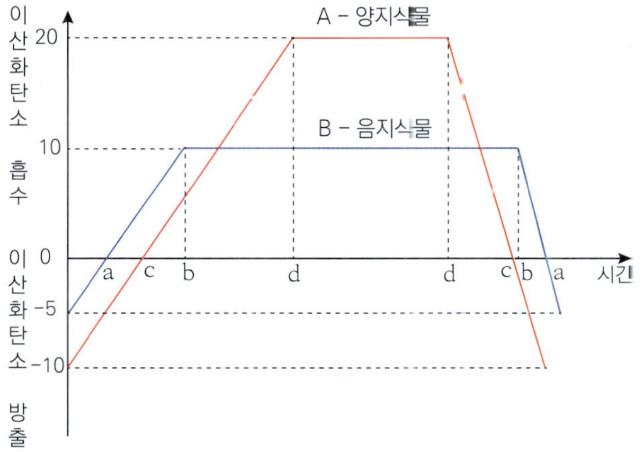

해설 맑은 날 하루 종일 식물을 관찰하면 해뜰 때와 해질 때 보상점은 두 번 나타난다.

04

4. 용해와 용액

기본 확인 문제 67 쪽

01 용액 02 시트르산 03 아세톤
04 같다 05 아세톤, 물 06 떠오른다
07 높을 08 높을수록 09 낮을수록

탐구력 키우기 68~69쪽

탐구 1 마블링

탐구결과

1 답 섞이지 않는
해설 마블링은 물과 기름이 섞이지 않는 성질을 이용한 것이다. 물에 섞이지 않고 뜨는 기름의 성질을 이용한다.

탐구문제

1 답 다르다
해설 기름이 아세톤에는 녹기 때문에 마블링 물감이 아세톤에 섞여서 무늬를 걷어낼 수 없다.

2 답 같은 결과물을 얻기 힘들다.
해설 기름과 수성물감은 서로 섞이지 않는다. 그렇지만 수성물감이 기름의 아래쪽으로 가라앉기 때문에 무늬를 건져 올리는 것이 쉽지 않다.

탐구 2 온도에 따른 고체의 용해도

탐구결과

1 답

물 5mL에 녹은 질산 칼륨의 양	2	4	6	8
결정이 석출되는 온도	24.5	46.8	64.0	73.6

2 답 더이상 용질(질산 칼륨)이 녹을 수 없기 때문이다.

탐구문제

1 답 결정이 석출되는 온도가 낮아진다.
해설 물의 양이 많아지는 것은 용질의 양이 적어지는 것과 같다.

2 답

물 5mL에 녹은 질산 칼륨의 양	2	4	6	8
결정이 석출되는 온도	24.5	46.8	64.0	73.6
질산 칼륨의 용해도	40	80	120	160

해설 고체의 용해도는 온도가 높을수록 증가한다. 물 5 ml = 물 5 g이므로, 물 100 g에 녹은 용질의 양(용해도) 은 질산칼륨의 질량 × 20을 해주면 된다.

문제해결력 키우기 70~77쪽

01 답 ④
해설 소금이 물과 아세톤 중 어느 것에 녹는지 알아보기 위한 것이므로, 소금을 녹이는 액체인 물과 아세톤의 종류 이외에 다른 모든 조건은 동일하게 해야 한다.

02 답 ①, ③
해설 물과 유성 페인트, 식초와 유성 물감이 서로 섞이지 않고, 페인트나 물감이 물 또는 식초 위에 떠야 작품을 만들 수 있다. 식용유와 수성 물감, 알코올과 유성 페인트도 서로 섞이지 않으나, 수성 물감이 식용유의 아래쪽으로 가라앉고 유성 페인트가 알코올의 아래쪽으로 가라앉기 때문에 종이를 표면에 대서 작품을 찍어내기 어렵다.

03 답 D
해설 용액은 위에 뜨거나 밑에 가라앉은 것이 없으며, 거름종이 위에 걸러지는 것이 없다. 또한 색깔이 없거나 있어도 투명하며 골고루 섞여 있어 용액의 어느 부분이나 성질이 같다. 현미경으로 보아도 알갱이를 볼 수 없다.

04 답 설탕물 용액의 무게 = C + D
설탕물 용액의 부피 < A + B
해설 설탕 알갱이와 물 알갱이가 골고루 잘 섞이면서 큰 알갱이 사이로 작은 알갱이가 끼어 들어가게 되기 때문에 부피는 줄어든다. 하지만 알갱이의 무게는 변하지 않으므로 용해시키기 전(설탕 + 물)과 용해시킨 후(설탕물)의 무게는 같다.

05 답 1. 메추리 알(또는 방울 토마토)을 넣어서 가장 많이 뜨는 것이 가장 진한 용액이다.
2. 답 맛을 본다.
3. 답 수수깡의 아래쪽에 압정을 꽂고 비커에 담긴 액체에 넣었을 때, 기구가 가장 많이 떠오르는 것이 가장 진한 용액이다.

06 답 2개의 층
해설 물을 넣는 과정에서 물과 에탄올이 섞이게 된다. 에탄올과 물이 섞여서 식용유보다 무거워지므로 물과 에탄올이 섞인 층이 아래로 가고 위층에는 식용유가 있게 된다.

07 답 ②
해설 퍼센트 농도 $= \frac{\text{용질의 질량}}{\text{용액의 질량}} \times 100$ 이다.

	퍼센트 농도(%)
①	$\frac{2}{8+2} \times 100 = 20\%$
②	$\frac{25}{100} \times 100 = 25\%$
③	$\frac{10}{50} \times 100 = 20\%$
④	$\frac{20}{80+20} \times 100 = 20\%$
⑤	$\frac{26}{104+26} \times 100 = 20\%$

08 답 ②, ⑤
해설 용해도가 클수록 기포가 적게 발생하므로 압력이 높고 온도가 낮은 B시험관이 기포가 가장 적게 발생한다. 용해도가 가장 작은 E시험관의 기포가 가장 많다. 온도가 높을수록 기체의 용해도는 감소하고, 압력이 높을수록 기체의 용해도는 증가한다. 기체의 용해도가 작아지면 기포가 많이 발생하여 기체가 액체로부터 방출된다.

09 (1) 답 용매 : 알코올, 용질 : 물
해설 용액에서 용매와 용질의 상태가 같을 때는 양이 많은 것을 용매, 양이 적은 것을 용질이라 한다.

(2) 답 물과 에탄올이 섞이면서 전체 부피가 작아지기 때문이다.

(3) 답 물과 에탄올의 알갱이의 크기는 다르다. 크기가 작은 알갱이가 크기가 큰 알갱이들 사이로 들어가면서 원래의 부피보다 섞었을 때의 부피가 작아진다.

10 (1) 답 ②
해설 (가)와 (나)는 포화 용액이므로 그래프의 곡선 위에 있어야 한다. → A, B, C가 해당된다.
(나)와 (다)의 질량 퍼센트 농도는 같아야 한다. 각 점에서의 퍼센트 농도는 다음과 같다.

	퍼센트 농도(%)
A	$\frac{120}{120+100} \times 100 = 54.55$
B	$\frac{80}{80+100} \times 100 = 44.44$
C	$\frac{40}{40+100} \times 100 = 28.57$
D	$\frac{40}{40+100} \times 100 = 28.57$
E	$\frac{40}{40+100} \times 100 = 28.57$

C, D, E가 질량 퍼센트 농도가 같다. 이 중 포화 용액은 C이므로 (나)는 C이다.

60 ℃인 B를 20 ℃로 냉각시키면 최대로 녹을 수 있는 양(용해도)이 80 → 40으로 감소하여 용질 40 g이 석출되므로 (가)는 B이다.

(2) 답 약 54.54%
해설 물 100g → 90g (30분 경과) → 81g (30분 경과) → 72.9g (30분 경과) → 65.6g (30분 경과)이 남는다.
80 ℃ 물 65.6 g에 녹을 수 있는 이 고체 물질의 양은, 용해도가 120(g/물 100g) 이므로
$100 : 120 = 65.6 : x \rightarrow x = 78.7(g)$
따라서, 고체 물질 100 g 중 78.7 g만 물에 녹는다.
∴ 퍼센트 농도 : $\frac{78.7}{65.6+78.7} \times 100 = 54.54(\%)$
이것은 80℃ 포화 용액의 퍼센트 농도와 같다.

11 (1) 답 소금 – 약 74 g, 백반 – 약 62 g, 붕산 – 약 32 g
해설 제시된 용해도 곡선 그래프는 용매 100 g에 녹을 수 있는 용질의 양을 나타낸 것이다. 문제에서는 용매 200 g에 녹을 수 있는 용질의 양을 물어 본 것이

므로 그래프의 값에 2배를 하면 된다. 온도가 60 ℃ 되는 지점과 각 용액의 용해도 곡선이 만나는 점(용해도)은 소금 약 37 g, 백반 약 31 g, 붕산 약 16 g이다.

(2) 답 백반- 약 9 g, 붕산- 약 17 g
해설 40 ℃에서 각 물질의 용해도는 소금 36 g, 백반 16 g, 붕산 8 g 이다. 따라서 백반은 (25 - 16)g, 붕산은 (25−8)g을 얻을 수 있다. 40 ℃에서 소금의 용해도는 25 g 보다 크므로, 40 ℃로 냉각시켜도 소금이 석출되지 않는다.

(3) 답 1. 붕산을 18 g 더 넣는다.
2. 물의 온도를 45 ℃로 낮춘다.
해설 물 300 g 일 때 붕산 30 g 을 녹인 것은 물 100 g일 때 붕산 10 g을 녹인 것과 같다. 그래프에서 보면 60 ℃의 용매 100 g에 녹을 수 있는 붕산의 최대량은 16 g이다. 용매가 100 g이면, 6 g의 붕산만 더 넣어주면 되지만 이 문제에서 용매는 300 g이므로 6 × 3＝18 g의 붕산을 더 넣어주면 포화 상태가 된다.
100 g의 물에 붕산 10 g이 녹아있는 용액이 포화되는 온도는 45 ℃이므로 용액을 포화시키기 위해서는 온도를 45 ℃로 낮춰도 된다.

12 (1) 답 주사기 안쪽 벽면에 여러 개의 기포가 맺힌다.
(2) 답 피스톤이 원래 위치로 돌아가면서 주사기 안쪽 벽면에 맺힌 기포의 수가 다시 원래대로 줄어 든다.
해설 피스톤을 당기면 주사기 안쪽의 압력이 낮아져 기체의 용해도가 감소하므로 기포가 생겼다가 피스톤을 놓으면 압력이 원래대로 돌아와 기체의 용해도가 증가하여 기포는 다시 줄어든다.

(3) 답

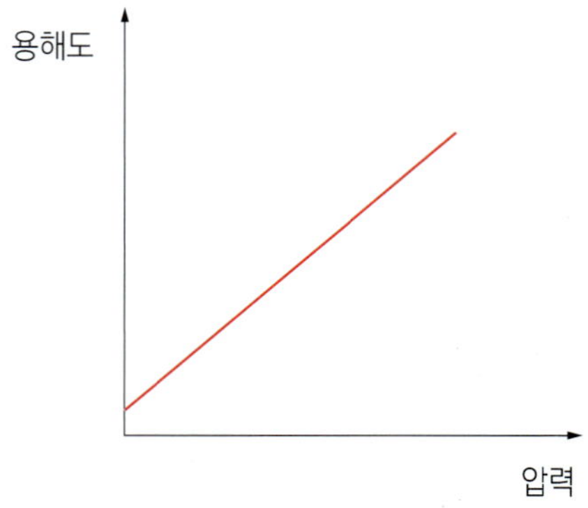

해설 기체의 압력과 부피는 반비례하고, 용해도와 압력은 비례한다. 기체의 용해도는 부피에 반비례하므로 피스톤을 당겨 주사기 안의 부피가 커질수록 압력은 감소하고 용해도는 감소한다.

창의력 키우기 78~79쪽

01 (1) 답 달걀보다 밀도가 작은 수용액 A를 더 넣을수록 (소금물 + 수용액 A)의 밀도가 점점 작아져서 결국 달걀의 밀도보다 작아지기 때문이다.
해설 밀도가 작은 물질은 밀도가 큰 액체에 뜬다.

(2) 답 1. 끓인다.
2. 물을 증발시킨다.
3. 농도가 더 진한 소금물을 넣는다.
4. 달걀이 뜰 때까지 소금을 계속 넣어 녹인다.
해설 소금물의 농도를 진하게 하여 달걀보다 밀도를 크게 하는 방법을 생각해 본다.

02 (1) 답 지하는 압력이 커서 콜라캔에 작용하는 압력이 크므로 캔 속 콜라의 기체의 용해도가 증가했기 때문이다.
(2) 답 지상으로 올라올수록 외부 압력이 낮아져 기체의 용해도가 감소하여 체내 혈액에서 탄산 가스가 방출되어 체내 장기에 탄산 가스가 가득 차기 때문이다.

STEAM 융합형 문제 해결하기 80쪽

01 (1) 답 과정 ①의 아세트산 나트륨이 물에 녹는 과정인 흡열 과정을 통해 점 C에 도달하고, 과정 ②에서 서서히 냉각시키면 온도 t_2에서 포화 상태인 점 B에 도달한 후 서서히 충격없이 온도 t_1까지 냉각시키면 과포화 상태인 점 A에 도달한다. 과포화 상태는 매우 불안정한 상태이므로 과정 ③에서 똑딱이를 꺽어 충격을 주면 순간적으로 결정이 만들어지며 (점 A→점 D) 발열 반응이 일어나므로 주변에 열을 내어 놓는다.
(2) 답 과포화 상태가 되지 않아 손난로를 만들 수 없다.
해설 과정 ②에서 아세트산 나트륨 수용액은 과포화 상태가 (C→A)되는데, 충격을 주게 되면 과포화 상태가 되지 않고, (C→B→D)의 과정을 거치며 포화 상태로 되어 손난로가 될 수 없다.

(3) 답 충격을 주어 과포화 상태를 깨뜨리는 역할을 한다.

(4) 답 물을 많이 섞을수록 농도가 작아져 결정의 석출 온도가 내려가며, 발열량도 적어진다.

5. 산과 염기

기본 확인 문제 85 쪽

01 × 02 ○ 03 × 04 × 05 ○
06 × 07 ○ 08 × 09 ○

01 액체의 냄새를 맡을 때에는 손으로 바람을 일으켜 냄새를 맡는다.
03 염기성 용액에 페놀프탈레인 용액을 넣으면 붉은 색으로 변한다.
04 묽은 수산화 나트륨 용액에 장미꽃 지시약을 넣으면 푸른색으로 변한다.
06 산성을 띠는 액체는 신 맛이 난다.
08 pH 5.6 이하를 산성비라고 한다.

탐구력 키우기 86~87쪽

탐구 1 산과 염기

탐구결과

1 답

	지시약의 색깔 변화			
	리트머스	BTB	메틸오렌지	페놀프탈레인
묽은 염산	푸른색 →붉은색	노란색	붉은색	무색
수산화 나트륨 수용액	붉은색 →푸른색	푸른색	노란색	붉은색
비눗물	붉은색 →푸른색	푸른색	노란색	붉은색
증류수	변화없음	녹색	주황색	무색
식초	푸른색 →붉은색	노란색	붉은색	무색

• 마그네슘과의 반응 : 묽은 염산과 식초에서만 거품이 생긴다.
• 전기 전도성 : 묽은 염산, 수산화 나트륨 수용액, 비눗물, 식초는 전기가 통하고, 증류수는 전류가 통하지 않는다.

2 답 • 산 : 묽은 염산, 식초
• 염기 : 수산화 나트륨 수용액, 비눗물
해설 증류수는 산성도 염기성도 아닌 중성이다.

3 답 나트륨 조각, 아연 조각, 철 조각 등
해설 산성 용액은 금속과 만났을 때 기체(수소 기체)를 발생하므로 마그네슘 조각 대신에 다른 금속 조각을 넣어 준다. (구리 조각은 산성과 반응하지 않는다.)

탐구 2 산·염기 중화반응

탐구결과

1 답 염기성

2 답 산성 용액에 염기성 용액을 넣으면 중화가 되면서 중성이 되는데, 페놀프탈레인은 중성에서 무색이다. 그러므로 염기성이 되어 색이 나타나는 순간까지 염기성 용액을 넣는다.

3 답 염화 나트륨(소금)
해설 (염산 + 수산화 나트륨 수용액 → 물 + 염화 나트륨(소금)) 이 된다. 물과 염화 나트륨이 섞여 있는 용액을 가열하면 물이 증발되고 염화 나트륨만 남게 된다.

탐구문제

1 답 농도를 정확히 아는 산과 염기를 정확하게 같은 양 넣지 않으면 혼합 용액의 중성이 된 순간을 찾는 것이 쉽지는 않다. 산성 용액에 염기성 용액을 넣어 중화반응을 하면 중성이 된 후, 염기성 용액이 한 방울이라도 더 들어가면 용액이 염기성으로 변하므로 중성으로 만드는 것은 쉽지 않다. BTB 용액은 중성 용액에서 녹색을 띠는데 중성이 되는 순간을 찾는 것은 쉽지 않다.

문제해결력 키우기 88~95쪽

01 답 혜진 – 용액을 직접 손으로 만졌다.
형균 – 용액에 직접 코를 대고 냄새를 맡았다.
효섭 – 용액을 함부로 맛보고 있다
해설 용액이 진한 산이나 염기일 경우, 피부와 옷을 손상시키므로 피부에 묻었을 경우 즉시 물로 씻는다 (용액 중에는 해로운 용액도 있으므로 함부로 맛보지 않는다.). 정희는 용액의 흔들림(조성)을 관찰하고 있으며, 순호는 흰 종이를 대어 용액의 색깔을 관찰하고 있다. 연진이는 손으로 바람을 일으켜 용액의 냄새를 맡고 있다.

02 답 1. 색깔을 띠는 용액과 색깔을 띠지 않는 용액
2. 냄새가 나는 용액과 냄새가 나지 않는 용액
3. 투명한 용액과 투명하지 않은 용액
4. 거품이 발생하는 용액과 거품이 발생하지 않는 용액
5. 끈끈한 용액과 끈끈하지 않은 용액
6. 페놀프탈레인 용액을 떨어뜨렸을 때 색깔이 변하는 용액과 색깔이 변하지 않는 용액 등

03 답 수국, 장미, 달개비 꽃, 포도 껍질, 검은콩 등을 이루는 물질이 산성 또는 염기성 용액을 만나면 각각 색깔이 변한다.
해설 붉은색이나 푸른색 계통의 꽃이나 열매에는 용액의 성질에 따라 색깔이 변하는 '안토시아닌'이라는 색소가 들어 있어 산성과 만나면 붉은색, 염기성과 만나면 푸른색으로 색 변화를 일으킨다.

04 답 '산성 식품'과 '알칼리성 식품'의 구별은 그 식품 자체가 산성인지, 알칼리성인지 하는 것과 관계가 있는 것이 아니라 체내에 소화, 흡수되고 나서 결정된다. 이온 음료에 들어 있는 나트륨, 칼륨, 마그네슘 등 은 체내에 흡수되면, 알칼리성을 나타내게 된다. 이러한 음료를 알칼리성 음료라고 한다.
해설 우리가 알고 있는 식초도 강한 신맛을 내어, 그 자체로는 산성을 띠지만 우리 몸속에서는 알칼리성으로 작용하여 알칼리성 식품으로 분류된다.

05 답 • 산성 물질 : 오렌지 주스, 식초
• 염기성 물질 : 화장실 세척제, 세탁 비누

06 답 • 이유 : 산성을 띠고 있는 빗물이 대리석을 녹이기 때문이다.
• 대책 : 1. 인근 공장의 화석 연료 사용을 제한한다.
2. 건축물의 표면에 실리콘을 도포한다.
해설 대리석이 손상되는 이유는 대리석의 주성분인 탄산 칼슘이 산과 쉽게 반응하는 성질을 가지고 있기 때문이다.

07 답 • 가루의 이름 : 석회 가루
• 이유 : 산성화된 토양을 중화시키기 위해서
해설 산과 염기가 만나면 중성이 되듯이 산성 토양도 식물의 재배에 적절한 중성 토양으로 만들기 위해 염기성 물질을 뿌려준다. 토양에 뿌려 주는 염기성 물질로는 조개 껍질 가루, 석회석 가루 등이 있다.

08 답 석회암 지대에 내린 산성비는 석회암 지대에 풍부한 탄산 칼슘을 용해시키고, 탄산 칼슘이 용해되면서 염기성을 나타내므로 강물의 pH는 약한 염기성이 된다.
해설 승희가 사는 마을은 종유석과 석순 등이 발견되는 것으로 보아 석회암 지대이다. 비가 처음 내릴 때에는 pH 4.8 의 비였으나 빗물이 흐르며 석회암 지대의 탄산 칼슘을 만나 pH 7.9 인 염기성을 띠는 것이다.

09 (1) 답 • 산성 : B, E • 중성 : C • 염기성 : A, D
(2) 답 ②
해설 C 용액은 색깔의 변화가 없이 포도 주스의 색깔을 그대로 가지고 있으므로, 중성 용액이다. 포도주스에는 '안토시아닌'이라는 색소가 들어있어 산성과 만나면 붉은색, 염기성과 만나면 푸른색 또는 노란색으로 변한다.

(3) 답 장미 용액, 피튜니아 용액, 자주색 양배추 용액, 나팔꽃 용액, 검은콩 불린 물, 메틸 오렌지, BTB 용액 등
해설 산성과 중성, 염기성 용액을 만나서 민감하게 반응하여 색깔의 변화가 큰 용액을 포도 주스 대신에 사용할 수 있다.

10 (1) 답 • 산성 : 자동차 배터리 액, 아스피린
• 염기성 : 제산제 • 중성 : 수돗물
(2) 답 (가) : 붉은색, (나): 변화없음
해설 (가) : 아스피린은 산성이므로 붉은색을 나타낸다. (나) : 제산제는 염기성이므로 금속과 반응하지 않는다.

(3) 답 염기성 용액인 제산제를 녹색이 될 때까지 넣어본다.
해설 BTB 용액이 중성을 나타내려면 중성이 되어야 한다. 자동차 배터리 액은 산성이므로 중성을 만들기 위해서는 염기성 용액을 적당량 넣는다.

11 (1) 답 • 플라스크 안에 들어간 물은 붉은색을 나타낸다.
• 이유 : 플라스크 속 암모니아 기체는 물을 만나면

녹아서 염기성을 나타내고 페놀프탈레인 용액은 염기성 용액에서 붉은색을 나타내기 때문이다.

(2) 답 암모니아가 물에 잘 녹는 성질을 이용한 실험이다.

(3) 답 플라스크 속의 암모니아 기체가 물에 잘 녹으므로 플라스크 속의 압력은 플라스크 밖의 압력(대기압)보다 낮아진다. 그 결과 비커 속 물이 딸려 올라온다.

12 (1) 답 아주 깨끗한 상태의 대기 중에도 이산화 탄소가 포함되어 있다. 중성 비가 내리면서 빗속에 이산화 탄소가 녹아 들어가 산성인 상태가 되므로, 산성비를 구분 짓는 기준은 pH 5.6이 되는 것이다.
(2) 답 산성비의 원인 물질은 공장, 가정, 자동차 등에서 발생하는 황 산화물과 질소 산화물이다. 이것들이 구름의 물방울에 녹아 황산, 질산을 형성하여 빗물을 타고 산성비가 내리게 되는 것인데 중국과 일본이 베트남이나 몽골보다 산업이 발달하여 산성비의 원인 물질을 상대적으로 더 많이 배출한다. 그렇기 때문에 산성도가 더 높은 것이다.

(3) 답 우리나라의 봄철에는 황사 현상이 자주 일어난다. 황사 속에는 알칼리성 흙 입자가 공기 중에 많이 떠 다니므로 산성비와 결합하여 산성도를 낮추게 된다.

창의력 키우기 96~97쪽

01 (1) 답 이산화 탄소는 수분과 접촉하면 탄산 수용액으로 변한다. 탄산 수용액은 수소 이온을 내놓으면서 산성을 나타낸다. 이때, 수소 이온이 산성을 나타내는 물질이다.
(2) 답 1. 뼈가 약해진다. 2. 치아가 상하게 된다.
해설 탄산 음료를 많이 마셨을 경우 혈액 안에 산의 함량이 많아지면서 산 과다증이 나타나게 된다. 그렇게 되면 우리 몸은 원래의 평형 상태를 유지하기 위해(산을 없애기 위해) 뼈를 구성하고 있는 탄산 이온까지 없애게 된다. 따라서 탄산 음료를 많이 마시면 뼈가 약해지게 된다. 또한 탄산이 치아에 닿으면 치아의 맨 바깥층인 법랑질이 부식되어 치아가 상하게 된다.

02 (1) 답 꿀벌의 침에 들어 있는 pH 5 정도의 산성 물질이 벌에 쏘인 부분을 따갑고 쓰리게 만든다.
(2) 답 비눗물이 피부를 따갑게 만드는 산성 물질을 중화시켜 없앴기 때문이다.
(3) 답 약염기인 암모니아 성분을 포함하고 있는 오줌을 뿌리거나 베이킹 소다를 물에 개어 바르면 효과가 있다.

STEAM 융합형 문제 해결하기 98쪽

01 답 바다에 흡수된 이산화 탄소는 탄산으로 바뀌는데 이 때문에 바닷물의 산성도가 높아진다. 1리터의 바닷물 속에는 10억에서 100억 마리에 이르는 단세포 생물과 100억에서 1000억 마리의 바이러스 등 미세 생물이 살고 있는데 바다의 산성도가 높아지면 이 같은 생물부터 바로 영향을 받게 되어서 수가 줄어들게 된다. 뿐만 아니라 탄산 칼슘이 주성분인 홍합 등 조개류의 껍질이나 어류의 생활 공간인 바다 속 산호초가 녹아 없어진다.

06

6. 우리 몸의 생김새

기본 확인 문제

103 쪽

01 ○ 02 ○ 03 ○ 04 × 05 ○
06 × 07 ○ 08 × 09 ○

탐구력 키우기 104~105쪽

탐구 1 온도에 따른 침의 소화 작용

탐구결과

시험관	물질	온도	아이오딘 반응	베네딕트 반응
A	녹말 + 침	얼음물	청남색	–
B	녹말 + 끓인 침	35~40℃ 물	청남색	–
C	녹말 + 침		–	황적색
D	녹말 + 증류수		청남색	–

탐구문제

1 답 C
해설 소화는 음식물을 작은 크기로 분해하는 과정으로 녹말이 엿당이나 포도당으로 분해된 시험관을 찾으면 된다. 실험 결과 베네딕트 반응을 하여 포도당이 들어 있는 시험관은 C이므로 이 시험관에서 소화 과정(녹말 → 포도당)이 이루어졌음을 알 수 있다.

2 답 침의 소화 작용은 온도의 영향을 받으며, 소화 효소는 보통 35~40℃에서 가장 활발하다.

탐구 2 들숨과 날숨의 성분

탐구결과

1 답 ·빨대로 입김을 불어 넣을 때 : 날숨
·공기 펌프로 공기를 넣을 때 : 들숨

2 답 B, D 비커는 변화가 나타나지 않고 A 비커는 황색으로 변하고, C 비커는 뿌옇게 흐려진다.

탐구문제

1 답 날숨에는 들숨에 비해 이산화 탄소가 많이 포함되어 있다.

2 답 ①, ③, ⑤
해설 호흡 운동을 통해 우리 몸속에 들어오는 기체는 산소이며 조직세포로 운반된 산소는 세포 호흡에 이용되고 호흡에 의해 생긴 이산화 탄소는 혈액에 의해 폐포로 운반되어 날숨을 통해 몸 밖으로 배출된다.

문제해결력 키우기 106~113쪽

01 답 ④
해설 A – 코, B – 기관, C – 폐, D – 횡격막(가로막)
① 코로 숨을 들이마신다.
② B는 기관으로 끈끈한 점액이 있고, 섬모가 있다. 공기 속에 섞여 들어온 먼지나 세균, 이물질을 걸러 낸다.
③ 폐는 흉강 내에 있으며, 좌우 1쌍이 있다.
④ 호흡 운동은 늑골과 횡격막의 상하 운동에 의해 일어난다.
⑤ 공기는 코, 기관, 기관지를 거쳐 폐에 도달한다.

02 답 ④
해설 폐는 수많은 폐포로 이루어져 있어 공기와 접촉할 수 있는 표면적을 넓게 하여 산소와 이산화탄소의 기체 교환이 효율적으로 일어나도록 한다.

03 답 C, D
해설 동맥혈은 산소를 많이 포함하고 있어 선홍색을 띤다. 산소의 농도가 높은 혈액(동맥혈)이 흐르는 혈관은 폐에서 기체 교환을 마치고 나온 폐정맥 – 좌심방 – 좌심실 – 폐동맥이다. 정맥혈은 산소의 농도가 낮은 혈액으로 암적색을 띠고 있다. 산소의 농도가 낮은 혈액(정맥혈)은 온몸을 돌고 심장으로 들어가는 대정맥 – 우심방 – 우심실 – 폐동맥이다.

04 답 · 명칭 : 맥박
· 특징 : 심장에서 나오는 혈관인 동맥이 피부 표면에 위치한 곳

해설 맥박은 심장의 박동이 혈관을 타고 전파되는 것으로 동맥이 흐르는 곳 중 피부 표면 가까이에 위치한 곳에서 느낄 수 있다.

05 답 244.512 kg

해설 $56.6 \times 72 \times 60 = 244512(g)$

06 답 단백질

해설 쇠고기가 모두 소화된 것으로 보아 위에서는 단백질이 소화된다. 쇠고기는 주로 단백질로 되어있으며, 채소는 섬유질과 바이타민, 무기질로 되어있고, 감자는 주로 녹말로 이루어져 있다.

07 답 ⑤

해설 무더운 여름 체온이 올라갔으나 위 세 동물은 땀샘이 없어 땀을 분비하지 못한다. 따라서 그림의 설명과 같은 행동을 하여 체온을 조절한다.

08 답 ②

해설 운동을 하면 근육이 수축하면서 많은 열이 발생한다. 땀이 증발하면서 열을 빼앗아 가긴 하지만 높아진 체온을 정상 체온으로 맞추기 위함으로 평소의 체온보다 낮아지는 것은 아니다.

09 (1) 답 들숨 : A > B > C 날숨 : B > A > C

(2) 답 갈비뼈가 올라가고 가로막이 내려가면 가슴 안쪽의 공간이 커지면서 압력이 감소하므로 기도를 통해 외부에서 허파(폐)로 공기가 들어온다. 들숨 때나 날숨 때나 흉강 내압은 항상 폐포 내압이나 대기압 보다 낮다.

(3) 답 호흡기 모형에서 (ㄷ)은 갈비뼈에 해당하나 갈비뼈의 움직임을 표현하지 못한다.

10 (1) 답 A : 두 심방의 수축으로 혈액이 심방에서 심실로 들어옴, B : 두 심실이 수축하면서 혈액이 각각 폐동맥과 대동맥으로 나감, C : 심방과 심실이 이완되면서 혈액이 심방과 심실로 들어옴

(2) 답 B : 심방과 심실 사이에 있는 판막이 닫히므로 심실에서 심방으로의 혈액의 역류를 방지하기 때문이다. C : 심실과 동맥 사이의 판막이 닫히므로 혈관에서 심실로 혈액이 흐르지 않는다.

(3) 답 정상인보다 심장 박동이 불규칙하고 빈번하게 일어날 것이다.

11 (1) 답 위 내부는 염산이 분비되므로 pH 2 정도의 강한 산성을 띤다. 유산균은 강한 산성에서 생존률이 낮기 때문에 캡슐에 싸여 있지 않은 유산균은 대부분 위에서 죽고 소장까지 산 채로 도달하는 유산균은 적다.

(2) 답 유산균을 싸는 캡슐막은 강한 산성인 위에서 소화되지 않는 성분이어야 하므로 지방이나, 다당류 형태의 성분으로 이루어진 얇은 막이다. 단백질 성분은 위에서 소화되므로 단백질 성분으로 캡슐막을 만들면 안된다. 위를 통과한 캡슐은 십이지장을 거치면서 지방은 라이페이스에 의해 분해되고 다당류는 아밀레이스에 의해 분해되어 소장을 통과하며, 대장으로 넘어가 제 역할을 할 수 있는 것이다.

(3) 답 아침 식사 후에

밤 사이에 위액은 지속적으로 분비되기 때문에 위의 산성도는 매우 높아지게 된다. 따라서 아침 식사 전에 유산균이 들어 있는 요구르트를 먹게 되면 위액의 강한 산성에 의해 유산균이 생존할 수 없게 된다.

12 (1) 답 · A 시험관 : 녹말풀이 침과 만나 소화되어야 하지만 0 ℃의 얼음물에서는 소화 효소가 작용하지 않는다. 따라서 녹말풀로 남아 있어 아이오딘-아이오딘화 칼륨 용액과 녹말이 반응하여 청남색으로 변한다.

· B 시험관 : 녹말풀이 침과 만나 소화되어 녹말이 없다. 따라서 아이오딘-아이오딘화 칼륨 용액과 반응하지 않는다.

· C 시험관 : 증류수는 녹말을 소화하지 못한다. 따라서 녹말이 남아있어 아이오딘-아이오딘화 칼륨 용액과 녹말이 반응하여 청남색으로 변한다.

(2) 답 · 시험관 A 와 B : 소화 효소는 체온과 비슷한 온도에서 반응하고, 너무 낮은 온도에서는 반응하지 않는다.

· 시험관 B 와 C : 소화 효소가 없으면 녹말은 소화되지 않는다. 즉, 물에 의해 녹말은 분해되지 않는다.

(3) 답 B 시험관은 녹말이 침의 소화 효소에 의해 소화되어 포도당이 되었을 것이다. 그러므로 포도당이 있는지 알아볼 수 있는 베네딕트 용액을 떨어뜨린 후 가열하여 황적색으로 변하는지 확인해 본다.

(4) 답 위 실험 결과 소화 효소는 체온과 비슷한 온도에서 잘 작용한다. 따라서 찬 음식을 먹게 되면 소화 기관이 차가워지고 소화 효소가 잘 작용하지 못하므로 음식물을 잘 소화하지 못하여 배탈이 난다.

창의력 키우기 114~115쪽

01 (1) 답 식물은 밤에 빛이 없기 때문에 호흡을 통해 이산화 탄소를 공기 중에 배출한다. 따라서 밀폐된 방 안의 공기 중 이산화 탄소 농도가 높아지게 되고, 결국 정수 주위는 산소가 부족해진다. 산소가 체내로 유입이 잘 되지 않으면 산소 없이 체내의 글리코젠을 분해하여 에너지를 생성(무산소 호흡)하기 때문에 그 결과 피로 물질인 젖산이 발생하므로 자고 난 후에도 피로감을 느끼는 것이다.
(2) 답 1. 식물 근처에 스탠드를 켜 놓아 광합성이 일어날 수 있도록 한다.
2. 산소가 들어 있는 공기 통을 실내에 가져다 놓고 조금씩 새어나오도록 조작한다.
3. 어두운 밤에 광합성을 하는 선인장, 알로에, 산세베리아 같은 다육식물을 함께 둔다.

02 (1) 답 물구나무를 서서 음식물을 먹어도 소화시킬 수 있다. 우리가 먹은 음식물은 중력에 의해 아래로 내려가는 것이 아니라 연동 운동에 의해 음식물이 이동하기 때문이다.
(2) 답 작은창자의 표면적이 넓어져서 영양분을 잘 흡수할 수 있다.
해설 작은 창자는 길고 가는 관으로, 안쪽 벽에 주름이 있고 주름 표면에 융털이 무수히 나 있어서 영양소를 잘 흡수할 수 있다.

STEAM 융합형 문제 해결하기 116쪽

01 (1) 답 (나)
해설 (가)는 항체가 만들어지지 않아 병원균 A를 방어할 수 없지만 (나)는 항체가 만들어져 면역 작용으로 병원균 A를 제거할 수 있다.

(2) 답 약한 병원균을 인체 내에 투입시켜 그 병원균에 대한 항체를 스스로 만들게 함으로써 같은 병원균이 침투했을 때 방어할 수 있도록 면역력을 길러준다.

(3) 답 감기 바이러스는 다양한 변이를 일으키기 때문에 바이러스의 종류가 수백 종에 이른다. 따라서 수백 종에 이르는 감기 바이러스를 예상하기 힘들기 때문에 백신을 만드는 데 어려움이 있다.

7. 물체의 빠르기

기본 확인 문제 121 쪽

01 운동 02 있다 03 짧을 04 길
05 이동거리, 걸린 시간 06 m/s 07 클
08 시간 09 빠를

탐구력 키우기 122~123쪽

탐구 1 시간 기록계로 속력 측정하기

탐구결과

1 답 타점수를 같게 잘랐으므로 구간별 걸린 시간은 같다. 세로로 붙였을 때 나타나는 그래프는 속도-시간 그래프를 의미한다. 가로로 붙이게 되면 시간-속도 그래프가 되어 운동 상태를 파악하기가 어렵다.

탐구문제

1 답 사용한 시간기록계는 60Hz로 1초에 60개의 점이 찍히게 된다. 일정한 시간동안 움직인 거리를 비교하기 쉽도록 0.1초 동안 움직인 거리를 비교하기 위해 6개의 간격으로 자른 것이다.

2 답 15 m
해설 이동한 거리 = 속력 × 걸린시간 = 5 × 3 = 15(m)

탐구 2 속력이 일정하게 증가하는 직선 운동

탐구결과

1 답

시간(초)	0	0.1	0.2	0.3	0.4	0.5	0.6	0.7
위치(cm)	0	3	8	18	32	50	72	98
구간 이동 거리(cm)	3	5	10	14	18	22	26	
평균속력(cm/초)	30	50	100	140	180	220	260	

2 답

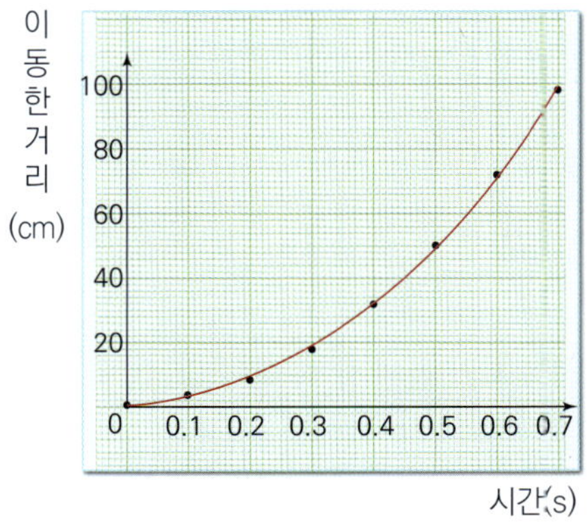

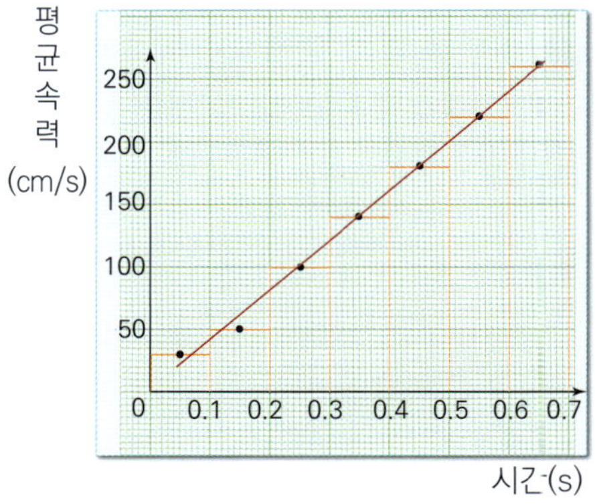

문제해결력 키우기 124~131쪽

01 답 1. 배경을 그대로 두고, 인형을 오른쪽으로 이동시킨다.
2. 인형을 그대로 두고, 배경을 왼쪽으로 이동시킨다.

02 답 ①

해설 ① 에스컬레이터는 속력과 방향이 일정하게 움직인다.
② 시계바늘은 속력의 변화없이 원을 그리면서 도는 등속 원운동을 한다.
③ 그네는 주기를 가지고 왔다갔다하는 왕복 운동을 한다.
④ 팽이는 제자리에서 도는 회전 운동을 한다.
⑤ 분수는 속도가 변하는 운동을 한다.

03 답 가장 빠른 장난감을 가진 모둠 : (라)
• 가장 느린 장난감을 가진 모둠 : (나)

해설 움직인 거리를 걸린 시간으로 나누면 장난감의 빠르기(속력)를 구할 수 있다. (가)는 1.25 m/초, (나)는 0.5 m/초, (다)는 0.75 m/초, (라)는 2 m/초이다. 그러므로 가장 빠른 장난감을 가진 모둠은 (라)이고, 가장 느린 장난감을 가진 모둠은 (나)이다.

04 답 비행기 > 기차 > 자동차

해설 일정한 시간 동안 더 많은 거리를 이동한 것이 더 빠르다.

05 답 두발 모아 뛰기 : 1.6 m/초, 뒤로 걷기 : 1.25 m/초, 앞발 이어 걷기 : 0.6 m/초

해설 이동 시간에 따른 이동 거리의 그래프에서 직선의 기울기는 속력을 나타낸다.

	속력
두 발 모아 뛰기	$\frac{16\text{m}}{10\text{초}} = 1.6\text{ m/초}$
뒤로 걷기	$\frac{20\text{m}}{16\text{초}} = 1.25\text{ m/초}$
앞발 이어 걷기	$\frac{6\text{m}}{10\text{초}} = 0.6\text{ m/초}$

06 답 180 m

해설 '정지 거리 = 공주 거리 + 제동 거리'이다. 공주 거리란 신호를 보고 운전자가 자동차 브레이크를 밟을 때까지 이동한 거리이고, 제동거리는 브레이크를 밟은 후 자동차가 멈출 때까지 이동한 거리이다. 비가 오지 않는 날, 이 자동차의 정지 거리는 100 m이고, 공주 거리가 20 m이다. 따라서 제동 거리는 80 m이다. 비가 오는 날 자동차가 멈추는 거리(제동 거리)가 두 배로 길어진다고 했으므로, 빗길에서 시속 100 km로 달리는 자동차의 안전 거리는
80m × 2 + 20 m = 180(m)이다.

07 답 찍히지 않았다.

해설 승희는 2초 동안 40 m를 이동했으므로 속력은 20 m/s이다. 이것을 km/h로 나타내면,
20m/s × 3600s/h × 1km/1000m = 72(km/h)이다. 따라서, 제한 속도인 80 km/h보다 느리므로 무인 속도 카메라에 찍히지 않는다.

08 답 • B자동차의 빠르기와 방향 : 서쪽 220 km/h의 속력
• 버스의 빠르기와 방향 : 서쪽 20 km/h의 속력

해설 상대 속도를 구할 때에는 상대방의 운동을 나의 기준으로 바라본다고 생각하여 나의 속도를 0으로 생각하는 것과 같다. 그러므로 상대방의 속도에서 관찰자의 속도를 빼면 관찰자가 바라본 상대방의 속도가 된다.

09 (1) 답 (나)

해설 1초에 1번씩 종이 테이프에 점이 찍혔으므로 점의 개수가 가장 적은 것이 가장 짧은 시간이 걸린 것이다. (가)는 11초, (나)는 6초, (다)는 7초, (라)는 7초의 시간이 걸렸다.

(2) 답 ① (가), (라) ② (나)

해설 ①의 그래프는 시간이 지나도 속력이 일정한 등속도 운동을 하고 있는 물체이다. ②의 그래프를 보면 시간이 지남에 따라 속력이 증가함을 알 수 있다.

10 (1) 답 12시

해설

$$\text{걸린 시간} = \frac{\text{이동한 거리}}{\text{속력}} = \frac{120}{60} = 2\ (\text{시간})$$

오전 10시에 출발했으므로 생신 파티는 12시이다.

(2) 답 30분

해설 $\text{걸린 시간} = \frac{\text{이동한 거리}}{\text{속력}} = \frac{60}{40} = 1.5(\text{시간})$

중간 지점(60km지점)까지 왔을 때 1.5시간(1시간 30분)이 지났으므로 할아버지 생신 파티까지는 30분이 남았다.

(3) 답 120 km/h

해설 남은 시간(30분)동안 60km를 가야 한다.

$$\text{속력} = \frac{\text{이동한 거리}}{\text{걸린 시간}} = \frac{60}{0.5} = 120\ (\text{km/h})$$

11 (1) 답 10 m/초

해설 O점에서 부터 S점까지 기름이 9방울 떨어졌으므로 걸린 시간은 18초이다. 180 m를 움직였으므로 속력은 10 m/초이다.

(2) 답 65 m/초

해설 O점에서 T점까지의 속도-시간 그래프를 그려보면 다음과 같다.

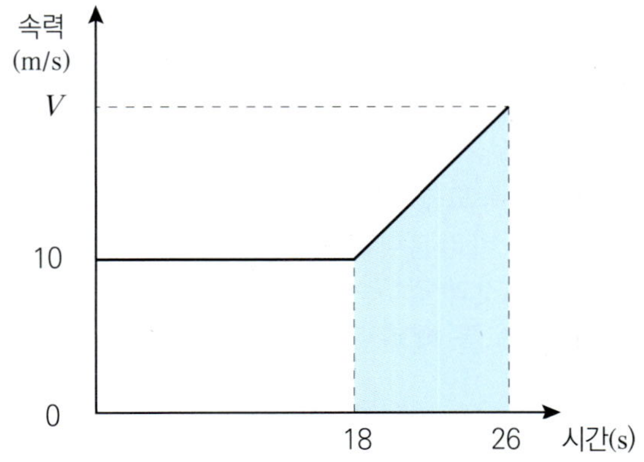

속력 - 시간 그래프에서 넓이는 이동거리 이므로 색칠한 부분이 300m가 되어야 한다.

$$\frac{(10 + V) \times 8}{2} = 300,\ V = 65\ \text{m/초이다.}$$

(3) 답 $\frac{55}{8}$ m/초

해설 S점에서 T점까지 속력이 55m/초 증가하였고, 8초가 걸렸으므로 가속도는

$$\frac{\text{속도 변화량}}{\text{걸린 시간}} = \frac{55}{8}\ \text{m/초이다.}$$

12 (1) 답 빗면을 타고 내려오면서 속력이 증가하다가 평면에서 일정해지고, 다시 빗면을 타고 올라가면서 속력이 감소한다.

(2) 답

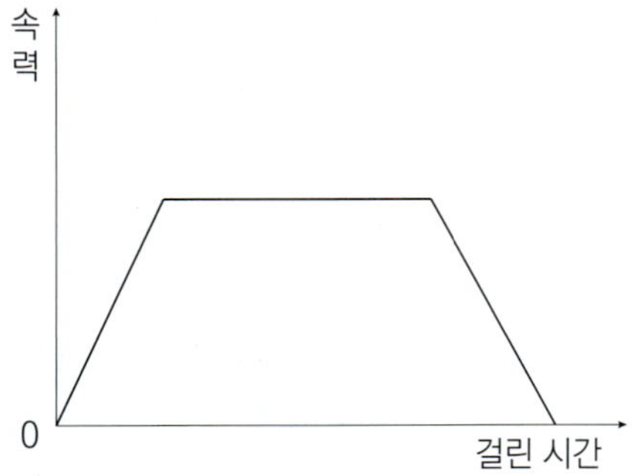

창의력 키우기 132~133쪽

01 (1) 답 자동차가 움직인 모습을 따라 실을 대고 길이를 잰 후, 그 실의 길이를 자로 재어 측정한 값에 10배를 하면 이 장난감 자동차의 실제 움직인 거리를 알 수 있다. 실제 움직인 거리를 5초로 나누면 자동차의 속력을 구할 수 있다.

(2) 답 60 cm/초

해설 $\frac{1}{10}$ 로 축소되어 있으므로 장난감 자동차가 실제 이동한 거리는 300 cm이다. 5초 동안 300 cm를 이동했으므로 평균 속력은

$$\text{속력} = \frac{\text{이동한 거리}}{\text{걸린 시간}} = \frac{300}{5} = 60\ (\text{cm/초})$$

(3) 답 -2 (cm/초^2)

해설

$$\text{평균 가속도} = \frac{\text{속도 변화량}}{\text{걸린 시간}} = \frac{0 - 10}{5} = -2\ (\text{cm/초}^2)$$

(-)는 속도가 줄어들었음을 의미한다.

02 (1) 답 쇠구슬은 정지 상태를 유지하려 하거나, 운동 상태를 유지하려 하는 관성을 가지는데, 자동차의 속력이 변하여 쇠구슬의 운동 상태를 변화시키려 할 때 관성에 의해 쏠리는 힘이 발생하여 기울더져 매달려 있게 된다.

(2) 답 쇠구슬이 오른쪽으로 쏠려서 기울어져 매달려 있는 것으로 보아 자동차의 운동 상태는 다음의 2가지 중 하나이다.

ㄱ. 왼쪽으로 속력이 점점 증가한다.

ㄴ. 오른쪽으로 속력이 점점 감소한다.

(3) 답 자동차가 오른쪽으로 출발하면 오른쪽으로 속력이 증가하게 된다. 그러면 자동차 안의 공기는 관성 때문에 왼쪽으로 쏠리게 된다. 그런데 공기보다 가벼운 물체인 고무풍선은 공기의 관성에 밀려 자동차의 운동 방향인 오른쪽으로 기울어져 떠 있게 된다.

STEAM 융합형 문제 해결하기 134쪽

01 (1) 답 같다

해설 회전 목마는 원판에 고정된 말이 원판과 함께 회전하는 것이다. 그런 경우 원판 위에 고정된 물체는 모두 회전수가 같다.

(2) 답 회전수가 같으므로 은희와 영미가 한 바퀴 도는데 걸리는 시간은 같다. 그런데, 영미는 바깥쪽에서 은희보다 더 크게 돌고 있으므로, 영미의 이동거리가 더 길다. 따라서 영미의 속력이 은희의 속력보다 더 빠르다.

(3) 답 1. 조명이 꺼졌다 켜졌다 하게 한다.
2. 물체가 움직이는 소리를 크게 만든다.
3. 말이 아래 위로 빠르게 움직이게 한다.
4. 말이 좌우로 움직이게 한다.
5. 회전 속력을 높인다. 등

8. 기온과 바람

기본 확인 문제 139 쪽

01 × **02** ○ **03** ○ **04** ○ **05** ×
06 × **07** ○ **08** ○ **09** ×

01 대기권은 대류권, 성층권, 중간권, 열권으로 구성되며 위로 올라갈 수록 온도가 내려가는 것은 대류권과 중간권이다.

03 하루 중 기온은 해뜨기 직전에 가장 낮고, 오후 2~3시경에 가장 높다.

05 낮에는 수면의 온도가 더 낮고, 밤에는 지면의 온도가 더 낮다.

06 두 곳의 온도 차가 있을 때 공기는 차가운 곳에서 따뜻한 곳으로 이동한다.

08 바닷가에서는 낮에 바다에서 육지쪽으로 해풍이 분다.

탐구력 키우기 140~141쪽

탐구 1 물과 모래의 온도 변화

탐구결과

1 답 · 다르게 해 주어야 할 조건 : 온도를 측정할 대상(물과 모래)
· 같게 해주어야 할 조건 : 모래와 물의 양, 온도계를 꽂는 깊이, 햇빛을 비추는 시간 등

2 답 물보다 모래의 온도가 더 빨리 변한다. 물보다 모래의 비열이 작아 온도변화가 모래가 더 크기 때문이다.

탐구문제

1 답 ① 물의 온도를 1℃높이는데 필요한 열량이, 같은 질량의 흙의 온도를 1℃ 높이는데 필요한 열량보다 크다.
② 햇빛을 받아 따뜻해진 물이 그 아래의 차가운 물과 잘 섞이기 때문에 데워지는 속도가 느리다.
③ 물은 증발되면서 열을 빼앗아가므로 온도가 쉽게 올라가지 않는다.

탐구 2 바람이 부는 원인

탐구결과

1 답 얼음이 있는 곳에서 모래 쪽으로 움직인 후, 위로 올라간다.

2 답 ㉠ 기압 ㉡ 바람

탐구문제

1 답

	모래	얼음
①	뜨거운 물	차가운 물
②	가열한 돌	아이스크림
③	촛불	드라이아이스

해설 공기는 온도가 높으면 밀도가 작고(저기압), 온도가 낮으면 밀도가 커진다(고기압). 바람은 공기의 온도에 따른 기압 차이로 인해 생기는 것이다. 공기의 온도 차이를 만들어 낼 수 있는 두 물질이면 실험이 가능하다.

02 답 모래 위에 있던 공기가 따뜻해져 밀도가 작아지면 위로 상승하면서 저기압이 되고, 이곳을 채우기 위해 얼음 쪽에 있던 차갑고 밀도가 큰 공기가 (고기압) 이동하여 바람이 불기 때문에 향 연기가 얼음 쪽에서 모래 쪽으로 이동하게 된다.

문제해결력 키우기 142~149쪽

01 (1) 답 A, C

A는 대류권, B는 성층권, C는 중간권, D는 열권이다.

해설 따뜻한(밀도가 작은) 공기는 위로 올라가고, 차가운(밀도가 큰) 공기는 아래로 내려오면서 대류 현상이 일어난다. 따뜻한 공기가 아래, 차가운 공기가 위쪽에 있는 A, C 층은 대류 현상이 일어나고, B, D 층은 따뜻한 공기가 위에, 차가운 공기가 아래쪽에 있어 대류 현상이 일어나지 않는다.

(2) 답 B, D

(3) 답 B

해설 B층은 성층권으로 대류현상이 일어나지 않고 안정되어 비행기의 항로로 이용된다.

(4) 답 A

해설 대류현상이 일어나고, 수증기가 많이 존재하는 A(대류권) 층에서 기상 현상이 일어난다.

02 답 ①, ②

해설 이 그래프에서 하루 중 최고 기온은 오후 3시, 20℃이고 최저 기온은 오전 6시, 5℃이다. 일교차는 최고 기온에서 최저 기온을 뺀 값으로 15℃이다. 하룻동안 기온은 일정하지 않고 계속해서 변한다. 이 그래프를 보고 측정하는 곳의 높낮이에 따른 기온 분포는 알 수 없다.

03 답 ③, ④

해설 일교차가 가장 큰 도시는 춘천으로 17℃이다. 해안가의 도시(속초, 강릉, 동해)는 일교차가 10℃이하이고, 육지에 위치한 도시(철원, 춘천, 원주)는 일교차가 15℃이상이다. 남쪽에 위치하였다고 일교차가 작은 것은 아니며, 강한 바람이 부는 것은 일교차로 알 수 없다.

04 답

해설 해안가에서 밤에 부는 바람의 방향은 육지에서 바다로 부는 육풍이다.

①,② 육지 쪽이 아닌 바다 쪽으로 휘날려야 한다.

③ 아이의 머리가 바다 쪽으로 쏠려야 한다.

④ 기구 현수막이 바다 쪽으로 기울어져야 한다.

05 답 지면 위의 공기와 수면 위의 공기를 가열할 때 온도 변화 비교

06 답 ③, ⑤

해설 밤에 부는 바람이다. A지역이 B지역보다 기온은 낮고, 기압은 높다. 이는 육지가 바다보다 빨리 냉각되어 나타난다.

07 답 ·기온이 높은 곳 : A

·바람의 방향 : 산골짜기 B에서 산비탈을 타고 산봉우리 A로 올라간다.
·바람이 부는 때 : 낮

해설 산꼭대기(봉우리)가 기압이 낮고, 산골짜기가 기압이 높으므로 산봉우리 쪽이 기온이 높은 곳이다. 바람은 기압이 높은 곳에서 기압이 낮은 곳으로 불므로 산골짜기(B) → 산봉우리(A)로 바람이 부는 곡풍이다. 이런 현상은 낮에 산봉우리가 가열되어 나타난다.

08 답 ④

해설 겨울철에 부는 북서 계절풍으로, 육지가 해양에 비해 빠르게 냉각될 때 부는 바람이다. 해양에는 공기가 상승하기 때문에 저기압이 위치한다. 황사는 양쯔강 쪽에 고기압이 위치하는 봄에 주로 불어오는 바람에 포함된다.

09 (1) 답 산 쪽 아래 창문에서 계곡 쪽 위 창문으로 바람이 분다.

(2) 답 그림 (1)처럼 물이 있는 계곡 쪽에서 불어오는 바람은 습기를 많이 포함하고 있기 때문에 적은 양의 공기를 통과시켜 습기를 막아 주기 위해 창문을 작게 만들었다.

(3) 답 밤에는 산 위의 기온이 더 낮기 때문에 산 위 → 계곡으로 산풍이 분다. 산쪽에서 차가워진 공기는 무거우므로 장경각의 산쪽 아래 창문을 통과하고, 상대적으로 습기를 적게 포함하고 있으므로 통풍 효과를 위해 많은 양의 공기를 통과시킨다. 밤에 장경각 안으로 들어온 공기는 따뜻해져서 계곡 쪽의 넓은 위쪽 창문을 통과하여 나가게 된다.

10 (1) 답 12시
(2) 답 12시
(3) 답 지표면이 데워지는데 시간이 걸리기 때문이다.

11 (1) 답 ㉠ 모래 ㉡ 모래

해설 모래가 물보다 비열이 작으므로 온도 변화가 크다. 따라서 모래가 물보다 더 빨리 가열되고 더 빨리 냉각된다.

(2) 답 육지와 바다의 가열 또는 냉각 속도의 차이 때문(육지와 바다의 비열 차이)

해설 해안 지방에서는 육지와 바다의 가열 또는 냉각되는 속도가 달라 해륙풍이 분다. 해륙풍은 하루를 주기로 방향이 바뀌는 바람으로 낮에는 육지가 바다보다 빨리 가열되므로 육지에 저기압, 바다에 고기압이 형성되어 바다 → 육지로 부는 해풍이, 밤에는 육지가 바다보다 빨리 냉각되므로 바다에 저기압, 육지에 고기압이 형성되어 육지 → 바다로 부는 육풍이 형성된다.

(3) 답 기온 : A > B, 기압 : A < B,
바람의 명칭 : 육풍

해설 A(바다)와 B(육지)지점의 기압을 수평선을 긋고 등압선의 분포를 살펴보면 B 지점이 A 지점보다 기압이 높음을 알 수 있다. 따라서 A 지점은 저기압, B지점은 고기압이 형성되어 바람은 육지에서 바다로 부는 육풍이 된다. 육지가 바다보다 비열이 작아 더 빨리 냉각되어 밤에는 바다의 온도가 더 높으므로 밤 동안 A 지점이 B 지점보다 기온이 더 높다.

12 (1) 답 위도에 따른 태양 복사 에너지의 차이

해설 지구는 구 모양을 하고 있어서 저위도 지방으로 갈수록 태양의 고도가 높아지기 때문에 입사하는 태양 복사 에너지의 양이 많다. 그러나 고위도 지방으로 갈수록 태양의 고도가 낮아지기 때문에 입사하는 태양 복사 에너지의 양이 작아진다. 대기와 해수의 대순환에 의해 저위도의 남은 에너지를 고위도로 이동시켜 지구 전체 연평균 기온이 일정하게 유지될 수 있도록 한다.

(2) 답 ⓐ : 극동풍 ⓑ: 편서풍 ⓒ: 북동 무역풍

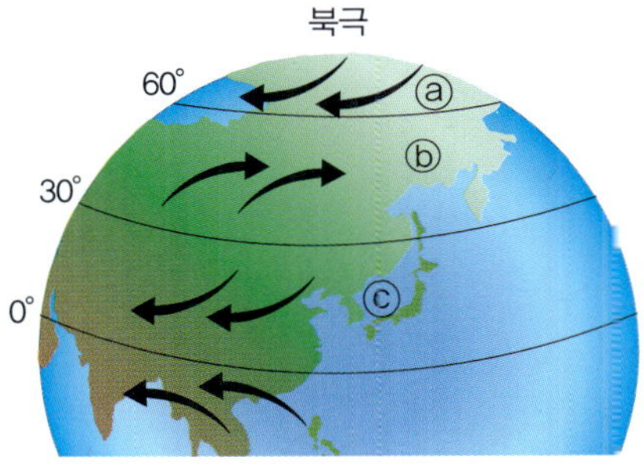

지구 자전에 의해 지표면에서 위도 0°(적도) 지점은 저기압, 위도 30° 지점은 고기압, 위도 60° 지점은 저기압, 위도 90°(극) 지점은 고기압이 형성된다. 바람은 고기압 → 저기압으로 불고, 지구 자전의 영향으로 ⓐ, ⓒ 지역에서는 편동풍(북동풍), ⓑ 지역에서는 편서풍(남서풍)이 분다.

(3) 답 저위도로부터 남는 에너지를 고위도로 운반하여 에너지 평형을 이룬다.

08

창의력 키우기 150~151쪽

01 (1) 답 ①, ②

해설 ① 지구에 입사한 평균 태양 복사 에너지 중 30%는 반사되고 70%는 지표면(50%)과 대기(20%)에 흡수된다.

② 지표면이 흡수하는 총 에너지량은 태양(50%) + 대기(103%) = 153%이고, 대기가 흡수하는 총 에너지량은 태양(20%) + 대류·잠열(30%) + 지표면 복사(117%) = 167%이다.

③ 지표면의 물이 증발되면서 수증기가 지표의 열을 빼앗는 잠열은 20%로 나타나 있다.

④ 지표면에서 방출되는 지구 복사 에너지 중 6%는 직접 우주 밖으로 빠져 나간다.

⑤ 태양 복사 에너지 중 30%가 반사되어 우주 공간으로 되돌아가고, 지구로 70%가 들어오는데, 이것은 지구 복사를 통해 70%의 에너지가 우주로 빠져나간다.

(2) 답 지구가 흡수한 태양 복사 에너지만큼 지구 복사 에너지를 방출하기 때문에 지구의 연평균 기온이 일정하게 유지된다. 위 표에서 보면 지구가 흡수한 태양 복사 에너지(대기 + 지표면)는 70%이고, 지구에서 빠져나가는 지구 복사 에너지도 70%(대기 복사 64% + 지표면 복사 6%)이다.

02

답 · 기후 : 극심하게 더운 날과 추운 날의 발생 빈도가 증가하고, 기온 상승으로 인해 물의 순환을 촉진시켜, 극심한 가뭄과 홍수를 겪는 지역이 많아질 것이다. 수온 증가로 인한 태풍이나 허리케인의 발생이 빈번해질 것이다.

- 농업과 삼림 : 열대 지방에서 기온 상승으로 의한 물의 증발량 증가로 곡물 생산량이 감소하고, 반면에 북유럽, 러시아, 북미 지역은 곡물 생산량이 증가한다. 기온 상승에 의한 한대 지역의 숲은 병충해 피해 지역의 분포가 확장되고, 건조 및 준건조 지역에서는 수분 공급이 약화되어 산불에 의한 자연 피해가 예상된다.
- 수자원 : 수자원이 고갈되어 농업 용수의 부족으로 경작을 포기해야 할 토지가 증가한다.
- 해수면 : 해수면 상승으로 연안 지역에 해수 범람과 폭풍 피해 증가가 예상된다. 또한 대규모 토지 손실과 습지대를 감소시킬 것이다. 이로 인한 새와 물고기 등의 먹이 및 서식처의 감소 등 생태계에 매우 심각한 영향을 줄 것이다.
- 환경 : 지구 온난화에 의한 지표 기온 상승으로 스모그 형성이 촉진되고, 대기 순환과 강수 형태의 변화로 결국 산성 물질의 수송과 침적에 변화를 일으킬 것이다. 이러한 현상으로 발생하는 산성비는 이산화 탄소의 주요 흡수원인 삼림을 훼손시켜 지구 온난화를 가속시킨다.

STEAM 융합형 문제 해결하기 152쪽

01 (1) 답 수성은 대기가 없지만 금성은 두꺼운 이산화 탄소 대기를 가지고 있어 온실 효과의 영향으로 높은 표면 온도를 유지하고 있다.

해설 금성의 대기는 95% 정도가 이산화 탄소로 이루어져 있으며 밀도가 매우 높아 온실 효과가 매우 크기 때문에 표면 온도가 매우 높게 나타난다. 따라서 태양에 더 가까이 있는 수성보다도 표면의 평균 온도가 470 ℃로 지속적으로 더 높게 유지된다.

(2) 답 지구에 존재하는 대기에 의한 온실 효과 때문에 대기가 없을 때보다 더 많은 에너지를 대기와 지표가 서로 주고받아 평형 상태를 유지하기 때문이다.

(3) 답 인구의 증가와 산업화의 영향으로 화석 연료 사용량의 급증과 무분별한 삼림 훼손 등으로 인하여 온실 효과를 일으키는 온실 기체의 배출량이 증가하고 있기 때문이다.

해설 온실 효과를 일으키는 이산화 탄소, 메테인, 일산화 이질소, 프레온 가스 등의 온실 기체 배출량이 산업혁명 이후 지난 100여년 동안 꾸준히 증가하고 있다. 인구의 증가와 산업화의 영향으로 화석 연료 사용에 의해 발생하는 이산화 탄소 발생량의 증가가 온실 가스 배출량 중 80% 이상을 차지하고 있다. 그리고 자동차 배기 가스에서 발생하는 일산화 이질소, 천연 가스의 주성분이며 가축의 배설물에서 발생하는 메테인과 에어컨, 냉장고의 냉매제에서 발생하는 온실 가스의 과다한 배출이 지구의 온난화를 야기시키고 있다.

9. 물의 여행

기본 확인 문제

157 쪽

01 많을 02 높을 03 습도계 04 이슬
05 안개 06 % 07 상대 08 구름 09 눈

탐구력 키우기

158~159쪽

탐구 1 건습구 습도계 해석

탐구문제

1 답 71%

2. 답 차이점 : 건구와 습구의 온도차가 큰 날(9℃)은 습도가 낮고, 온도차가 작은 날(2℃)은 습도가 높다.
이유 : 습도가 낮을수록 습구 온도계의 물이 더 빨리 증발하게 된다. 물이 증발할 때 열을 빼앗아 가기 때문에 주위의 온도가 낮아져서 습구 온도가 낮아지게 된다. 그러므로 습도가 낮은 날 건구와 습구 온도의 차이가 큰 것이다.

3 답 ① 난로를 사용하여 온도를 높인다.
② 방습제를 사용한다.
③ 제습기를 사용한다.
해설 온도 차이가 2℃인 날은 표에서 습도가 약 82~87% 정도로 높은 날이다. 일의 능률을 올리기에 적당한 습도는 55~60%이므로 공기 중의 수증기를 흡수하거나, 온도를 높여서 습도를 낮추어야 한다. 온도를 높이면 포화수증기량이 증가하므로 상대 습도가 내려간다.

4 답 · 습구 온도와 습도의 관계 : 습구 온도가 높을수록 습도가 높다.
· 건구와 습구 온도차와 습도와의 관계 : 건구와 습구 온도차가 클수록 습도가 낮고, 온도차가 작을수록 습도가 높다.
해설 습구 온도가 높다는 것은 습구 온도계를 덮고 있는 헝겊에서 물이 잘 증발되지 않아 습구 온도를 낮추지 않기 때문이다. 물은 습도가 높으면 증발되기 어렵다. 습도가 낮으면 증발이 잘 일어나고, 건구와 습구의 온도차가 커진다.

탐구 2 구름의 발생

탐구과정

* 참고자료

과정		공기 부피변화	처음 온도(℃)	나중 온도(℃)	플라스크 속 변화
향 연기를 넣지 않았을 때		피스톤을 잡아 당겼을 때	20.3	20.1	안이 약간 흐려짐
		피스톤을 밀어 넣었을 때	21.5	21.6	별다른 변화없음
향 연기를 넣었을 때		피스톤을 잡아 당겼을 때	20.5	20.2	안이 순간적으로 뿌옇게 흐려짐
		피스톤을 밀어 넣었을 때	20.3	20.6	다시 맑아진다

탐구문제

01 답

구분	공기 부피	기온 변화	플라스크 속 변화
잡아 당겼을 때	팽창	감소	뿌옇게 흐려짐
밀어 넣었을 때	감소	증가	맑아짐

02 답 향 연기는 공기 중의 수증기가 응결이 될 수 있도록 도와주는 응결핵 역할을 한다. 따라서 플라스크 속의 변화가 훨씬 더 잘 일어난다.

03 답 ㄴ, ㄹ
해설 주사기의 피스톤을 잡아당기면 플라스크 내부의 공기가 팽창하면서 온도가 내려가므로 포화수증기량이 감소하여 상대습도가 증가한다.

문제해결력 키우기

160~167쪽

01 답 ④
해설 증발이란 물이 끓는점 이하에서 분자 운동을 하여 수증기 상태가 되어 공기 중으로 날아가는 현상을 말한다. 공기 중으로 날아가는 물 분자가 물속으로 들어오는 물 분자보다 많아서 물의 양이 줄어든다. 증발은 기온이 높을수록, 바람이 잘 불수록, 공기가 건조할수록 잘 일어난다.

02 답 · 이유 : 대기가 건조해져서 정전기가 많이 발생하였다.

· 정전기를 없애는 방법 : 1. 가습기를 튼다.
2. 빨래나 젖은 수건을 널어둔다.
3. 어항이나 분수대를 설치한다.

해설 대기가 건조해지면 대기 중 수증기가 감소하여 전기가 잘 통하므로 정전기가 잘 발생한다. 집 안 공기의 습도를 높여 줄 수 있는 방법을 생각한다.

03 **답** · 공통점 : 공기 중의 수증기가 작은 물방울이 되어 공기 중에 떠 있는 것이다.
· 차이점 : 안개는 지표면 부근에 생겨서 낮게 떠 있고, 구름은 높은 곳에서 생겨서 높이 떠 있는 것이다.

04 **답** 22 ℃

해설 습도표에서 습구 온도 19 ℃에서 오른쪽, 상대 습도가 76 %인 곳을 찾으면 건구와 습구의 온도 차는 3 ℃가 된다.

습구 온도 (℃)	건구와 습구의 온도 차 (℃)			
	1	2	3	4
15	90	81	73	65
16	90	82	74	66
17	91	82	74	67
18	91	83	75	68
19	91	83	76	69

따라서 건구 - 습구 온도 = 건구 - 19℃ = 3℃ 이므로 건구 온도는 22℃가 된다.

05 **답** 10 ℃

해설 이슬점이란 공기 중의 수증기가 응결하기 시작하는 온도이며 수증기는 공기가 포화 상태에 도달했을 때 응결하기 시작한다. 따라서 현재 15 ℃ 공기 속에 포함된 수증기의 양이 9.4 g이므로 9.4 g을 포화 수증기량으로 갖는 온도 10 ℃가 이 공기의 이슬점이 된다.

06 **답** ②, ④, ⑤

해설 맑은 날은 공기 중의 수증기량이 거의 변하지 않으므로 이슬점도 거의 일정하다. 그래프의 이슬점이 거의 일정하므로 날씨는 맑았을 것이다. 그리고 이슬점이 일정할 때 습도는 기온의 변화와 반대로 나타난다. 그래프에서 상대 습도는 15시 경에 가장 낮고 6시경에 가장 높을 것이다. 지면이 데워지는데 시간이 필요하므로 태양의 고도가 가장 높은 12시가 아닌 15시경에 기온이 가장 높다.

07 **답** 비

해설 지표면 위의 공기가 따뜻해져 위로 올라가면서 그 공기의 온도가 낮아져, 공기 중의 수증기가 작은 물방울로 되어 구름을 이룬다. 그 구름 속의 작은 물방울들이 한데 뭉쳐서 무거워져 떨어지는 것이 비이다.

08 **답** ㄴ, ㄷ, ㅁ

해설 바다의 물이 증발하여 공기 중의 수증기가 되었다가 다시 구름이 되려면 수증기의 응결이 일어나야 한다. 제시된 <보기>중 ㉠ 처럼 빨래가 마르는 현상은 물이 수증기가 되어 공기 중으로 날아가는 현상이며 ㉣ 과 같은 서리는 수증기의 승화에 의해 직접 교체로 상태 변화한 것이다.

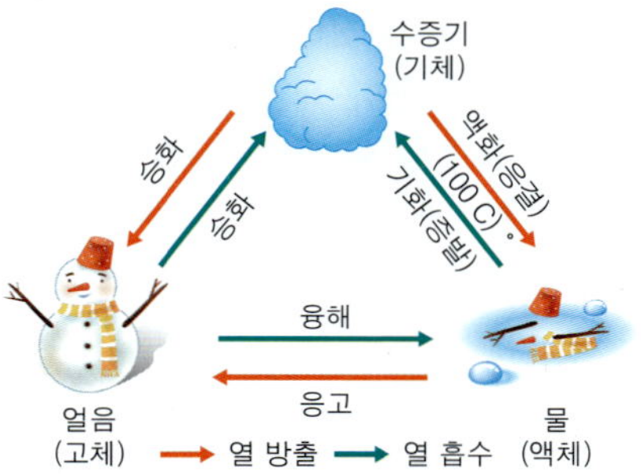

◀ 물의 상태 변화

09 (1) **답** 9.4 g

해설 이슬점은 응결이 시작되는 온도이다. 즉 현재 수증기량이 포화 수증기량이 되는 온도라고 할 수 있다. 실험을 통해서 유리컵 표면이 흐려지기 시작하는 순간 온도가 10 ℃가 되므로 이슬점은 10 ℃가 된다. 따라서 실험실 안의 공기 $1m^3$ 속에는 10 ℃의 포화수증기량인 9.4 g 이 포함되어 있다.

(2) **답** 약 54.3 %

해설 실험실 안의 기온이 20 ℃일 때 포화 수증기량 17.3 g/m^3이며 현재 실험실 공기에 포함된 수증기량 9.4 g/m^3이므로

$$\text{상대습도}(\%) = \frac{\text{현재 공기에 포함된 수증기량}}{\text{포화 수증기량}} \times 100$$

$$= \frac{9.4}{17.3} \times 100 \fallingdotseq 54.3\ \%$$

(3) 답 26 g

해설 현재 실험실 1 m^3 속에 수증기가 9.4 g 들어 있으므로 5 ℃에서의 포화 수증기량 6.8 g 을 뺀 나머지가 물방울로 응결된다.
따라서 9.4 - 6.8 = 2.6(g/m^3)이므로 공기 1 m^3 당 2.6 g이 응결되며 실험실 공기 10 m^3 속에서 응결되는 물방울의 총량은 10m^3 × 2.6g/m^3 = 26 g이 된다.

10 (1) 답 약 24시부터 다음 날 오전 8시까지

이유 : 기온이 이슬점 온도보다 낮을 경우 안개가 발생할 수 있다.

해설 수증기를 많이 포함하고 있는 지표 부근의 공기가 냉각되면 수증기가 응결하여 작은 물방울이 많이 생기는데 이것이 지표 부근에 떠 있는 것이 안개이다. 그리고 공기가 냉각되어 수증기의 응결이 일어나기 시작할 때의 온도를 이슬점이라고 하며 이는 포화 상태에 도달했을 때의 온도이다. 이른 아침 풀잎에 이슬이 맺히는 것이나 지표 부근의 안개, 높은 하늘에 구름이 생기는 것은 기온이 이슬점 이하로 내려갈 때 일어나는 현상이다.

(2) 답 오전 6시에서 오전 7시 사이

이유 : 기온은 해가 뜨면 상승하므로 기온이 상승하기 시작하는 시간이다.

해설 하루 동안의 기온은 해뜨기 직전에 가장 낮고 점점 높아져서 오후 2~3시경에 가장 높으며 그 이후 점점 낮아진다. 기온의 일변화는 시각에 따라 지표면이 받는 햇빛의 양이 다르기 때문에 발생한다. 태양의 고도가 12시에 가장 높지만 지표면이 열을 받아 데워지는데 시간이 걸리므로 실제 기온은 2~3시경에 가장 높아지며 해가 진 후부터 다음날 해뜨기 전가지 기온이 계속 내려가기 때문에 해뜨기 전에 기온이 가장 낮다. 기온은 해가 뜨면 상승하므로 기온이 상승하기 시작하는 시간이 해가 뜨는 시간이다.

11 (1) 답 66%

해설 습도표에서 습구 온도 16 ℃에서 오른쪽, 건구와 습구의 온도 차가 4 ℃에서 아래쪽으로 내리면 만나는 곳의 숫자 66%가 상대 습도이다.

(2) 답 11.4 g

해설 1 m^3당 포화수증기량이 20 ℃에서 17.3 g이고 상대습도가 66%이므로 수증기량은 다음과 같이 구할 수 있다.

$$상대습도(\%) = \frac{현재\ 공기에\ 포함된\ 수증기량}{포화\ 수증기량} \times 100$$

$$66\% = \frac{x}{17.3} \times 100$$

$$x = 66 \times 17.3 \div 100 \fallingdotseq 11.4(g)$$

(3) 답 200 g

해설 (2)번 문항에서 현재 공기 1 m^3에 포함된 수증기량이 11.4 g, 그래프에서 10 ℃의 포화 수증기량이 9.4 g 임을 알 수 있다. 따라서 공기 1 m^3 당 11.4 - 9.4 = 2.0(g)이 응결되며, 실험실 공기의 부피가 100 m^3이므로 응결된 물방울의 총 량은 2.0 × 100 = 200(g) 이 된다.

12 (1) 답 ㄱ, ㄹ

해설 페트병을 압축하다 순간적으로 놓으면 페트병 속의 공기 부피가 팽창하여 온도가 내려가므로 이슬점에 도달하여 페트병 내부가 뿌옇게 흐려진다.

(2) 답 향연기가 응결핵 역할을 해서 응결이 더 잘 일어난다.

해설 향 연기는 작은 고체 알갱이로서 표면에 수증기 분자들이 달라붙어 물방울로 응결하기 쉽게 도와주는 역할을 한다. 따라서 플라스크 속의 변화가 훨씬 더 잘 일어난다. 공기 중에 떠 있는 미세한 입자들 중 바닷물의 물보라로 인해 공기 중으로 날아 올라온 작은 소금 입자들이 중요한 응결핵의 역할을 한다. 응결핵 없이 수증기만으로 공기 중에서 응결이 일어나려면 상대 습도가 400% 이상 되어야 한다. 그러나 실제 대기는 응결핵이나 빙정핵을 포함하고 있어 상대 습도가 100% 이상이면 응결이 일어날 수 있다.

10

창의력 키우기 168~169쪽

01 답 인성

이유 : 조작 변인이 기온이면 종속변인은 습도가 된다. 변인을 통제하기 위해서는 수증기의 양을 일정하게 유지해야 되는데 이를 위해 밀폐된 방이 필요하고 방은 하나면 된다.

해설 탐구 과정에서 가설을 증명하기 위해서는 변인을 통제해야 한다. 문제의 가설에서 기온을 조작 변인으로 설정하면 나머지 조건들은 일정하게 유지시켜주어야 한다. 따라서 수증기의 양, 실험 장소와 시간 등의 변인을 통제해야 한다.

지섭 : 습도와 온도가 모두 조작 변인이 된다.

미영 : 수증기의 양이라는 변인을 통제할 수 없다.

태희 : 수증기의 양이 조작 변인이 된다.

02 (1) 답 체온이 높아지고 땀이 난다.

(2) 답 땀이 증발하면서 체온이 낮아져야 하는데 사막에서는 땀이 잘 증발하는 것에 비해 우리나라의 여름철에는 습도가 높아서 땀이 잘 증발하지 못하기 때문이다.

STEAM 융합형 문제 해결하기 170쪽

01 답 예시 답안 1.곰팡이, 네 이놈~! 물렀거라!

2. 부식? 그게 뭐예요?

3. 우리 아이 건강을 지키는 똑똑한 엄마들의 선택!

해설 문제에서는 제습기를 사용했을 때의 장점을 살려서 광고를 하고자 하였다. 제습기는 대기 중에 수증기의 양이 많을 때 사용하는 것이다. 즉, 제습기의 장점은 수증기가 많을 때 생기는 문제점들을 해결할 수 있는 것이어야 한다. 공기 중에 수증기가 많으면 곰팡이가 생기기 쉽고, 빨래가 잘 마르지 않으며, 쇠붙이에 녹이 잘 생기고, 불쾌지수가 높아진다. 제습기를 사용했을 때의 장점을 잘 나타낼 수 있는 광고 문구를 작성해 보자. 광고 문구는 사람들이 이해하기 쉽고, 기억하기 쉬우며, 제품의 특징을 잘 나타낼 수 있어야 한다.

10. 자극과 반응

기본 확인 문제 175 쪽

01 ○ 02 × 03 ○ 04 × 05 ×
06 ○ 07 × 08 × 09 ○

탐구력 키우기 176~177쪽

탐구 1 감각지도 그리기

탐구과정

<감각 지도의 예시>

탐구문제

1 답 점이 2개라고 느끼는 거리가 짧을수록 감각점이 많이 분포하는 곳이다.

2 답 입술

탐구 2 자극이 전달되는 속도

탐구결과

1 답

구분	감각기	자극 판단 및 명령 중추	반응기
기관	눈	대뇌	손(손가락)

2 답 떨어지는 자를 보고 잡기까지 걸리는 시간은 매우 짧기 때문에 시간을 측정하기 어렵기 때문이다.

탐구문제

1 답 감각신경(시각신경), 연합신경(대뇌), 운동신경

2 (1)송화기: 눈, (2) 전화선1: 감각신경, (3) 교환기: 중추신경(뇌), (4) 전화선2: 운동신경, (5)수화기: 팔의 근육

해설 사람이 하는 말을 최초로 받아들이는 송화기는 실험에서 자극을 최초로 받아들이는 눈과 같은 역할을 한다. 전화국의 교환기는 중추 신경계(뇌), 송화기에서 받아들인 소리를 교환기로 보내는 전화선1은 자극을 뇌로 전달하는 감각신경, 전화선 2는 뇌에서 내린 정보를 팔의 근육으로 전달하는 운동신경과 비유할 수 있다.

문제해결력 키우기 178~185쪽

01 답 ⑤

해설 A - 각막 : 눈의 가장 바깥쪽의 막으로 눈을 보호한다.
B - 홍채 : 동공의 크기를 조절하여 눈으로 들어오는 빛의 양을 조절한다.
C - 수정체 : 빛을 굴절시켜 상이 망막에 맺히도록 한다.
D - 맹점 :시신경이 빠져나가는 곳으로 시각 세포가 없다.
E - 맥락막 : 검은 색소를 포함하고 있어, 암실 역할을 한다.

02 답 (가) - A - 고막, (나) - D - 달팽이관, (다) - E - 귀인두관, (라) - B - 귓속뼈

03 답 ⑤

해설 맛은 맛봉오리 속 맛세포에서 느끼고, 냄새는 후각세포에서 느끼지만 실제로 맛은 미각 외에 후각, 촉각, 온도 등의 복합적인 작용에 의해 느껴지는 종합 감각이다.

04 답 망원경-시각, 청진기-청각, 온도계-피부감각, 마약탐지견-후각 등

05 답 (가) - A, (나) - D, (다) - E, (라) - B, (마) - C

해설 A : 대뇌 - 고등 정신활동 담당
B : 간뇌 - 체온과 물질대사를 조절
C : 중간뇌 - 눈동자의 운동과 홍채의 작용을 조절
D : 연수 - 심장박동, 호흡 등의 중추
E : 소뇌 - 몸의 균형및 근육운동을 조절

06 답 대뇌

근거 : 듣지 못하고, 기억력, 이해력, 판단력 등을 상실했다고 했는데 이는 대뇌의 기능과 일치한다.

07 답 ②

해설 손가락 끝에는 감각점이 많이 분포하기 때문에 감각이 예민하다. 따라서 시각 장애인의 경우 손끝의 압점을 이용한 점자 해독이 가능하다.

08 답 · 무조건반사 : ㄴ, ㄷ, ㅁ
·조건반사 : ㄱ, ㄹ, ㅂ

해설 ㄱ. 떨어지는 자를 보고 잡는 것은 의식적으로 일어나는 반응으로 조건 반사이다.
ㄴ. 침 분비 조절 작용은 연수에서 담당하므로 연수 반사에 해당된다.
ㄷ~ㅁ.하품을 할 때 눈물이 분비되는 것은 연수 반사(무조건반사)이다. 예전에 먹었던 귤이 시었다는 경험에 의해 대뇌에 기억되어 조건으로 작용한 것이므로 조건반사에 해당된다. 재채기는 연수 반사에 해당된다.
ㅂ. 밥을 먹을 때마다 듣던 종소리는 조건으로 작용하여 종소리만 들어도 밥을 먹을 때처럼 침을 흘리게 되므로 조건반사이다.

09(1) 답 A

해설 후각세포는 콧속 천정의 후각 상피세포 안에 들어있다.

(2) 답 ①, ②, ③, ⑤

해설 후각은 감각 중 가장 예민하여 쉽게 피로해지므로 오랜 시간 같은 냄새를 지속적으로 맡을 수 없다.

(3) 답 콧속이 건조하면 기체 상태의 냄새 분자가 후각세포에 녹아들어가지 못하기 때문에 냄새를 잘 맡지 못한다.

해설 후각세포는 점액으로 덮여 있으며, 기체 상태 물질은 그 점액에 녹아 후각세포를 자극하게 된다 따라서 콧속이 마르면 기체 상태의 냄새 물질은 후각세포를 자극하지 못하므로 냄새를 잘 맡지 못하게 된다

10 (1) 답 ①, ③, ⑥

해설 두 점으로 느끼는 거리가 짧을수록 감각점 사

10

이의 거리가 짧다는 것이므로 감각점이 밀집되어 있다는 것을 의미한다. 따라서 두 점으로 느끼는 거리가 짧을수록 감각점이 조밀하게 분포하며 자극에 예민하다.

① 두 점으로 느끼는 최단 거리가 가장 먼 부위는 등이다. 이것은 감각점이 가장 적게 분포한다는 것이므로 제시된 자료 중에서 등이 가장 둔한 곳이다.

② 두 점으로 느끼는 최단 거리가 짧을수록 촉점의 밀도가 높으며 그만큼 예민한 것이다. 따라서 < 손가락 - 입술 - 발가락 - 손바닥 - 뺨 -- 등 >의 순으로 예민하다.

③ 신체 각 부위에서 두 점으로 느끼는 최단 거리는 모두 다르다. 이는 감각점의 분포가 신체 부위에 따라 다르기 때문이다.

④ 입술과 발가락이 두 점으로 느끼는 최단 거리는 각각 6 mm, 10 mm이므로 두 핀 사이의 거리를 15 mm로 하면 두 점으로 느낄 수 있다.

⑤ 눈을 감고 식별할 때 촉점이 가장 많이 분포하는 손가락을 사용하는 것이 더 정확하다.

⑥ 촉점이 가장 많이 분포하는 부분은 두 핀 사이의 간격이 가장 짧은 부분으로 손가락이다.

(2) 답 감각점의 분포가 신체 부위에 따라 다르기 때문이다. 감각점이 많이 조밀하게 분포하면 감각에 대해 예민하고, 감각점들이 멀리 떨어져 있으면 감각에 대해 덜 예민하게 된다.

11 (1) 답 A → E → D

해설 A는 대뇌, B는 간뇌, C는 중간뇌, D는 연수, E는 소뇌이다. 술을 많이 마셔 말이 많아지고 발음이 불분명해지는 것은 대뇌의 언어 중추가 알코올의 영향을 받았기 때문이다. 몸을 똑바로 가누지 못하여 걸음걸이가 불안정해지는 것은 평형 감각을 조절하는 소뇌가 알코올의 영향을 받았기 때문이다. 또, 호흡 곤란이 오는 것은 호흡 운동의 중추인 연수가 알코올의 영향을 받았기 때문이다.

(2) 답 ②

해설 손상 부위는 대뇌의 앞부분으로 사고와 성격 등을 조절하는 부위이다. 따라서 이 부위가 손상되었을 경우 예전과는 다른 성격이 나타나며 폭력적으로 변할 수도 있다.

① 체온 조절이 안되는 것은 간뇌의 손상에 의해 나타난다.

③ 심장 박동이 매우 불규칙한 경우는 척수와 연결되는 부위인 연수의 장애에 의해 나타난다.

④ 안구 운동의 중추는 중뇌로 이 부분이 손상되면 안구 운동과 홍채의 수축 및 이완 운동이 일어나지 못한다.

⑤ 몸의 균형을 유지하는 것을 담당하는 곳은 소뇌이다.

12 (1) 답 ·시각에 의한 반응 : 0.18초

·청각에 의한 반응 : 0.2초

해설 낙하 운동에서 낙하 거리 $h = \frac{1}{2}gt^2$

5회 평균 낙하 거리가

실험 1에서 16.2 cm = 0.162 m

실험 2에서는 20 cm = 0.2 m

실험 3에서는 45 cm = 0.45 m

이므로 각각 공식에 대입하면 실험 1에서는 0.18초, 실험 2에서는 0.2초, 실험 3에서는 0.3초가 된다.

(2) 답 실험 1은 자를 잡는데 집중하였을 때 걸린 시간은 0.18초로 실험 3에서 수학 계산이라는 다른 자극이 동시에 주어졌을 때 자를 잡는데 걸린 시간 0.3초보다 빠르다. 따라서 여러 자극들이 동시에 전달될 때 반응 시간이 길어진다는 사실을 알 수 있다. 운전 중 핸드폰을 사용하게 되면 시각적 자극 외에 청각 및 지각 활동 등의 자극이 동시에 전달되므로 반응 속도가 느려져 위급한 상황에 빠르게 대처할 수 없게 된다.

창의력 키우기 186~187쪽

01. (1) 답 ①

(2) 답 동물들은 두 눈으로 본 상이 각각 뇌에 전달되는데, 각각의 눈으로 본 상의 차이(시차)가 적으면 뇌에서는 그 물체가 멀리 떨어져 있는 것으로 인식하게 되고, 시차가 크면 가까운 곳에 있는 것으로 인식한다. 하지만 목표물까지의 거리가 멀어지면 시차가 매우 작아져 한쪽 눈으로 본 것과 큰 차이가 없게 된다.

02. (1) 답 ②, ④, ⑥

해설 ① 약을 먹고 입 안이 쓴 상태에서 단맛이 나는 사탕을 먹게 되면 단맛의 감각을 받아들이는 맛세포의 활동에 의해 쓴맛이 다소 줄어들게 된다.

②④⑥ 처음 자극이 주어진 후 나중 자극을 받을 때 처음 자극에 비하여 일정 비율 이상의 자극을 받아야 자극의 변화를 느낄 수 있는데 이를 베버의 법칙이라고 한다. 따라서 처음 주어진 자극의 종류와 같은 종류의 자극을 주면서 동시에 변화량이 처음 주어진 자극의 세기에 비례하여 주어지는 것을 찾으면 된다.

③ 밝은 곳에 있다가 어두운 곳으로 들어가면 처음에는 잘 보이지 않는다. 하지만 어둠에 익숙해지면서

홍채의 조절로 인해 동공의 크기가 확장되며 서서히 보이기 시작한다. 이러한 현상을 순응 현상이라고 한다. 처음에 주어진 자극(밝은 빛)과 변화된 자극(어둠)이 같은 속성의 자극이 아니므로 베버의 법칙이 적용된다고 볼 수 없다.
⑤ 찬물에 대해 처음에는 차갑게 느껴지지만 시간이 지날수록 차가움이 사라지는 것은 순응 현상이라고 할 수 있다.

(2) 답 25g
해설

$$K(\text{베버 상수}) = \frac{\text{나중 자극의 세기} - \text{처음 자극의 세기}}{R_1\,(\text{처음 자극의 세기})}$$

$$= \frac{50-40}{40} = \frac{1}{4} = \text{일정}$$

$$\frac{(100+x)-100}{100} = \frac{x}{100} = \frac{1}{4}$$

$x = 25(\text{g})$

STEAM 융합형 문제 해결하기 188쪽

01 (1) 답 사람의 후각이 개보다 둔한 것처럼 어느 정도의 감각 능력은 타고난다. 하지만 훈련을 통해 능력이 개선되고 향상될 수 있다. 따라서 우주 비행사를 뽑을 때 적응 능력이 뛰어난 사람을 뽑기도 하지만 지속적인 훈련을 통해 그 능력을 발달시키기도 한다.
(2) 답 No.
우주에는 중력이 없기 때문에 적합 자극이 중력인 전정 기관이 작용하지 않으므로 몸이 기울어진 것을 전혀 느끼지 못한다.

11. 일기예보

기본 확인 문제 193 쪽

01 ○ **02** × **03** ○ **04** × **05** ×
06 × **07** × **08** ○ **09** ○

탐구력 키우기 194~195쪽

탐구 1 등압선 그리기

탐구과정

등압선도를 간략히 그리면 다음과 같다.

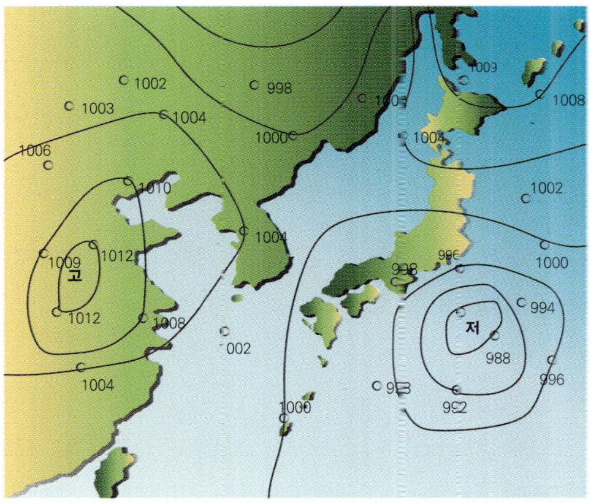

탐구문제

1 답 A
해설 등압선이 좁을수록 기압 차이가 커서 바람이 세게 분다.

2 답 저기압 중심부('저' 라고 표시한 부분)
해설 상승기류는 저기압 중심부에서 나타난다.

탐구 2 일기도 예상하기

탐구해석

1 답 40 cm
해설 $0.04 \times 10\text{ m} = 0.4\text{ m} = 40\text{ cm}$

2 답 남반구는 북반구와 회전 방향이 반대이다.

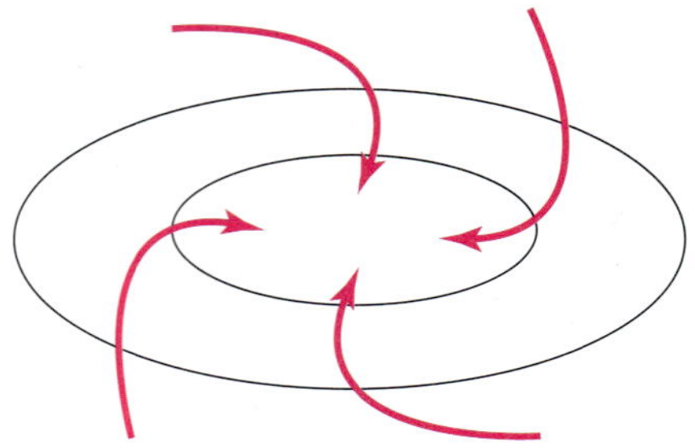

3 답 왼쪽 반원은 진행하는 방향과 바람이 부는 방향이 반대이므로 바람이 약해지지만 오른쪽 반원은 진행하는 방향과 바람이 부는 방향이 일치하므로 바람이 더 강해진다. 따라서 오른쪽 반원에서 부는 바람이 더 강하다.

문제해결력 키우기 196~203쪽

01 답 A > B > C

해설 고도가 높을수록 기압이 낮아지고, 기압이 낮을수록 토리첼리의 수은 기둥의 높이가 낮아진다.

02 답 ④

해설 상공으로 갈수록 공기의 양이 희박해지므로 기압은 급격하게 감소한다.

03 답 ②, ③, ⑤

해설 주변 기압이 낮아지면 상대적으로 빈 우유통 속의 기압이 높아 랩이 불룩하게 올라오고, 빨대는 B 쪽으로 내려가게 된다. 태풍은 대표적인 저기압이다.

04 답 ⑤

해설 바람은 고기압에서 저기압 쪽으로 분다. (가)는 여름철 일기도로 남동 계절풍이 불어 덥고 습하다. 삼한사온은 겨울철에 나타나는 현상이다.

05 답

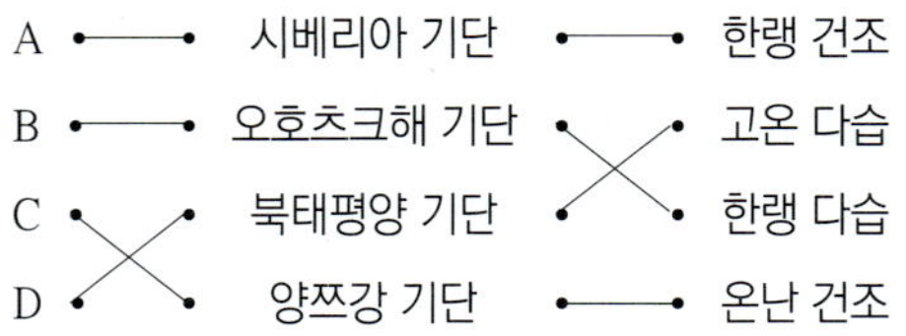

06. 답 ⑤

해설 위도 5°~25°지역의 열대 해상으로부터 상승하는 공기는 많은 양의 수증기를 포함하는데 증발한 수증기가 상승하면서 응결할 때 발생하는 잠열이 태풍의 세력을 강하게 한다.
잠열 : 숨은열이라고도 하며 어떤 물체가 온도의 변화없이 상태가 변할 때 방출되거나 흡수되는 열이다. 그 종류에는 융해열, 증발열(기화열), 승화열, 응결열(액화열) 등이 있다.

07 답 ①, ③, ④

해설 기단이 발원지를 떠나 이동하면 이동한 지역의 영향을 받아 온도와 습도가 달라져서 원래의 성질과 다르게 변해 날씨에 영향을 미치게 된다. 따뜻한 기단이 차가운 육지로 이동하면, 기단 하층의 온도가 낮아지면서 대기가 안정된다. 따라서 날씨가 비교적 맑으며 층운형의 구름이 발생한다. 차가운 기단이 따뜻한 육지로 이동하면 기단 하층의 온도가 높아지면서 대기가 불안정해진다. 따라서 상승 기류가 나타나며 적운형의 구름이 발생하며 강한 눈이나 비를 내리기도 한다.

08 답 (다) - (가) - (라) - (나)

해설 관측을 해서 얻은 자료를 처리하고 분석하여 일기예보를 한다.

09 (1) 답 진공(아무것도 없다.)

(2) 답 수은면을 눌러 주던 대기압이 작아지므로 수은 기둥이 더 내려와 기둥의 높이는 낮아진다.

(3) 답 0이 된다. 달에는 대기가 없으므로 기압이 0이 되므로 수은 기둥의 높이도 0이 된다.

10 (1) 답 E

해설 등압선 간격이 좁을수록 바람이 강하게 분다.

(2) 답

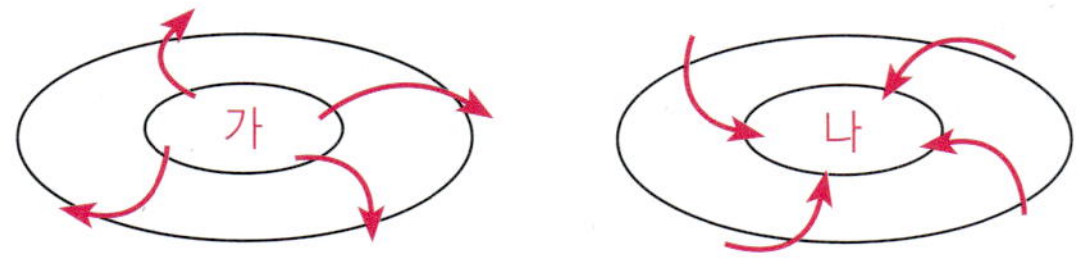

해설 (가)는 고기압 중심이고, (나)는 저기압 중심이다.

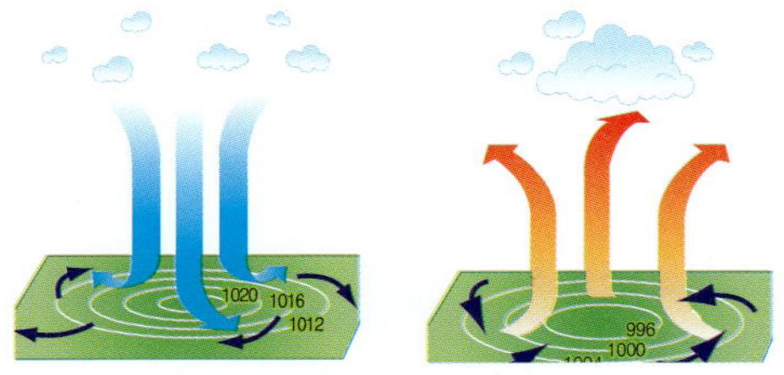

(가) 고기압 중심 (나) 저기압 중심

(3) 답 지구의 자전
해설 바람은 고기압에서 저기압으로 부는데 지구의 자전 때문에 등압선에 수직으로 불지 못하고 휘어져 분다.

11 (1) 답 현재 우리나라는 고기압의 가장자리에 위치하여 바람이 없고 맑은 날씨를 보이고 있다.
(2) 답 남해안의 장마 전선, 일본 남서해 상의 태풍
해설 남해안에 놓여있는 장마 전선은 경우에 따라 북상하여 우리나라에 영향을 주어 지속적인 비를 내리게 할 수도 있다. 일본 남서 해상에 위치한 태풍도 북상하여 우리나라에 영향을 주기 시작하면 강한 바람과 많은 비를 내릴 수 있다.

(3) 답 여름철이다. 남고북저형의 기압 배치, 장마 전선, 태풍이 이 일기도가 여름철의 일기도임을 말해 준다.

12 (1) 답 (ㄱ) 이슬점 (ㄴ) 안개 (ㄷ) 1014.2 hPa
(ㄹ) 남서풍
해설 기압은 천의 자리와 백의 자리는 생략하고, 소수 첫째 자리까지 나타낸다. 예를 들어 499→1049.9 hPa, 212→1021.2 hPa이다. 만약 1000 hPa을 넘지 않을 경우에는 백의 자리만 생략하고 나타내는데 예를 들어 968 → 996.8 hPa이다.

(2) 답 ㄱ. 기압골이 걸치게 되면 저기압과 비슷한 날씨를 나타내는데 흐리고 비가 오는 것을 볼 수 있다.
ㄷ. 일반적으로 안개가 끼면 비가 오지 않는다. 새벽에 안개가 낀다는 것은 밤 사이 온도가 많이 떨어졌음을 의미한다. 바람과 구름이 없는 맑은 날일수록 밤에 지표면이 냉각되어 하층 대기의 기온이 내려가 새벽녘에 안개가 생긴다(복사 안개). 즉, 새벽 안개는 주로 날씨가 맑은 날 생기게 된다.

창의력 키우기 204~205쪽

01 (1) 답 사각기둥 모양의 경우 비바람이 치게 되면, 비바람이 치는 방향에 따라 우량계 속으로 들어가는 빗물의 양이 다를 수 있다. 반면, 원통형은 어느 방향이나 균일한 모습을 가지므로 그럴 염려가 없다.
(2) 답 주변 바닥에 빗물이 튀어 우량계 속에 들어가거나 나무 등의 장애물에 의해 영향을 받지 않도록 하여 정확한 비의 양을 재도록 하기 위함이다.

02 (1) 답 기압이 낮아진다.
이유 : 종이가 탈 때 공기 중의 산소가 사용되므로 공기 입자의 개수가 줄어들어 기압이 낮아진다.

(2) 답 삶은 달걀르 입구를 막은 상태에서 유리병 안쪽이 바깥보다 기압이 낮으면 기압 차이에 의해 유리병 바깥에서 안쪽으로 누르는 힘이 생기게 되어 달걀이 유리병 속으로 밀려 들어가게 된다.

(3) 답 유리병을 뒤집어 달걀이 유리병 입구 주변에 있도록 한 다음 유리병을 잘 흔들어 달걀이 입구를 막도록 한다. 이후 유리병을 알콜램프 등으로 가열하여 병 내부 압력을 높인다. 이렇게 하면 유리병 속의 기압이 더 높아져, 유리병 속에서 밖으로 달걀을 밀어내게 된다.

STEAM 융합형 문제 해결하기 206쪽

01 (1) 답 태풍이 저위도에서 중위도에 이동하면서 편서풍의 영향을 받아 동쪽으로 방향이 바뀌게 된다.
(2) 답 위험 반원 에서는 태풍 진행 방향의 오른쪽 반원을 태풍의 위험 반원이라고 하며 태풍의 바람 방향과 태풍의 이동 방향이 서로 비슷하여 풍속이 커지게 된다. 그러나 왼쪽 반원에 해당하는 안전 반원에서는 그 방향이 서로 반대가 되어 상대적으로 풍속이 약해지게 된다. 따라서 태풍 매미의 진행 방향의 오른쪽에 해당하는 경남 지방의 피해가 다른 지방에 비해 더 크게 나타났다.
해설 태풍의 회전 방향과 중위도 부근의 편서풍의 방향이 일치하므로 풍속이 증가하게 된다.
(3) 답 1. 가뭄을 해결한다.
2. 바다물을 뒤집어 영양 염류를 순환시켜 바다 생태계를 활성화시킨다.
3. 저위도의 에너지를 고위도로 수송하는 역할을 하여 지구 전체의 에너지 평형을 이루도록 한다.

12. 힘

기본 확인 문제 211 쪽

01 힘 02 운동 상태, 모양 03 지구 중심
04 반대 방향 05 자동차의 스노우 체인, 울퉁불퉁한 고무 장갑의 바닥 06 탄성력
07 커진다 08 크기 09 합력

탐구력 키우기 212~213쪽

탐구 1 마찰력에 영향을 주는 것

탐구결과

마찰력, 같다, 커진다(크다)

탐구문제

1 답 A, 유리판이 더 미끄럽기 때문

2 답 두 경우 같다. 같은 면이고, 나무 도막의 무게가 같기 때문에 마찰력의 크기는 두 경우 같게 나타난다.

탐구 2 합력 구하기

탐구결과

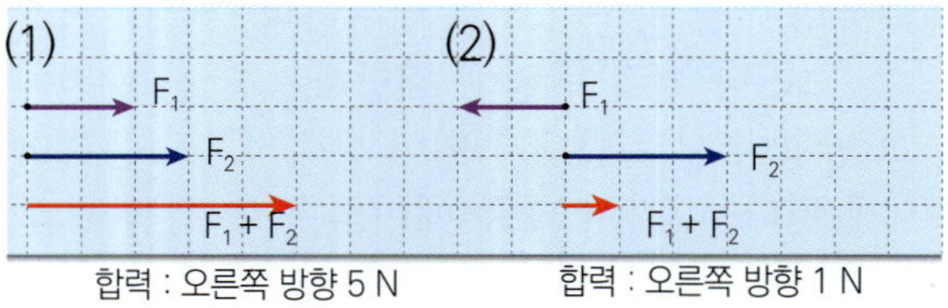

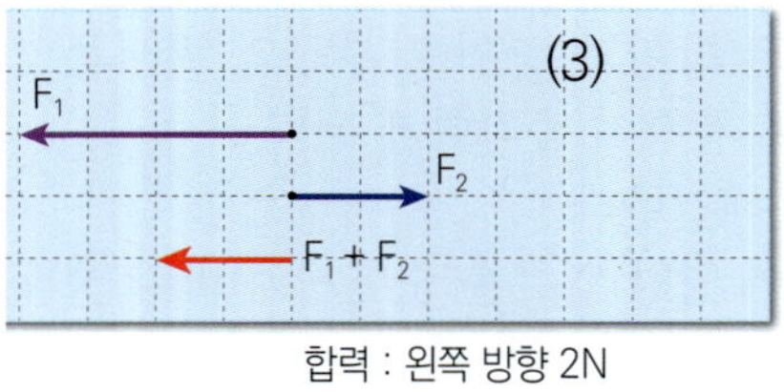

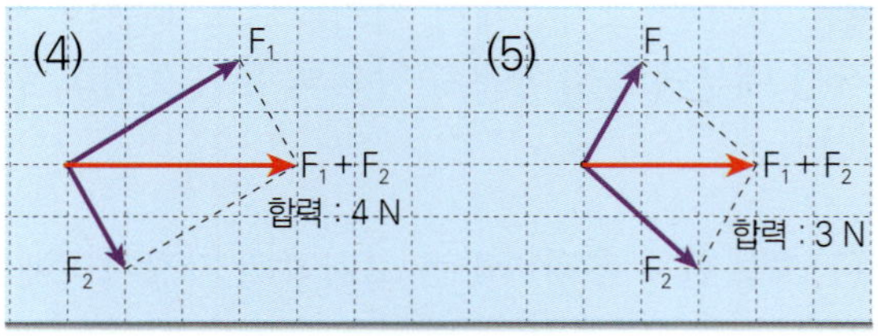

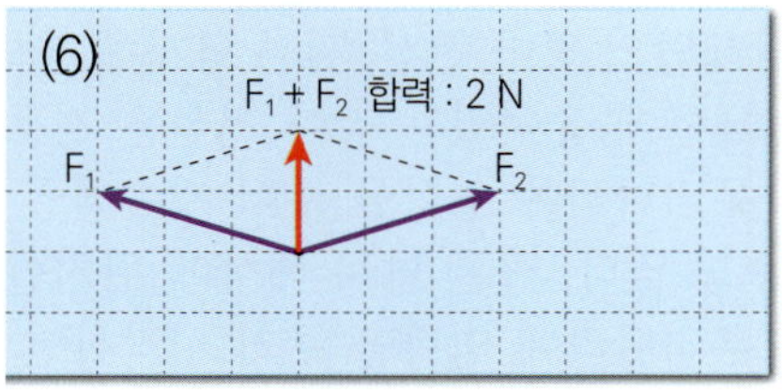

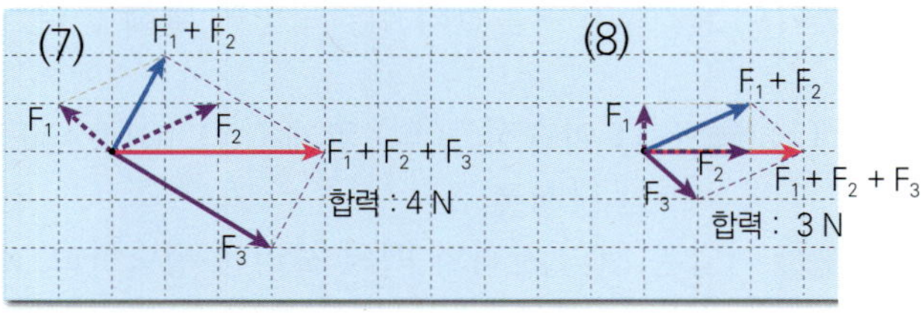

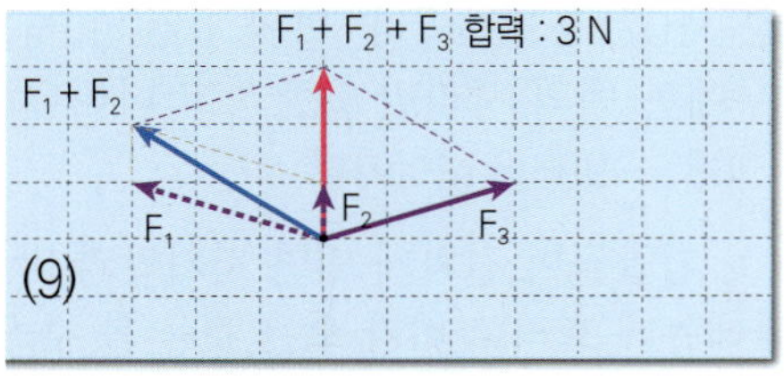

문제해결력 키우기 214~221쪽

01 답 수인

해설 과학에서 말하는 힘을 작용하는 경우 물체의 모양이나 운동 상태가 변한다. 고무 풍선을 힘을 주어 누르면 모양이 변한다.

02 답 ④

해설 야구공을 배트로 치면 야구공의 모양이 순간적으로 변하면서 운동 방향이 바뀐다. 자동차가 충돌하여 찌그러지면서(모양 변화) 멈추는(운동 상태의 변화) 것이다.

03 답

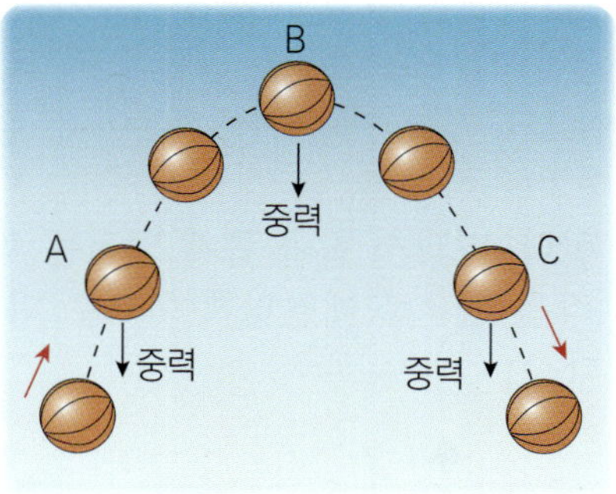

해설 중력은 지구 중심 방향으로 작용한다.

04 답 A

해설 물체가 면 위에서 미끄러져 운동하고 있는 경우, 마찰력의 방향은 항상 운동 방향과 반대 방향으로 나타난다. 물체의 운동을 방해하는 방향이다.

05 답 1. 물체끼리 떨어져 있는 상태에서도 힘이 작용한다.
2. 인력과 척력이 모두 작용하는 힘이다.
3. 힘을 작용하는 두 물체 사이의 거리가 멀어지면 작용하는 힘의 세기가 줄어든다.

해설 (가)는 자기력, (나)는 전기력이 작용하는 현상이다.

06 답 ②

해설 전신 수영복은 수영 선수들이 마찰력을 줄이기 위해 입는 수영복이다.

07 답 4 cm

해설 화살표의 길이의 비와 힘의 크기의 비는 같다.
$5 : 10 = 2 : x,\ x = 4(\text{cm})$

08 답 300 N

해설 같은 방향으로 작용하는 두 힘의 합력이다.
200N + 100N = 300 N

09 (1) 답 18.5 N

해설 무게는 질량에 중력가속도를 곱한다. 화성에서는 중력가속도가 3.7 m/s^2이므로 무게는
$5 \times 3.7 = 18.5(\text{N})$이다.

(2) 답 $\frac{48}{49}$ cm

해설 고무줄이 늘어난 길이는 중력가속도에 비례한다. 달의 중력가속도가 지구의 $\frac{1.6}{9.8}$ cm이므로
$6 \times \frac{1.6}{9.8} = \frac{48}{49}$ =약 1cm이다.

(3) 답 달

해설 중력가속도가 가장 작은 천체에서 가장 늦게 떨어지기 때문에 중력가속도가 가장 작은 달이 정답이다.

10 (1) 답 (나) > (가) = (다) > (라)

해설 (나)는 면도 거칠고 누르는 힘이 가장 커서 마찰력이 가장 크다. (가)와 (다)는 누르는 힘이 같고, 같은 거친 면이다. (라)는 (가), (다)와 누르는 힘이 서로 같으나 유리가 더 매끄러운 면이드로 마찰력이 가장 작다. 마찰력이 클수록 용수철 저울의 눈금이 크게 측정된다.

(2) 답 ④

해설 (가)와 (나)를 비교하면 면을 누르는 힘(무게)이 클수록 마찰력이 크다는 것을 알 수 있다. (가)와 (다)를 비교하면 같은 물체와 같은 면이라면 면과 물체의 접촉면의 넓이와 마찰력은 관계없다. (가)와 (라)를 비교하면 접촉면이 매끄러울수록 마찰력은 작아진다는 것을 알 수 있다.

(3) 답 중력, 전기력, 자기력

11 (1) 답 ①

해설 위 표에서 추의 개수가 0, 3, 6, 9, …로 될 대 용수철의 늘어난 길이가 0, 2, 4, 6, …이 되었다. 따라서 용수철의 늘어난 길이는 추의 개수에 비례한다.

(2) 답 18 N

해설 용수철의 늘어난 길이가 22 cm일 때 늘어난 길이는 12 cm이다. 표에서 용수철의 늘어난 길이가 0, 2, 4, 6, 8, 10, 12 cm가 늘어남에 따라 쇠구슬의 무게는 0, 3, 6 ,9, 12, 15, 18 N이 된다. 따라서 쇠구슬의 무게는 18 N이다.

12 (1) 답 두 끈의 각도가 커질수록 물체를 들어올리는데 필요한 힘이 커진다.

해설 두 힘 사이의 각의 크기가 커질수록 합력은 작아진다. 물체의 무게는 변함없으므로 두 사람이 잡고 있는 끈의 각도가 커질수록 더 큰 힘을 들여야 물체를 들어올릴 수 있다.

(2) 답 점점 증가한다

해설 위로 올라갈수록 두 끈의 각도가 커지므로 들어올리는데 필요한 힘은 더 커진다.
$F_1 + F_2 = F_1' + F_2'$ = 물체의 무게
$F_1 < F_1',\ F_2 < F_2'$

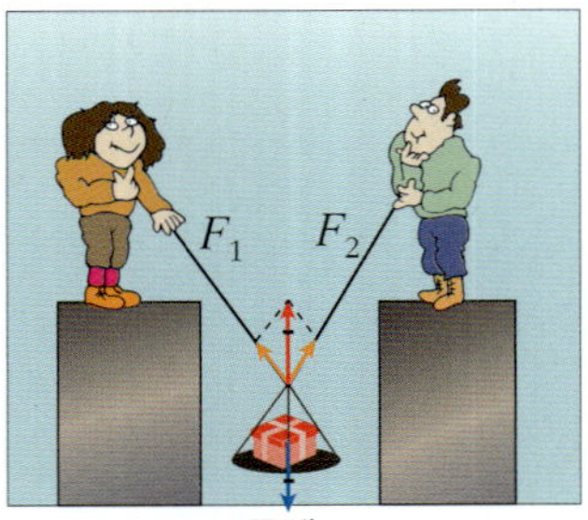

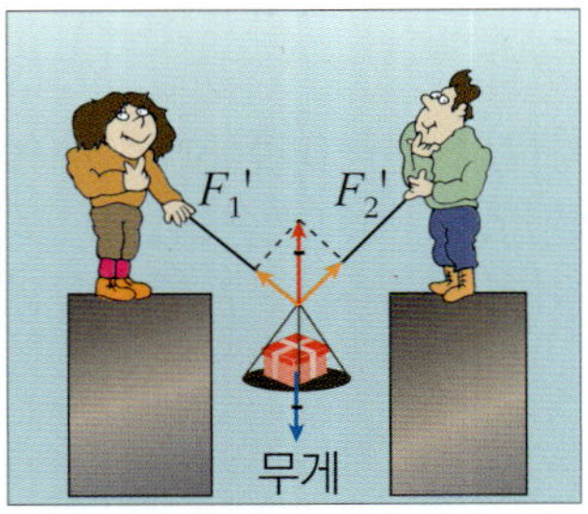

(물체를 위로 들어올렸을 때)

(3) 답 30 N

해설 물체의 무게는 두 사람 힘의 합력과 같다. 두 사람의 합력 F_3를 모눈 종이에 나타내면 다음과 같다. 길이 1 cm는 10 N이므로 F_3는 30 N이다. 따라서 물체의 무게도 30 N이다.

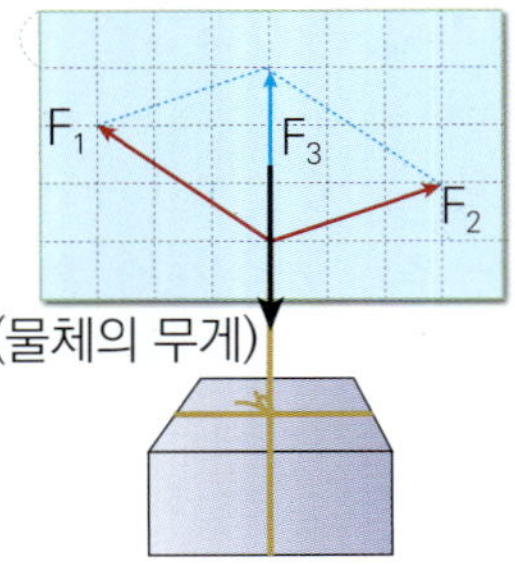

창의력 키우기 222~223쪽

01 (1) 답 중력은 두 물체의 질량에 비례하고 두 물체 사이의 거리의 제곱에 반비례한다. 극지방에서 지구 중심까지의 거리는 적도지방에서 지구 중심까지의 거리보다 짧으므로 중력은 더 커지게 된다.

(2) 답 선우의 몸무게

해설 중력이 작은 곳(적도 지방)에서 선우의 50 kgf의 몸무게는 중력이 점점 커지는 곳(우리나라)으로 이동함에 따라 50 kgf보다 더 커진다. 반면 중력이 큰 곳(극지방)에서 50 kgf의 은재의 몸무게는 중력이 점점 작아지는 곳(우리나라)으로 이동함에 따라 50 kgf보다 더 작아진다.

02 답 팔을 넓게 벌리는 경우는 양팔에 각각 F_1, F_2의 힘이 작용하여 두 힘의 합력이 몸무게와 같은 경우이다. 팔을 좁게 하는 경우는 양팔에 F_3, F_4의 두 힘이 작용하여 몸무게를 지탱하는 경우이다. 같은 몸무게를 지탱하기 위하여 F_1, F_2의 크기가 F_3, F_4의 크기보다 커야 한다. 따라서 팔을 좁게 벌리는 경우 상대적으로 더 작은 힘으로 매달리게 되므로 더 오래 매달릴 수 있다.

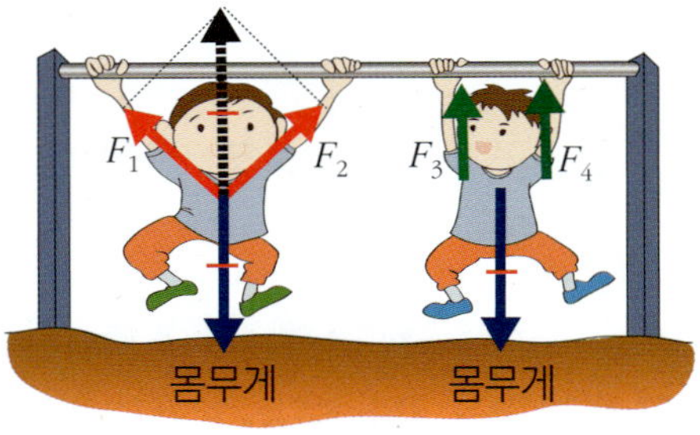

STEAM 융합형 문제 해결하기 224쪽

01 (1) 답 ⑤

해설 지구의 반지름은 약 6400 km이다. 중력은 거리 제곱에 반비례하므로 지구표면의 우주선 발사대에서의 중력과 지구 표면에서 200 km 상공(반지름 6600km)을 비행할 때의 중력을 비교해 보면

$$\frac{1}{6400^2} : \frac{1}{(6400 + 200)^2} = \frac{1}{40960000} : \frac{1}{43560000}$$

$= 1 : 0.94$

으로 10% 차이도 나지 않는다.

(2) 답 우주선이 지구를 돌면서 생기는 원심력과 중력이 평형을 이루기 때문이다.

해설 우주선(또는 인공위성 등)이 초속 7.9 km정도의 속도로 날아갔을 때 지구 중력에서 벗어나진 못했지만 지구를 돌면서 원심력이 생겨 지구로 떨어지지는 않는다. 우주선이 지구를 벗어나기 위해서는 약 초속 11.2 km(서울에서 부산을 갔다가 다시 되돌아오는데 1분 30초 정도 걸리는 속도)로 날아가야 한다.

총정리문제

제1회 총정리 (1~3단원) 226쪽 ~ 229쪽

01 ④

해설 해설 0~100 ℃는 섭씨 온도의 최소, 최대값이 아니며, 더 작은 온도나 더 큰 온도를 표시할 수 있다.

02 ③

해설 공변세포는 주로 잎의 뒷면에 분포한다.
· 공변세포의 모양과 분포 : 공변세포는 입술 모양이며 열린 것도 있고 닫힌 것도 있다. 잎의 뒷면에 많으며 식물에 따라 그 분포가 다르다.
· 공변세포가 하는 일 : 뿌리에서 올라온 물이 공변세포 사이의 기공을 통해 바깥으로 빠져나간다. 기공을 통해 광합성에 필요한 이산화 탄소가 들어오고, 광합성의 결과 생긴 산소가 밖으로 나간다.

03 (1) (가), (마) (2) (나), (다) (3) (라), (바)

해설 (1) 전도 – 물질은 이동하지 않고 열에너지만 전달되는 현상이므로 (가), (마) 처럼 물질을 따라 열에너지가 이동하는 것을 말한다
(2) 대류 – (나), (다) 처럼 가열된 물질이 직접 이동하여 열을 전달하는 방식이며 가열된, 혹은 열을 빼앗긴 공기가 직접 이동한다.
(3) 복사 – (라), (바) 처럼 빛에 의해 열이 이동하는 것이고, 매질이 없어도 이동한다.
배점 모두 맞을 경우만 해당 점수, 나머지 0점

04 (1) 단열, 해설 참조
(2) 폐열, 해설 참조

해설 (1) 후라이팬의 손잡이, 방열복, 유리섬유, 이중창, 주방장갑 등
(2) 열병합 발전, 열 교환기, 자동차의 라디에이터 등
배점 모두 맞을 경우만 해당 점수, 나머지 0점

05 ③

해설 (A)는 물이 있었던 흔적과 상대적으로 지구에 가까운 물리적 특징들로 보아 화성이다. 이에 반해 큰 수치 차이를 보이는 (B)는 목성형 행성이라는 것까지는 추측이 가능하나 어떤 행성인지는 알 수 없다. 따라서 (A)는 지구형 행성(화성), (B)는 목성형 행성이다.

06

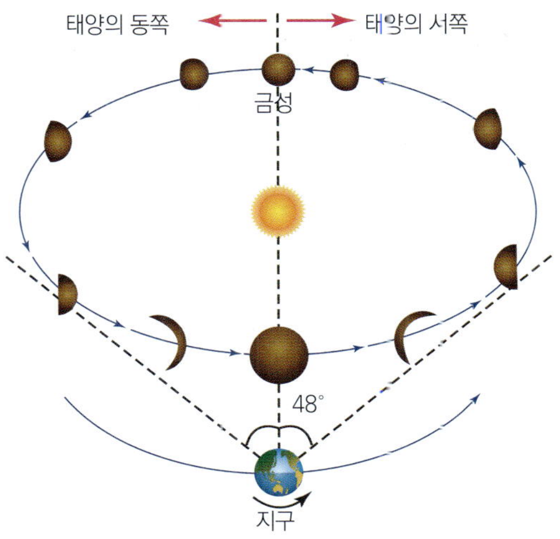

07 ②

해설 (A)는 채층으로 약 4500 ~ 10,000 ℃ 이며, 광구 바로 위 대기이다.
(B)는 코로나로 100만 ℃ 이상으로 청백색을 띠는 높이 수백만 km까지 뻗어 나가는 플라즈마 대기이다.
(C)는 태양홍염으로 채층이 대규모로 분출하는 현상이다.

08 ②

해설 광합성은 엽록체가 있는 잎에서 이루어진다.
A – 씨방 : 열매가 되는 부분이다.
B – 밑씨 : 장차 씨앗이 된다.
C – 꽃잎 : 외부 환경의 변화로부터 암술과 수술을 보호한다.
D – 수술 : 꽃가루를 만드는 꽃밥과 수술대로 구성되어 있다.
E – 암술 : 암술머리와 씨방이 암술대에 의해 연결되어 있으며, 꽃가루가 암술머리에 떨어져 수분이 이루어진다.

09 ②

해설 피층은 여러 겹의 세포층으로 이루어져 있다.
A – 표피 : 줄기의 가장 바깥쪽에서 줄기를 싸서 보호함
B – 피층 : 표피 안쪽의 여러 겹의 세포층
C – 체관 : 체판을 가진 세포, 잎에서 만든 유기 양분의 통로
D – 형성층 : 살아 있는 세포로 된 얇은 조직, 나이테 형성, 세포분열로 부피 생장
E – 물관 : 세포벽이 두꺼운 죽은 세포, 물과 무기양분의 이동 통로

제2회 총정리 (4~6단원) 230쪽 ~ 233쪽

01 깊은 바다 속에서 잠수부는 공기통을 통해 공기를 마시는데, 이 공기의 성분은 100% 산소가 아니고 공기와 비슷한 비율로 질소가 섞여 있다. 그러므로, 물속에 들어갔을 때 주변의 압력이 높아 몸 안으로 들어온 질소 기체가 다시 몸 밖으로 빠져나가지 못하고 혈액 속에 용해된다. 이렇게 혈액 속에 질소 기체가 녹아 있는 상태에서 잠수부가 빠른 속도로 수면 위로 올라오게 되면 압력이 낮아져 질소의 용해도가 급격하게 감소하게 되고 혈액에 녹아 있던 질소가 기체로 되어 기포가 발생하게 된다. 이 기포가 혈관을 타고 흐르므로 통증을 유발시킨다.

배점 질소, 탄소, 기포를 포함하여 타당하게 설명 : 10점
질소, 산소, 기포를 모두 포함시키지는 않았지만 타당하게 설명 : 8점, 나머지 0점

02 B = C > A

해설

$$\text{퍼센트 농도}(\%) = \frac{\text{소금의 질량}}{\text{소금물의 질량}} \times 100$$

$$A : \frac{10g}{100g} \times 100 = 10\%$$

$$B : \frac{25g}{25g + 75g} \times 100 = 25\%$$

$$C : \frac{5g}{5g + 15g} \times 100 = 25\%$$

03 ①

해설 철판에 녹이 스는 현상은 산화환원 반응이다. ②, ③, ④, ⑤ 는 중화반응이다.

04 (1) C > A > B

해설 지시약을 넣었을 때 용액의 색깔 변화를 보면 A는 중성, B는 산성, C는 염기성 용액임을 알 수 있다. pH는 산성 용액이 가장 작고 염기성 용액이 크다.

(2) ④

해설 C는 염기성 용액인데 염기성 용액에 금속 조각을 넣으면 아무런 변화도 일어나지 않는다.
B(산성 용액)의 수소이온(H^+)농도가 A(중성)이나 C(염기성)의 수소이온(H^+) 농도보다 높다.

05 ·산 : 사이다, 우유, 레몬, 위액
·염기 : 베이킹 파우더, 비눗물, 수산화 나트륨 수용액

배점 모두 맞을 경우만 12점, 나머지 0점

06 ②, ④, ⑤

해설 ① 고체의 용해도는 온도가 높을수록 증가한다.
② 40 ℃의 물 100 g에 최대로 8 g의 붕산이 녹을 수 있으므로, 40 ℃ 물 300 g에는 최대로 24 g의 붕산이 녹을 수 있다.
③ 60 ℃의 물 100 g에 백반 31 g을 녹인 용액은 포화 상태에 있게 되므로 물 200 g에 백반 31 g을 녹인 용액은 불포화 상태에 있다.
④ 60 ℃에서 물 100g에 소금은 최대 37 g까지 녹을 수 있으므로 얻을 수 있는 소금의 양은 3 g이다.
⑤ 55 ℃의 포화 용액에는 물 100 g에 백반 25 g이 녹아 있으므로 %농도: $\frac{25}{100 + 25} = 20\%$이다.

배점 모두 맞을 경우만 12점, 나머지 0점

07 (1) F, 소장
(2) ④

해설 ① A는 간으로 소화기관은 아니지만 소화를 돕는 기관이다. 쓸개즙을 생성해 지방의 소화를 돕는다.
② B는 쓸개로 쓸개즙을 저장해 소화를 돕는다.
③ C는 대장으로 물을 흡수하고 남은 찌꺼기를 항문으로 배출한다.
④ D는 위로 단백질을 분해하고 세균을 죽이는 살균 작용을 한다.
⑤ F는 소장으로 안쪽 벽에 주름이 있고 주름 표면에 융털이 있으며, 대부분의 소화과정이 일어나고 영양분을 흡수한다.

08 (1) ① 올라감 ② 내려감 ③ 팽창(커짐) ④ 수축(작아짐) ⑤ 폐 → 입, 코
(2) 입, 코 → 기관 → 폐

배점 모두 맞을 경우만 해당 점수, 나머지 0점

09 (1) ②

해설 A는 동맥, B는 모세혈관, C는 정맥이다. A 동맥은 두껍고 탄력성이 있는 근육질의 벽으로, 심장으로부터 온몸으로 혈액을 운반하며 혈압이 매우 높다. C 정맥은 얇은 근육질의 벽으로 판막이 있는 구조로 온몸에서 심장으로 혈액을 운반하고 혈압은 매우 낮다. 혈액은 A(동맥) → B(모세혈관) → C(정맥) 방향으로 흐른다.

(2) B, 모세혈관

해설 모세 혈관은 동맥과 정맥을 연결하는 혈관으로 온몸에 그물처럼 퍼져있다. 한겹의 세포층으로 되어 있어 조직 세포와 물질 교환이 효과적으로 일어나고 혈액이 흐르는 속도가 느려 물질 교환에 유리하다.

배점 모두 맞을 경우만 해당 점수, 나머지 0점

제3회 총정리 (7~9단원) 234쪽 ~ 237쪽

01 ②

해설 페트병을 압축하다 순간적으로 놓으면 페트병속의 공기 부피가 팽창하여 온도가 내려가므로 (ㄹ) 이슬점에 도달하여 페트병 내부가 뿌옇게 흐려지며(ㄱ) 상대습도가 증가한다.

02 ⑤

해설 이슬점은 공기 중의 수증기가 응결하여 물체의 표면에 물방울이 생기기 시작하는 온도를 말한다.

03 ③

해설 화창한 날씨에 빨래가 마르는 것은 액체 표면에서의 기화로 인한 증발 현상이다. 이와 비슷한 예로 어항속의 물이 줄어들거나, 젖은 땅이 마르게 되는 현상들이 있다. 증발은 기온이 높고 습도가 낮거나 표면적이 넓고 바람이 강할 때 쉽게 발성한다.

04 ①

해설 ② 직선 운동이므로 물체의 운동 방향은 바뀌지 않고 속력만 줄어든다.
③ 그래프의 기울기가 가속도이므로 일정하다.
④ 물체의 이동 거리는 그래프의 면적이므로 점점 증가한다.
⑤ 그래프의 기울기가 일정하므로 물체에 작용하는 힘도 일정하다. 힘과 가속도는 비례한다.

05 ⑤

해설 A(대류권), C(중간권) 층은 높이 올라갈수록 기온이 감소, B(성층권), D(열권) 층은 높이 올라갈수록 기온이 상승한다. 대류현상이 일어나는 곳은 A, C 층이며 B 층(성층권)은 오존층이 존재하고 기층이 안정되어 비행기 항로로 이용된다.

06 ①

해설 ① 이 그래프는 일정한 시간 동안에 이동 거리가 일정하게 증가하는 등속직선운동이다. 그러그로 속력은 일정하다.
④ 그래프의 기울기는 속력을 나타낸다.
⑤ 기울기가 일정하므로 운동하는 동안 속력은 일정하다.

07 ⑤

해설 ① 평균 속력이 가장 느린 것은 (나)이다.
②,③ 속력이 일정한 것은 (가), (나)이고, 속력이 변하는 것은 (다), (라)이다.
⑤ 처음 속력은 (다)가 (라)보다 빨랐으나, (다)는 점점 느려지고, (라)는 점점 빨라진다. 그림에 나온 구간의 평균 속력은 (다)와 (라)가 같다.

08 ④

해설 바람의 생성 원인은 공기의 온도 차이이다. 온도 차이가 나는 두 물질이면 실험이 가능하다.

09 ①

해설 A가 지면, B가 수면의 온도를 나타낸 그래프이다.

제4회 총정리 (10~12단원) 238쪽 ~ 241쪽

01 ②

해설 빛의 굴절을 조절하는 장소는 눈의 수정체와 카메라의 렌즈이다.

02 ㉠ A - 대뇌 ㉡ D - 연수 ㉢ E - 소뇌 ㉣ B - 간뇌 ㉤ C - 중뇌

03 · 고기압의 영향으로→저기압의 영향으로
· 편서풍의 영향으로 서쪽 지역 → 편서풍의 영향으로 동쪽 지역

해설 구름이 생성되어 흐리거나 비가 내리는 것은 저기압, 구름이 소멸되거나 맑은 날씨를 유지하는 것은 고기압이다. 한국은 편서풍의 영향을 받는 지역으로, 편서풍은 서에서 동으로 부는 띠 모양의 바람이다.

배점 한 군데 당 6점, 두군데 모두 찾으면 12점, 나머지 0점

04 (1) ① A - 고막 ② B - 귓속뼈 ③ E - 귀인두관 ④ D - 달팽이관 ⑤ C - 반고리관 ⑥ G - 전정기관

(2) 소리→(귓바퀴)→귓구멍→외이도→(고막)→귓속뼈→(달팽이관)→청각신경→(대뇌)

05 ⑤

해설 한 물체를 앞에서 끌고 뒤에서 미는 것은 같은 방향의 힘이므로 힘의 크기를 합하면 합력을 구할 수 있다.

06 ⑤

해설 ⑤ 육지의 고기압의 영향을 받아 삼한사온 현상이 나타나는 것은 (나) 그림이다.

07 ②

해설 ① B지점에서 힘의 크기가 0이 되면 물체는 앞으로 등속운동해야 한다. 힘의 크기는 모든 지점에서 같은 크기와 방향으로 작용하며, 그 방향은 연직 방향이다.
③ 물체에 작용하는 힘은 물체의 질량이 클수록 커진다.

08 ⑤

해설 풍속선의 깃의 수를 합한 것이 풍속이다. 남서쪽에서 불어오는 바람이며 기온은 15 ℃, 이슬점 12 ℃, 풍속 7 m/s, 기압은 142로 표시되어 있으므로 1014.2 hpa 이다. 맑은 날이며 안개가 끼어 있다.

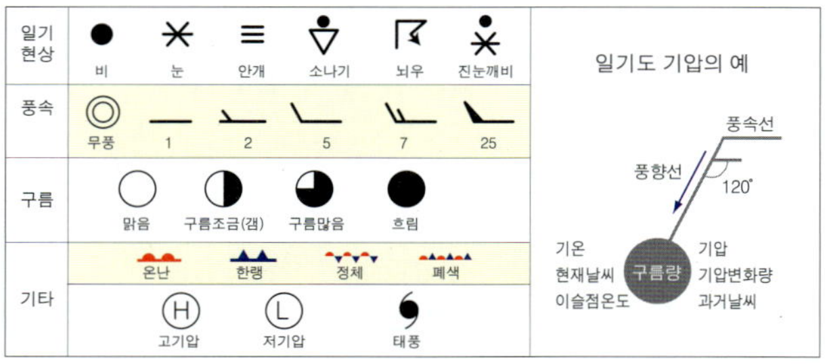

09 ⑤

해설 ① 울퉁불퉁한 바닥에서 마찰력이 더 크다.
② 마찰력의 방향은 물체의 운동을 방해하는 방향이므로 물체를 당기는 방향과 반대 방향이다.
③ 마찰력은 물체의 운동을 방해하는 방향으로 작용하므로, 물체를 끌어당기는 방향을 바꾸면 마찰력의 방향도 바뀐다.
④ 같은 물체라면 접촉 면적에 상관없이 마찰력이 일정하다.
⑤ 마찰력은 나무 도막이 면을 누르는 힘(무게)에 비례한다.

창의력과학

아이 앤 아이

당단풍

초등 5 ~ 6

무한상상 교재 활용법

무한상상은 상상이 현실이 되는 차별화된 창의교육을 만들어갑니다.

아이앤아이 시리즈

특목고, 영재교육원 대비서

	아이앤아이 영재들의 수학여행		아이앤아이 꾸러미	아이앤아이 꾸러미 120제	아이앤아이 꾸러미 48제	아이앤아이 꾸러미 과학대회	창의력과학 아이앤아이 I&I
	수학 (단계별 영재교육)		수학, 과학	수학, 과학	수학, 과학	과학	과학
6세~초1		수, 연산, 도형, 측정, 규칙, 문제해결력, 워크북 (7권)					
초 1~3		수와 연산, 도형, 측정, 규칙, 자료와 가능성, 문제해결력, 워크북 (7권)		 수학, 과학 (2권)	 수학, 과학 (2권)		
초 3~5		수와 연산, 도형, 측정, 규칙, 자료와 가능성, 문제해결력 (6권)				 과학토론 대회, 과학산출물 대회, 발명품 대회 등 대회 출전 노하우	
초 4~6		수와 연산, 도형, 측정, 규칙, 자료와 가능성, 문제해결력 (6권)					
초 6		수와 연산, 도형, 측정, 규칙, 자료와 가능성, 문제해결력 (6권)		 수학, 과학 (2권)	 수학, 과학 (2권)		
중등						 과학토론 대회, 과학산출물 대회, 발명품 대회 등 대회 출전 노하우	 물리학(상,하), 화학(상,하), 생명과학(상,하), 지구과학(상,하) (8권)
고등							